“十二五”普通高等教育本科国家级规划教材

全国高等学校计算机教育研究会“十四五”规划教材

国家精品在线开放课程教材

高等教育国家级教学成果二等奖

清華大學 计算机系列教材

郑莉 张宇 编著

Java语言程序设计

（第3版）

清華大學出版社
北京

内容简介

本书将Java语言作为大学生计算机程序设计的入门语言，其特色是内容全面、深入浅出、立体配套。书中详细介绍了Java语言以及面向对象的设计思想和编程方法、图形用户界面的编程方法、网络和数据库程序的编程方法、线程的使用、Java集合框架、Java工程化开发等实用技术。全书以面向对象的程序设计方法贯穿始终，基础性和实用性并重。宗旨是不仅使读者掌握Java语言，而且能够对现实世界中较简单的问题及其解决方法用计算机语言进行描述。本书适合作为高等院校"Java语言程序设计"课程的教材或Java爱好者入门的自学教材。

图书在版编目(CIP)数据

Java语言程序设计/郑莉，张宇编著. —3版.—北京：清华大学出版社，2021.6(2025.1重印)
清华大学计算机系列教材
ISBN 978-7-302-58165-9

Ⅰ.①J… Ⅱ.①郑… ②张… Ⅲ.①JAVA语言－程序设计－高等学校－教材 Ⅳ.①TP312.8

中国版本图书馆CIP数据核字(2021)第088816号

责任编辑： 谢 琛
封面设计： 常雪影
责任校对： 胡伟民
责任印制： 刘 菲

出版发行： 清华大学出版社
网 址： https://www.tup.com.cn，https://www.wqxuetang.com
地 址： 北京清华大学学研大厦A座 **邮 编：** 100084
社 总 机： 010-83470000 **邮 购：** 010-62786544
投稿与读者服务： 010-62776969，c-service@tup.tsinghua.edu.cn
质量反馈： 010-62772015，zhiliang@tup.tsinghua.edu.cn
课件下载： https://www.tup.com.cn，010-83470236
印 装 者： 三河市铭诚印务有限公司
经 销： 全国新华书店
开 本： 185mm×260mm **印 张：** 29.5 **字 数：** 750千字
版 次： 2005年10月第1版 2021年8月第3版 **印 次：** 2025年1月第11次印刷
定 价： 86.00元

产品编号：078477-02

前 言

一、版次说明

本书第 1 版于 2005 年出版，第 2 版于 2011 年 6 月出版。本版是在第 2 版的基础上，广泛听取了读者和同行的建议，参考了最新的资料，并根据作者本人在授课过程中的经验而形成的。

二、本书的作者及编写背景

这是一本面向广大初学者的入门教材，是《C++ 语言程序设计》的姊妹篇。《C++ 语言程序设计》一书自 1999 年第 1 版出版以来，已经出版了 5 版，在清华大学等 300 多所大学的不同专业中使用，取得了良好的教学效果。与《C++ 语言程序设计》一样，本书同样是基于作者多年来在清华大学讲授“Java 语言程序设计”的经验，以及作者本人的研究和开发经验编写的。

Java 语言是应用最广泛的面向对象的程序设计语言之一。面向对象的程序设计方法将数据及对数据的操作方法封装在一起，作为一个相互依存、不可分离的整体——对象。对同类型对象抽象出其共性，形成类。这样，程序模块间的关系简单，程序模块的独立性、数据的安全性具有良好的保障，通过继承与多态性，使程序具有很高的可重用性，使得软件的开发和维护都更为方便。

面向对象方法的出现，实际上是程序设计方法发展的一个返璞归真过程。软件开发从本质上讲，就是对软件所要处理的问题域进行正确的认识，并把这种认识正确地描述出来。面向对象方法所强调的基本原则，就是直接面对客观存在的事物进行软件开发，将人们在日常生活中习惯的思维方式和表达方式应用在软件开发中，使软件开发从过分专业化的方法、规则和技巧中回到客观世界，回到人们通常的思维。由于面向对象方法的突出优点，目前它已经成为开发大型软件时所采用的主要方法。

除了面向对象以外，Java 语言的另一个突出特点是与平台无关，可以实现一次编写、各处运行。因此，Java 被广泛用于网络应用程序开发，以及各种电器设备的嵌入式系统。

从语法上看，Java 语言与C++ 语言一样，都是以 C 语言的语法为基础。那么，学习 Java 语言是否应该首先学习 C 语言呢？不是的，虽然 Java 语言借鉴了 C 语言的语法，但是 Java 本身是一个完整的程序设计语言，而且它与 C 语言的程序设计思想是完全不同的。因此，Java 语言是可以作为程序设计的入门语言来学习的，这正是本书的定位。学习本书并不要求读者有 C 语言基础，但是有一定基础的读者学习起来会感觉更容易。

三、本书的特色

本书的特色是内容全面、深入浅出、立体配套。

本书将 Java 语言作为大学生的计算机程序设计入门语言，不仅详细介绍语言本身，而且介绍面向对象的设计思想和编程方法、图形用户界面的编程方法、网络和数据库程序的编程方法、线程的使用、Java 集合框架等实用开发技术。全书以面向对象的程序设计方法贯穿始终，基础性和实用性并重。宗旨是：不仅使读者掌握 Java 语言本身，而且要能够对现实世界中较简单的问题及其解决方法用计算机语言进行描述，并掌握基本的工程开发技术。当然，要达到能够描述较复杂的问题域还需要学习面向对象的软件工程课等其他课程。

针对初学者和自学读者的特点，本书力求做到深入浅出，将复杂的概念用简洁浅显的语言娓娓道来。读者还可以通过配套的《Java 语言程序设计(第 3 版)学生用书》，在实践中达到对内容的深入理解和熟练掌握。

为了方便教师备课，本书配有教师参考资料，包括电子教案(PPT 文件)、教学要点、考试样题等。

四、内容摘要

第 1 章　Java 语言基础知识：作为全书的开篇，本章首先介绍面向对象程序设计的基本概念和 Java 语言的特点；通过几个简单而典型的例子使读者对 Java 程序有个感性认识；然后详细介绍 Java 的基本数据类型和表达式；讲解数组的概念、创建和引用；最后介绍控制流程。

第 2 章　类与对象的基本概念：主要介绍类与对象的基本概念、类的声明、对象的生成与销毁、枚举类型，最后简要介绍了注解。

第 3 章　类的重用：介绍与类的重用有关的内容，包括类的继承、Object 类、final 类与 final 方法、抽象类、泛型、类的组合，以及 Java 包的应用。

第 4 章　接口与多态：介绍 Java 的接口、多态的概念及实现方法。

第 5 章　异常处理与输入输出流：概要介绍了异常处理机制、基本的输入输出流类，重点介绍最常用的文件读写方式。

第 6 章　集合框架：概要介绍 Java 的集合框架，并对常用的集合类进行详细介绍。

第 7 章　图形用户界面：介绍 Swing 的基础和主要特点、使用方法，容器的层次结构，布局管理，以及如何在 Java Application 和 Java Applet 中引入图形用户界面。

第 8 章　多线程编程：介绍线程的概念，以及如何创建和使用线程等问题。

第 9 章　JDBC 编程：首先介绍数据库的基本概念，以及基本 SQL 语句的使用，然后介绍在 Java 程序中如何实现对数据库的操作，最后介绍 Java 自带数据库 Java DB 的操作。

第 10 章　Servlet 程序设计：首先对与网络相关的概念进行简单讲解，然后简单介绍 Java 语言 Servlet 程序的开发方法。

第 11 章　JSP 程序设计：介绍 JSP 的基本概念和语法、JSP 与 JavaBean 的结合、标签库的应用，以及 Web 应用程序的 MVC 架构、Web 服务相关内容。

第 12 章　Java 工程化开发概述：介绍 Java 工程化开发过程、开发环境和工具，带领读者通过案例学习如何运用理论知识解决实际问题。

五、使用指南及相关资源

作者本人使用本书授课时的讲课学时数为 32 学时，实验学时数为 32 学时，课外上机学时数为 32 学时，课内外共 96 学时，每学时 45 分钟。

与本书配套的教材有：《Java 语言程序设计(第 3 版)学生用书》、电子版教师资源。

本书内容是在第 2 版基础上修订的，在此感谢参与编写第 1 版、第 2 版的作者马素霞、王行言、杜彬、廖学良、刘兆宏、李超、李玉山、徐骏、许磊、张超、张新钰、王朝卿，以及参与本书修订工作的胡家威。

感谢读者选择使用本书，欢迎您对本书内容提出意见和建议。作者的电子邮件地址是zhengli@mail.tsinghua.edu.cn，来信标题请包含“Java book”。

本书的读者可以登录学堂在线(http://www.xuetangx.com/)学习作者讲授的国家精品在线开放课程“Java 程序设计”。

作者

2021 年 1 月　于清华大学

目录

第1章

Java语言基础知识

Java语言是一个功能强大的跨平台程序设计语言，是目前应用最为广泛的计算机程序设计语言之一。本书将介绍Java语言与面向对象的程序设计方法以及Java语言应用的几个专题。作为全书的开篇，本章首先介绍面向对象程序设计的基本概念和Java语言的特点；然后简要介绍Java程序并通过简单的例子使读者对Java程序产生感性认识；接下来详细介绍Java的基本数据类型和表达式；最后讲解数组的概念、创建和引用，以及Java程序的控制流程。

在阅读本章时，读者对面向对象程序设计的一些概念、Java语言的特点以及某些例题可能不完全理解，这没有关系。这些内容在本章只是概要性地介绍，在全书的后继各章节将有深入、细致的讲解。

1.1 Java语言与面向对象程序设计简介

1.1.1 面向对象的程序设计思想

计算机程序设计的本质就是将现实生活中人们遇到的问题抽象后，利用计算机语言转化到机器能够理解的层次，并最终利用机器来寻求问题的解。此过程涉及两方面问题：一是如何将问题抽象化，使问题能够很好地被抽象语言描述；二是如何将已经抽象的问题映射到机器能够理解的语言。第一个方面体现了程序设计思想，而第二个方面则体现了程序设计语言的应用。

面向对象的编程语言与以往编程语言的根本不同点在于抽象机制的不同。

程序设计语言从最开始的机器语言到汇编语言，再到各种结构化高级语言，到目前使用的支持面向对象技术的面向对象语言，反映的就是一条抽象机制不断提高的演化道路，机器语言和汇编语言几乎没有抽象，对于机器而言是最合适的描述，它可以直接操作机器的硬件，并且任何操作都是面向机器的，这就要求人们在使用机器语言或者汇编语言编写程序时，必须按照机器的方式去思考问题。因为没有抽象机制，所以程序员不得不陷入复杂的事物之中。C语言、FORTRAN语言等结构化高级语言的诞生，使程序员可以离开机器层次，在更抽象的层次上表达意图。

开发一个软件是为了解决某些问题，这些问题所涉及的业务范围称为该软件的问题域。非面向对象的语言，例如机器语言、汇编语言、面向过程的高级语言，都是通过数据的定义和函数的调用来实现一定的功能、解决某些问题。这些语言和人类自然语言之间有很深的鸿沟。例如面向过程的程序设计，它所关注的只是处理过程，即执行预期计算所需要的算法。

面向对象的编程语言将客观事物看作具有状态和行为的对象,通过抽象找出同一类对象的共同属性和行为,构成类。世间万事万物皆对象,都可以抽象为包括状态和行为的类。而程序需要解决的问题便反映为各种不同属性的对象以及对象之间的关系和消息传递。在程序设计领域,面向对象的方法更接近于人类处理现实世界问题的自然思维方法。假设你面对现实世界的一个对象,你会不会将它的属性和行为方法分开来看待?当然不会。面向对象的程序设计也是一样:把一类对象的属性和处理方法(行为)封装在一起作为一个整体。

例如现实生活中的一类对象——汽车,在程序中的模型可以是:

```
class Car {
    int color_number;
    int door_number;
    int speed;
    ⋮
    void brake() { … }
    void speedUp() { … };
    void slowDown() { … };
    ⋮
}
```

在程序中用 color_number、door_number、speed 等数据成员描述汽车的颜色、车门个数、速度等属性;用 brake()、speedUp()、slowDown()等方法描述它的刹车、加速、减速等处理行为。而数据成员和方法组合在一起构成类,用来描述汽车这类对象。

面向对象的语言实现了封装,封装带来的好处是:隐藏类的数据和实现细节,控制用户对类的实现细节和数据的访问权限。

面向对象技术给软件开发带来如下益处。

- 可重用性。一个设计好的类可以在今后的程序开发中被重复利用,作为组件或基础生成新的类。
- 可靠性。每一个类作为一个独立单元可以单独进行测试、维护,大量代码来源于成熟可靠的类库,因而开发新程序时的新增代码明显减少,这是程序可靠性提高的一个重要原因。

面向对象语言具有如下基本特征。

- 抽象和封装。抽象的结果形成类,类中的数据和方法是受保护的,可以根据需要设置不同的访问控制属性。这便保证了数据的安全性,隐藏了方法的实现细节,也方便了使用。
- 继承性。可以对已有类增加属性和功能,或进行部分修改来建立新的类,实现代码的重用。
- 多态性。在面向对象的程序中,同一个消息被不同的对象接收后可以导致不同的行为。

面向对象语言通过类的继承与多态可以很方便地实现代码重用,大大缩短软件开发周期,并使得软件风格统一。面向对象的编程语言使程序能够比较直接地反映问题域的本来面目,使软件开发人员能够利用人类认识事物所采用的一般思维方法来进行软件开发。因此,面向对象的语言缩小了编程语言与人类语言之间的鸿沟。

1.1.2 Java 语言发展简史

时至今日,大部分的电子商务、银行、证券等系统都是使用 Java EE 平台架构搭建的,Java EE 规范是目前最为成熟的,也是应用最广泛的企业级应用开发规范。乍一看感觉 Java 语言是专门为了 Web 开发的而设计的编程语言,但实际上这只是个巧合。

1991 年 1 月,Sun 公司预料未来科技将在家用电器领域大显身手,Bill Joy(Sun 公司首席科学家)和 James Gosling(Java 语言之父)等人聚集在一起讨论 Stealth 项目,也就是后来的 Green 项目,该项目研究计算机在电子消费领域的应用,目标是开发一个智能电子消费设备。经过讨论分工之后,James Gosling 的任务是从众多的编程语言中选择一种适合这个项目开发的编程语言。James Gosling 一开始选择使用 C++ 语言进行尝试,结果发现 C++ 对于这个特殊的项目来说还不够完善,于是他尝试对 C++ 进行了很多的扩展和修改,但是后来他放弃了这种方式。为了达到项目的目标,他自己开发了一种新的语言——Oak(在英语中是“橡树”的意思),因为他取名字的时候看到办公室窗户外面正好就有一棵橡树。后来发现,Oak 这个名字已经被一家显卡制造商注册了,所以 James Gosling 要想一个新的名字。在某一次去当地咖啡店喝咖啡的时候,James Gosling 突然有了灵感,想出了 Java 这个名字,因为 Java 是印度尼西亚爪哇岛的名字,它因盛产咖啡而出名。

1995 年年初,Sun 公司发布了 Java 语言,它将 Java 源代码直接放到互联网上,免费提供给所有人使用,这让 Java 语言瞬时间成为一种广为人知的编程语言。

1996 年,Sun 公司发布了 JDK 1.0。这个版本包括两部分:运行环境(Java Runtime Environment,JRE)和开发环境(Java Development Kit,JDK)。运行环境包括虚拟机(Java Virtual Machine,JVM)、核心 API、用户界面 API、集成 API 和发布技术,开发环境包括编译器和一些其他实用的开发工具。

1998 年,Sun 公司发布了 Java 历史上的一个重要版本:JDK 1.2。该版本将 Java 分成了 J2SE、J2EE 和 J2ME 三个版本,其中 J2SE 是整个 Java 技术的核心和基础,同时也是其他两个版本的基础;J2EE 是 Java 进行企业级应用开发的解决方案;J2ME 是 Java 进行移动设备和信息家电等设备开发的解决方案。

2004 年,Sun 公司发布了 JDK 1.5,同时将 JDK 1.5 改名为 Java SE 5.0,J2EE 改名为 Java EE,J2ME 改名为 Java ME。JDK 1.5 增加了很多语言特性,例如泛型、自动拆箱和装箱、可变数目的形参等。该版本还发布了新的企业级平台开发规范,并推出了自己的 MVC 框架规范 JSF。

2006 年,Sun 公司发布了 Java SE 6(开发者内部编号仍为 1.6.0)。一直以来,Sun 公司保持着每两年发布一次 JDK 新版本的习惯。但是,2009 年 4 月,Oracle 公司收购了 Sun 公司,从此“江湖”上没有了 Sun 公司的身影。

虽然 Sun 公司倒下了,但是 Google 公司在 2007 年推出的基于 Linux 的开源移动操作系统 Android 极大地推动了 Java 语言的发展。Android 平台使用类似 JVM 的虚拟机 Dalvik,只是它没有遵守虚拟机规范,而是将使用 Java 语言开发的应用程序编译成 dex 格式的文件由 Dalvik 虚拟机执行。

2011 年和 2014 年,Oracle 公司分别发布 Java 7 和 Java 8,这是 Oracle 公司发布的前两个 Java 版本,也是为 Java 带来众多新特性的两个版本。Java 7 的 try-with-resource 语句、字符串 switch 语句、钻石操作符,Java 8 的 Lambda 表达式、流式 API、可重复注解、默认接口方法等都是非常实用的新特性。

从 2017 年 9 月开始,每半年发布一个 Java 新版本,从 2017 年 9 月的 Java 9 到 2019 年 9 月的 Java 13,Oracle 公司定期发布的这 5 个版本同样带来了不少新特性,例如 Java 9 的模块系统(JSR 376)、Java 10 的局部变量(JEP 286)、Java 11 对字符串 API 的提升、Java 12 对 Unicode 11 的支持、Java 13 对 switch 语句的提升(预览特性)等。

Java EE 方面,Oracle 公司在 2017 年 9 月宣布将 Java EE 移交给 Eclipse 基金会管理,从而使其向更加敏捷、灵活与开放的方向发展。由于版权原因,Eclipse 基金会在 2018 年 2 月宣布将 Java EE 重命名为 Jakarta EE。Jakarta EE 8 于 2019 年 10 月发布,与 2017 年 8 月发布的 Java EE 8 完全兼容。

本书采用 Java 13、Jakarta EE 8 作为文字内容和代码示例的基准版本。

1.1.3 Java 语言的特点

Java 语言的特点很多,正是因为这些特点使得 Java 语言在众多的编程语言中脱颖而出,并在编程语言排行榜中一直处于遥遥领先的地位。下面简单介绍 Java 语言的几个重要的特点。

(1) 简单高效:Java 语言的语法和 C 或者 C++ 语言很接近,另外,Java 丢弃了 C++ 中指针、多继承等难以理解的内容,所以比较容易掌握。除此之外,Java 语言还提供了垃圾回收机制,一方面不需要程序员担心内存管理,另一方面使得内存得到高效地利用。

(2) 面向对象:Java 语言是一门纯粹的面向对象的编程语言,提供了封装、继承和多态三大特性,支持类的单继承,并支持类和接口之间的实现机制,可以说,Java 是一种优秀的面向对象的编程语言。

(3) 安全健壮:Java 语言通常用在网络环境中,因此 Java 提供了很强大的安全机制以防止恶意代码的进攻。此外,Java 的异常处理机制、强类型机制和自动垃圾回收机制等为 Java 程序的健壮性提供了重要的保障。

(4) 分布式和可移植:Java 语言提供了网络应用编程接口以支持网络应用的开发,同时提供了 RMI(远程方法调用)机制以支持分布式应用开发。Java 程序是可移植的,因为 Java 的体系结构是中立的,Java 程序在 Java 平台上被编译成与平台无关的字节码格式,然后可以在实现这个 Java 平台的任何系统中运行。Java 系统本身也具有很强的可移植性,Java 编译器是用 Java 实现的,而 JRE 是用 ANSI C 实现的。

(5) 高性能和多线程:Java 的性能虽无法达到 C、C++ 等编译型语言的程度,但在 JIT(Just-In-Time)编译器的帮助下,Java 方法在执行前被“及时地”编译为本地机器代码,运行性能得到大幅提升。另外,Java 语言支持多个线程同时执行,并提供多个线程之间的同步和通信机制。

1.1.4 Java程序运行机制

如果按照程序的执行方式划分，高级程序语言可以分为编译型语言和解释型语言。编译型语言是使用专门的编译器，针对特定的平台将源代码编译成该平台可以执行的机器码。它的运行效率高，但是跨平台性差。解释型语言是使用专门的解释器，逐行将源代码解释成特定平台的机器码，并立即执行的语言。它运行效率较低，而且不能脱离解释器独立执行，优点是跨平台性好，只需要提供特定平台的解释器即可。

严格来讲，Java语言既不属于编译型语言，也不属于解释型语言。Java语言比较特殊，Java程序首先是要经过编译器编译，但是编译出来的结果并不是生成特定平台的机器码，而是生成一种与平台无关的字节码，并且这个字节码需要解释器来解释执行。

编译器编译Java源程序时，生成的是与平台无关的字节码，这些字节码不是针对特定平台的，而是针对Java虚拟机(Java Virtual Machine，JVM)的。为了实现Java程序的平台无关性，Sun公司制定了Java虚拟机的统一标准，内容包括指令集、寄存器、类文件格式、栈、垃圾回收堆和存储区等。不同平台上的JVM是不同的，但是它们提供了相同的接口。JVM负责解释执行字节码，在某些JVM实现中，虚拟机代码能够转换成特定系统的机器码执行，从而提高执行效率。

1.2 Java程序概述

1.2.1 搭建Java程序开发环境

在进行Java程序开发之前需要在计算机上安装和配置Java开发环境的。不同系统平台环境配置方式略有差异，下面分别介绍三个主流操作系统下的环境配置方式。

1. Windows开发环境

(1) 登录Oracle官方Java SE下载网址下载最新版JDK：https://www.oracle.com/java/technologies/javase-downloads.html

(2) 运行下载的EXE文件，选择安装全部的组件，建议将安装路径修改为不包含空格的路径，例如“D:\dev\jdk-13.0.2”。

(3) 配置环境变量。新建环境变量JAVA_HOME，指向JDK的安装目录，例如“D:\dev\jdk-13.0.2”；然后，修改环境变量Path，在末尾添加内容，指向JDK的bin目录，例如“;D:\dev\jdk-13.0.2\bin”。

(4) 打开Windows系统的命令行工具，执行“java -version”命令，如果输出了刚刚安装的JDK版本号的话，证明已经成功搭建了Java开发环境。

2. Linux开发环境

(1) 与Windows系统类似，访问Oracle官网下载最新版JDK。注意选择扩展名为rpm或deb格式的文件。

(2) 执行下载后的文件，自动安装Java开发环境。

(3) 执行“java -version”命令，如果输出了刚刚安装的JDK版本号，证明已经成功搭建了Java开发环境。

3. MacOS 开发环境

Mac 系统已经内置了 Java 开发环境,所以可以不用配置,但是版本可能不是最新的。打开终端,执行“java -version”可以看到当前内置的 JDK 的版本。如果不是最新版,可以访问 Oracle 官网下载,并自行安装。安装完成后,执行“java -version”命令,如果输出了刚刚安装的 JDK 版本号的话,证明 Java 开发环境没有问题了。

(1) 与 Windows 系统类似,访问 Oracle 官网下载最新版 JDK。注意选择扩展名为 dmg 格式的文件。

(2) 执行下载后的文件,自动安装 Java 开发环境。

(3) 执行“java -version”命令,如果输出了刚刚安装的 JDK 版本号,证明已经成功搭建了 Java 开发环境。

1.2.2 第一个 Java 程序:Hello Java

搭建好基础的 Java 开发环境后,就可以编写第一个 Java 程序了。目标很简单,就是在控制台输出“Hello Java!”,以表达我们对 Java 语言世界的问候。读者可以在自己的计算机中任意打开一个文本编辑器,例如 Windows 下的记事本(Mac 下的文本编辑器或是 Ubuntu 下的 gedit),然后在文件中输入下面的代码,最后将文件保存为 HelloJava.java。

例 1-1 第一个 Java 程序。

```
public class HelloJava {
    public static void main(String[] args) {
        System.out.println("Hello Java!");
    }
}
```

然后,打开命令行窗口,切换到 HelloJava.java 文件保存的目录下,输入命令“java HelloJava.java”。成功执行后,可以看到控制台输出了字符串“Hello Java!”。在这个过程中,java 命令编译并执行了我们刚刚编写的 HelloJava.java 类。

下面简单解释下源程序:第 1 行 public class HelloJava 声明了一个类,类的名称是 HelloJava,public 是类的访问修饰符,以后会详细介绍。在 Java 语法中,Java 源文件的扩展名一定是.java,文件名必须和文件中定义为 public 的类的名称相同,这里都是 HelloJava。第 3 行 public static void main(String[] args)声明了一个方法,方法名称为 main,只接收一个字符串数组作为参数,这里的 public 是对方法的访问修饰符,而 static 表明这是一个静态方法。在 Java 语法中,变量和方法是不能够独立存在的,它们只能存在于某个类中。一个程序只有一个主入口,这里主入口就是 main 方法,它的方法声明是固定不变的,其中的参数通常是由命令行传递过来的。在 main 方法体中,使用 System.out.println 方法在系统默认的标准输出设备上输出“Hello Java!”字符串。

1.3 基本数据类型与表达式

Java 语言是一种强类型的编程语言,这意味着所有的变量都必须声明后才能使用,并且指定类型的变量只接受类型与之匹配的值。Java 语言的数据类型主要分为两种类型:基本数据类型和引用类型。基本数据类型包括整型、字符型、浮点型和布尔型。其中整型、浮点型和字符型都属于数值型，所有数值型之间都可以进行类型转换，这种类型转换有自动类型转换和强制类型转换两种形式，这些内容本节都会详细介绍。

1.3.1　变量与常量

1. 文字量

文字量直接出现在程序中并被编译器直接使用，例如 30 和 3.141592654。文字量也称为文字常量，所谓常量，就是在其生存期内值不可改变的量。

2. 标识符（Identifier）

除了文字量以外，也可以在程序中为值固定不变的量命名，稍后还会介绍变量，变量是需要命名的。变量名和常量名必须是 Java 语言中的合法标识符，后续章节将要介绍的类名、对象名、方法名也必须是合法的标识符。因此，这里先介绍 Java 语言中的标识符。

标识符是一个名称，其第一个字符必须是下列字符中的一个：大写字母（A～Z）、小写字母（a～z）、下画线（_）或者（$），后面的字符可以是上述字母或者数字（0～9）中的一个。

在标识符中有一部分被系统定义，用户不能使用，被称为保留字或关键字。关键字列表如下：

abstract	continue	for	new	switch
assert	default	goto	package	synchronized
boolean	do	if	private	this
break	double	implements	protected	throw
byte	else	import	public	throws
case	enum	instanceof	return	transient
catch	extends	int	short	try
char	final	interface	static	void
class	finally	long	strictfp	volatile
const	float	native	super	while

$var1、_var2、aInt、student_Number 都是合法标识符。下列标识符是不合法的：

- 2student　　（数字不能作为标识符第一个字符）
- try　　（关键字不能作为标识符）
- var#　　（含有非法字符 #）

3. 变量（Variables）

变量一个是由标识符命名的项，它具有类型和作用域，它的值可以被改变。本书中的“变量”指的是基本类型的变量，类的实例称为对象（第 2 章介绍）。基本类型变量的定义和声明很多时候是同时发生的。变量定义的语法形式如下：

```
Type  varName[=value] [, varName[=value]…];
```

Type 表示数据类型名；varName 表示变量名，可以是任意的合法标识符，应该具有一定的含义，从而增加程序的可读性；value 表示用来初始化变量的初始值，方括号表示可选项。

变量的作用域指可以访问该变量的程序代码范围。按照作用域的不同,变量可以分为类成员变量和局部变量。类成员变量在类的声明体中声明,它的作用域为整个类;局部变量在方法体或方法的代码块中声明,它的作用域为它所在的代码块(即花括号{}的范围)。

变量定义举例如下:

```
int      num, total;
double   v, r, h;
boolean  b1 = true;
boolean  b2 = false;
```

4. 常量(final Variables)

在变量声明格式前加上 final 修饰符,就声明了一个常量,常量在定义时需要初始化,一旦被初始化就不能被改变。语法形式如下:

```
final  Type    varName[=value] [, varName[=value]…];
```

例如:

```
final  int     PRICE=30;
final  double  PI = 3.141592654;
```

1.3.2　基本数据类型

基本数据类型是指 Java 固有的数据类型,是编译器本身能理解的,可以分为数值型、布尔型和字符型。

1. 数值型

Java 语言中的数值型包括了整数类型、浮点数类型,其中整数类型包括字节型(byte)、短整型(short)、整型(int)和长整型(long)4 种类型,浮点数类型包括单精度浮点型(float)和双精度浮点型(double)两种类型。表 1-1 说明了这 6 种数值型的长度和最值。

表 1-1　6 种数值类型

类　　型	说　　明	长度/b	最小值	最大值
byte	带符号微整数	8	−128	127
short	带符号短整数	16	-2^{15}	$2^{15}-1$
int	带符号整数	32	-2^{31}	$2^{31}-1$
long	带符号长整数	64	-2^{63}	$2^{63}-1$
float	单精度浮点数	32	-2^{-149}	$(2-2^{-23})\times 2^{127}$
double	双精度浮点数	64	2^{-1074}	$(2-2^{-52})\times 2^{1023}$

数值型的文字量格式如表 1-2 所示。

表 1-2 数值型文字量格式

数据类型	文字量
byte short int	十进制数,开头不为 0;0X 后跟十六进制数,如 0XF1C4;0 后跟八进制数,如 0726
long	同上,但后面跟 l 或 L,如 84l、0X1F39L
float	数字后跟 f 或 F,如 1.23456f、1.893E2F
double	后面可选 d 或 D 做后缀,如 1.23D
boolean	true 或 false

int 是 Java 语言中最常使用的整型,所以一个 Java 整型常量默认就是 int 类型。如果希望一个整型常量当作是 long 类型来处理的话,通常需要在这个整型常量的后面添加 L 或者 l 作为后缀,如下面代码所示:

```
int var_int = 100;
long var_long = 1234567890L;          //声明为 long 类型
```

当把一个 int 范围内的数值赋值给一个 long 类型的变量的时候,编译器并不会将这个数值直接当作 long 类型,而还是把它当作 int 类型,只是这个 int 类型自动类型转换成了 long 类型。

Java 语言中默认的浮点变量是 double 类型的,如果希望将这个浮点数值作为 float 类型来处理,可以在这个数值后面添加 F 或者 f 作为后缀。Java 语言中浮点数除了使用常用的十进制形式表示之外,还可以使用科学记数法形式表示,如下面代码所示:

```
float var_float = 1.23f;              //声明为 float 类型
double var_double = 1.32e4;           //科学记数法形式,1.32e4 表示 1.32×10⁴
```

2. 字符型

字符类型的文字量是单引号括起来的字符或者转义序列,如'Z','k','\t'。Java 语言使用 16 位的 Unicode 字符作为编码方式,因为 Unicode 字符集支持各种语言。某些特殊的字符型常量需要使用转义的形式来表示,如下面代码所示:

```
char var_char = 'a';
char char_tab = '\t';                 //转义字符
```

Java 语言中常用的转义字符如表 1-3 所示。

表 1-3 Java 语言中常用的转义字符

转义字符	表示含义	转义字符	表示含义
\'	单引号字符	\n	回车并换行
\"	双引号字符	\t	水平制表符
\\	反斜杠字符	\b	退格
\r	回车		

3. 布尔型

布尔(boolean)类型的文字量只有 true(表示逻辑“真”)和 false(表示逻辑“假”)两种,因此布尔类型的变量和常量值也就只有 true 和 false 两种。例如下面是布尔变量的定义和初始化:

```
boolean b1 = true;
boolean b2 = false;
```

1.3.3　运算符与表达式

表达式由一系列的变量、运算符和方法调用构成,用于计算、对变量赋值以及作为程序控制的条件。表达式的值由其中的各个元素决定,可以是基本数据类型,也可以是引用类型。

对表达式进行计算时,要按照运算符的优先级别从高到低进行,同级运算符则按照从左到右的方向进行。Java 语言中运算符的优先次序如表 1-4 所示,在表中越靠上的运算符优先级越高。

表 1-4　运算符优先级次序表

优先级别	运算名称	运算符
1	后置运算符	expr++　expr--
2	单目运算符	++expr　--expr　+expr　-expr　~　!
3	乘除	*　/　%
4	加减	+　-
5	位移	<<　>>　>>>
6	关系	<　>　<=　>=　instanceof
7	等/不等	==　!=
8	按位与	&
9	按位异或	^
10	按位或	|
11	逻辑与	&&
12	逻辑或	||
13	条件运算符	?　:
14	赋值运算符	=　+=　-=　*=　/=　%=　&=　^=　|=　<<=　>>=　>>>=

表达式中可以用括号改变运算次序,另外,适当地使用括号可以使表达式结构清晰,增强程序的可读性。

运算符也称为操作符,指明对操作数所进行的运算。按照功能,可以把运算符分为赋值运算符、算术运算符、关系运算符、逻辑运算符、位运算符和条件运算符。

1. 赋值运算符

赋值运算符(＝)将右操作数赋值给左操作数,赋值表达式结果为左操作数,例如:

```
int a;
a=8;
```

表达式“a＝8”的结果为 8。

赋值运算符与其他运算符复合,就构成了复合赋值运算符,例如:

```
a+=8;
```

等价于:

```
a=a+8;
```

同样,还有其他复合赋值运算符:＋＝,－＝,*＝,/＝,%＝,&＝,^＝,|＝,<<＝,>>＝,>>>＝。下面举例说明赋值运算符的使用方法:

```
a=b=c=d=3;                //表达式以及 a、b、c、d 的值都是 3
a=3+(b=10);               //表达式的值是 13,a 的值是 13,b 的值是 10
a=(b=14)/(c=7)            //表达式的值是 2,a 的值是 2,b 的值是 14,c 的值是 7
```

2. 算术运算符

表 1-5 列出了 Java 中的算术运算符及其用法和用途。这些运算符接受整数类型或者浮点类型的操作数(operand),产生整数类型或者浮点类型结果。

表 1-5　算术运算符

	运算符	用　　法	用　　途
双目运算符	＋	operand1＋operand2	加
	－	operand1－operand2	减
	*	operand1 * operand2	乘
	/	operand1/operand2	除
	%	operand1%operand2	求余(模数)
单目运算符	＋	＋operand	正值
	－	－operand	负值
	＋＋	＋＋operand, operand＋＋	递增 1
	－－	－－operand, operand－－	递减 1

3. 关系运算符

关系运算符分为算术比较运算符和类型比较运算符。关系表达式的结果只能是布尔型。关系运算符如表 1-6 所示。

表 1-6　关系运算符

运　算　符	用　　法	返回 true 的情况
＞	opt1＞opt2	opt1 大于 opt2
＞＝	opt1＞＝opt2	opt1 大于或等于 opt2
＜	opt1＜opt2	opt1 小于 opt2
＜＝	opt1＜＝opt2	opt1 小于或等于 opt2
＝＝	opt1＝＝opt2	opt1 等于 opt2
!＝	opt1!＝opt2	opt1 不等于 opt2

类型比较运算符只有一个，即 instanceof，用法举例如下：

```
e instanceof Point                    //Point 是一个类
```

如果 e 不为 null 并且是 Point 类或其子类的一个实例，结果为 true，否则结果为 false。

4. 逻辑运算符

1）“与”运算符(&&)

如果两个操作数的值都为 true，表达式运算结果为 true，否则结果为 false。

2）“或”运算符(||)

如果两个操作数的值都为 false，表达式运算结果为 false，否则结果为 true。

3）“非”运算符(!)

如果操作数的值为 false，表达式运算结果为 true；如果操作数的值为 true，表达式运算结果为 false。

5. 位运算符

位运算符对二进制位进行操作，各个位运算符如下所示。

1）按位反运算符(～)

对数据二进制取反，即 0 变 1，1 变 0。如：

```
~00101010 的结果为 11010101
```

2）按位与运算符(&)

参与运算的两个值，相应位都为 1，则该位结果为 1，否则为 0。如：

```
00110111 & 01000110 的结果为 00000110
```

3）按位或运算符(|)

参与运算的两个值，相应位都为 0，则该位结果为 0，否则为 1。如：

```
00110111 | 01000110 的结果为 01110111
```

4）按位异或运算符(^)

参与运算的两个值，相应位相同，则该位结果为 0，否则为 1。如：

```
00110101^00111010 的结果为 00001111
```

5）左移运算符(<<)

将一个数的二进制位全部左移若干位。高位左移后溢出，舍弃，低位补 0。如：

```
a=00011100;  a<<2 的结果为 01110000
```

在没有溢出的情况下，左移一位相当于乘以 2；移位实现乘法比乘法运算快很多。

6）右移运算符(>>)

将一个数的二进制位全部右移若干位。舍弃移出的低位，最高位则移入原来高位的值。如：

```
a=00011100;  a>>2 的结果为 00000111
b=10011011;  b>>2 的结果为 11100110
```

右移一位相当于除以 2 取商；移位实现除法比除法运算快很多。

7）无符号右移运算符(>>>)

将一个数的二进制位无符号右移若干位。舍弃移出的低位，和>>不同，最高位补 0。如：

```
b=10011011;  b>>>2 的结果为 00100110
```

6. 条件运算符

条件运算符为三目运算符，语法形式如下：

```
expression1 ? expression2: expression3
```

首先计算表达式 expression1，它的结果应该为一个布尔值，如果该值为 true，则执行语句 expression2，否则执行语句 expression3。语句 expression2 和 expression3 需要返回相同的数据类型。条件运算符实现了简单 if-else 语句的功能。

下面是条件运算符的应用举例：

```
boolean isStudent;
isStudent=true;
int salary;
salary=(isStudent ? 500 : 1000);          //salary 为 500
```

1.3.4　类型转换

类型转换有两个方式：隐含(自动)类型转换和显式(强制)类型转换。按照转换前后有无信息损失又分为扩展转换和窄化转换两类。

图 1-1 中箭头所示方向表示为扩展转换方向。按照这个方向，从一种整型转换到另一种整型，或者从 float 转换到 double 时，不损失任何信息。从整型转换到 float 或者 double

将损失精度。

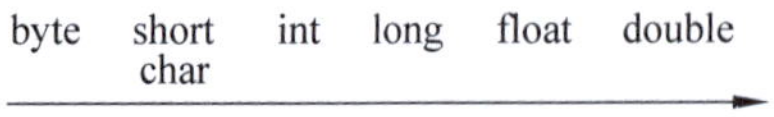

byte short char int long float double →

图 1-1 扩展转换

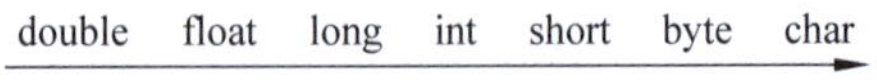

double float long int short byte char →

图 1-2 窄化转换

图 1-2 中箭头所示方向为窄化转换方向。窄化转换可能会丢失信息。

1. 隐含类型转换

每个表达式都有类型,如果表达式的类型和程序上下文不符,要么产生编译错误,要么发生隐含(自动)的类型转换。

在下面 4 种情况下可能发生隐含类型转换。

(1) 算术运算和关系运算:要求操作数类型一致,如果类型不一致将隐含进行扩展转换。

(2) 赋值转换:表达式运算结果的类型和被赋值的变量类型不一致时,表达式结果的类型自动被转换成变量所对应的类型。

(3) 方法调用转换:在方法或者构造方法中进行类型转换。

(4) 字符串转换:在"字符串+操作数"的情况下,操作数会被自动转换为字符串类型。但是,需要注意的是,字符串类型不属于基本数据类型,而是类库中预定义的类。隐含类型转换的例子如下:

```
int ia = 4;
long lb = ia;                   //int 类型自动转型为 long 类型
short sc = lb;                  //这行编译会出错,因为 long 类型不能自动转型为 short 类型
String str = ia + "string";  //这里得到的字符串 str 为"4string"
```

2. 显式类型转换

显式(强制)类型转换将一个表达式类型强制转换成另外的类型,转换时需要加上一对圆括号并在括号内声明要强制转换成的目标类型。如下面代码所示,将一个 double 类型显式转换成 int 类型,此时系统会将 double 类型数值的小数部分截断,得到只包含整数部分的 int 类型数值。

```
double vard=45.32;
int vari = (int)vard;       //强制类型转换
```

1.4 数组

数组是由同类型的数据元素构成的一种数据结构,是对象。数据元素可以是基本数据类型,也可以是引用类型。数组元素是有序的,通过数组名和数组元素下标(或称为索引)可以引用数组中的元素。

每个数组都有一个名为 length 成员变量,用来表示数组所包含元素的个数,length 只能是正整数或者零。数组创建之后 length 就不能被改变。

1.4.1　数组的声明

声明一维数组的语法形式为

```
Type  arrayName[];
```

或者：

```
Type[]  arrayName;
```

其中，Type 为数组的类型，可以是基本数据类型也可以是引用类型；arrayName 为数组名，可以是任意的 Java 合法标识符。

声明数组时无须指明数组元素的个数，也不为数组元素分配内存空间。经上述声明的数组名不能直接使用，必须经过初始化并为其分配内存后才能使用。

例如，声明 int 类型数组的语句如下：

```
int  intArray[];
```

或者：

```
int[]  intArray;
```

声明字符串数组的语句如下：

```
String  stringArray[];
```

或者：

```
String[]  stringArray;
```

1.4.2　数组的创建

包括数组在内，Java 中的所有对象都是在运行时动态创建的，创建新对象的方法之一是用关键字 new 构成数组的创建表达式。在以 new 创建数组时，可以指定数组的类型和数组元素的个数。例如：

```
int[]  a=new int[8];
```

也可以将数组的声明和创建分开来执行：

```
int[]  a;                                           //声明数组
a=new int[8];                                       //创建数组
```

可以在一条声明语句中创建多个数组，例如：

```
String[]  s1=new String[3], s2=new String[8], s3=new String[10];
```

基本类型数组的每个元素都是一个基本类型的变量,例如上述数组 a 的每个元素均为 int 型变量;引用类型数组的每个元素都是对象的引用,如上述数组 s1 的每个元素都是 String 对象的引用。关于对象及对象的引用将在第 2 章介绍。

1.4.3 数组元素的初始化

数组声明后必须经过初始化才能引用,也就是数组的元素要被赋予初始值。创建数组时,如果没有指定初始值,数组便被赋予默认值初始值。基本类型数值数据,默认的初始值为 0;boolean 类型数据,默认值为 false;引用类型元素的默认值为 null(空引用)。

当然,程序也可以在数组被构造之后改变数组元素值。

如果要为数组指定初始值,可以在声明数组名时给出,也可以在数组创建表达式中给出。

如果在声明数组名时给出了数组的初始值,程序便会利用数组初始化值创建数组并对它的各个元素进行初始化。其语法形式如下:

```
Type arrayName[]={element1[, element2, …]};
```

其中,Type 为数组元素类型;arrayName 为数组名;element1,element2…为 Type 类型的数组元素初值;方括号表示可选项。

用这种方法声明数组时,无须说明数组长度,按顺序举出数组中的全部元素即可,编译器会通过计算列表中初始值的个数来确定数组元素的个数。

例如初始化一个 int 型数组:

```
int a[]={22, 33, 44, 55};
```

上述语句创建了一个包含 4 个元素的数组 a,4 个元素分别是 22,33,44 和 55。

1.4.4 数组的引用

声明并初始化数组之后,就可以在程序中引用数组元素了。和 C/C++ 相同,使用数组名和下标值来确定引用的数组元素,格式如下:

```
arrayName[arrayIndex]
```

其中,arrayName 表示数组名;arrayIndex 表示数组下标。数组下标必须是 int、short、byte 或者 char 类型中的一种,并且从 0 开始计数。元素的个数为数组的长度(length),可以通过 arrayName.length 引用。因此元素下标最大值为 length－1,一旦下标超过最大值,将会产生数组越界异常(ArrayIndexOutOfBoundsException)。

例 1-2　数组举例。

```
public class MyArray {
    public static void main(String[] args) {
```

```
        //创建数组
        int[] myArray = new int[10];

        //赋值
        myArray[0] = 0;
        myArray[1] = 1;
        myArray[2] = 2;
        myArray[9] = 9;

        //使用 for 循环遍历数组
        System.out.println("Index\t\tValue");
        for (int i = 0; i < myArray.length; i++) {
            System.out.println(i + "\t\t" + myArray[i]);
        }

        //使用增强 for 循环遍历数组
        System.out.print("Values:");
        for (int i : myArray) {
            System.out.print(i + " ");
        }
        System.out.print("\n");

        //打开注释运行程序将产生数组越界异常
        //myArray[10]=100;
    }
}
```

运行结果如下：

```
Index           Value
0               0
1               1
2               2
3               0
4               0
5               0
6               0
7               0
8               0
9               9
Values:0 1 2 0 0 0 0 0 0 9
```

如果程序最后一句不被注释，将有数组越界异常产生：

```
Exception in thread "main" java.lang.ArrayIndexOutOfBoundsException: 10
        at MyArray.main(MyArray.java:17)
```

1.4.5 多维数组

多维数组可以看作数组的数组,即高维数组的每一个元素为一个低维数组。多维数组的声明、初始化和引用与一维数组相似。下面以二维数组为例讲解多维数组。

1. 二维数组的声明

二维数组声明的格式为:

```
Type    arrayName[][];
```

或者:

```
Type[][]    arrayName;
```

例如声明一个 int 型二维数组:

```
int    intArray[][];
```

或者

```
int[][]  intArray;
```

2. 二维数组的创建

可以用数组创建表达式创建每一行的列数都相同的多维数组,格式如下:

```
arrayName=new Type[length1][length2];
```

length1 表示二维数组的行数,length2 表示二维数据列数,其他各量意义如前所述。

例如创建一个 4 行 5 列的数组引用:

```
int  a[][];                                   //声明二维数组
a=new int[4][5];                              //创建二维数组
```

需要强调的是,Java 语言不要求多维数组的每一维长度相同,对于各行列数不同的二维数组,可以按照下面的格式创建:

```
Type    arrayName[][];
arrayName=new Type[length1][];                //指定数组的行数
arrayName[0]=new Type[length20];              //为 0 行创建 length20 列
arrayName[1]=new Type[length21];              //为 1 行创建 length21 列
……
```

length20 和 length21 可以不同。

例如可以创建如下的二维数组:

```
int  a[][];
a=new int[2][];
a[0]=new int[3];
a[1]=new int[5];
```

上述四条语句创建了一个 2 行的二维数组，其中第一行 3 列，第二行 5 列。

3. 二维数组的初始化

同一维数组一样，多维数组也可以在声明中用初始化值进行初始化，例如可以这样初始化一个 2 行 3 列的二维数组：

```
int a[][]={{1,2,3},{4,5,6}};
```

当然，数组中各行的长度还可以不同。

下面的程序声明、创建并初始化一个三行的二维数组：

```
int[][] myArray;
myArray = new int[3][] ;
myArray[0] = new int[3] ;
int[] x = {0, 2};
int[] y = {0, 1, 2, 3, 4} ;
myArray[1] = x ;
myArray[2] = y ;
```

程序实现过程如图 1-3 所示。

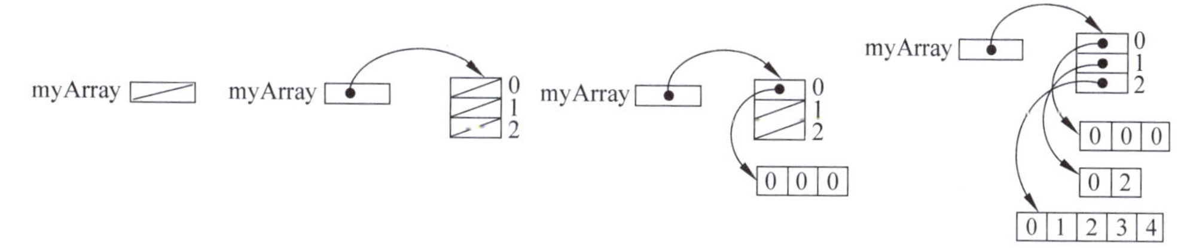

图 1-3　二维数组实现过程

4. 二维数组的引用

与一维数组一样，二维数组也用数组名和下标值来确定引用的数组元素，语法形式如下：

```
arrayName[arrayIndex1][arrayIndex2]
```

数组下标必须是 int、short、byte 或者 char 类型中的一种，并且从 0 开始计数。通过 arrayName.length 可以得到二维数组的行数，通过 arrayName[i].length 可以得到第 i 行的列数。

如例 1-3 的程序可以实现为二维数组每个元素赋值和求和。

例 1-3　二维数组举例。

```
public class TwoDimensionArray {
    public static void main(String[] args) {

        //创建数组
        int[][] myArray = new int[5][10];

        //为每个数组元素赋值
        for (int i = 0; i < myArray.length; i++) {
            for (int j = 0; j < myArray[i].length; j++) {
                myArray[i][j] = i * 10 + j;
            }
        }

        //使用 for 循环遍历二维数组 myArray
        int total = 0;
        for (int i = 0; i < myArray.length; i++) {
            for (int j = 0; j < myArray[i].length; j++) {
                total += myArray[i][j];
            }
        }
        System.out.println("The sum is : " + total);

        total = 0;
        //使用增强 for 循环遍历二维数组 myArray,每次循环时,a 都是一个一维数组
        for (int[] a : myArray) {
            //使用增强 for 循环遍历一维数组 a,每次循环时,i 是一个 int 型整数
            for (int i : a) {
                total += i;
            }
        }
        System.out.println("The sum is : " + total);
    }

}
```

程序输出:

```
The sum is : 1225
The sum is : 1225
```

1.5　控制流程

Java 程序通过控制语句来控制方法体的执行流程。目前只学习了如何写 main()方法,后续章节还将学习在类中定义更多的方法。类的方法中语句可以是简单语句,也可以是复

合语句。简单语句是以分号";"结尾的单语句，复合语句是一对花括号"{"和"}"括起来的语句组，也称为"块"，最后没有分号。如：

```
{ }

{
    BankAccount bankAccount1 = new BankAccount("LinLi", 500);
    System.out.println(bankAccount1);
}
```

第一个块是个空块，其中不含任何语句。第二个块包含两条语句。

Java 的方法体中流程控制主要有顺序结构、选择结构及循环结构三种。

顺序结构即是按照从上到下的顺序执行语句，没有跳转及重复。

选择结构是根据给定的条件成立与否，执行不同的语句或语句组。Java 的选择结构主要有二路选择结构(if 选择结构)及多路选择结构(switch 选择结构)两种。

循环控制结构是在一定的条件下，反复执行某段程序的流程结构，被反复执行的程序称为循环体。循环控制结构是程序中非常重要和最基本的一种结构，它是由循环语句来实现的。一个循环一般包括 4 部分的内容。

- 初始化部分：用来设置循环的一些初始条件，如计数器清零等。
- 循环体部分：这是反复执行的一段代码，可以是单一的一条语句，也可以是复合语句。
- 迭代部分：这是当前循环结束，下次循环开始执行的语句，常常用来使计数器进行增减操作。
- 终止部分：通常是布尔表达式，每一次循环要对该表达式求值，以验证是否满足循环终止条件。

Java 中提供的循环语句共有 3 种：

- for 语句。
- while 语句。
- do-while 语句。

除此以外，还有与程序转移有关的跳转语句，主要用于循环中，用于实现循环执行过程中的流程转移。为了提高程序的可靠性和可读性，Java 语言不支持无条件跳转的 goto 语句。循环中常用的跳转语句有两个：break 和 continue 语句。

下面分别对控制结构及跳转语句进行介绍。

1.5.1　if 选择结构

if 语句是 Java 程序中最基本的选择语句。if 语句的语法形式如下。

(1) 只有 if 语句，即只有 if 分支，没有 else 分支。如果条件表达式成立，则执行 if 分支，其语法形式如下：

```
if (boolean-expression)  {
```

```
    //语句 1;
}
```

(2) if-else 语句,根据判定条件的真假来执行两种操作中的一种,其一般的格式为:

```
if (boolean-expression)  {
    //语句 1 ;
}
else {
    //语句 2 ;
 }
```

boolean-expression 是任意一个返回布尔型数据的表达式,根据这个表达式的值是"真"或"假"来决定执行哪个分支。执行 if 语句时,程序先计算条件表达式的值,如果为"真",则执行 if 分支语句组;如果为"假",则执行 else 分支语句。

(3) if-else 语句的一种特殊形式为:

```
if (boolean-expression1) {
    //语句 1;
    }
else if (boolean-expression2) {
    //语句 2;
    }
          …
else {
    //语句 n;
  }
```

这种形式相当于在每个 else 分支都嵌套了一个 if-else 语句。

注意:else 子句不能单独作为语句使用,它必须和 if 配对使用。else 总是与离它最近的 if 匹配,也可以通过使用花括号{}来改变匹配关系。

例 1-4　使用 if-else if 语句计算平年某月天数的程序片段。

```
static int daysInMonth(int month) {
    if (month == 2) {
        return (28);
    } else if ((month == 4) || (month == 6) || (month == 9) || (month == 11)) {
        return (30);
    } else {
        return (31);
    }
}
```

在上面的程序中,当变量 month 的值为 2 时,返回 28;当变量 month 的值为 4、6、9、11

时，返回 30；否则，返回 31。

1.5.2　switch 选择结构

switch 语句是多分支的选择结构，它的一般格式如下：

```
switch (switch-expression) {
    case value1:    语句 1; break;
    case value2:    语句 2; break;
    ...
    case valueN:    语句 N; break;
    default:        default 标号的语句; break;
}
```

switch 语句中表达式的值（switch-expression）和常量值 value1 到常量值 valueN 可以是整数类型、字符类型或字符串类型。

switch 语句首先计算表达式的值，如果表达式的值和某个 case 后面的值相同，则从该 case 之后开始执行，直到 break 语句为止。若没有一个常量与表达式的值相同，则从 default 之后开始执行。default 是可有可无的，如果它不存在，并且所有的常量值都和表达式不相同，那么 switch 语句就不会进行任何处理。另外，在同一个 switch 语句中，case 后的值必须互不相同，但是次序没有要求。

例 1-5　使用 switch-case 语句计数平年某月天数的程序片段。

```
static int daysInMonth(int month) {
    int days;
    switch (month) {
        case 2:
            days = 28;
            break;
        case 4:
        case 6:
        case 9:
        case 11:
            days = 30;
            break;
        default:
            days = 31;
    }
    return (days);
}
```

在上面的例子中，switch 语句首先判断月份，然后根据月份的值来计算天数，假设变量 month 的值是 2，则执行完 switch 语句后，变量 days 的值为 28。

需要注意的是，switch 语句的每一个 case 判断，都只负责指明分支的入口点，而不指定分支的出口点。分支的出口点需要用 break 来标明。

1.5.3 for 循环

for 循环是 Java 语言三个循环语句中功能较强、使用较广泛的一个,它的一般语法格式如下:

```
for (start-expression; check-expression, update-expression) {
    //循环体
}
```

start-expression 完成循环变量和其他变量的初始化工作;check-expression 是返回布尔值的条件表达式,用于判断循环是否继续;update-expression 用来修整循环变量,改变循环条件。注意:三个表达式之间用分号隔开。

语句 for 的执行过程是这样的:首先根据初始表达式 start-expression,完成必要的初始化工作;再判断表达式 check-expression 的值,若为真,则执行循环体,执行完循环体后再返回表达式 update-expression,计算并修改循环条件,这样一轮循环就结束了。第二轮循环从计算并判断表达式 check-expression 开始,若表达式的值仍为真,则循环继续,否则跳出整个 for 语句执行 for 循环下面的句子。

for 循环的循环体中也可以包含另一个或多个 for 循环,这称为 for 循环的嵌套。

例 1-6 显示九九乘法表。

程序如下:

```
public class MultiTable {
    public static void main(String[] args) {
        for (int i = 1; i <= 9; i++) {
            for (int j = 1; j <= i; j++) {
                System.out.print("  " + i + "*" + j + "=" + i * j);
            }
            System.out.println();
        }
    }
}
```

程序输出:

```
1*1=1
2*1=2  2*2=4
3*1=3  3*2=6  3*3=9
4*1=4  4*2=8  4*3=12  4*4=16
5*1=5  5*2=10  5*3=15  5*4=20  5*5=25
6*1=6  6*2=12  6*3=18  6*4=24  6*5=30  6*6=36
7*1=7  7*2=14  7*3=21  7*4=28  7*5=35  7*6=42  7*7=49
8*1=8  8*2=16  8*3=24  8*4=32  8*5=40  8*6=48  8*7=56  8*8=64
9*1=9  9*2=18  9*3=27  9*4=36  9*5=45  9*6=54  9*7=63  9*8=72  9*9=81
```

从 Java 5 开始，有了增强 for 循环的功能。增强 for 循环可以用来对数组或者集合对象进行遍历，其语法格式如下：

```
for (Type name : 数组或集合对象) {
//循环体;
}
```

例 1-7　使用增强 for 循环输出星期一到星期天的英文名。

```
public class PrintDay {
    public static void main(String[] args) {
        String[] days = {"Monday", "Tuesday", "Wednesday", "Thursday", "Friday",
"Saturday", "Sunday"};
        for (String day : days) {
            System.out.print(day + " ");
        }
    }
}
```

运行结果如下：

```
Monday Tuesday Wednesday Thursday Friday Saturday Sunday
```

1.5.4　while 语句

while 语句实现“当型”循环，其一般语法格式如下：

```
while (check-expression) {
    //循环体;
}
```

其中，条件表达式(check-expression)的返回值为布尔型，循环体可以是单个语句，也可以是复合语句块。

while 语句的执行过程是：先判断条件表达式(check-expression)的值，若为真，则执行循环体，循环体执行完后再无条件转向条件表达式做计算与判断；为真，则继续执行循环，当计算出条件表达式的值为假时，跳过循环体执行 while 语句后面的语句。如：

```
char ch='a';
while (ch!='\n'){
    System.out.println(ch);
    ch=(char)System.in.read() ;      //接收键盘输入
}
```

此例是循环接收并输出从键盘输入的字符，直到输入的字符为回车为止。

1.5.5　do-while 语句

do-while 语句的一般语法结构如下：

```
do {
    //循环体;
} while (check-expression);
```

do-while 语句的使用与 while 语句很类似，不同的是它不像 while 语句是先计算条件表达式的值，而是无条件地执行一遍循环体，再来判断条件表达式的值，若表达式的值为真，则再运行循环体，否则跳出 do-while 循环，执行下面的语句。可以看出，do-while 语句的特点是它的循环体将至少要执行一次。

使用 do-while 语句也可以实现循环接收并输出从键盘输入的字符，直到输入的字符为回车为止：

```
do {
    ch = (char) System.in.read();
    System.out.println(ch);
} while (ch !='\n');
```

只是这里的循环体至少执行一次。

1.5.6　break 语句

break 语句可用于下面 3 种情况：

(1) 在 switch 结构中，break 语句用来终止 switch 语句的执行。

(2) 在 for 循环及 while 循环结构中，用于终止 break 语句所在的最内层循环。

例 1-8　简单 break 应用举例。

```
public class BreakTest {
    public static void main(String[] args) {
        String output = "";
        int i;
        for (i = 1; i <= 10; i++) {
            if (i == 5) {
                break; //break loop only if count == 5
            }
            output += i + " ";
        }
        output += "\nBroke out of loop at i = " + i;
        System.out.println(output);
    }
}
```

运行结果如下：

```
1 2 3 4
Broke out of loop at i = 5
```

从运行结果看到：当执行 break 语句时，程序流程跳出 for 循环。

如果 break 语句出现在嵌套的循环结构中，执行 break 语句将跳出 break 所在的最内层循环。

例 1-6 的九九乘法表也可以使用下面的程序来实现。

例 1-9　在嵌套循环中使用 break 语句。

```
public class MultiTableByBreak {
    public static void main(String[] args) {
        for (int i = 1; i <= 9; i++) {
            for (int j = 1; j <= 9; j++) {
                if (j > i) {
                    break;
                }
                System.out.printf("  %d*%d=%d", i, j, i * j);
            }
            System.out.println();
        }
    }
}
```

运行结果如下：

```
1*1=1
2*1=2  2*2=4
3*1=3  3*2=6  3*3=9
4*1=4  4*2=8  4*3=12  4*4=16
5*1=5  5*2=10  5*3=15  5*4=20  5*5=25
6*1=6  6*2=12  6*3=18  6*4=24  6*5=30  6*6=36
7*1=7  7*2=14  7*3=21  7*4=28  7*5=35  7*6=42  7*7=49
8*1=8  8*2=16  8*3=24  8*4=32  8*5=40  8*6=48  8*7=56  8*8=64
9*1=9  9*2=18  9*3=27  9*4=36  9*5=45  9*6=54  9*7=63  9*8=72  9*9=81
```

break 语句还可以与标号一同使用，当与标号一同使用时，执行 break 语句将跳出标号所标识的循环。

例 1-10　break 与 label 一同使用举例。

```
public class BreakLabel {
    public static void main(String[] args) {
        outer:
        for (int i = 1; i <= 9; i++) {
            for (int j = 1; j <= 9; j++) {
```

```
                if (j > i) {
                    break;
                }
                if (i == 6) {
                    break outer;
                }
                System.out.print("  " + i + "*" + j + "=" + i * j);
            }
            System.out.println();
        }
    }
}
```

运行结果如下：

```
1*1=1
2*1=2  2*2=4
3*1=3  3*2=6  3*3=9
4*1=4  4*2=8  4*3=12  4*4=16
5*1=5  5*2=10  5*3=15  5*4=20  5*5=25
```

在上面的例子中，第一个 break 语句跳出内层循环，而第二个 break outer 语句则跳出标号 outer 所标识的循环，即外重循环。

(3) break 语句也可用在代码块中，用于跳出它所指定的块。一个代码块通常是用花括号{}括起来的一段代码。给代码块加上标号后的格式如下：

```
blockLabel: {codeBlock}
```

使用 break 语句跳出某一语句块的格式如下：

```
blocklabel: {

    break blocklabel;

}
```

1.5.7　continue 语句

continue 语句必须用于循环结构中，continue 语句有两种使用格式，一种是不带标号的 continue 语句，它的作用是终止当前这一轮的循环，跳出本轮循环剩余的语句，直接进入当前循环的下一轮。在 while 或 do-while 循环中，不带标号的 continue 语句会使流程直接跳转至条件表达式；在 for 循环中，不带标号的 continue 语句会跳转至表达式 update-expression，计算并修改循环变量后再判断循环条件。

例 1-11　简单的 continue 语句举例。

```
public class ContinueTest {
    public static void main(String[] args) {
        String output = "";
        int i;
        for (i = 1; i <= 10; i++) {
            if (i == 5) {
                continue; //skip remaining code in this loop
            }
            output += i + " ";
        }
        output += "\nUsing continue to skip printing 5";
        output += "\ni = " + i;
        System.out.println(output);
    }
}
```

运行结果如下：

```
1 2 3 4 6 7 8 9 10
Using continue to skip printing 5
i = 11
```

从上面的例子看到：continue 语句并没有跳出循环体，而是跳过本次循环，而进入下一轮循环。

例 1-12　输出 2～9 的偶数的平方，但是不包括偶数 6 的平方。

```
public class PrintSquare {
    public static void main(String[] args) {
        for (int i = 2; i <= 9; i += 2) {
            if (i == 6) {
                continue;
            }
            System.out.println(i * i);
        }
    }
}
```

在上面的例子中，i 从 2 开始执行，由于不满足条件 i=6，所以执行循环体输出 2 的平方 4，然后将流程转到 i+=2，这时 i=4，也不满足条件 i=6 继续执行循环体，执行完后将流程转到 i+=2，这时 i=6，这时满足条件 i=6，执行 continue，即跳出循环体，计算并修改循环变量后再判断循环条件，执行下一轮的循环，直到不满足条件 i<=9，程序结束。

continue 的另一种使用形式是使用带标号的 continue 语句，其格式如下：

```
continue label;
```

这个标号应该定义在程序中某一循环语句前面，用来标志这个循环结构。带标号的 continue 语句使程序的流程直接转入标号标明的循环层次。

前面例子中的九九乘法表也可用下面的程序来实现。

例 1-13　带标号的 continue 语句举例。

```
public class ContinueLabel {
    public static void main(String[] args) {
        outer:
        for (int i = 1; i < 10; i++) {
            inner:
            for (int j = 1; j < 10; j++) {
                if (i < j) {
                    System.out.println();
                    continue outer;
                }
                System.out.print("  " + i + "*" + j + "=" + i * j);

            }
        }
    }
}
```

在上面的例子中，当执行到满足条件 i<j 时，跳出 inner 循环，直接跳到 outer 循环，计算并修改 i 的值，进行下一轮的循环。

1.6　本章小结

本章首先介绍了 Java 语言的发展简史、Java 语言的特点以及 Java 程序的运行机制，介绍了不同平台下搭建 Java 开发环境的过程，通过最简单的 Hello Java 程序介绍了 Java 程序的编译和运行过程。然后，本章着重介绍了 Java 语言的基础知识，包括基本数据类型、表达式、数组以及程序的流程控制等内容。本章内容旨在使读者对 Java 语言和面向对象的程序设计有一个初步认识，为全书后面的学习打下基础。

习题

1. 简述 Java 语言的发展历史。
2. Java 语言主要有哪些特点？
3. 参考本章的介绍搭建 Java 开发环境。
4. 修改 HelloJava.java 文件，使得控制台输出“Hello World!”。
5. 设 N 为自然数，$N!=1\times2\times3\times\cdots\times N$ 称为 N 的阶乘，并且规定 $0!=1$。试编程计

算 2!,4!,6! 和 10!,并将结果输出到屏幕上。

6. 编写程序,接收用户从键盘上输入的三个整数 x、y、z,从中选出最大和最小者,并输出。

7. 求出 100 以内的素数,并将这些数在屏幕上 5 个一行地显示出来。

8. 使用 java.lang.Math 类,生成 100 个 0～99 的随机整数,找出它们之中的最大者及最小者,并统计大于 50 的整数个数。

9. 接收用户从键盘上输入的两个整数,求两个数的最大公约数和最小公倍数,并输出。

第2章

类与对象的基本概念

面向对象程序设计方法已经非常广泛地应用于各行各业的软件开发实践中。与面向过程的程序设计方法相比，面向对象的程序设计方法和问题求解思路更符合人类认识现实世界的思维方式。面向对象程序的基本组成成分是类与对象。本章主要介绍类与对象的基本概念、类的声明、对象的生成与销毁、类的组织以及枚举类型等内容。

2.1 面向对象的程序设计方法概述

现实世界就是由各种对象组成的，如建筑物、人、汽车、动物、植物等。复杂的对象可以由简单的对象组成。我们也可以将现实世界中的对象分为有生命的和无生命的两种。无论是有生命的，还是无生命的，它们都具有各自的属性，如形状、颜色、重量等；对外界都呈现出各自的行为，如人可以走路、说话、唱歌；汽车可以启动、加速、减速、刹车、停止；树木会随着季节的变化而改变颜色。

在研究对象时主要考虑对象的属性和行为，有些不同的对象会呈现相同或相似的属性和行为，如轿车、卡车、面包车。通常将属性及行为相同或相似的对象归为一类。类可以看成是对象的抽象，代表了此类对象所具有的共有属性和行为。在面向对象的程序设计中，每一个对象都属于某个特定的类，就如同面向过程的程序设计中每个变量都属于某个数据类型一样。类声明不仅包括数据(属性)，还包括行为(功能)。

在面向过程的程序设计中，程序是一系列语句的集合，大型程序通常由若干个程序模块组成，每一个程序模块都可以是子程序或函数。进行面向过程程序设计时，采用的是过程化的思维，解决大型和复杂的应用时比较困难，遇到的问题也较多。主要原因是数据和功能是分离的，没有形成有机的整体，编写的代码难于维护和复用。

面向对象程序的基本组成单位是类。程序在运行时由类生成对象，对象是面向对象程序的核心，对象之间通过发送消息进行通信，互相协作完成相应的功能。面向对象程序涉及的主要概念有抽象、封装、继承和多态。

2.1.1 抽象

抽象就是忽略问题中与当前目标无关的那些方面，以便更充分地注意与当前目标有关的方面。计算机软件开发中所使用的抽象有过程抽象及数据抽象两种。

过程抽象将整个系统的功能划分为若干部分，强调功能完成的过程和步骤，而隐藏其具体的实现。任何一个明确定义的功能操作都可被使用者作为单个的实体看待，尽管这个操作实际上可能由一系列更低级的操作来完成。

数据抽象是将系统中需要处理的数据和这些数据上的操作结合在一起，抽象成不同的抽象数据类型，每个抽象数据类型既包含了数据，也包含了针对这些数据的操作。相对于过程抽象，数据抽象是更为合理的抽象方法。

面向对象的软件开发方法的主要特点之一就是采用了数据抽象的方法来构建程序的类及对象。

2.1.2　封装

面向对象的封装特性与其抽象特性密切相关。封装是一种信息隐蔽技术，就是利用抽象数据类型将数据和基于数据的操作封装在一起。用户只能看到对象的封装界面信息，对象的内部细节对用户是隐藏的。封装的目的在于将对象的使用者和设计者分开，使用者不必知道行为实现的细节，只需要使用设计者提供的消息来访问对象。

封装的定义是：

(1) 清楚的边界，所有对象的内部信息被限定在这个边界内；

(2) 对象向外界提供的接口，外界可以通过这些接口与对象进行交互；

(3) 受保护的内部实现，即软件对象的内部数据和功能的实现细节，实现细节不能从类外访问。

通过封装规定了程序如何使用对象的数据，控制用户对类的修改和数据访问权限。多数情况下往往会禁止直接访问对象的数据，只能通过接口访问对象。

在面向对象的程序设计中，抽象数据类型是用“类”来实现的，类封装了数据及对数据的操作，是程序中的最小模块。由于封装特性禁止了外界直接操作类中的数据，模块与模块之间只能通过严格控制的接口进行交互，这使得模块之间的耦合度大大降低，从而保证了模块具有较好的独立性，使得程序维护和修改较为容易。

2.1.3　继承

继承是指新的类可以获得已有类(称为超类)的属性和行为，称新类为已有类的子类。继承为类的重用提供了方便，因为它明确表述不同类之间共性的方法。新类从现有的类中派生的过程，称为类继承。在继承过程中子类继承了超类的特性，包括变量和方法。子类也可以修改继承的方法或增加新的变量和方法使之更适合特殊的需要，这也体现了自然社会中一般与特殊的关系。使用继承使程序结构清晰，降低了编码和维护的工作量。

在面向对象的继承特性中，还有一个关于单继承和多继承的概念。单继承是指任何一个子类都只有单一的直接超类；而多继承是指一个类可以有一个以上的直接超类。采用单继承的类层次结构为树状结构，设计与实现比较简单；采用多继承的类层次结构为网状结构，设计与实现较为复杂。Java 语言仅支持单继承。

2.1.4　多态

多态是面向对象程序设计的又一个特殊特性。在面向过程的程序设计中，主要工作是编写一个个的过程或函数，这些过程和函数不能重名。例如在一个应用中，需要对数值型数据进行排序，还需要对字符型数据进行排序，虽然使用的排序方法相同，但要定义两个不同的过程(过程的名称也不同)来实现，即过程及函数不能重名。

在面向对象程序设计中,可以利用"重名"来提高程序的抽象度和简洁性。首先我们来理解实际的现象,例如,"启动"是所有交通工具都具有的操作,但是不同的具体交通工具,其"启动"操作的具体实现是不同的,如汽车的启动是"发动机点火——启动引擎","启动"轮船时要"起锚",气球飞艇的"启动"是"充气——解缆"。如果不允许这些功能使用相同的名字,就必须分别定义"汽车启动""轮船启动""气球飞艇启动"多个方法。这样一来,用户在使用时需要记忆很多名字。为了解决这个问题,在面向对象的程序设计中引入了多态的机制。

多态是指一个程序中同名的不同方法共存的情况,主要通过子类对超类方法的覆盖来实现多态。这样一来,不同类的对象可以响应同名的消息(方法),但其具体的实现方法却可以不同。例如同样的加法,把两个时间加在一起和把两个整数加在一起肯定完全不同。在支持多态性的语言中,可以使用相同的方法名称来实现上述功能。

多态性使语言具有灵活、抽象、行为共享、代码共享的优势,很好地解决了应用程序函数同名问题。

2.2 类与对象

面向对象程序设计是一种围绕真实世界的概念来组织模型的程序设计方法,它采用对象来描述问题空间的实体。对象是包含现实世界物体特征的抽象实体,它反映了系统为之保存信息和与它交互的能力。对象是一些属性和功能的封装体,在程序设计领域,可以用"对象=数据+作用于这些数据上的操作"这一公式来表达。

对象有两个层次的概念。

(1) 现实生活中对象指的是客观世界的实体。可以是可见的有形对象,如人、汽车、房屋等;也可以是抽象的逻辑对象,如银行账号、生日。

(2) 程序中对象就是一组变量和相关方法的集合,其中变量表明对象的属性,方法表明对象所具有的行为。

例如,人(person)、顾客(customer)、银行账号(bank account)、钟表(clock)及生日(birthdate)都可以看成是现实生活中的对象,它们可能具有的属性及行为如表 2-1 所示。

表 2-1 对象的属性及行为

对象(object)	属性(property)	行为(behaviour)
人(person)	name,gender, age, phone number	eat, sleep, study,change phone number
顾客(customer)	name, address, purchase history	make purchase, list items bought, return item
银行账号(bank account)	account number, owner, balance	withdraw, deposit, transfer, get balance
钟表(clock)	hour, minute, second	set time, show time
生日(birthday)	year,month,day	show birthday

可以将现实中的对象经过抽象,映射为程序中的对象。对象在程序中是通过一种抽象数据类型来描述的,这种抽象数据类型称为类(class)。类是面向对象技术中另一个非常重

要的概念。简单地说,类是具有相同属性和功能的对象的集合。一个类是对一类对象的描述,而对象则是类的具体实例。类就如同建造大楼的设计图纸,对象(实例)就如同建造出的大楼。使用同一个设计图纸可以建造出很多大楼。

2.2.1　类的声明

类的声明语法形式如下:

```
[public] [abstract | final] class 类名称 [<Type {, Type} >] [extends 超类名称]
[implements 接口名称列表]
{
    变量成员声明及初始化;

    方法声明及方法体;
}
```

其中,用花括号括起来的部分为类体。在类体中声明了该类中所有的变量和方法,称为成员变量和成员方法。

说明:

(1) class 是关键字,表明其后声明的是一个类。

(2) class 前的修饰符可以有多个,用来限定类的使用方式。public 为存取控制符,表明此类是公有类,abstract 指明此类为抽象类,final 指明此类为终结类,这两种类会在后面章节进行介绍。

(3) 类名是用户为该类所起的名字,它应该是一个合法的标识符,并尽量遵从命名约定。

(4) 类名后尖括号中为泛型类型,如果定义的类有泛型限制,则使用这种方法进行定义,如无须类型限制则忽略尖括号中的内容。

(5) extends 是关键字,如果所声明的类是从某一超类派生而来,那么超类的名字应写在 extends 之后。

(6) implements 是关键字,如果所声明的类要实现某些接口,那么接口的名字应写在 implements 之后。

(7) 类声明体中有两部分:一部分是数据成员变量声明,可以含有多个;另一部分是成员方法声明,也可以有多个。

例 2-1　钟表(Clock)类举例。

```
public class Clock {

    /* 成员变量 */

    int hour;
    int minute;
    int second;
```

```
    /* 成员方法 */

    public void setTime(int newH, int newM, int newS) {
        hour = newH;
        minute = newM;
        second = newS;
    }

    public void showTime() {
        System.out.println(hour + ":" + minute + ":" + second);
    }

}
```

2.2.2 对象的声明与引用

类 X 的一个对象就称为类 X 的一个实例(instance)。一个实例是一个类的特定个体，它具有区别于其他实例的状态。可以使用下面的语句格式生成一个实例：

```
new <classname>()
```

其作用是在内存中为此对象分配内存空间，并返回对象的引用(reference)，相当于对象的名字。

当使用基本数据类型时，要定义基本类型的变量。变量除了存储基本数据类型的数据，还能存储对象的引用，称为引用变量。

假设 Person、Car、Customer、BankAccount、Birthday、Clock 都是已经声明的类，则下面语句声明的变量将用于存储这些类的对象的引用。

```
Person         mark;
Car            myCar;
Customer       bob;
BankAccount    account;
Birthday       myBirthday, yourBirthday;
Clock          aClock;
```

但是，定义一个引用变量未经初始化时，其初始值是空引用(null)，此时并没有对象生成。

下面的代码将生成新的实例，在内存中给对象分配存储空间，并将对象的引用赋给引用变量。

```
mark = new Person();
myCar = new Car();
bob = new Customer();
```

```
account = new BankAccount();
myBirthday = new Birthday();
yourBirthday = new Birthday();
aClock = new Clock();
```

从 Java 5 开始，基本数据类型能够自动装箱和拆箱，能将基本数据类型自动装箱成对象，例如：

```
Integer i = 3;
```

同样，可以使用自动拆箱功能，直接将 Integer 实例赋值给 int 型的变量，例如：

```
int j = i;
```

相同的自动装箱拆箱操作还可以应用于：boolean、byte、short、char、long、float、double 等基本数据类型，分别对应自动装箱类型：Boolean、Byte、Short、Character、Long、Float、Double。

2.2.3 数据成员

Java 类的状态用成员变量来表示。声明成员变量必须给出变量名及其所属的类型，同时还可以指定其他特性。其声明格式如下：

```
[public | protected | private] [static] [final][transient] [volatile] 变量数据
类型
        变量名 1[=变量初值], 变量名 2[=变量初值], … ;
```

说明：

(1) public、protected、private 为访问控制符。

(2) static 指明这是一个静态成员变量。

(3) final 指明变量的值不能被修改。

(4) transient 指明变量不是对象的持久状态，通过实现 Serializable 接口实现对象序列化时不包括 transient 变量(对象序列化见第 5 章)。

(5) volatile 指明变量是一个共享变量，由多个并发线程共享的变量可以用 volatile 来修饰，使得各个线程对该变量的访问能保持一致。

成员变量的类型可以是 Java 中任意的数据类型，包括简单类型、类、接口和数组。在一个类中的成员变量名应该是唯一的。

我们首先来学习 static 的用法。没有 static 修饰的变量称为实例变量，有 static 修饰符的变量称为类变量(或静态变量)。下面简单介绍二者的不同。

1. 实例变量

实例变量(Instance Variables)用来存储所有实例都需要的属性信息，不同实例的属性值可能会不同。可以通过下面的语句来访问实例属性的值。

```
<实例名>.<实例变量名>
```

声明一个表示圆的类,代码如下:

例 2-2　圆类。

```
public class Circle {
    int radius;
}
```

将其保存在文件 Circle.java 中,并进行编译。

然后编写测试类如下,将其保存在文件 ShapeTester.java 中,并与 Circle.java 放在相同的目录下。

```
public class ShapeTester {
    public static void main(String[] args) {
        Circle x;
        x = new Circle();
        System.out.println(x);
        System.out.println("radius = " + x.radius);
    }
}
```

编译后运行结果如下:

```
Circle@c17164
radius = 0
```

其中,@之后的数值与 x 所指的对象的存储地址有关。

可以将一个类的声明放在一个单独的文件中,也可以将多个类的声明放在一个文件中(在这种情况下,最多只能有一个类声明为 public 类)。Java 源文件名必须根据文件中的 public 类名来命名,并且要区分大小写。

例 2-3　矩形类。

声明一个表示矩形的类 Rectangle。如果在一个应用中,大多数实例的属性初始值都相同,则可以在声明属性的同时对属性的值进行初始化。代码如下:

```
public class Rectangle {
    double width = 10.128;
    double height = 5.734;
}
```

将其保存在文件 Rectangle.java 中,并进行编译。

编写和例 2-2 一样的类 Circle,保存于 Circle.java 中,并进行编译。

然后编写测试类如下,并将其保存在相同的目录下。

```
public class ShapeTester {
    public static void main(String[] args) {
        Circle x;
        Rectangle y;
        x = new Circle();
        y = new Rectangle();
        System.out.println(x + "   " + y);
    }
}
```

编译后运行结果如下：

```
Circle@1fb8ee3   Rectangle@61de33
```

其中，1fb8ee3 与 x 所指的对象的存储地址有关，61de33 与 y 所指的对象的存储地址有关。在不同的运行环境下，此值是不同的。x、y 的值及对象的状态如图 2-1 所示。

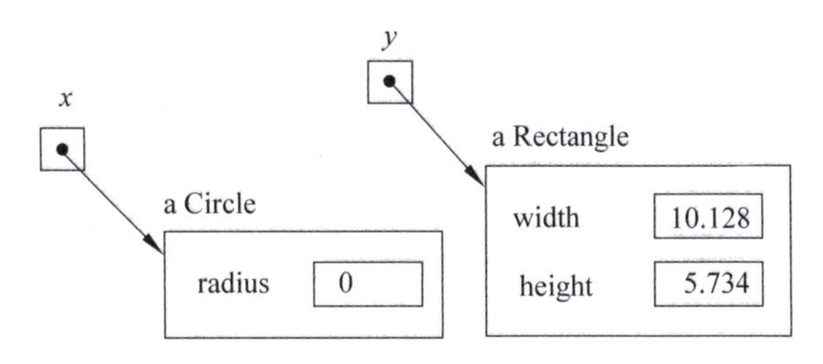

图 2-1　Circle 及 Rectangle 类对象的状态

现将上面的测试类进行修改，使其生成一个 Circle 类对象和两个 Rectangle 类的对象，代码如下：

```
public class ShapeTester1 {
    public static void main(String[] args) {
        Circle    x;
        Rectangle y, z;
        x = new Circle();
        y = new Rectangle();
        z = new Rectangle();
        System.out.println(x + "   " + y + "   " + z);
    }
}
```

运行结果如下：

```
Circle@1fb8ee3   Rectangle@61de33   Rectangle@14318bb
```

在上面的例子中，两个 Rectangle 对象具有相同的属性值，下面对 ShapeTester1 类进行修改，使两个实例具有不同的实例变量值，代码如下：

```
public class ShapeTester2 {
    public static void main(String[] args) {
        Circle   x;
        Rectangle y, z;
        x = new Circle();
        y = new Rectangle();
        z = new Rectangle();
        x.radius = 50;
        z.width = 68.94;
        z.height = 47.54;
        System.out.println(x.radius + " " + y.width + " " + z.width);
    }
}
```

运行结果如下：

```
50 10.128 68.94
```

此时，x、y、z 和其对象的状态如图 2-2 所示。

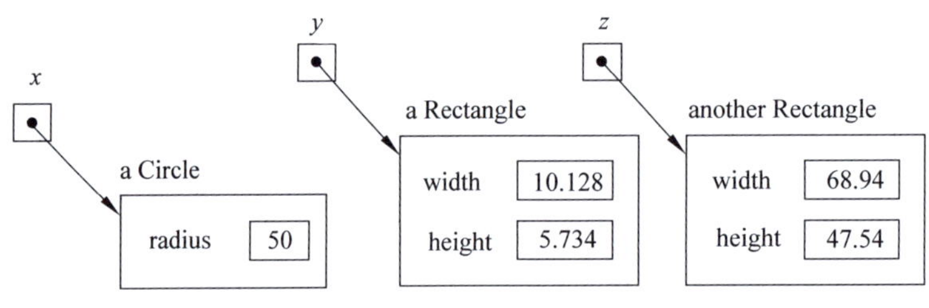

图 2-2　x、y、z 和其对象的状态

2. 类变量

有些属性是类的属性，是该类所有对象共有的，比如所有小汽车都有四个轮子，所有 CD 的直径都为 4.75 英寸(1 英寸=2.54 厘米)。对于这样的属性变量，就可以声明为类(静态)变量，在声明时加上 static 修饰符即可。如：

```
static int numberOfWheels = 4;
static double diameterOfCD = 4.75;
```

静态属性也用来存储经常需要共享的数据，如在银行系统中当前的最后一个账号的值；在系统中用到的一些常量值也需要声明成静态的，如圆周率 π 的值。

例 2-4　类变量举例。

对于一个圆类的所有对象，计算圆的面积时，都需要用到 π 的值，可在 Circle 类的声明中增加一个类属性 PI，修改后的 Circle 类声明如下：

```
public class Circle {
    static double PI = 3.14159265;
```

```
    int radius;
}
```

当生成 Circle 类的实例时，在每一个实例中并没有存储 PI 的值，PI 的值存储在类中，如图 2-3 所示，PI 是类变量。在类中不存储实例的属性值，实例的属性值保存在实例中，且不同实例的同一属性的值可以不同。

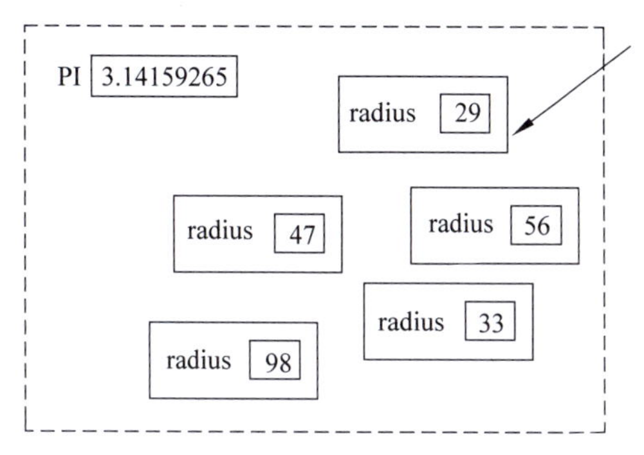

图 2-3　类变量与实例变量的存储

存取类变量的值既可以通过类也可以通过实例，但建议采用类名的访问方式，从而保证程序的严谨性和可读性。具体访问方式如下：

```
<类名 | 实例名>.<类变量名>
```

下面的测试代码对类变量进行测试：

```
public class ClassVariableTester {
    public static void main(String[] args) {
        Circle x = new Circle();
        System.out.println(x.PI);
        System.out.println(Circle.PI);
        Circle.PI = 3.14;
        System.out.println(x.PI);
        System.out.println(Circle.PI);
    }
}
```

运行结果如下：

```
3.14159265
3.14159265
3.14
3.14
```

从测试结果看到：类变量在整个类中只有一个值。

2.2.4 方法成员

除了声明类的属性，还需要声明类的行为，行为表示一个对象能够做的事情，或者能够从一个对象取得的信息。通过声明方法成员可以定义类的行为。方法成员可以没有，也可以有多个，其声明格式如下：

```
[public | protected | private][static][final][abstract][native][synchronized]
[<Type {, Type} >] 返回类型　方法名([参数列表]) [throws exceptionList]
{
    方法体
}
```

方法体是要执行的真正语句。在方法体中还可以声明该方法内使用的局部变量，这些变量只在该方法内有效。

说明：

(1) public、protected、private 为访问权限控制符；static 指明方法是一个类方法；final 指明方法是一个终结方法；abstract 指明方法是一个抽象方法；native 用来将 Java 代码和 C/C++ 语言的代码集成起来；synchronized 用来控制多个并发线程对共享数据的访问。

(2) 方法名前面的类型是方法返回值的类型，返回类型可以是任意的 Java 数据类型，当一个方法不需要返回值时，返回类型为 void。

(3) 参数的类型可以是简单数据类型，也可以是引用类型(数组、类或接口)。

(4) 方法体是对方法的实现，它包括局部变量的声明以及所有合法的 Java 语句，局部变量的作用域只在该方法内部。

(5) throws exceptionList 用来声明方法可能抛出的异常，关于异常处理将在第 5 章介绍。

为了理解对象的行为，可以将对象看成活的实体(living entities)，当想与对象进行交流或操纵一个对象时，需要给对象发一条消息(message)。给对象发消息即意味着调用对象的某个方法，在 Java 中使用点操作符给对象发送消息，其格式为：

```
<对象名>.<方法名>([参数列表])
```

点操作符“.”前面的<对象名>称为消息的接收者(receiver)。

方法定义了当一条消息发送给对象时需要执行的功能，通常有以下功能：

- 从接收者对象中取得信息；
- 以某种方式修改对象的状态或进行某种操作；
- 进行计算及取得结果等。

一旦在类中声明了方法，它就成了类的一部分。例如对一个银行账号类，可声明相应的方法实现存款、取款、转账、计算利息、开账号、关账号等功能。

一个方法可以有多个参数，也可以没有参数，方法声明时的参数称为形式参数。参数的传递方式有两种：值传递和引用传递。当参数的类型为基本数据类型时，采用值传递方式；当参数的类型为对象类型或数组时，采用引用传递方式。

同数据成员一样，方法成员也分为实例方法及类方法（静态方法）两种，下面简单介绍两者的不同。

1. 实例方法

实例方法表示特定对象的行为，在声明时前面不加 static 修饰符，在使用时需要发送给一个类实例。

例 2-5　实例方法举例。

在 Circle 类中声明计算周长的方法。

```
public class Circle {
    static double PI = 3.14159265;
    int radius;
    public double circumference() {
        return 2 * PI * radius;
    }
}
```

从上面的例子看到，在方法 circumference()的方法体中直接使用属性 PI 及 radius 的值，并没有使用点操作符。对于 PI 的值不会产生疑问，而对于 radius 的值，就会提出疑问："它的值从哪里来？"

下面的代码显示了如何使用这个方法。

```
public class CircumferenceTester {
    public static void main(String[] args) {
        Circle c1 = new Circle();
        c1.radius = 50;
        Circle c2 = new Circle();
        c2.radius = 10;
        double circumference1 = c1.circumference();
        double circumference2 = c2.circumference();
        System.out.println("Circle 1 has circumference " + circumference1);
        System.out.println("Circle 2 has circumference " + circumference2);
    }
}
```

运行结果如下：

```
Circle 1 has circumference 314.159265
Circle 2 has circumference 62.831853
```

从上面的例子看到，在使用实例方法时，需要将其发送给一个实例对象（也称给对象发送一条消息），radius 的值即是接收者对象的值。在执行 c1.circumference()时，radius 的值为 c1 的 radius 属性值；在执行 c2.circumference()时，radius 的值为 c2 的 radius 属性值。

可以使用关键字 this 来更明确地说明 radius 的值从哪里来，加入关键字 this 后的 circumference()方法如下：

```
public double circumference() {
    return 2 * PI * this.radius;
}
```

在这里,关键字 this 代表此方法的接收对象。由于在类的声明中 radius 是实例属性,如果在上面的方法中不写关键字 this,在程序运行时,Java 会自动取其接收对象的属性值,因此,在这种情况下关键字 this 可以省略不写。

关键字 this 还有一些其他的用法,如将接收对象作为参数发送给另外的方法,在这些情况下,关键字 this 不能省略。

例 2-6　在不同的类中声明相同的方法。

在 Circle 类及 Rectangle 类中声明计算面积的方法 area()。

首先将下面计算圆面积的方法 area()增加到前面声明的 Circle 类中。

```
public double area() {
    return PI * radius * radius;
}
```

Rectangle 类声明如下:

```
public class Rectangle {
    double width;
    double height;
    public double area() {
        return width * height;
    }
}
```

下面声明测试类,对 Circle 类及 Rectangle 类的 area()方法进行测试:

```
public class AreaTester {
    public static void main(String[] args) {
        Circle c = new Circle();
        c.radius = 50;
        Rectangle r = new Rectangle();
        r.width = 20;
        r.height = 30;
        double cArea = c.area();
        double rArea = r.area();
        System.out.println("The circle's area is " + cArea);
        System.out.println("The rectangle's area is " + rArea);
    }
}
```

运行结果如下:

类组织成一棵倒着生长的树，所有类的超类是树根，每一个子类是一个分支，那么声明为final的类一定是这棵树上的叶子结点。

被声明为final的类通常是一些有固定作用、用来完成某种标准功能的类，不能被继承以达到修改的目的，如JDK中的java.lang.String、java.lang.Math和java.net.InetAddress。在Java程序设计中，当引用一个类或其对象时实际真正引用的既可能是这个类或其对象本身，也可能是这个类的某个子类及子类的对象，即具有一定的不确定性。将一个类声明为final，则可以将它的内容、属性和功能固定下来，与它的类名形成稳定的映射关系，从而保证引用这个类时所实现的功能正确无误。

final类的存在有以下两个理由。

(1) 安全方面：黑客用来搅乱系统的一个手法是建立一个类的子类，然后用派生类代替原来的类。这个子类看起来和原始类没什么区别，但实际上它可以和原始类做完全不同的事情，可能引起破坏或窃取机密信息。为了阻止各种颠覆活动，可以声明此类为final类，从而不能派生任何子类。在java.lang包中，String类就由于这个原因而声明为final类的。这个类对编译器和解释器的操作非常重要，以至于Java系统必须保证一个方法或对象无论何时使用String，String必须来自于java.lang包，而非其他别的包。这就保证了所有的字符串没有奇异的、不一致的、不想要的或不可预知的属性。如果编译一个final类的子类，编译器将输出一个错误信息，拒绝编译程序。此外，字节码校验器通过检查一个类不是final类的子类来确保颠覆不会在字节码的层次上发生。

(2) 设计方面：从面向对象设计方面，希望声明的类为最终类。如果认为一个类是最好的或从概念上不应该有任何子类，那么就可以使用final类。

将一个类声明为final类，只要在类的前面加上修饰符final。例如，要声明ChessAlgorithm类为final类，它的声明形式如下：

```
final class ChessAlgorithm {
    ...
}
```

如果写下如下程序：

```
class BetterChessAlgorithm extends ChessAlgorithm { …}
```

编译器将显示一个错误：

```
Chess.java:6: Can't subclass final classes: class ChessAlgorithm
class BetterChessAlgorithm extends ChessAlgorithm {
      ^
1 error
```

3.3.2 final 方法

final修饰符所修饰的方法是功能和内部语句不能被更改的最终方法，即是不能被当前类的子类重载的方法。在面向对象的程序设计中，方法的覆盖使得子类可以对超类中的方法进行覆盖。这种方式固然有其自身的优势,但对于一些比较重要且不希望子类进行更改的方法,可以使用 final 修饰符,使得该类的子类不能覆盖该方法,而只能使用从超类继承来的方法。这样就固定了这个方法所对应的具体操作,可以防止子类对超类关键方法的错误覆盖,增加了代码的安全性。

例 3-11 final 方法举例。

代码如下:

```
import static java.lang.Math.PI;        //静态引入,需要在 JDK 5 及以上版本编译
class Parent {
    //构造方法
    public Parent() {
    }
    //final 方法
    final double getPI() {
        return PI;
    }
}
```

在上面的类声明中,成员方法 getPI()是用 final 修饰符声明的最终方法,不能在子类中对该方法进行覆盖,因而如下的声明就是错的。

```
class Child extends Parent {
    //构造方法
    public Child() {
    }
//错误:不允许覆盖超类中的 final 方法
    double getPI() {
        return 3.14;
    }
}
```

将方法声明为 final 的另一个好处是提高类的运行效率。通常,当 Java 运行环境(如 Java 解释器)运行方法时,它将首先在当前类中查找该方法,接下来在其超类中查找,并一直沿类层次向上查找,直到找到该方法为止。

如果方法是 final 的,Java 编译器可以将该方法可执行字节码直接放到调用它的程序中,因为该方法不会被子类覆盖而发生变化。Java 类库将很多常用的方法声明为 final,这样当程序调用它们时,执行速度将更快。

首次声明一个类时,没有理由使用 final 修饰符。然而,如果要让这个类的执行速度更快,可以将一些方法修改为 final 的,但是这样做的话,子类将无法覆盖它们,因此应三思而行。

3.4　抽象类

3.4.1　抽象类的声明

所谓抽象类就是不能使用 new 方法进行实例化的类，即没有具体实例对象的类。

抽象类可以包含常规类能够包含的任何东西，这包括构造方法，因为子类可能需要继承这种方法。抽象类也可以包含抽象方法，这种方法只有方法的声明，而没有方法的实现。这些方法将在抽象类的子类中被实现。抽象类也可以包含非抽象方法，但不能在非抽象的类中声明抽象方法。如果一个抽象类除了抽象方法外什么都没有，则使用接口更合适，这将在第 4 章介绍。

要将一个类声明为抽象类只要在这个类声明前加 abstract 修饰符即可，语法形式为：

```
public abstract class Shape {
    //类体
}
```

为什么要声明抽象类呢？第一，抽象类是类层次中较高层次的概括，抽象类的作用是让其他类来继承它的抽象化的特征；第二，在抽象类中可以包括被它的所有子类共享的公共行为；第三，抽象类可以包括被它的所有子类共享的公共属性；第四，在程序中不能用抽象类来创建对象；第五，在用户生成实例时强迫用户生成更具体的（即非抽象子类的）实例，保证代码的安全性。

考虑图 3-11 所示的类层次结构，如果在应用中仅仅需要 Circle（圆）、Triangle（三角形）、Rectangle（四边形）和 Square（正方形），那么这些类的所有公共属性及方法可以抽象到 Shape 类中，将 Shape 类声明为抽象类。图 3-11 中抽象类的类名为斜体，便于与其他的具体类区别开来。

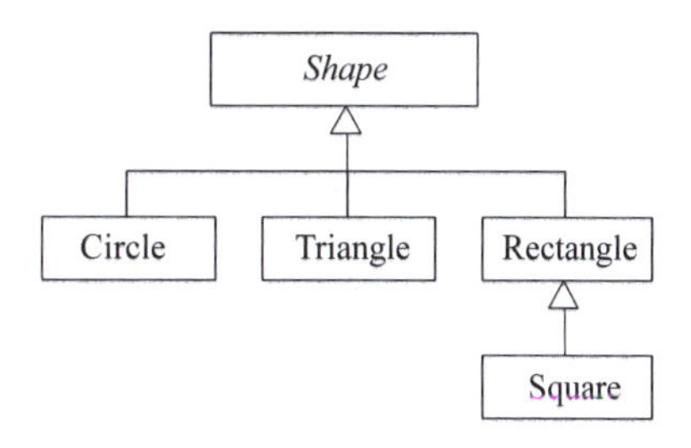

图 3-11　几何形状类层次结构

如果还需要 Cube（立方体）、Sphere（球体）或 Tetrahedron（四面体），可以使它们成为 Shape 的子类。

如果还需要区分 2D 及 3D 对象，则需要将 2D 及 3D 对象的特性分别抽取出来，形成两个抽象类 TwoDimensionalShape 及 ThreeDimensionalShape。类层次结构如图 3-12 所示。随着更多类的加入，还可能做更进一步的抽象。

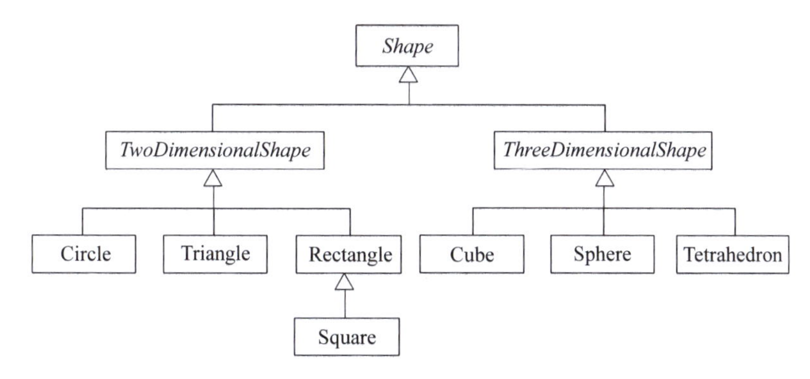

图 3-12　包括二维和三维图形的几何形状类层次结构

在例 3-7 中,如果在应用系统中涉及的人员只包括：Customer、Employee 及 Manager,则 Person 类的子类对象覆盖了应用中的对象,可以将 Person 类声明为抽象类,如图 3-13 所示。

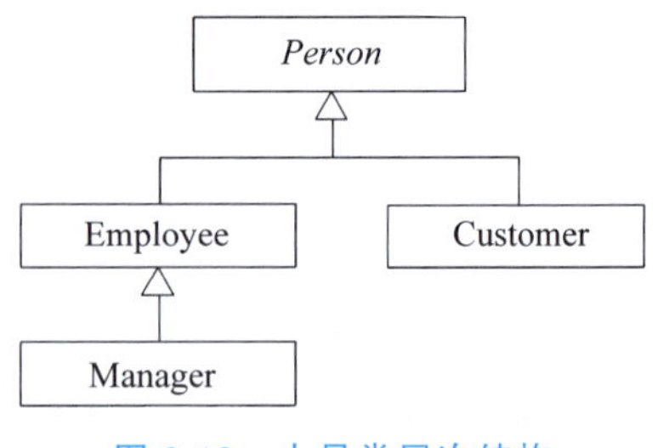

图 3-13　人员类层次结构

3.4.2　抽象方法

作为类修饰符,abstract 声明了一种没有具体对象的,出于组织概念的层次关系需要而存在的抽象类;作为方法修饰符,abstract 则声明了一种仅有方法头,而没有具体实现的抽象方法,为该类的子类声明一个方法的接口标准。

抽象方法声明的语法形式：

```
public abstract <returnType> <methodName>(...); //
```

抽象方法体的具体实现是由当前类的不同子类在它们各自的类声明中完成的,也就是说,各子类在继承了超类的抽象方法之后,再分别覆盖它,形成若干个名字相同,返回值相同,参数列表也相同,但具体功能有一定差别的方法。

值得注意的是：第一,一个抽象类的子类如果不是抽象类,则它必须实现超类中的所有抽象方法;第二,只有抽象类才能具有抽象方法,即如果一个类中含有抽象方法,则必须将这个类声明为抽象类;第三,除了抽象方法,抽象类中还可以包括非抽象方法。

抽象方法中没有方法的实现,为什么需要抽象方法？也就是抽象方法的优点：第一,这种方法可以隐藏具体的细节信息,使调用该方法的程序不必过分关注该类和它的各子类的内部状况。由于所有的子类使用的都是相同的方法头,而方法头里实际包含了调用该方法的程序语句所需要了解的全部信息;第二,这种方法强迫子类完成指定的行为,抽象类的所有非抽象子类都必须完成其超类中声明的抽象方法,抽象类通常声明抽象方法规定其子类需要用到的"标准"行为。

例 3-12　抽象方法举例。

贷款(Loan)分为许多种类,如租借(Lease)、抵押(Mortgage)、房屋贷款(HouseLoan)、汽车贷款(CarLoan)等。如图 3-14 所示,可以将 Loan 声明为抽象类,并指定所有的子类对象都应具有的行为,如计算月还款值(calculateMonthlyPayment)、还款(makePayment)、取得客户信息(getClientInfo)。对于不同的贷款种类,月还款的计算方法及还款的方式会有所不同,在超类 Loan 中无法具体定义,因此可将其声明为抽象方法,Loan 的所有子类都必须对这两个抽象方法进行覆盖。

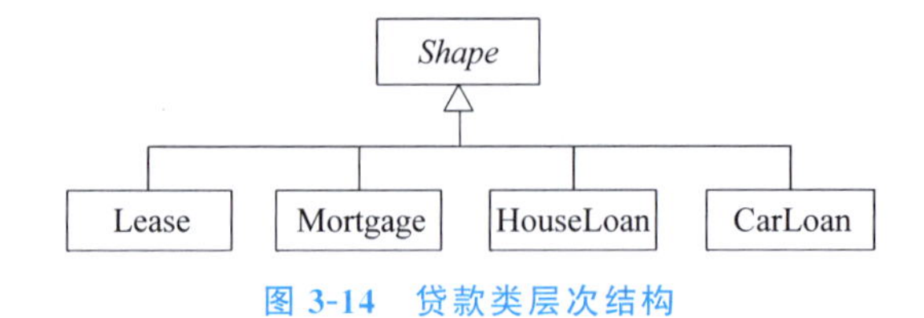

图 3-14　贷款类层次结构

```
public abstract class Loan {

    public abstract float calculateMonthlyPayment();
    public abstract void makePayment(float amount);
    public Client getClientInfo() {
    }
}
```

3.5　泛型

3.5.1　泛型的概念

泛型由 Java 5 开始引入，其本质是参数化类型，即所操作的数据类型被指定为一个参数。这种数据类型的指定可以使用在类、接口以及方法中，分别称为泛型类、泛型接口和泛型方法，其定义格式是在一般类、一般定义的基础上加上一个或多个符号＜Type＞。泛型类的定义是在类名后面加上＜Type＞，例如：

```
class A <Type> {
}
class B <Type1, Type2> {
}
```

泛型方法的定义是在方法名前加上＜Type＞，例如：

```
class A  {
    <Type> void  fun1() {
    }
    <Type1, Type2> void fun2() {
    }
}
```

泛型接口的定义的格式与泛型类的定义格式类似。

定义泛型之后，就可以在代码中使用参数 Type，用来表示某一种类型的变量或对象。在使用泛型类、泛型方法、泛型接口时，可以指定 Type 的具体类型，从而知道变量或对象的真正类型是什么。

使用泛型的优点是可以使 Java 语言变得更加简单、安全。在 Java 5 之前的没有泛型的情况下，通常通过对类型 Object 的引用来实现参数的“任意化”。“任意化”带来的缺点是必须做强制的类型转换，而这种转换要求程序员预先知道实际参数的类型。另外，对于强制类型转换错误的情况，编译器可能不会提示错误，只在运行时才出现异常，从而在代码中存在安全隐患。而在使用泛型的情况下，编译器会检查类型是否安全，并且所有的类型转换都是自动和隐式的，可以提高代码的重用率。

为了让读者对泛型有一个基本的了解，请看下面这个泛型类的两个例子。

在 Java 5 之前,为了让类具有通用性,往往将类的属性、方法的参数类型、方法返回值等设置为 Object。当要获取方法的返回值并使用时,必须将其返回值强制转换为原类型或接口,然后才可以调用原类型的方法。

例 3-13 属性类型、方法参数、返回类型为 Object 的类。

```
class GeneralType1 {
    Object object;
    public GeneralType1(Object object) {
        this.object = object;
    }
    public Object getObj() {
        return object;
    }
}
public class GenericsTester1 {
    public static void main(String[] args) {

        //传递参数为 int 类型的 2,会自动封箱为 Integer 类型的对象
        GeneralType1 i = new GeneralType1(2);

        //传递参数为 double 类型的 0.33,会自动封箱为 Double 类型的对象
        GeneralType1 d = new GeneralType1(0.33);

        System.out.println("i.object=" + (Integer) i.getObj());

        //可以通过编译,但运行时异常
        System.out.println("i.object=" + (Integer) d.getObj());
    }
}
```

上述代码虽然可以通过编译,但是在运行时却会出现异常,其运行结果如下:

```
i.object=2
Exception in thread "main" java.lang.ClassCastException: java.lang.Double
cannot be cast to java.lang.Integer
    at GenericsTester1.main(GenericsTester1.java:33)
```

由此可见,由于 d 的数据成员 object 实际上是 Double 类型,因此 d.getObj()返回的对象为 Double 类型的,不能转化为 Integer。下面使用泛型类的例子,可以在编译时报告错误,从而避免这种现象。

例 3-14 泛型类的使用。

```
class GeneralType2<Type2> {
    Type2 object;
```

```
    public GeneralType2(Type2 object) {
        this.object = object;
    }

    public Type2 getObj() {
        return object;
    }
}

public class GenericsTester2 {
    public static void main(String[] args) {
        GeneralType2<Integer> i = new GeneralType2<>(2);
        GeneralType2<Double> d = new GeneralType2<>(0.33);
        System.out.println("i.object=" + (Integer) i.getObj());
//      System.out.println("i.object=" + (Integer)d.getObj()); //不能通过编译
    }
}
```

在上例中，GeneralType2 类的属性 object 的类型被指定为参数 Type2，因此可以用 Type2 来代表一个数据类型，并用来声明类成员、方法参数和返回值类型等。当然，这里的 Type2 也可以用其他变量代替，例如 a、ab 等，但是最好使用比较简单的名字。在使用类 GeneralType2 来声明或者构造对象时，可以使用“<实际类型>”来指定该参数所代表的实际类型，例如：General <Interger> i，表示参数 Type2 所代表的类型为 Integer，因此，对象 i 的属性 object 的类型就是 Integer。

在上例中，还能看到，使用 GeneralType2 的构造方法定义对象 i 时，传递的参数是 int 类型的，而 GeneralType2 的构造方法 GeneralType2 (Type2)中，由于 Type2 所代表的类型为 Integer，因此，这里实际上用到了 Java 5 增加的自动装箱特性，也就是说，int 类型的 1 被自动装箱成一个 Integer 类型的变量。

例 3-15　泛型方法的使用。

```
class GeneralMethod {

    /**
     * 定义泛型方法
     */
    <Type3> void printClassName(Type3 object) {
        System.out.println(object.getClass().getName());
    }
}

public class GenericsTester3 {
    public static void main(String[] args) {
        GeneralMethod gm = new GeneralMethod();
```

```
        gm.printClassName("hello");
        gm.printClassName(3);
        gm.printClassName(3.0f);
        gm.printClassName(3.0);
    }
}
```

运行结果如下：

```
java.lang.String
java.lang.Integer
java.lang.Float
java.lang.Double
```

3.5.2 通配符泛型和有限制的泛型

为了解通配符泛型的作用，先尝试下面的代码是否合法：

```
class ShowType {
    public static void showType(GeneralType2<Object> o) {
        System.out.println(o.getObj().getClass().getName());
    }
}
public class Test {
    public static void main(String args[]){
        GeneralType2 <Integer> i = new GeneralType2 <>(2);
        ShowType.showType(i);          //这行语句是否合法？
    }
}
```

可以看到，上面的代码并不能通过编译，这是因为，不能将 GeneralType2<Integer>类型的变量当作参数传递给 GeneralType2<Object>，如果可以的话，无论传递的是什么参数，在 showType 方法中输出的 o 的类型将只输出 java.lang.Object。事实上，这里能传递的类型只能是 GeneralType2<Object>。因此，在使用泛型时应该注意和继承类的区别。

那么，有什么办法能让 showType 方法发挥应有的作用呢？这就需要使用通配符泛型，即将 showType 的参数修改为“GeneralType4<?> o”。在 Java 中，“?”代表任意一种类型，它被称为通配符。

例 3-16　通配符的使用。

```
class GeneralType4 <Type4> {
    Type4 object;

    public GeneralType4(Type4 object) {
        this.object = object;
```

```
    }

    public Type4 getObj() {
        return object;
    }
}

class ShowType {
    public static void showType(GeneralType4<?> o) {
        System.out.println(o.getObj().getClass().getName());
    }
}

public class GenericsTester4 {
    public static void main(String[] args){
        GeneralType4<Integer> i = new GeneralType4<>(2);
        GeneralType4<String> s = new GeneralType4<>("hello");
        ShowType.showType(i);
        ShowType.showType(s);
    }
}
```

程序的运行结果如下:

```
java.lang.Integer
java.lang.String
```

通配符泛型中的“?”代表任意一种泛型,而有时候需要将泛型中参数代表的类型做限制,此时就可以使用有限制的泛型了。有限制的泛型是指,在参数 Type 后面使用 extends 关键字并加上类名或接口名,如果加上的是类名,表明参数所代表的类型必须是该类或者继承自该类的子类;如果加上的是接口名,表明参数所代表的类型必须是实现了该接口或者该接口的子接口的类。注意,对于实现了某接口的有限制泛型,也是使用 extends 关键字,而不是 implements 关键字。

例 3-17 有限制的泛型。

```
class GeneralType5 <Type5 extends Number> {
    Type5 object;

    public GeneralType5(Type5 object) {
        this.object = object;
    }

    public Type5 getObj() {
        return object;
```

```
    }
}

public class GenericsTester5 {
    public static void main(String[] args) {
        GeneralType5<Integer> i = new GeneralType5<>(2);
        //GeneralType5<String> s = new GeneralType5<>("hello"); //非法,Type 只
能是 Number 或 Number 的子类
    }
}
```

上例中,在定义类 GeneralType5 时,限制了参数 Type5 只能 Number 或者 Number 的子类,因此,定义 GeneralType5<String> s 是非法的。

本节我们主要介绍了泛型使用的基础知识,泛型最主要的应用就是集合框架类,在介绍集合框架时,我们将会看到很多泛型的使用。

3.6 类的组合

面向对象编程的一个重要思想就是用软件对象来模仿现实世界的对象。现实世界中,大多数对象由更小的对象组成。例如,自行车就是一个对象,它是由几个对象组成的:车架(frame)、车轮(wheels)、传动装置(gears)、车把(handle bars)等。有些部分又可由更小的部分组成,例如车轮(wheels)由车圈(rim)、外胎(tire)、内胎(inner tube)及辐条(spokes)等组成。

与现实世界的对象一样,软件中的对象也常常是由更小的对象组成。Java 的类中可以有其他类的对象作为成员,这便是类的组合。

3.6.1 组合的语法

组合是进行复用最简单的方法,它的语法也很简单,可以使用 has a 语句来描述这种关系,只要把已存在类的对象放到新类中即可。考虑 Kitchen 类提供烹饪和冷藏食品的功能,很自然地说“my kitchen ‘has a’ cooker”。所以,可以简单地把对象 myCooker 和 myRefrigerator 放在类 Kitchen 中。格式如下:

```
class Cooker{
    //类体
}
class Refrigerator{
    //类体
}
class Kitchen {
    Cooker myCooker;
    Refrigerator myRefrigerator;
```

```
    //其他等等
}
```

例 3-18　类组合举例。

一条线段是由两个点组成的，代码如下：

```
public class Point {                          //表示一个点的类
    private int x, y;                         //坐标
    public Point(int x, int y) {
        this.x = x;
        this.y = y;
    }
    public int GetX() {
        return x;
    }
    public int GetY() {
        return y;
    }
}
class Line {                                  //表示一条线段的类
    private Point p1, p2;                     //线段的两个端点
    Line(Point a, Point b) {                  //构造方法
        p1 = new Point(a.GetX(), a.GetY());
        //试考虑此处为何不使用 p1=a;
        p2 = new Point(b.GetX(), b.GetY());
        //试考虑此处为何不使用 p2=b;
    }
    public double Length() {
        return Math.sqrt(Math.pow(p2.GetX() - p1.GetX(), 2) + Math.pow(p2.GetY
() - p1.GetY(), 2));
    }
}
```

3.6.2　组合与继承的比较

组合表达的是部件组装的关系，也就是整体与部分的关系。继承表达的是抽象与具体的关系，是概念的上下级关系。下面的例子表达了汽车及其部件的关系：

```
//Car.java
//Composition with public objects
class Engine {
    public void start() {
    }
    public void rev() {
```

```
    }
    public void stop() {
    }
}
class Wheel {
    public void inflate(int psi) {
    }
}
class Window {
    public void rollup() {
    }
    public void rolldown() {
    }
}
class Door {
    public Window window = new Window();
    public void open() {
    }
    public void close() {
    }
}
public class Car {
    public Engine engine = new Engine();
    public Wheel[] wheel = new Wheel[4];
    public Door left = new Door(),
            right = new Door();
    public Car() {
        for (int i = 0; i < 4; i++) {
            wheel[i] = new Wheel();
        }
    }
    public static void main(String[] args) {
        Car car = new Car();
        car.left.window.rollup();
        car.wheel[0].inflate(72);
    }
}
```

“属于”关系是用继承来表达的,而“包含”关系是用组合来表达的。

3.6.3 组合与继承的结合

许多时候都要求将组合与继承两种技术结合起来使用。下面这个例子展示了如何同时采用继承与组合技术,从而创建一个更复杂的类。

例 3-19 组合与继承举例。

```
//声明盘子
class Plate {
    public Plate(int i) {
        System.out.println("Plate constructor");
    }
}
//声明餐盘为盘子的子类
class DinnerPlate extends Plate {
    public DinnerPlate(int i) {
        super(i);
        System.out.println("DinnerPlate constructor");
    }
}
//声明器具
class Utensil {
    Utensil(int i) {
        System.out.println("Utensil constructor");
    }
}
//声明勺子为器具的子类
class Spoon extends Utensil {
    public Spoon(int i) {
        super(i);
        System.out.println("Spoon constructor");
    }
}
//声明餐叉为器具的子类
class Fork extends Utensil {
    public Fork(int i) {
        super(i);
        System.out.println("Fork constructor");
    }
}
//声明餐刀为器具的子类
class Knife extends Utensil {
    public Knife(int i) {
        super(i);
        System.out.println("Knife constructor");
    }
}
//声明做某事的习惯
class Custom {
    public Custom(int i) {
```

```
        System.out.println("Custom constructor");
    }
}
//声明餐桌的布置
public class PlaceSetting extends Custom {
    Spoon sp;
    Fork frk;
    Knife kn;
    DinnerPlate pl;
    public PlaceSetting(int i) {
        super(i + 1);
        sp = new Spoon(i + 2);
        frk = new Fork(i + 3);
        kn = new Knife(i + 4);
        pl = new DinnerPlate(i + 5);
        System.out.println("PlaceSetting constructor");
    }
    public static void main(String[] args) {
        PlaceSetting x = new PlaceSetting(9);
    }
}
```

运行结果如下：

```
Custom constructor
Utensil constructor
Spoon constructor
Utensil constructor
Fork constructor
Utensil constructor
Knife constructor
Plate constructor
DinnerPlate constructor
PlaceSetting constructor
```

3.7　包的应用

利用面向对象技术开发一个实际的系统时，通常需要设计许多共同工作的类。由于 Java 编译器为每个类生成一个字节码文件，同名的类有可能发生冲突。为了解决这一问题，Java 提供包来管理类名空间。在操作系统中，目录用来组织文件，还可以设置访问权限。在 Java 中则利用包来组织相关的类，并控制类的访问权限。

包是一种松散的类的集合。一般不要求处于同一个包中的类有明确的相互关系，如继承关系等。但是由于同一包中的类在默认情况下可以互相访问，所以为了方便编程和管理，通常把需要在一起工作的类放在一个包里。利用包来管理类,可实现类的共享与复用。

3.7.1　Java 基础类库概述

Java 提供了用于语言开发的类库,称为应用程序编程接口(Application Programming Interface,API),分别放在不同的包中。Java 提供的包主要有:java.lang、java.io、java.math、java.util、java.applet、java.awt、java.awt.datatransfer、java.awt.event、java.awt.image、java.beans、java.net、java.rmi、java.security、java.sql 等。下面对常用包进行介绍。

1. 语言包(java.lang)

语言包 java.lang 提供了 Java 语言最基础的类。在前面的章节中已经介绍了 Object 类,下面主要介绍数据类型包裹类(The Data Type Wrapper)、字符串类(String、StringBuffer)、数学类(Math)、系统和运行时类(System、Runtime)、类操作类(Class,ClassLoader)。

1) 数据类型包裹类

对应 Java 的每一个基本数据类型(primitive data type)都有一个数据包裹类(见表 3-1)。每个包裹类都有一个对应的基本数据类型。

表 3-1　基本数据类型及数据包裹类

基本数据类型	数据包裹类	基本数据类型	数据包裹类
boolean	Boolean	int	Integer
byte	Byte	long	Long
char	Character	float	Float
short	Short	double	Double

每一个包裹类都有一个从基本数据类型的变量或常量生成包裹类对象的构造方法,如可以使用下面的代码生成 Double 类的对象:

```
double x = 1.2;
Double a = new Double(x);
Double b = new Double(-5.25);
```

从 Java 5 开始,可以使用自动封箱功能将基本数据类型的变量自动转化为包裹类对象,而不需要调用包裹类的构造方法,例如:

```
Double a = 1.2;
Double b = -5.25;
```

除了 Character 类以外,其他的每一个包裹类都有一个从字符串生成包裹类对象的构造方法,只要字符串中包含的是合法的基本数据类型。例如:

```
Double c = new Double("-2.34");
Integer i = new Integer("1234");
```

有时，对于已知字符串可使用 valueOf 方法将其转换成包裹类对象，例如：

```
Integer.valueOf("125")                //返回表示 125 的 Integer 类对象
Double.valueOf("5.15")                //返回表示 5.15 的 Double 类对象
Float.valueOf("2.43513")              //返回表示 2.43513 的 Float 类对象
Boolean.valueOf("true")               //返回表示 true 的 Boolean 类对象
Character.valueOf("G")                //返回表示字符 G 的 Character 类对象
```

每一个包裹类都提供相应的方法将包裹类对象转换回基本数据类型的数据，例如：

```
anIntegerObject.intValue()            //返回 int 类型的数据
aFloatObject.floatValue()             //返回 float 类型的数据
aDoubleObject.doubleValue()           //返回 double 类型的数据
aLongObject.longValue()               //返回 long 类型的数据
aCharacterObject.charValue()          //返回 char 类型的数据
aBooleanObject.booleanValue()         //返回 boolean 类型的数据
aShortObject.shortValue()             //返回 short 类型的数据
aByteObject.byteValue()               //返回 byte 类型的数据
```

从 Java 5 开始，可以使用自动拆箱功能将包裹类对象自动转化为基本数据类型的变量，而无须调用上面的方法，例如：

```
Integer a = new Integer(2);
int i = a;                    //将 Integer 类型的对象 a 自动拆箱为 int 类型的变量 i
```

Integer、Float、Double、Long、Byte 及 Short 类提供了特殊的方法能够将字符串类型的对象直接转换成对应的 int、float、double、long、byte 或 short 类型的数据。例如：

```
Integer.parseInt("234")               //返回 int 类型的数据
Double.parseDouble("234.6576533254")  //返回 double 类型的数据
Float.parseFloat("234.78")            //返回 float 类型的数据
Long.parseLong("23454654")            //返回 long 类型的数据
```

2）常量字符串类 String

在 Java 中，字符串是作为类来实现。字符串有两个类：String 和 StringBuffer。String 类的字符串对象的值和长度都不变化，称为常量字符串；StringBuffer 类的字符串对象的值和长度都可以变化，称为变量字符串。

可以这样生成一个常量字符串：

```
String aString;
aString = "This is a string";
```

或

```
aString = new String("This is a string");
```

也可将两句合为一句，即：

```
String aString = "This is a string";
```

注意下面两个语句的含义是不同的：

```
String name1;                    //name1 未初始化，其值为 null，即不指向任何 String 对象
String name2 = "";               //name2 已初始化，并指向值为空("")的 String 对象
```

也可以调用下面的构造方法生成字符串对象。

```
new String();                    //生成一个空的字符串对象
new String(String value);        //生成参数字符串的一个副本
new String(char[] value);        //由字符数组生成字符串对象
//由字符数组的一部分(序号由 offset 开始的 count 个字符)生成字符串对象
new String(char[] value, int offset, int count);
new String(StringBuffer buffer); //由 StringBuffer 的值生成 String 类型的字符串
```

字符串对象的每一个字符都有一个位置序号(index)，第一个字符的 index 值为 0，第二个字符的 index 值为 1，以此类推。但由于字符串对象不是数组，因此不能使用下标操作符对字符进行存取。

常用的字符串方法如下：

```
int length( );                   //返回字符串中字符的个数
char charAt(int index);          //返回序号 index 处的字符
//在接收者字符串中进行查找，如果包含子字符串 s，则返回匹配的第一个字符的位置序号，
//否则返回-1
int indexOf(String s);
//返回接收者对象中序号从 begin 开始到 end-1 的子字符串
String substring(int begin, int end);
例如:
String s = "Click this";
s.substring(6,10);               //返回 "this"
s.substring(1,s.length());       //返回"lick this"
String concat(String s);         //返回接收者字符串与参数字符串 s 进行连接后的字符串
//返回将接收者字符串的 oldChar 替换为 newChar 后的字符串。注意:接收者对象没有被改变
String replace(char oldChar, char newChar);
//将接收者对象与参数对象进行比较，如果接收者对象小于 s，则返回负数;
//如果相等，则返回 0;如果接收者对象大于 s，则返回一个正数
int compareTo(String s);
//接收者对象与参数对象的值进行比较，如果包含的字符个数相等，
//且对应的字符都相等，则返回 true，否则返回 false
boolean equals(String s);
String trim( );                  //返回将接收者字符串两端的空字符串都去掉的字符串
String toLowerCase()             //返回将接收者字符串中的字符都转为小写的字符串
String toUpperCase()             //返回将接收者字符串中的字符都转为大写的字符串
```

3）变量字符串类 StringBuffer

StringBuffer 类的对象是可以修改的字符串，与 String 类的对象相比，其执行效率要低一些。如果 StringBuffer 类的对象在执行时不需要被改变，则应该用 String 类的对象来代替，注意 StringBuffer 类的方法不能被用于 String 类的对象。

StringBuffer 类的对象用于存储字符串，字符串中字符的个数称为对象的长度(length)，而分配给此字符串对象的存储空间称为对象的容量(capacity)。可以使用下面的三个构造方法来生成 StringBuffer 类的对象：

```
new StringBuffer();                    //生成容量为 16 的空字符串对象
new StringBuffer(int size)             //生成容量为 size 的空字符串对象
new StringBuffer(String aString)       //生成 aString 的一个备份，其容量为其长度 + 16
```

StringBuffer 类常用的方法：

```
int length ();                                   //返回字符串对象的长度
int capacity( );                                 //返回字符串对象的容量
void ensureCapacity(int size);                   //设置字符串对象的容量
//设置字符串对象的长度。如果 len 的值小于当前字符串的长度，则尾部被截掉
void setLength(int len);
char charAt(int index);                          //返回 index 处的字符
void setCharAt(int index, char c);               //将 index 处的字符设置为 c
//将接收者对象中从 start 位置到 end-1 位置的字符复制到字符数组 charArray 中,
//从位置 newStart 开始存放
void getChars(int start, int end, char [ ] charArray, int newStart);
StringBuffer reverse( );                         //返回将接收者字符串逆转后的字符串
StringBuffer insert(int index, Object ob);       //将 ob 插入到 index 位置
StringBuffer append(Object ob);                  //将 ob 连接到接收者字符串的末尾
例如：
StringBuffer string1 = new StringBuffer();
string1.capacity();                              //返回 16
string1.ensureCapacity(40);
string1.capacity();                              //返回 40
StringBuffer name = new StringBuffer("Tree River");
name.setCharAt(4,'+');
System.out.println(name);                        //输出 "Tree+River"
```

例 3-20　字符串应用举例。

已知一个字符串，返回将字符串中的非字母字符都删除后的字符串。

代码如下：

```
//StringEditor.java
public class StringEditor {
    public static String removeNonLetters(String original) {
        StringBuffer aBuffer = new StringBuffer(original.length());
```

```
        char aCharacter;
        for (int i = 0; i < original.length(); i++) {
            aCharacter = original.charAt(i);
            if (Character.isLetter(aCharacter)) {
                aBuffer.append(new Character(aCharacter));
            }
        }
        return new String(aBuffer);
    }
}
//StringEditorTester.java
public class StringEditorTester {
    public static void main(String args[]) {
        String original = "Hello123, My Name is Mark, 234I think you are my
classmate?!!";
        System.out.println(StringEditor.removeNonLetters(original));
    }
}
```

运行结果如下：

```
HelloMyNameisMarkIthinkyouaremyclassmate
```

4）数学类（Math）

数学类 Math 提供一组常量和数学方法，包括 E 和 PI 常数，求绝对值的 abs 方法，计算三角函数的 sin 方法和 cos 方法，求最小值、最大值的 min 方法和 max 方法，求随机数的 random 方法等。例如：

```
Math.sin(0)                     //返回 0.0
Math.cos(0)                     //返回 1.0
Math.tan(0.5)                   //返回 0.5463024898437905
Math.round(6.6)                 //返回 7
Math.round(6.3)                 //返回 6
Math.ceil(9.1)                  //返回 10
Math.ceil(-9.7)                 //返回 -9
Math.floor(9.1)                 //返回 9
Math.floor(-9.7)                //返回 -10
Math.sqrt(144)                  //返回 12
Math.pow(5,2)                   //返回 25
Math.exp(2)                     //返回 7.38905609893065
Math.log(7.38905609893065)      //返回 2.0
Math.max(570, 198)              //返回 570
Math.min(570, 198)              //返回 198
Math.random()                   //返回  大于或等于 0.0 且小于 1.0 的 double 类型的数据
```

数学类中所有的变量和方法都是静态的(static),且数学类是 final 类(final 类),所以不能从数学类中派生其他的新类。根据 Java 5 中新增的静态引入机制,使用语句“import static java.lang.Math. * ”可以将数学类中的所有变量和方法静态引入,从而可以在代码中直接使用其变量和方法,而不需要在前面加上“Math.”。

5) 系统和运行时类 System、Runtime

System 和 Runtime 类提供访问系统和运行时环境资源。

System 类提供访问系统资源和标准输入输出流的方法。访问系统资源的方法有:arraycopy()复制一个数组,exit()结束当前运行的程序,currentTimeMillis()获得系统当前日期和时间等等。标准输入输出流包括标准输入 System.in 和标准输出 System.out,默认情况下分别表示键盘输入和显示器输出。

Runtime 类可直接访问运行时资源。如运行 totalMemory 方法返回系统内存总量,freeMemory 方法返回内存的剩余空间。

6) 类操作类(Class、ClassLoader)

Java 提供两个用于类操作的类:Class 和 ClassLoader。

Class 类为 Object 类的子类,也是最一般的类,包含了所有类共享的公共行为。Class 为类提供运行时信息,如名字、类型以及超类。Object 类中的 getClass 方法返回当前对象所在的类,返回类型是 Class。Class 类中的 getName 方法返回一个类的名称,返回值是 String。由于所有类都是 Object 类的子类,因此可以通过任何对象调用 getClass 方法,得到当前对象所在的类(Class 对象),然后再调用 Class 中的 getName 方法得到类名字符串,也可以调用 getSuperclass()方法可以获得超类。

ClassLoader 类提供把类装入运行时环境的方法。

例 3-21　Class 类应用举例。

使用第 2 章中的类 BankAccount,并编写 ClassTest.java 文件内容如下:

```
public class ClassTest {
   public static void main(String args[]) {
      BankAccount anAccount = new BankAccount();
      Class aClass = anAccount.getClass();
      System.out.println(aClass);
      System.out.println(aClass.getName());
   }
}
```

运行结果如下:

```
class BankAccount
BankAccount
```

2. 实用包

实用包 java.util 提供了实现各种不同实用功能的类,包括日期类、集合类等。

1）日期类

日期类包括 Date、Calendar、GregorianCalendar 类，它们描述日期和时间。

Date 类有两种构造方法：Date()和 Date(long date)。Date()获得系统当前日期和时间值。如：

```
Date today = new Date();
System.out.println(today);
```

其结果显示当前日期及时间：

```
Wed Jun 23 20:06:44 CST 2020
```

Date(long date)以 date 创建日期对象，date 表示从 GMT(格林威治)时间 1970-1-1 00:00:00 开始至某时刻的毫秒数。

Date 类提供了以下常用方法：

```
getTime()                    //返回一个长整型表示时间，单位为毫秒(millisecond)
after(Date d)                //返回接收者表示的日期是否在给定的日期之后
before(Date d)               //返回接收者表示的日期是否在给定的日期之前
```

在 Date 类中生成某一特定日期的对象并不容易。在 JDK 1.1 之后的版本中，Java 放弃了以 Date(int year,int month,int day)构造的日期，同时 Date 类中的许多方法被 Calendar 类中的方法所替代。

Calendar 是一个抽象的基础类，支持将 Date 对象转换成一系列单个的日期整型数据集，如 YEAR、MONTH、DAY、HOUR 等常量。Calendar 类派生的 GregorianCalendar 类实现标准的 Gregorian 日历。但由于 Calendar 是抽象类，不能用 new 方法生成 Calendar 的实例对象，可以使用 getInstance()方法创建一个 GregorianCalendar 类的对象。

Java.util.GregorianCalendar 类用于查询及操作日期，下面是一些构造方法：

```
new GregorianCalendar()                          //当前日期
new GregorianCalendar(1999, 11, 31)              //特定日期
new GregorianCalendar(1968, 0, 8, 11, 55)        //日期和时间
```

显示日历需要使用 getTime()方法返回 Date 对象，如：

```
System.out.println(new GregorianCalendar().getTime());
System.out.println(new GregorianCalendar(1999, 11, 31).getTime());
System.out.println(new GregorianCalendar(1968, 0, 8, 11, 55).getTime());
```

其输出的结果如下：

```
Wed Mar 12 20:18:05 CST 2021
Fri Dec 31 00:00:00 CST 1999
Mon Jan 08 11:55:00 CST 1968
```

Calendar 类中的方法 isLeapYear(int year) 返回给定的年份是否是闰年。

get(int field)方法用于取得特定 Calendar 对象的信息。如：

```
aCalendar.get(java.util.Calendar.YEAR);
aCalendar.get(java.util.Calendar.MONTH);
aCalendar.get(java.util.Calendar.DAY_OF_MONTH);
aCalendar.get(java.util.Calendar.DAY_OF_WEEK);
aCalendar.get(java.util.Calendar.DAY_OF_WEEK_IN_MONTH);
aCalendar.get(java.util.Calendar.DAY_OF_YEAR);
aCalendar.get(java.util.Calendar.WEEK_OF_MONTH);
aCalendar.get(java.util.Calendar.WEEK_OF_YEAR);
aCalendar.get(java.util.Calendar.HOUR);
aCalendar.get(java.util.Calendar.AM_PM);
aCalendar.get(java.util.Calendar.HOUR_OF_DAY);
aCalendar.get(java.util.Calendar.MINUTE);
aCalendar.get(java.util.Calendar.SECOND);
```

下面是 Calendar 中声明的常量：

```
Calendar.SUNDAY
Calendar.MONDAY
Calendar.TUESDAY
Calendar.WEDNESDAY
Calendar.THURSDAY
Calendar.FRIDAY
Calendar.SATURDAY
Calendar.JANUARY
Calendar.FEBRUARY
Calendar.MARCH
Calendar.APRIL
Calendar.MAY
Calendar.JUNE
Calendar.AM
Calendar.JULY
Calendar.AUGUST
Calendar.SEPTEMBER
Calendar.OCTOBER
Calendar.NOVEMBER
Calendar.DECEMBER
Calendar.PM
```

可以使用方法 set(int field, int value)给日期域设定特定的值。如：

```
aCalendar.set(Calendar.MONTH, Calendar.JANUARY);
aCalendar.set(Calendar.YEAR, 1999);
aCalendar.set(Calendar.AM_PM, Calendar.AM);
```

也可以用来改变日期及时间，如：

```
aCalendar.set(1999, Calendar.AUGUST, 15);
aCalendar.set(1999, Calendar.AUGUST, 15, 6, 45);
```

2）集合类

主要包括 Collection（无序集合）、Set（不重复集合）、List（有序不重复集合）、Enumeration(枚举)等，以及表示数据结构的多个类：LinkedList(链表)、Vector(向量)、Stack(栈)、Hashtable(散列表)、TreeSet(树)等，其中集合框架中的类在后面章节中会详细介绍。

3）StringTokenizer 类

java.util.StringTokenizer 类允许以某种分隔标准将字符串分隔成单独的子字符串，例如可以将单词从语句中分离出来。术语分隔符(delimeter)是指用于分隔单词(也称为标记，tokens)的字符。可以使用下面的方法生成 StringTokenizer 类的实例对象：

```
new StringTokenizer(String aString);
new StringTokenizer(String aString, String delimiters);
new  StringTokenizer  ( String    aString,  String    delimiters,  boolean
returnDelimiters);
```

其中，第一个构造方法中指定了将被处理的字符串，没有指定分隔符(delimeter)，这种情况下缺省的分隔符为空格；第二个构造方法中除了指定将被处理的字符串，还指定了分隔符字符串，如分隔符字符串可以为“，：；|_()”中的任何一个字符；第三个构造方法中的第三个参数如果为 true，则分隔符本身也作为标记返回。

将方法 countTokens()发送给 StringTokenizer 类的实例对象，将返回单词(tokens)的个数，如：

```
aTokenizer.countTokens();
```

反复使用 nextToken 方法可以将单词逐个取出，如：

```
aTokenizer.nextToken();
```

final 方法 hasMoreTokens() 返回是否还有单词(Tokens)。

例 3-22　StringTokenizer 类应用举例。

```
import java.util.StringTokenizer;
public class Token {
    public static void main(String[] args) {
        String s = "3.6 * 2.5 + (-1.5) - 6";
        //Every delimiter is also recognized as a token
        StringTokenizer st = new StringTokenizer(s, "+- * /)(", true);
        //print tokens
        while (st.hasMoreTokens()) {
```

```
            System.out.println(st.nextToken());
        }
    }
}
```

运行结果如下：

```
3.6
*
2.5
+

(
-
1.5
)

-
6
```

3. 文本包

Java 文本包 java.text 中的 Format、DateFormat、SimpleDateFormat 等类提供各种文本或日期格式。

java.text.SimpleDateFormat 类使用一个或多个已定义的格式对日期对象进行格式化，实现方法是产生日期的字符串表示。其构造方法是以一指定格式的字符串作为参数，如：

```
new java.text.SimpleDateFormat(formatString);
```

方法 format(Date d)的功能是将此种格式应用于给定的日期，如：

```
aSimpleDateFormat.format(aDate);
```

表 3-2 给出了格式字符串及其在日期 2004 年 4 月 26 日下午 12:08 的应用结果。

表 3-2　格式字符串与结果字符串对照表

格式字符串	结果字符串
无	"Mon Apr26 12:08:52 EDT 2004"
"yyyy/MM/dd"	"2004/04/26"
"yy/MM/dd"	"04/04/26"
"MM/dd"	"04/26"
"MMM dd,yyyy"	"Apr26, 2004"
"MMMM dd,yyyy"	"April26, 2004"

续表

格式字符串	结果字符串
"EEE. MMMM dd,yyyy"	"Mon. April26, 2004"
"EEEE, MMMM dd,yyyy"	"Monday, April26, 2004"
"h:mm a"	"12:08 PM"
"MMMM dd, yyyy (hh:mma)"	"April26, 2004 (12:08PM)"

3.7.2 自定义包

在第 2 章中已经介绍了包的基本概念,以及如何引入已有的包。在实际使用中,用户可以将自己的类组织成包结构。

1. 包的声明

包是一组类的集合。通常包名全部用小写字母,且每个包的名称必须是“独一无二”的,以防止出现名称上的冲突。

包的声明使用 package 语句,指明该文件中声明的所有类具体属于哪一个包。如下面的语句就是一个包声明语句:

```
package mypackage;
```

此声明语句说明当前文件中声明的所有类都属于 mypackage 包。此文件中的每一个类名前都有前缀 mypackage,即实际类名应该是 mypackage.ClassName。因此,不同包中的相同类名不会冲突。

程序中如果有 package 语句,则 package 语句作为 Java 源文件的第一条语句,它的前面只能有注释或空行。另外,一个文件中最多只能有一条 package 语句。如果在源文件中没有 package 语句,则文件中声明的所有类属于一个默认的无名包。在未命名的包中的类不需要写包标识符。

包声明的语句的完整格式如下:

```
package pkg1[.pkg2[.pkg3…]];
```

Java 编译器把包对应于文件系统的目录结构。例如:名为 myPackage 的包中,所有类文件都存储在目录 myPackage 下。同时,package 语句中,用点来指明目录的层次,例如:

```
package java.io;
```

指明这个文件中的所有类存储在目录 path\java\io 下,包层次的根目录 path 是由环境变量 CLASSPATH 来确定的。为了避免包名冲突,可将机构的 Internet 域名反序,作为包名的前导。例如:cn.edu.tsinghua.computer.class0301。

2. 编译和生成包

如果在程序 Test.java 中已声明了包 mypackage,编译时采用如下方式:

```
javac -d destpath Test.java
```

则编译器会自动在 destpath 目录下建立子目录 mypackage，并将生成的.class 文件都放到 destpath/mypackage 下。如果不使用-d 选项符，则会在当前目录(源程序文件所在的目录)下建立子目录 mypackage。

3. 包的使用

假设已定义并生成了下面的包：

```
package mypackage;
public class MyClass {
    //...
}
……
```

如果其他人想使用 MyClass 类，或 mypackage 包中的其他 public 类，则需要使用 import 语句引入；如果不使用 import 语句，则需要使用全名，如下所示：

```
mypackage.MyClass m = new mypackage.MyClass();
```

显然，使用 import 关键字可使代码简化：

```
import mypackage.*;
//……
MyClass m = new MyClass();
```

如果引入的多个包中包含名字相同的类，则必须指明它所在的包。

3.7.3　JAR 文件

1. JAR 文件格式

JAR(Java Archive File)文件是 Java 的一种文档格式，它非常类似 ZIP 文件。JAR 文件格式与 ZIP 文件唯一的区别就是在 JAR 文件的内容中，包含了一个 META-INF/MANIFEST.MF 文件(这个文件是在生成 JAR 文件的时候自动创建的)和部署描述符，用来指示工具如何处理特定的 JAR 文件。

2. JAR 文件的功能

与 ZIP 文件的功能不同的是，JAR 文件除了用于压缩和发布文件之外，还具有一些其他方面的优势和功能，主要包括：

- 安全性：可以对 JAR 文件内容加上数字化签名。这样，能够识别签名的工具就可以有选择地授予软件安全特权，它还可以检测代码是否被篡改过。
- 传输平台扩展：Java 扩展框架(Java Extensions Framework)提供了向 Java 核心平台添加功能的方法，这些扩展是用 JAR 文件打包的，如 Java 3D 和 JavaMail 就是由 Sun 公司开发的扩展。
- 包密封：存储在 JAR 文件中的包可以选择进行密封，以增强版本一致性和安全性。

密封一个包意味着包中的所有类都必须在同一个 JAR 文件中找到。

- 包版本控制：一个 JAR 文件可以包含有关它所包含的文件的数据，如厂商和版本信息。
- 可移植性：处理 JAR 文件的机制是 Java 平台核心 API 的标准部分，因此具有很好的可移植性。

3. META-INF 目录

大多数 JAR 文件包含一个 META-INF 目录，它用于存储包和扩展的配置数据，如安全性和版本信息。Java 平台识别并解释 META-INF 目录中的下述文件和目录，以便配置应用程序。

- MANIFEST.MF：这个 manifest 文件定义了与扩展和包相关的数据。
- INDEX.LIST：这个文件由 jar 工具的新选项 -i 生成，它包含在应用程序或者扩展中定义的包的位置信息。它是 JarIndex 实现的一部分，并由类装载器用于加速类装载过程。
- xxx.SF：这是 JAR 文件的签名文件。占位符 xxx 标识了签名者。
- xxx.DSA：与签名文件相关联的签名程序块文件，它存储了用于签名 JAR 文件的公共签名。

4. jar 工具

jar 工具是随 JDK 安装的，在 JDK 安装目录下的 bin 目录中(Windows 下文件名为 jar.exe，Linux 和 Mac 下文件名为 jar)，它的运行依赖 JDK 安装目录下 lib 目录中的 tools.jar 文件。不过我们除了安装 JDK 什么也不需要做，因为 Sun 公司已经做好了，我们甚至不需要将 tools.jar 放到 CLASSPATH 中。

表 3-3 显示了一些 jar 工具常用的命令。

表 3-3　jar 工具常用的命令

命　　令	功　　能
jar cf jar-file input-file…	用一个单独的文件创建一个 JAR 文件
jar cf jar-file dir-name	用一个目录创建一个 JAR 文件
jar cf0 jar-file dir-name	创建一个未压缩的 JAR 文件
jar uf jar-file input-file…	更新一个 JAR 文件
jar tf jar-file	查看一个 JAR 文件的内容
jar xf jar-file	提取一个 JAR 文件的内容
jar xf jar-file archived-file…	从一个 JAR 文件中提取特定的文件
java -jar app.jar	运行一个打包为可执行 JAR 文件的应用程序

jar 工具的命令格式如下：

```
jar {ctxu}[vfm0M] [jar-文件] [manifest-文件] [-C 目录] 文件名 …
```

其中，{ctxu}是 jar 命令的子命令，每次 jar 命令只能包含 ctxu 中的一个，它们分别表示：

-c：创建新的 JAR 文件包。

-t：列出 JAR 文件包的内容列表。

-x：展开 JAR 文件包的指定文件或者所有文件。

-u：更新已存在的 JAR 文件包(添加文件到 JAR 文件包中)。

[vfm0M]中的选项可以任选，也可以不选，它们是 jar 命令的选项参数，它们分别表示：

-v：生成详细报告并打印到标准输出。

-f：指定 JAR 文件名，通常这个参数是必需的。

-m：指定需要包含的 MANIFEST 清单文件。

-0：只存储，不压缩，这样产生的 JAR 文件包会比不用该参数产生的体积大，但速度更快。

-M：不产生所有项的清单(MANIFEST)文件，此参数会忽略－m 参数。

[jar-文件]即需要生成、查看、更新或者解开的 JAR 文件包，它是-f 参数的附属参数。

[manifest-文件]即 MANIFEST 清单文件，它是－m 参数的附属参数。

[-C 目录]表示转到指定目录下去执行这个 jar 命令的操作，它相当于先使用 cd 命令转该目录下，再执行不带-C 参数的 jar 命令，它只能在创建和更新 JAR 文件包的时候可用。

“文件名…”指定一个文件/目录列表，这些文件/目录就是要添加到 JAR 文件包中的文件/目录。如果指定了目录，那么 jar 命令打包的时候会自动把该目录中的所有文件和子目录打入包中。

默认情况下 jar 工具会压缩文件，未压缩的 JAR 文件一般可以比压缩过的 JAR 文件更快地装载，因为压缩过的 JAR 文件在装载过程中要解压缩文件，但是未压缩的文件在网络上的下载时间会更长。

5. 可执行的 JAR 文件

一个可执行的 JAR 文件是一个自包含的 Java 应用程序，它存储在特别配置的 JAR 文件中，可以由 JVM 直接执行它而无须事先提取文件或者设置类路径。要运行存储在非可执行的 JAR 中的应用程序，必须将它加入到类路径中，并用名字调用应用程序的主类。但是使用可执行的 JAR 文件，可以不用提取它或者知道主要入口点就可以运行一个应用程序。可执行 JAR 文件有助于方便发布和执行 Java 应用程序。

创建一个可执行 JAR 文件的步骤如下：首先将所有应用程序代码放到一个目录中，然后在某个位置(不是在应用程序目录中)创建一个名为 manifest 的文件，假设应用程序中的主类是 com.mycompany.myapp.Sample，那么，在 manifest 文件中加入以下一行：

```
Main-Class:com.mycompany.myapp.Sample
```

然后使用下面的命令创建可执行的 JAR 文件包：

```
jar cmf manifest ExecutableJar.jar application-dir
```

一个可执行的 JAR 必须通过 menifest 文件的头引用它所需要的所有其他依赖的 JAR。如果使用了-jar 选项，那么环境变量 CLASSPATH 和在命令行中指定的所有类路径都被 JVM 所忽略。

既然已经将自己的应用程序打包到了一个名为 ExecutableJar.jar 的可执行 JAR 中了，那么就可以用下面的命令直接从文件启动这个应用程序：

```
java -jar ExecutableJar.jar
```

3.8 本章小结

本章介绍了 Java 语言类的重用机制，重用的形式可以是类的继承或类的组合。继承关系反映的是类之间的一般与特殊的关系，子类继承超类，意味着获得超类的全部属性和方法，然后在此基础上可以扩展新特性。类的组合体现了工业化生产中模块组装的设计思想，一个类可以由若干其他类的对象组装而成，当然，对于组合类来说，也可以在此基础上增加新特性。后面我们介绍了 final 类和抽象类两种重要的类，以及 Java 中的泛型机制，在后面的集合框架中我们还会看到泛型机制的使用。最后介绍了 Java 中主要的包以及包的应用，读者在理解的基础上多实践就能掌握。

习题

1. 子类将继承超类所有的属性和方法吗？为什么？

2. 方法覆盖与方法重载有何不同？

3. 泛型的本质是什么？泛型可以使用在哪些场合？

4. 声明两个带有无参构造方法的两个类 A 和 B，声明 A 的子类 C，并且声明 B 为 C 的一个成员，不声明 C 的构造方法。编写测试代码，生成类 C 的实例对象，并观察结果。

5. 声明一个超类 A，它只有一个非默认构造方法；声明 A 的子类 B，B 具有默认方法及非默认方法，并在 B 的构造方法中调用超类 A 的构造方法。

6. 声明一个类，它具有一个方法，此方法被重载三次，派生一个新类，并增加一个新的重载方法，编写测试类验证四个方法对于子类都有效。

7. 声明一个具有 final 方法的类，声明一个子类，并试图对这个方法进行覆盖(override)，观察会有什么结果。

8. 声明一个 final 类，并试图声明其子类，观察会有什么结果。

9. 什么是抽象类？抽象类中是否一定要包括抽象方法？

10. this 和 super 分别有哪些特殊含义？都有哪些种用法？

11. 完成下面超类及子类的声明：

(1) 声明 Student 类。

属性包括：学号、姓名、英语成绩、数学成绩、计算机成绩和总成绩。

方法包括：构造方法、getter 方法、setter 方法、toString 方法、equals 方法、compare 方法(比较两个学生的总成绩，结果分大于、小于、等于)，sum 方法(计算总成绩)和 testScore 方法(计算评测成绩)。

注：评测成绩可以取三门课成绩的平均分，另外任何一门课的成绩的改变都需要对总

成绩进行重新计算,因此,在每一个 setter 方法中应调用 sum 方法计算总成绩。

(2) 声明 StudentXW(学习委员)类为 Student 类的子类。

在 StudentXW 类中增加责任属性,并覆盖 testScore 方法(计算评测成绩,评测成绩=三门课的平均分+3)。

(3) 声明 StudentBZ(班长)类为 Student 类的子类。

在 StudentBZ 类中增加责任属性,并覆盖 testScore 方法(计算评测成绩,评测成绩=三门课的平均分+5)。

(4) 声明测试类,生成若干个 Student 类、StudentXW 类及 StudentBZ 类对象,并分别计算它们的评测成绩。

12. 包有什么作用? 如何创建包和引用包中的类?

第 4 章

接口与多态

Java 中的接口在语法上有些类似于抽象类，它声明了若干抽象方法和常量，其主要作用是帮助实现类的多重继承的功能。由于 Java 只支持类的单重继承，Java 程序中的类层次结构是树状结构，一个类最多只有一个直接超类。而在实际中，不相干的类之间有时也会存在相同的属性和功能，可以将这些属性及功能组织成相对独立的集合，凡是需要实现这种特定功能的类，都可以实现这个集合，这种集合就是接口。利用接口，Java 程序也可以实现类似于多重继承的网状层次结构。多态性是面向对象程序设计语言的重要特性之一，本章对多态性的概念及实现方法进行详细的讲解。

4.1　接口

接口(interface)使抽象的概念更深入了一层。可将其想象为一个“纯”抽象类。接口中可以规定方法的原型：方法名、参数表以及返回类型，但不规定方法主体。接口可以包含数据成员，但它们都默认为 static 和 final。接口只提供一种形式，并不提供实施的细节。从 Java 8 开始，可以在接口中定义默认方法与静态方法，他们不是抽象的，有方法体，在 4.1.6 小节中将详细介绍。

4.1.1　接口的作用及语法

1. 接口的作用

Java 的接口也是面向对象的一个重要机制。它的引进是为了实现多继承，同时免除 C++ 中的多继承那样的复杂性。接口中的所有方法都是抽象的，这些抽象方法由实现这一接口的类来具体完成。在使用中，声明为该接口类的变量可以用来代表任何实现了该接口的类的对象，这就相当于把类根据其实现的功能来分别代表，而不必顾虑它所在的类继承层次。这样可以最大限度地利用动态绑定，隐藏实现细节。接口还可以用来实现不同类之间的常量共享，即实现了该接口的类都将获得该接口定义的所有常量。

我们常使用接口来建立类和类之间的“协议”，有些面向对象的程序设计语言采用了名为 protocol(协议)的关键字，它做的便是与接口相同的事情。

接口(Interfaces)与抽象类(abstract classes)都是声明多个类的共同属性。

例 4-1　接口图例。

保险公司具有车辆保险、人员保险、公司保险等很多保险业务，这些保险业务的保险对象不同，但在对外提供服务方面具有相似性，如都需要计算保险费(premium)等，因此可以声明一个 Insurable 接口，并使不同的类实现这个接口，详细的类和接口设计如图 4-1 所示，虚线表示类实现接口,而不是子类继承超类的概念。

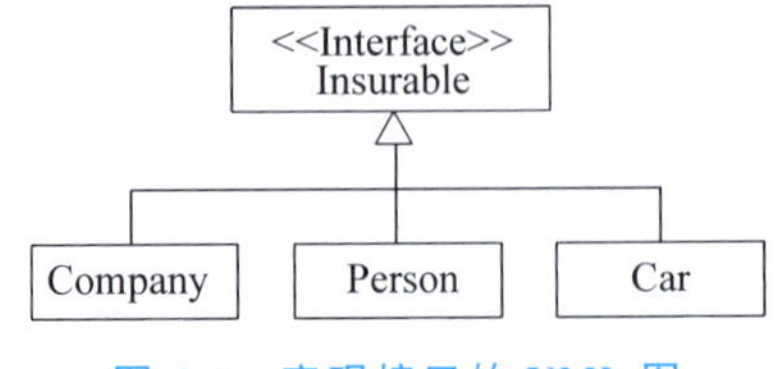

图 4-1 实现接口的 UML 图

与抽象类不同的是:接口允许在看起来不相干的类之间定义共同行为,如图 4-2 所示。

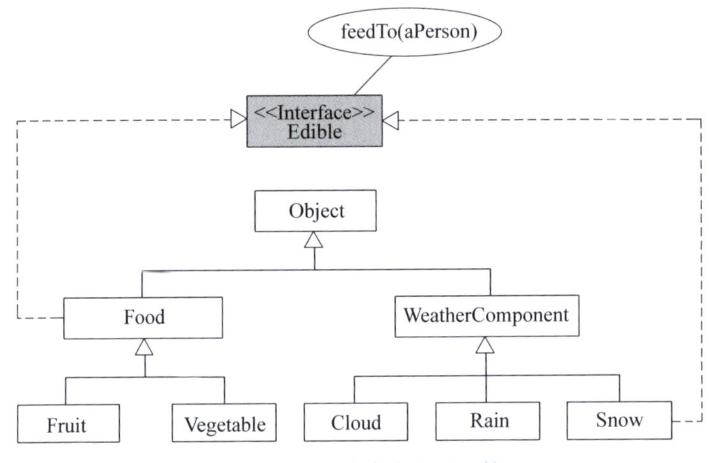

图 4-2 不相干的类实现同一接口

2. 接口的语法

接口使用关键字 interface 声明,接口中只声明类中方法的原型,而没有直接定义方法的内容。它的声明格式为:

```
[接口修饰符] interface 接口名称 [<Type {, Type}>] [extends 超类名] {
… //方法的原型声明或静态常量
}
```

接口与一般类一样,本身也具有数据成员与方法,但数据成员一定要赋初值,且此值将不能再更改,而方法必须是“抽象方法”。接口在声明时也可以声明是泛型接口,其格式是在接口名称后加上“<Type>”。

可将例 4-1 中的 Insurable 接口声明如下:

```
import java.util.Date;
public interface Insurable{
    public int getNumber();
    public int getCoverageAmount();
    public double calculatePremium();
    public Date getExpiryDate();
}
```

从此例中可以看出接口中声明的方法都是抽象方法，只提供一种形式，并不提供实施的细节。

例 4-2　接口举例。

声明一个接口 Shape2D，可利用它来实现二维的几何形状类 Circle 和 Rectangle。对二维的几何形状而言，面积的计算是很重要的，因此可以把计算面积的方法声明在接口里，而面积的 pi 值(圆周率)是常量，所以可把它声明在接口的数据成员里。依据这两个概念，可以编写出如下的 Shape2D 接口。

```
interface Shape2D {                          //声明 Shape2D 接口
    final double pi = 3.14;                  //数据成员一定要初始化
    public abstract double area();           //抽象方法，不需要定义处理方式
}
```

Java 规定接口的数据成员默认是 final 的，接口方法默认是 public 及 abstract 的，因此可以省略掉相关的修饰符，使程序更加简洁易读。上面的接口代码可以简化成：

```
interface Shape2D {                          //声明 Shape2D 接口
    double pi = 3.14;                        //数据成员一定要初始化
    double area();                           //抽象方法，不需要定义处理方式
}
```

4.1.2　实现接口

既然接口里只有抽象方法，它只要声明而不用定义处理方式，于是自然可以联想到接口也没有办法像一般类一样，用 new 运算符直接产生对象。相反地，必须利用接口的特性来构造新的类，再用它来创建对象。利用接口构造类的过程，我们称之为接口的实现。

为了生成与一个特定的接口(或一组接口)相符的类，要使用 implements(实现)关键字。实现接口的语法如下：

```
[类修饰符] class 类名称 implements 接口名称 {
    /* Bodies for the interface methods */
    /* Own data and methods */
}
```

实现接口的类必须实现接口中的所有抽象方法，并且来自接口的方法必须声明成 public。在具体实现了一个接口以后，就可以获得了一个普通的类，然后就可用标准方式对其进行扩展。

例 4-3　实现接口 Insurable。

下面声明汽车类实现例 4.1 中的 Insurable 接口，并且实现接口中所有的抽象方法。

```
import java.util.Date;
public class Car implements Insurable {

    @Override
```

```
    public int getNumber() {
        //write code here
    }

    @Override
    public int getCoverageAmount() {
        //write code here
    }

    @Override
    public double calculatePremium() {
        //write code here
    }

    @Override
    public Date getExpiryDate() {
        //write code here
    }
}
```

我们注意到,所有的接口实现方法都标记了@Override 这个注解。这是一种值得推荐的编程习惯,可以提高代码的可读性,降低出错概率。一方面,如果多个方法的名字很接近,通过注解可以直观地分辨出哪个方法是对接口的实现,哪个不是;另一方面,当接口方法发生变化时,如果实现方法未相应调整,由于使用了@Override 注解,编译器会报错,提醒程序员进行修改。

例 4-4　实现接口 Shape2D。

下面声明 Circle1 与 Rectangle 两个类实现 Shape2D 接口。

```
class Circle1 implements Shape2D {
    double radius;

    public Circle1(double r) {
        radius = r;
    }

    @Override
    public double area() {
        return (pi * radius * radius);
    }
}

class Rectangle implements Shape2D {
    int width, height;
```

```
    public Rectangle(int w, int h) {
        width = w;
        height = h;
    }

    @Override
    public double area() {
        return (width * height);
    }
}
```

测试类声明如下：

```
public class InterfaceTester1 {
    public static void main(String[] args) {
        Rectangle rect = new Rectangle(5, 6);
        System.out.println("Area of rect = " + rect.area());
        Circle cir = new Circle(2.0);
        System.out.println("Area of cir = " + cir.area());
    }
}
```

运行结果如下：

```
Area of rect = 30.0
Area of cir = 12.56
```

由本例可以看出，通过接口以及实现接口的类，可以编写出更简洁的程序代码。

不能直接由接口来创建对象，而必须通过实现接口的类来创建。虽然如此，我们还是可以声明接口类型的引用变量（或数组），并用它来访问对象。具体见下面的例子。

例 4-5　接口类型的引用变量。

```
public class VariableTester1 {
    public static void main(String[] args) {
        Shape2D var1, var2;
        var1 = new Rectangle(5, 6);
        System.out.println("Area of var1 = " + var1.area());
        var2 = new Circle(2.0);
        System.out.println("Area of var2 = " + var2.area());
    }
}
```

输出结果如下：

```
Area of var1 = 30.0
Area of var2 = 12.56
```

4.1.3 函数式接口与 Lambda 表达式

从 Java 8 开始,可以使用 Lambda 表达式实现函数式编程,使程序更加简洁、清晰、易于编写。

要运用 Lambda 表达式编程,首先要理解什么是函数式接口。函数式接口(Functional Interface)是指仅包含一个抽象方法的接口。例如,java.lang.Runnable 接口仅包含一个 run 方法,所以 Runnable 是一个函数式接口;而前例中的 Insurable 接口包含了四个抽象方法,因此它不是函数式接口。

假设我们声明了如下的函数式接口:

```
interface FunctionalInterfaceExample1 {
    void theOnlyAbstractMethod();
}
```

实现这个接口的传统方法是定义一个实现类,然后通过这个类的实例来调用方法:

```
class TraditionalImpl implements FunctionalInterfaceExample1 {
    @Override
    public void theOnlyAbstractMethod() {
        System.out.println("Hello!");
    }
}
public class FunctionalInterfaceTester1 {
    public static void main(String[] args) {
        FunctionalInterfaceExample1 traditionalImpl = new TraditionalImpl();
        traditionalImpl.theOnlyAbstractMethod();
    }
}
```

使用 Lambda 表达式能够将这个过程简化为:

```
public class FunctionalInterfaceTester1 {
    public static void main(String[] args) {
         FunctionalInterfaceExample1 lambdaImpl = () -> System.out.println("
Hello!");
        lambdaImpl.theOnlyAbstractMethod();
    }
}
```

Lambda 表达式由三部分组成:

- 参数表:由于参数类型已经由接口声明,因此 Lambda 表达式的参数表仅包含参数值。上例中,函数式接口的方法为无参方法,因此 Lambda 表达式的参数表为空;如果接口方法包含了两个参数,则参数表形如(p1, p2)。
- 箭头操作符:“->”。

• 表达式体：类似于普通的 Java 方法，可以对参数进行操作，也可以有返回值。

再来看一个带参数和返回值的 Lambda 表达式举例。

例 4-6　Lambda 表达式举例。

```
interface FunctionalInterfaceExample2 {
    /**
     * 连接两个字符串
     *
     * @param a 字符串 1
     * @param b 字符串 2
     * @return 两个字符串的连接
     */
    String theOnlyAbstractMethod(String a, String b);
}

public class LambdaExpressionTester1 {
    public static void main(String[] args) {
        FunctionalInterfaceExample2 lambdaImpl = (a, b) -> a + b;
        System.out.println(lambdaImpl.theOnlyAbstractMethod("Hello, ", "there!"));
    }
}
```

程序的输出为：

```
Hello, there!
```

关于函数式接口的概念，有以下几点需特别强调：

• 默认方法不是抽象方法，因此函数式接口可以声明默认方法(默认方法在 4.1.6 节介绍)。
• 函数式接口的实例化，除了可以像普通接口一样通过声明实现类来实现之外，还可以直接通过 Lambda 表达式、方法引用或构造方法引用这三种方法来实现。详见例 4-7。
• 如果函数式接口覆盖了 java.lang.Object 的公共方法(如 hashCode、equals)，并将其声明为抽象方法，则这些方法不被算作接口的抽象方法，因为函数式接口的任何实现类都将从 java.lang.Object 或其他类中继承这些公共方法的实现。

我们在声明函数式接口时，应主动为其标注@java.lang.FunctionalInterface 这个注解，例如：

```
@FunctionalInterface
interface FunctionalInterfaceExample {
    void theOnlyAbstractMethod();
}
```

虽然 Java 并不强制所有的函数式接口都必须标注这个注解，但我们仍然推荐大家在编程的时候有意识地使用它,因为它可以提高程序的可读性和可维护性。一方面,如果想搜索一个项目中所有的函数式接口,只要搜索程序中所有使用了 FunctionalInterface 的地方即可,大多数的 IDE 都可以轻松支持这样的操作;另一方面,当我们不小心为函数式接口增加了一个抽象方法时,如果使用了 FunctionalInterface 注解,那么编译器会立即发现这个错误,避免后续产生更严重的问题。

函数式接口除了可以使用 Lambda 表达式来实现以外,还可以通过方法引用和构造方法引用来实现,从而实现对已有方法的重用,这也是 Java 8 带来的新特性。下面是一个包含了完整的函数式接口、Lambdba 表达式、方法引用和构造方法引用的代码示例。

例 4-7　函数式接口举例。

```
/**
 * 函数式接口举例
 */
@FunctionalInterface
interface FunctionalInterfaceExample1 {

    /**
     * 函数式接口唯一的抽象方法
     */
    void theOnlyAbstractMethod();

    /**
     * 函数式接口可以声明默认方法
     */
    default void defaultMethod() {
    }

    /**
     * 函数式接口覆盖 java.lang.Object 的方法,不算作抽象方法
     *
     * @return a hash code value for this object.
     */
    @Override
    int hashCode();
}

class TraditionalImpl implements FunctionalInterfaceExample1 {
    @Override
    public void theOnlyAbstractMethod() {
        System.out.println("Hello!");
    }
}
```

```
class StaticMethodExample {
    public static void referencedMethod() {
        System.out.println("Hello!");
    }
}

class InstanceMethodExample {
    public void referencedMethod() {
        System.out.println("Hello!");
    }
}

class ConstructorExample {
    public ConstructorExample() {
        System.out.println("Hello!");
    }
}

public class FunctionalInterfaceTester1 {
    public static void main(String[] args) {

        /* 传统的接口实现方式 */
        FunctionalInterfaceExample1 traditionalImpl = new TraditionalImpl();
        traditionalImpl.theOnlyAbstractMethod();

        /* Lambda 表达式 */
         FunctionalInterfaceExample1 lambdaImpl = () -> System.out.println("
Hello!");
        lambdaImpl.theOnlyAbstractMethod();

        /* 静态方法引用 */
        FunctionalInterfaceExample1 staticMethodReferenceImpl =
StaticMethodExample::referencedMethod;
        //用一个已有的实现同样功能的静态方法替代 Lambda 表达式
        staticMethodReferenceImpl.theOnlyAbstractMethod();

        /* 实例方法引用 */
        //用一个已有的实现同样功能的实例方法替代 Lambda 表达式
        InstanceMethodExample instanceMethodReferenceExample =
new InstanceMethodExample();
        FunctionalInterfaceExample1 instanceMethodReferenceImpl =
instanceMethodReferenceExample::referencedMethod;
        instanceMethodReferenceImpl.theOnlyAbstractMethod();

        /* 构造方法引用 */
```

```
        //用一个已有的实现同样功能的构造方法代替 Lambda 表达式
        FunctionalInterfaceExample1 constructorReferenceImpl =
ConstructorExample::new;
        constructorReferenceImpl.theOnlyAbstractMethod();
    }
}
```

输出结果为：

```
Hello!
Hello!
Hello!
Hello!
Hello!
```

可以看到，通过五种方式来实现同一个函数式接口，其效果是相同的，但编程效率和程序的可读性是有很大区别的。Lambda 表达式大大简化了接口的实现方式，而方法引用则进一步提升了 Lambda 表达式的效率，实现了对已有方法的重用。

4.1.4 实现多个接口

有时候，我们会希望一个子类同时继承自两个以上的超类，以便使用每一个超类的功能，但 Java 并不允许多个超类的继承，其中的理由很简单，因为 Java 的设计是以简单实用为导向，而类的多重继承将使得问题复杂化，与 Java 设计的原意相违背。

虽然 Java 不允许一个类有多个超类，但允许一个类可以实现多个接口，通过这种机制可以实现对设计的多重继承。一个类实现多个接口的语法如下：

```
[类修饰符] class 类名称 implements 接口 1, 接口 2,
{
...
}
```

如汽车类可以实现接口 Insurable、Drivable、Sellable，如图 4-3 所示，代码如下：

```
public class Car implements Insurable, Drivable, Sellable {

}
```

如果实现接口的类为非抽象类，则在类中要实现每一个接口中的所有抽象方法。

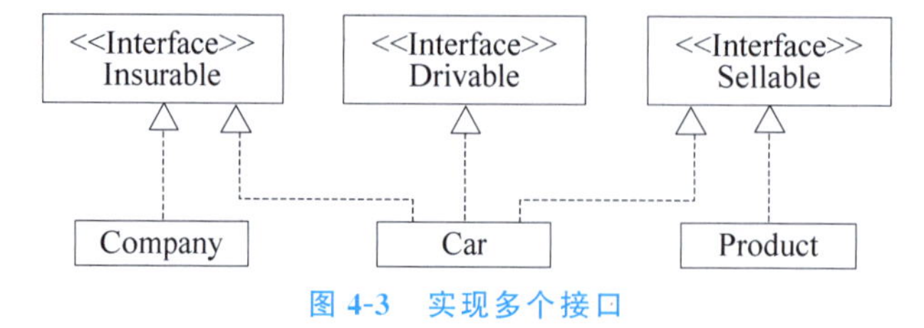

图 4-3　实现多个接口

例 4-8 声明 Circle 类实现接口 Shape2D 和 Color。

代码如下：

```
interface Shape2D {                          //声明 Shape2D 接口
    final double pi = 3.14;                  //数据成员一定要初始化
    public abstract double area();           //抽象方法,不需要定义处理方式
}

interface Color {
    void setColor(String str);
}

class Circle2 implements Shape2D, Color { //实现 Circle 类
    double radius;
    String color;

    public Circle2(double r) {               //构造方法      {
        radius = r;
    }

    @Override
    public double area() {                   //定义 area()的处理方式
        return (pi * radius * radius);
    }

    @Override
    public void setColor(String str) {
        color = str;
        System.out.println("color=" + color);
    }
}

public class InterfaceTester2 {
    public static void main(String[] args) {
        Circle2 cir;
        cir = new Circle2(2.0);
        cir.setColor("blue");
        System.out.println("Area = " + cir.area());
    }
}
```

输出结果为：

```
color=blue
Area = 12.56
```

在本例中,Shape2D 具有 pi 与 area()方法,用来计算面积,而 Color 则具有 setColor 方法,可用来设置颜色。通过实现 Shape2D 及 Color 接口,Circle 类得以同时拥有这两个接口的成员,也因此达到了多重继承的目的。

4.1.5 接口的扩展

接口与一般类一样,均可以通过扩展(extends)技术来派生出新的接口,原来的接口称为基本接口(base interface)或父接口(super interface),派生出的接口称为派生接口(derived interface)或子接口(sub interface)。派生接口不仅可以保有父接口的成员,同时也可以加入新的成员以满足实际问题的需要。

接口的扩展(或继承)也是通过关键字 extends,但是一个接口可以继承多个接口,这点与类的继承有所不同。接口扩展的语法如下:

```
interface 子接口的名称 extends 父接口的名称 1,父接口的名称 2,…
{
  …
}
```

例 4-9 接口扩展举例。

图 4-4 中的 Shape 是父接口,Shape2D 与 Shape3D 是其子接口。Circle 类及 Rectangle 类实现接口 Shape2D,而 Box 类及 Sphere 类实现接口 Shape3D。

注意: 实现一个接口的类也必须实现此接口的父接口。

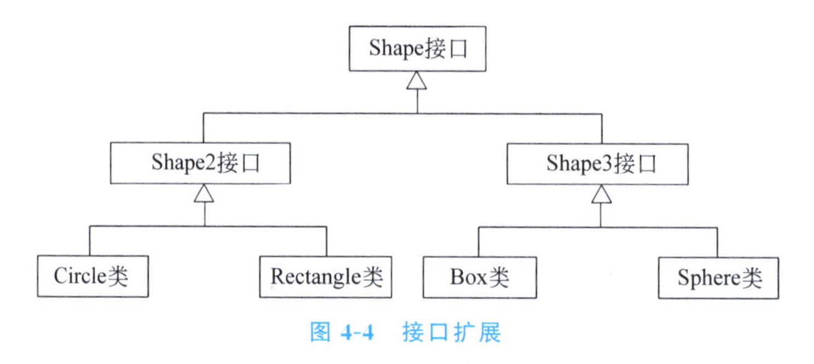

图 4-4 接口扩展

图 4-4 的部分代码如下:

```
interface Shape {                           //声明 Shape 接口
    double pi = 3.14;                       //数据成员一定要初始化
    void setColor(String str);              //抽象方法,不需要定义处理方式
}

interface Shape2D extends Shape {
    double area();
}

class Circle implements Shape2D {
```

```
    double radius;
    String color;

    public Circle(double r) {           //构造方法
        radius = r;
    }

    @Override
    public double area() {              //定义 area()的处理方式
        return (pi * radius * radius);
    }

    @Override
    public void setColor(String str) {
        color = str;
        System.out.println("color=" + color);
    }
}

public class InterfaceTester3 {
    public static void main(String[] args) {
        Circle cir;
        cir = new Circle(2.0);
        cir.setColor("blue");
        System.out.println("Area = " + cir.area());
    }
}
```

运行结果为：

```
color=blue
Area = 12.56
```

在本例中，首先声明了父接口 Shape，然后声明其子接口 Shape2D，之后声明类 Circle 实现 Shape2D 子接口，因而在此类内必须明确定义 setColor()与 area()方法的处理方式。最后在主类中我们声明了 Circle 类型的变量 cir 并创建新的对象，最后通过 cir 对象调用 setColor()与 area()方法。

4.1.6 接口的默认方法与静态方法

从 Java 8 开始，可以为接口声明默认方法与静态方法。

接口的默认方法可以用来定义一些默认的行为，接口的实现类可以直接继承默认方法，也可以在必要的时候覆盖默认方法。

接口的静态方法则是用来定义接口的默认行为或辅助方法，不能被实现类覆盖，而且只能通过接口名加方法名来调用。

例 4-10　接口的默认方法与静态方法举例。

```
/**
 * 一场足球比赛
 */
interface SoccerGame {

    /**
     * 获取比赛时长,默认为 90 分钟
     *
     * @return 比赛时长,单位为分钟
     */
    default int getGameLength() {
        return 90;
    }

    /**
     * 获取每方球员人数,默认为 11 人
     *
     * @return 每方球员人数
     */
    default int getPlayersPerSide() {
        return 11;
    }

    /**
     * 比赛是否启用越位规则
     *
     * @param playersOnPitch 上场球员总人数
     * @return true 启用 false 不启用
     */
    static boolean isOffsideEnabled(int playersOnPitch) {
        return playersOnPitch >=16;
    }
}

/**
 * 一场校级足球比赛
 */
class CampusSoccerGame implements SoccerGame {

    //直接拥有接口的默认方法

}
```

```
/**
  * 一场院系足球比赛
  */
class AcademySoccerGame implements SoccerGame {

    /**
      * 院系足球比赛每场 60 分钟
      */
    @Override
    public int getGameLength() {
        return 60;
    }

    /**
      * 院系足球比赛采用 7 人制
      */
    @Override
    public int getPlayersPerSide() {
        return 7;
    }
}

public class InterfaceTester4 {
    public static void main(String[] args) {
        CampusSoccerGame campusSoccerGame = new CampusSoccerGame();
        AcademySoccerGame academySoccerGame = new AcademySoccerGame();

        System.out.println("A campus soccer game has " + campusSoccerGame
.getPlayersPerSide() + " players on each side and lasts for " + campusSoccerGame.
getGameLength() + " minutes.");
        System.out.println("An academy soccer game has " + academySoccerGame
.getPlayersPerSide() + " players on each side and lasts for " +
academySoccerGame.getGameLength() + " minutes.");

        System.out.println("Offside is enabled in a campus soccer game: " +
SoccerGame.isOffsideEnabled(campusSoccerGame.getPlayersPerSide() * 2));
        System.out.println("Offside is enabled in an academy soccer game: " +
SoccerGame.isOffsideEnabled(academySoccerGame.getPlayersPerSide() * 2));
    }
}
```

输出结果为：

```
A campus soccer game has 11 players on each side and lasts for 90 minutes.
An academy soccer game has 7 players on each side and lasts for 60 minutes.
```

```
Offside is enabled in a campus soccer game: true
Offside is enabled in an academy soccer game: false
```

可以看到,一场足球比赛默认举行 90 分钟,每方 11 名球员。校级足球比赛的实现类从接口中直接继承了比赛时长和每方球员人数;院系足球比赛的实现类则覆盖了这两个方法,改变了接口的默认行为,采用 60 分钟的 7 人制比赛规则。

判断是否启用越位规则,则是使用了接口中定义的静态方法。接口的静态方法只能通过接口名加方法名的方式进行调用。可以看到,此处采用的规则是当双方上场球员人数不少于 16 人时,比赛将启用越位规则,否则不启用。它作为一个固有规则存在,不随比赛的类型而改变,仅仅取决于上方上场球员人数。因此,将它定义在接口中,以静态方法的形式存在,保证了比赛规则的统一。

4.1.7　接口的私有方法

在 Java 9 之前,接口的方法默认都是 public 的。从 Java 9 开始,可以为接口声明私有方法。这类方法与 Java 类的私有方法设计理念是一样的,可以把实现细节对子类和实现类隐藏起来,提高代码的安全性与可维护性。

例 4-11　接口的私有方法举例。

```
import java.text.SimpleDateFormat;
import java.util.Date;
interface SoccerGame {

    /**
     * 获取格式化之后的比赛日期字符串
     *
     * @param date 比赛日期
     * @return 格式化之后的日期字符串
     */
    static String getGameDate(Date date) {
        return formatDate(date);
    }

    /**
     * 对日期进行格式化
     *
     * @param date 日期
     * @return 格式化之后的日期字符串
     */
    private static String formatDate(Date date) {
        SimpleDateFormat simpleDateFormat = new SimpleDateFormat("yyyy-MM-
dd");
        return simpleDateFormat.format(date);
    }
}
```

上例中，使用私有静态方法对日期对象进行了格式化，从而将格式化操作封装起来，对调用者透明，同时也得以被其他方法重用。

4.2　类型转换

4.2.1　类型转换的概念

Java 支持隐式（自动）的类型转换和显式（强制）的类型转换。前面已经讲解了基本数据类型的类型转换，本节主要讲解对象的类型转换，对象类型转换比基本数据类型的类型转换要复杂得多。在 Java 中，对象（引用变量）只能被类型转换为：

- 任何一个超类类型：即任何一个子类的引用变量（或对象）都可以被当成一个超类引用变量（或对象）来对待，因为子类继承了超类的属性及行为；但反过来却并不成立。如一个 Circle 肯定是一个 Shape，但一个 Shape 却并不一定是一个 Circle。
- 对象所属的类实现的一个接口：虽然不能用接口生成对象，但可以声明接口的引用变量，接口的引用变量可以指向任何实现了此接口的类对象。
- 回到它自己所在的类：一个对象被类型转换为超类或接口后，还可以再被类型转换，回到它自己所在的类。

如在图 4-5 中，Manager 对象可以被类型转换为 Employee、Person、Insurable 或 Object，但不能被类型转换为 Customer、Company 或 Car。

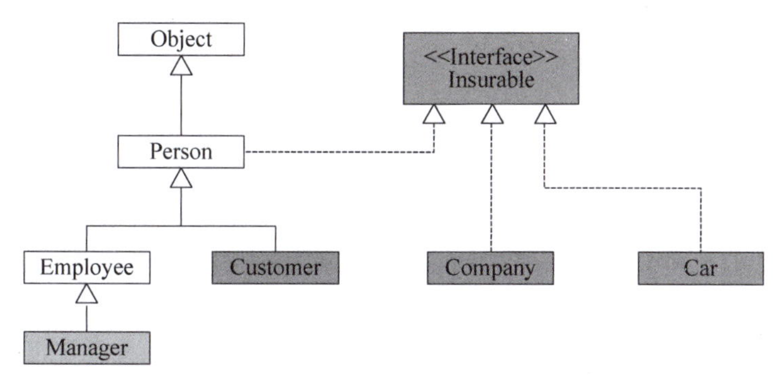

图 4-5　向上类型转换

1. 隐式（自动）的类型转换

对于基本数据类型，相容类型之间存储容量低的自动向存储容量高的类型转换；对于引用变量，当一个类需要被类型转换成更一般的类（超类）或接口时，系统会进行自动类型转换。

例如下面的操作是合法的，即可以将 Manager 类型的对象直接赋给 Employee 类的引用变量，系统会进行自动类型转换，将此 Manage 对象类型转换为 Employee 类。

```
Employee emp;
emp = new Manager();
```

对象也可以被类型转换为对象所属类实现的接口类型，如：

```
Car jetta = new Car();
Insurable  item = jetta;
```

2. 显式(强制)的类型转换

当隐式类型转换不可能时,需要进行显示的类型转换。如:

```
(int)871.34354;                        //结果为 871
(char)65;                              //结果为'A'
(long)453;                             //结果为 453L
```

对于引用变量,通过强制类型转换,将其还原为本来的类型。如:

```
Employee  emp;
Manager man;
emp = new Manager();
man = (Manager)emp;                    //将 emp 强制类型转换为它本来的类型
```

基本数据类型的类型转换与对象的类型转换的含义是不同的。对于基本数据类型,类型转换是将值从一种形式转换成另一种形式的过程;对于对象,类型转换并不是转换,而仅仅是将对象暂时当成更一般的对象来对待,并没有改变其类型。

4.2.2 类型转换的应用

类型转换主要应用于以下场合。

- 赋值转换:在进行赋值运算时,赋值号右边的表达式类型或对象转换为左边的类型。
- 方法调用转换:在进行参数传递时,要将实参的类型转换为形参的类型。
- 算数表达式转换:在进行算数混合运算时,不同类型的项转换为相同的类型再进行运算。
- 字符串转换:在进行字符串连接运算时,如果一个操作数为字符串,一个操作数为数值型,则会自动将数值型转换为字符串。

当一个类对象被类型转换为其超类后,它提供的方法会减少。如图 4-6 所示,Person 类中声明了方法 getName(),Employee 类中声明了方法 getEmployeeNumber(),Manager 类中声明了方法 getSalary()。

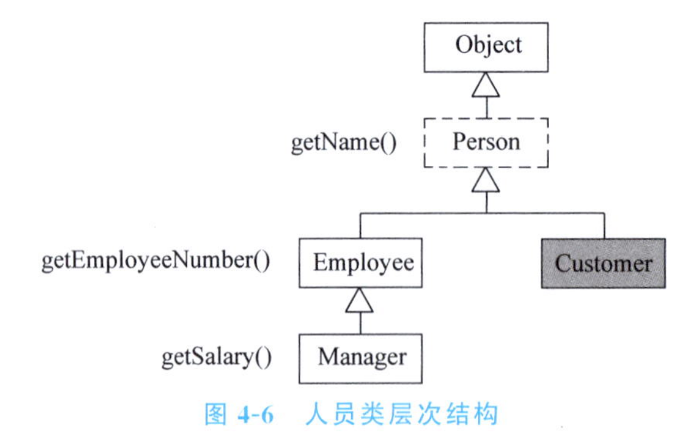

图 4-6 人员类层次结构

在下面的代码段中，当 Manager 对象 man 被类型转换为 Employee 之后，会将 man 暂时当成 Employee 类对象，它只能调用 getName()及 getEmployeeNumber()方法，不能接收 getSalary()方法。当将其类型转换为本来的类型后，又能调用 getSalary()方法了。

```
Manager  man;
Employee  emp;
man = new Manager();
man.getName();
man.getEmployeeNumber();
man.getSalary();
emp = (Employee)man;                    //或者使用自动类型转换 emp = man;
emp.getName();                          //有效
emp.getEmployeeNumber();                //有效
emp.getSalary();                        //无效

Manager man1;
man1 = (Manager) emp;
man1.getSalary();                       //有效
```

或

```
((Manager)emp).getSalary();             //有效
```

从这个例子可以看到：对象的类型转换并没有改变它的类型，而是暂时将其当成更一般的类型。

当对象作为方法的参数时，经常进行自动类型转换，例如：

```
Manager man = new Manager();
aCompany.doSomething(man); //传递 Manager 类的对象
public void doSomething(Employee emp) {
    //进入此方法时，emp 被类型转换为 Employee
}
```

许多 Java 方法对任意的类对象都能工作，这些方法通常以 Object 类对象作为参数。例如：

```
public boolean equals(Object obj) {...}
public void add(Object obj) {...}
```

在这种情况下，任何类型的对象都可以作为参数传递，并被自动类型转换为 Object 类。在方法的内部，只有 Object 类中声明的方法才能发送给形参变量。

4.2.3　方法的查找

假设在类型转换前和类型转换后的类中都提供了相同的方法，如果对类型转换后的对象调用此方法，那么系统将会调用哪个类中的方法？

对于实例方法,查找总是从原始类开始,沿类层次向上查找。如在图 4-7 中,Employee 类及 Manager 类中都声明了 computePay()方法。在下面的代码段中,当将 Manager 类对象 man 类型转换为 Employee 类之后,当调用它的 computePay()方法时,首先在它的本来类 Manager 中查找,如果不存在,才在其超类中进行查找。

```
Manager man = new Manager();
Employee emp1 = new Employee();
Employee emp2 = (Employee)man;
emp1.computePay();                    //调用 Employee 类中的 computePay()方法
man.computePay();                     //调用 Manager 类中的 computePay()方法
emp2.computePay();                    //调用 Manager 类中的 computePay()方法
```

对于类方法,查找在编译时进行,所以总是在变量声明时所属的类中进行查找。如图 4-8 中,Employee 类及 Manager 类中都声明了静态方法 expenseAllowance()。在下面的代码中,引用变量 emp2 实际指向的是一个 Manager 类的对象,但 emp2 被声明为 Employee 类型,当将静态方法 expenseAllowance()发送给 emp2 时,系统调用 Employee 类中声明的方法。

```
Manager  man = new Manager();
Employee  emp1 = new Employee();
Employee  emp2 = (Employee)man;
Manager.expenseAllowance();           //in Manager
man.expenseAllowance();               //in Manager
Employee.expenseAllowance();          //in Employee
emp1.expenseAllowance();              //in Employee
emp2.expenseAllowance();              //in Employee!!!
```

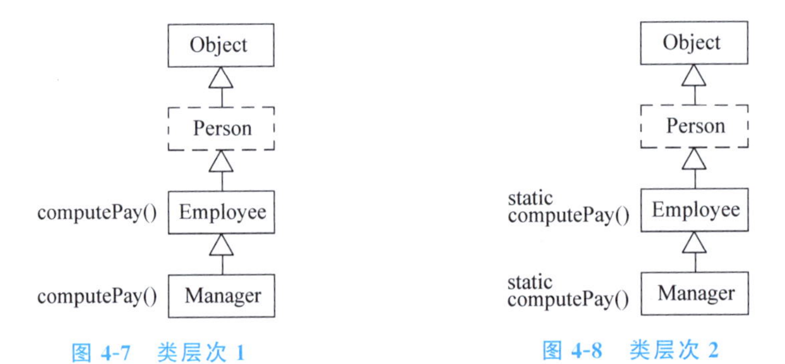

图 4-7　类层次 1　　　图 4-8　类层次 2

4.3　多态的概念

多态性(Polymorphism)是指不同类型的对象可以响应相同的消息。将一条消息发给对象时,可能并不知道运行时对象的具体类型是什么,但采取的行动同样是正确的,这种情况就叫作“多态性”。

我们其实已经接触到了多态性的情形,例如所有的 Object 类的对象都响应 toString()

方法，所有的 BankAccount 类的对象都响应 deposit()方法。由于所有的对象都可以被类型转换为相同的类型，因此可以响应相同的消息，从而使代码变得简单且容易理解。

4.3.1　多态的目的

通过类型转换可将一个对象当作它的超类对象对待，这种特性是十分重要的。从相同的超类派生出来的多个类型可被当作同一种类型对待，对这些不同的类型可以进行同样的处理。此外，由于多态性，这些不同派生类对象响应同一方法时的行为可以是有所差别的，这正是这些相似的类之间彼此区别的不同之处。

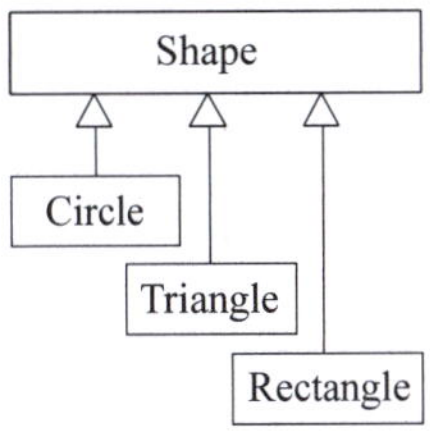

图 4-9　几何图形类 1

考虑图 4-9 所示的类层次，如果希望能够画出任意子类型对象的形状，可以在 Shape 类中声明一个绘图方法。

由于在编写程序时可能无法预见运行时将处理哪个子类型的对象，也许会像下面这样编写代码：

```
aString = aShape.getClass().getName();
if (aString.equals("Circle"))
    aShape.drawCircle();
if (aString.equals("Triangle"))
    aShape.drawTriangle();
if (aString.equals("Rectangle"))
    aShape.drawRectangle();
```

或：

```
if (aShape instanceof Circle)
    aShape.drawCircle();
if (aShape instanceof Triangle)
    aShape.drawTriangle();
if (aShape instanceof Rectangle)
    aShape.drawRectangle();
```

这段代码的目的是，对于不同的实际对象，采用不同的画法。

然而更好的方式是：在每一个子类中都声明同名的 draw()方法，如图 4-10 所示。

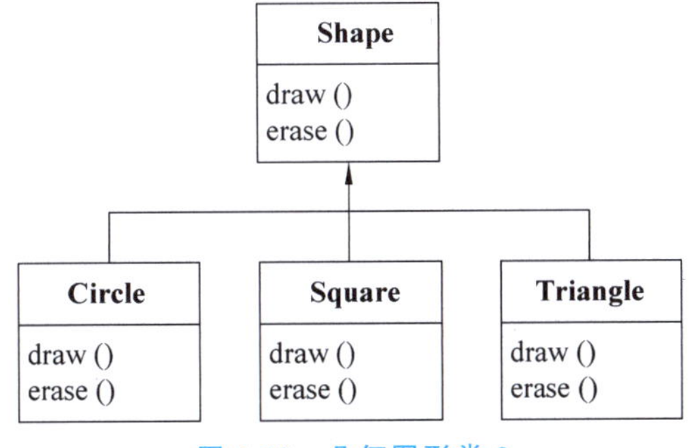

图 4-10　几何图形类 2

那么上述代码可以修改为：

```
if (aShape instanceof Circle)
aShape.draw();
if (aShape instanceof Triangle)
aShape.draw();
if (aShape instanceof Rectangle)
aShape.draw();
```

现在可以看出，其实并不需要 if 语句，只用一条语句即可：

```
aShape.draw();
```

例如在具体使用时可以写下面的代码：

```
Shape s = new Circle();
s.draw();
```

这是因为按照继承关系，Circle 是 Shape 的一种，系统会自动进行类型转换，而且当调用方法 draw 时，实际调用的是 Circle.draw()，因为这是在程序运行时才进行绑定。接下来介绍绑定的概念。

4.3.2　绑定的概念

将一个方法调用同一个方法主体连接到一起就称为“绑定”(Binding)。根据绑定的时期不同，可将绑定分为“前期绑定”及“后期绑定”两种。

若在程序运行以前执行绑定(由编译器和链接程序，如果有的话)，就叫作“前期绑定”。如果绑定在运行期间进行，就称为“后期绑定”。后期绑定也叫作“动态绑定”或“运行期绑定”。若一种语言实现了后期绑定，同时必须提供一些机制，可在运行期间判断对象的类型，并分别调用适当的方法。

例 4-12　动态绑定举例。

以图 4-10 中的类层次为例，代码可编写如下：

```
//超类 Shape 建立了一个通用接口——也就是说，所有(几何)形状都可以描绘和删除
class Shape {
    void draw() {
    }
    void erase() {
    }
}
//派生类覆盖了 draw 方法，为每种特殊类型的几何形状都提供了独一无二的行为
class Circle extends Shape {
    @Override //@Override 注解，表示覆盖超类方法
    void draw() {
        System.out.println("Circle.draw()");
```

```
    }
    @Override
    void erase() {
        System.out.println("Circle.erase()");
    }
}
class Square extends Shape {
    @Override
    void draw() {
        System.out.println("Square.draw()");
    }
    @Override
    void erase() {
        System.out.println("Square.erase()");
    }
}
class Triangle extends Shape {
    @Override
    void draw() {
        System.out.println("Triangle.draw()");
    }
        @Override
    void erase() {
        System.out.println("Triangle.erase()");
    }
}
//下面对动态绑定进行测试如下
public class BindingTester {
    public static void main(String[] args) {
        Shape[] shape = new Shape[9];
        int n;
        for (int i = 0; i < shape.length; i++) {
            n = (int) (Math.random() * 3);
            switch (n) {
                case 0:
                    shape[i] = new Circle();
                    break;
                case 1:
                    shape[i] = new Square();
                    break;
                case 2:
                    shape[i] = new Triangle();
            }
        }
```

```
            for (Shape oneS : shape) {
                oneS.draw();
            }
        }
    }
```

运行结果如下：

```
Triangle.draw()
Circle.draw()
Square.draw()
Triangle.draw()
Square.draw()
Circle.draw()
Triangle.draw()
Triangle.draw()
Square.draw()
```

在主方法的循环体中，每次根据运行时产生的随机数生成指向一个 Circle、Square 或者 Triangle 的引用，而在编译的时候是无法知道 s 数组元素的具体类型到底是什么，根据声明只知道会获得一个单纯的 Shape 引用。

当然，由于几何形状是每次随机选择的，所以每次运行都可能有不同的结果。

在上例中，如果将 Shape 改为如下的抽象类，看看是否能得到正确的结果？

```
abstract class Shape {
    abstract void draw();
    abstract void erase();
}
```

4.4 多态的应用

利用类型转换技术，一个超类的引用变量可以指向不同的子类对象，而利用动态绑定技术，可以在运行时根据超类引用变量所指对象的实际类型执行相应的子类方法，从而实现多态性。多态性使得编程简单、容易理解，且程序具有很好的“扩展性”。

在实际应用中，经常会利用多态性进行二次分发(Double Dispatch)，具体见下面的例子。

例 4-13 多态的应用举例。

此例中声明一个抽象类 Driver 及两个子类 FemaleDriver 及 MaleDriver。在 Diver 类中声明了抽象方法 drives，在两个子类中对这个方法进行了覆盖。代码如下：

```
//Driver.java
public abstract class Driver {
```

```
    public Driver() {

    }
    public abstract void drives();
}
//FemaleDriver.java
public class FemaleDriver extends Driver {
    public FemaleDriver() {
    }
    @Override
    public void drives() {
        System.out.println("A Female driver drives a vehicle.");
    }
}
//MaleDriver.java
public class MaleDriver extends Driver {
    public MaleDriver() {
    }
    @Override
    public void drives() {
        System.out.println("A male driver drives a vehicle.");
    }
}
//Test.java
public class Test {
    static public void main(String[] args) {
        Driver a = new FemaleDriver();
        Driver b = new MaleDriver();
        a.drives();
        b.drives();
    }
}
```

运行结果如下：

```
A Female driver drives a vehicle.
A male driver drives a vehicle.
```

例 4-14　二次分发举例。

试想有几种不同种类的交通工具(vehicle)，如公共汽车(bus)及小汽车(car)，由此可以声明一个抽象类 Vehicle 及两个子类 Bus 及 Car。此外，我们对前面的 drives 方法进行改进，使其接收一个 Vehicle 类的参数，当不同类型的交通工具被传送到此方法时，可以输出具体的交通工具。测试代码可改写如下：

```
//DriverTest.java
public class DriverTest {
    static public void main(String[] args) {
        Driver a = new FemaleDriver();
        Driver b = new MaleDriver();
        Vehicle x = new Car();
        Vehicle y = new Bus();
        a.drives(x);
        b.drives(y);
    }
}
```

并希望输出下面的结果：

```
A female driver drives a Car.
A male driver drives a bus.
```

Vehicle 及其子类声明如下：

```
//Vehicle.java
public abstract class Vehicle {
    private String type;
    public Vehicle() {
    }
    public Vehicle(String s) {
        type = s;
    }
    public abstract void drivedByFemaleDriver(Driver who);
    public abstract void drivedByMaleDriver(Driver who);
}
//Bus.java
public class Bus extends Vehicle {
    public Bus() {
    }
    public void drivedByFemaleDriver(Driver who) {
        System.out.println("A female driver drives a bus.");
    }
    public void drivedByMaleDriver(Driver who) {
        System.out.println("A male driver drives a bus.");
    }
}
//Car.java
public class Car extends Vehicle {
    public Car() {
    }
```

```
    public void drivedByFemaleDriver(Driver who) {
        System.out.println("A Female driver drives a car.");
    }
    public void drivedByMaleDriver(Driver who) {
        System.out.println("A Male driver drives a car.");
    }
}
```

下面对 FemaleDriver 及 MaleDriver 类中的 drives 方法进行改进,在 drives 方法的定义体中不直接输出结果,而是调用 Bus 及 Car 类中的相应方法。改进后的代码如下:

```
//Driver.java
public abstract class Driver {
    public Driver() {
    }
    public abstract void drives(Vehicle v);
}
//FemailDriver.java
public class FemaleDriver extends Driver {
    public FemaleDriver() {
    }
    @Override
    public void drives(Vehicle v) {
        v.drivedByFemaleDriver(this);
    }
}
//MaleDriver.java
public class MaleDriver extends Driver {
    public MaleDriver() {
    }
    @Override
    public void drives(Vehicle v) {
        v.drivedByMaleDriver(this);
    }
}
```

这种技术称为二次分发,即对输出消息的请求被分发两次:首先根据驾驶员的类型被发送给一个类,之后根据交通工具的类型被发送给另一个类。

4.5 构造方法与多态

构造方法与其他方法是有区别的,尽管构造方法并不具有多态性,但仍然非常有必要理解构造方法如何在复杂的分级结构中结合多态性一同使用的情况。

4.5.1 构造方法的调用顺序

超类的构造方法肯定会在派生类的构造方法中被调用，而且逐渐向上链接，使每个超类使用的构造方法都能得到调用。一个派生类只能访问它自己的成员，不能访问超类中声明为 private 的成员，而只有超类的构造方法在初始化自己的元素时才知道正确的方法以及拥有适当的权限，所以，必须使所有构造方法都得到调用，否则整个对象的构建就可能不正确。若没有在派生类构造方法中明确指定对超类构造方法的调用，则系统会自动调用超类的默认构造方法(无参数)。如果不存在默认构造方法，编译器就会报告一个错误。

例 4-15　构造方法的调用顺序举例 1。

```
//Point.java
public class Point {
    private double xCoordinate;
    private double yCoordinate;
    public Point() {
    }
    public Point(double x, double y) {
        xCoordinate = x;
        yCoordinate = y;
    }
    @Override
    public String toString() {
         return "(" + Double.toString(xCoordinate) + ", " + Double.toString
(yCoordinate) + ")";
    }
    //other methods
}
//Ball.java
public class Ball {
    private Point center;                              //中心点
    private double radius;                             //半径
    private String colour;                             //颜色
    public Ball() {
    }
    public Ball(double xValue, double yValue, double r)
                                                       //具有中心点及半径的构造方法
    {
        center = new Point(xValue, yValue);            //调用类 Point 中的构造方法
        radius = r;
    }
    public Ball(double xValue, double yValue, double r, String c)
                                                       //具有中心点、半径及颜色的构造方法
    {
```

```
        this(xValue, yValue, r);                    //调用三个参数的构造方法
        colour = c;
    }
    @Override
    public String toString() {
        return "A ball with center " + center.toString() + ", radius " + Double.
toString(radius) + ", colour " + colour;
    }
    //other methods
}
```

由于在类 Ball 中不能直接存取类 Point 中的 xCoordinate 及 yCoordinate 属性值，Ball 中的 toString 方法调用 Point 类中的 toString 方法输出中心点的值。

```
//MovingBall.java
public class MovingBall extends Ball {
    private double speed;
    public MovingBall() {
    }
    public MovingBall(double xValue, double yValue, double r, String c, double
s) {
        super(xValue, yValue, r, c);      //调用超类 Ball 中具有四个参数的构造方法
        speed = s;
    }
    public String toString() {
        return super.toString() + ", speed " + Double.toString(speed);
    }
    //other methods
}
```

在 MovingBall 类的 toString 方法中，super.toString 调用超类 Ball 的 toString 方法输出类 Ball 中声明的属性值，这是因为子类不能直接存取超类中声明的私有数据成员，这是显示超类数据成员的唯一方法。

```
//Tester.java
public class Tester {
    public static void main(String args[]) {
        MovingBall mb = new MovingBall(10, 20, 40, "green", 25);
        System.out.println(mb);
    }
}
```

运行结果如下：

```
A ball with center (10.0, 20.0), radius 40.0, colour green, speed 25.0
```

在上面的代码中,构造方法调用的顺序为:

```
MovingBall(double xValue, double yValue, double r, String c, double s)
      ↓
Ball(double xValue, double yValue, double r, String c)
      ↓
Ball(double xValue, double yValue, double r)
      ↓
Point(double x, double y)
```

下面的例子能够更清楚地看到构造方法的调用顺序。

例 4-16　构造方法的调用顺序举例 2。

```
class Meal {
    Meal() {
        System.out.println("Meal()");
    }
}
class Bread {
    Bread() {
        System.out.println("Bread()");
    }
}
class Cheese {
    Cheese() {
        System.out.println("Cheese()");
    }
}
class Lettuce {
    Lettuce() {
        System.out.println("Lettuce()");
    }
}
class Lunch extends Meal {
    Lunch() {
        System.out.println("Lunch()");
    }
}
class PortableLunch extends Lunch {
    PortableLunch() {
        System.out.println("PortableLunch()");
    }
}
```

```
public class Sandwich extends PortableLunch {
    Bread b = new Bread();
    Cheese c = new Cheese();
    Lettuce l = new Lettuce();
    Sandwich() {
        System.out.println("Sandwich()");
    }
    public static void main(String[] args) {
        new Sandwich();
    }
}
```

这个例子在其他类的外部创建了一个复杂的类，而且每个类都有一个自己的构造方法。其中最重要的类是 Sandwich，它反映出了三个级别的继承以及三个成员对象。在 main()里创建了一个 Sandwich 对象后，输出结果如下：

```
Meal()
Lunch()
PortableLunch()
Bread()
Cheese()
Lettuce()
Sandwich()
```

从上面的例子中可以看出创建一个派生类，构造方法的调用次序为：超类构造方法；成员变量初始化；派生类构造方法。

这意味着对于一个复杂的对象，构造方法的调用遵照下面的顺序：

（1）调用超类的构造方法。这个步骤会不断重复下去，首先得到构建的是继承关系的根部对应的超类，然后依次向下直到最深一层的派生类。

（2）按成员变量的声明顺序调用它们的初始化模块代码。

（3）调用派生类构造方法。

构造方法的调用顺序是非常重要的，进行继承时，我们知道关于超类的一切，并且能访问超类的任何 public 和 protected 成员。这意味着在构造派生类的时候，必须能假定超类的所有成员都是有效的。在构造方法内部，必须保证使用的所有成员都已构造。为达到这个要求，唯一的办法就是首先调用超类构造方法，这样当程序进入派生类构造方法时，就可以确保在超类能够访问的所有成员都已得到初始化。

4.5.2　构造方法中的多态方法

若在一个构造方法的内部调用准备构造的那个对象的一个动态绑定方法，那么会出现什么情况呢？结果可能造成一些难于发现的程序错误。

从概念上讲，构造方法的职责是让对象进入实际存在状态。在任何构造方法内部，整个对象可能只是得到部分初始化，但却不知道哪些类已经继承。然而，一个动态绑定的方法调用却会调用位于派生类里的一个方法。如果在构造方法内部做这件事情，那么对于调用的方法，它要操纵的成员可能尚未得到正确的初始化，这显然不是我们所希望的，而且可能造成一些难于发现的程序错误。

例 4-17　构造方法中的多态方法举例。

下面的代码中，在 Glyph 中声明一个抽象方法，并在构造方法内部调用了该抽象方法。

```
abstract class Glyph {
    abstract void draw();
    Glyph() {
        System.out.println("Glyph() before draw()");
        draw();
        System.out.println("Glyph() after draw()");
    }
}
class RoundGlyph extends Glyph {
    int radius = 1;
    RoundGlyph(int r) {
        radius = r;
        System.out.println("RoundGlyph.RoundGlyph(), radius = " + radius);
    }
    void draw() {
        System.out.println("RoundGlyph.draw(), radius = " + radius);
    }
}
public class PolyConstructors {
    public static void main(String[] args) {
        new RoundGlyph(5);
    }
}
```

运行结果如下：

```
Glyph() before draw()
RoundGlyph.draw(), radius = 0
Glyph() after draw()
RoundGlyph.RoundGlyph(), radius = 5
```

在 Glyph 中，draw 方法是抽象方法，在子类 RoundGlyph 中对此方法进行了覆盖。Glyph 的构造方法调用了这个方法。从运行的结果可以看到：当 Glyph 的构造方法调用 draw()时，radius 的值甚至不是默认的初始值 1，而是整型变量的初始值 0。

在定义构造方法时，遵循以下原则能够有效地避免错误：

- 用尽可能少的动作把对象的状态设置好；
- 尽可能地避免调用任何方法；
- 在构造方法内唯一能够安全调用的是在基类中具有 final 属性的那些方法(也适用

于 private 方法，它们自动具有 final 属性）。这些方法不能被覆盖，所以不会出现上述潜在的问题。

4.6 本章小结

本章主要介绍了 Java 语言的接口以及多态机制。接口是面向对象的一个重要机制，使用接口可以实现多继承的效果，同时免除 C++ 中的多继承那样的复杂性。接口中的抽象方法由实现这一接口的不同类来具体完成，这样可以最大限度地利用动态绑定，隐藏实现细节。使用接口还可以在看起来不相干的类之间定义共同行为。

多态性是指不同类型的对象可以响应相同的消息。由于 Java 采用的是动态绑定，因而为多态提供了很好的支持。利用多态性，并通过类型转换可将一个对象当作它的超类对象对待，对这些不同的类型进行同样的处理，而且这些不同派生类对象响应同一方法时的行为是有所差别的。

在构造方法中要尽可能避免调用具有多态性的其他方法，以免在对象还没有完全构造以前调用其方法成员，也就是说构造方法要尽可能简单，其目的仅仅是给对象进行初始化，不要在构造方法中编写与初始化无关的其他功能。

习题

1. 什么是接口？接口起什么作用？接口与抽象类有何区别？

2. 编程证明接口中的属性都隐含为 static 及 final，所有的方法都为 public。

3. 在什么情况下，可以对超类对象的引用进行强制类型转换，使其转化成子类对象的引用？

4. 声明一个接口，此接口至少具有一个方法；在一个方法中声明内部类实现此接口，并返回此接口的引用。

5. 声明一个具有内部类的类，此内部类只有一个非缺省的构造方法；声明另外一个具有内部类的类，此内部类继承第一个内部类。

6. 声明一个具有两个方法的类，在第一个方法中调用第二个方法；声明此类的一个子类，并在子类中覆盖第二个方法；生成一个子类的对象，并将其类型转换为超类，调用第一个方法，解释会发生什么？

7. 什么是多态性？如何实现多态？

8. 在第 3 章习题 11 的基础上，声明测试类完成对多态性的测试：

(1) 在主方法中声明 Student 类的数组(含 5 个元素)；

(2) 生成五个对象存入数组：其中三个 Student 类的对象，一个 StudentXW 类的对象，一个 StudentBZ 类的对象；

(3) 将方法 testScore()发送给数组的每一个元素，输出结果，并分析具体执行的是哪一个类中的方法。

第5章

异常处理与输入输出流

安全是Java语言考虑的重要因素之一。Java通过异常处理机制对程序执行过程中与预期不符的各种意外情况进行捕获与处理。异常(Exception),又称为例外,是特殊的运行错误对象。当程序运行过程中遇到异常时,异常处理机制会将程序流程导向到专门的错误处理模块。

一个程序需要从外部获取(输入)信息,这个"外部"范围很广,包括诸如键盘、显示器、文件、磁盘、网络、另外一个程序等;"信息"也可以是任何类型的,例如一个对象、一串字符、图像、声音等。在Java程序设计中,可以通过使用java.io包(又称IO包)中的输入输出流类达到输入输出信息的目的。

这一章首先介绍Java的异常处理机制及方法,然后介绍输入输出流类的基本概念和常用的文件读写方式。通过这一章的学习并参考JDK文档,读者可以学习到如何在程序中处理各种异常情况,并可以编写涉及不同信息源和信息类型的输入输出流程序。

5.1 异常处理机制简介

5.1.1 异常处理概述

异常是在程序运行过程中发生的异常事件,例如除0溢出、数组越界、文件找不到等,这些事件的发生将阻止程序的正常运行。为了提高程序的鲁棒性,在进行程序设计时,必须考虑到可能发生的异常事件并做出相应的处理。

Java中声明了很多异常类,每个异常类都代表了一种运行错误,类中包含了该异常的信息和处理异常的方法等内容。每当Java程序运行过程中发生一个可识别的运行错误(即有一个异常类与该错误相对应时),系统就会产生一个相应的该异常类的对象,然后采取相应的机制来处理它,确保不会对操作系统产生损害,从而保证了整个程序运行的安全性。这就是Java的异常处理机制。

Java通过面向对象的方法来处理程序错误,为可能产生非致命性错误的代码段设计错误处理模块,将错误作为预定义好的"异常"捕获,然后传递给专门的错误处理模块进行处理。在一个方法的运行过程中,如果发生了异常,那么Java虚拟机便会生成一个代表该异常的对象,并把它交给运行时系统,运行时系统便寻找相应的代码来处理这一异常。我们把生成异常对象并提交给运行系统的过程称为抛出(throw)一个异常。

运行时系统在方法的调用栈中查找,从生成异常的方法开始进行回溯,直到找到包含处理相应异常的方法为止,这一个过程称为捕获(catch)一个异常。

使用 Java 的异常处理机制进行错误处理有以下优点：

- 将错误处理代码从常规代码中分离出来。
- 按错误类型和差别分组。
- 能够捕获和处理那些难以预测的错误。
- 克服了传统方法中错误信息有限的问题。
- 把错误传播给调用堆栈。

图 5-1 是对异常处理的示意图。可以看到，图中所示程序的调用过程是从方法 1～4 依次调用，方法 4 探测并抛出异常，由方法 1 捕获并处理。在程序实际执行过程中，如果在方法 4 中发生了异常，则程序将从该异常点沿调用栈进行回溯，直到找到对异常进行处理的方法为止，即图中的方法 1。同样，如果在方法 2 中对异常进行了捕获，那么回溯就不会到达方法 1，而是在方法 2 就完成了。

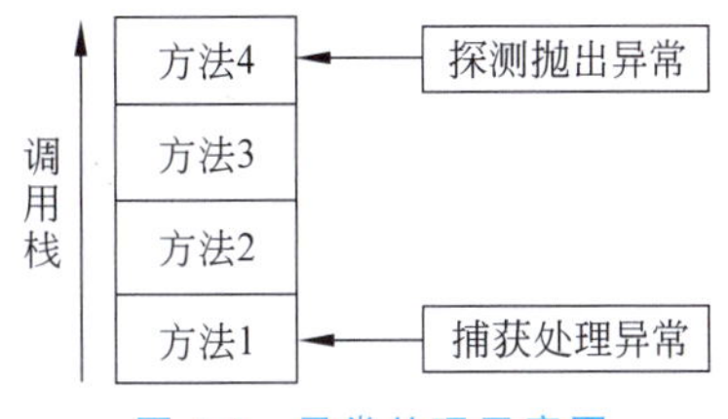

图 5-1　异常处理示意图

5.1.2　错误的分类

广义来说，程序中的错误可以分为三类，即编译错误、运行错误和逻辑错误。编译错误是编译器能够检测到的错误，一般为语法错误；运行错误是运行时产生的错误，如被零除、数组下标越界等；而逻辑错误是机器本身无法检测的，需要人对运行结果及程序逻辑进行认真分析。逻辑错误有时会导致运行错误。

Java 系统中根据错误的严重程度不同，而将错误分为两类：

- 错误（Error）：是致命性的，即程序遇到了非常严重的不正常状态，不能简单地恢复执行。
- 异常（Exception）：是非致命性的，通过某种修正后程序还能继续执行。

Exception 类是所有异常类的超类；Error 类是所有错误类的超类。这两个类同时又是 Throwable 的子类。

异常和错误类的层次结构如图 5-2 所示。

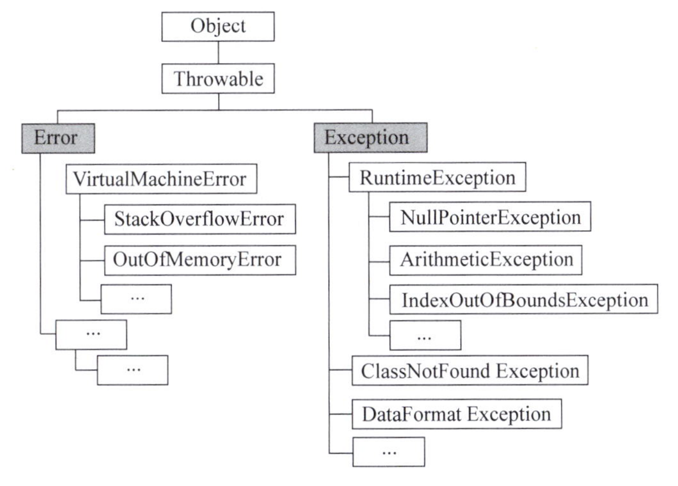

图 5-2　异常和错误类的层次结构

从图 5-2 可以看到，Error 类下的错误都是严重的错误，用户程序无法进行处理；Exception 下的异常又分为两类：检查型异常和非检查型异常。

一些因为编程错误而导致的异常，或者是不能期望程序捕获的异常(例如数组越界、除零，等等)，称为非检查型异常(继承自 RuntimeException)。非检查型异常不需要在方法中声明抛出，且编译器对这类异常不做检查。

其他类型的异常称为检查型异常，Java 类必须在方法签名中声明它们所抛出的任何检查型异常。对于任何方法，如果它调用的方法抛出一个类型为 E 的检查型异常，那么调用者就必须捕获 E 或者也声明抛出 E(或者抛出 E 的一个超类)，对此编译器要进行检查。

例 5-1　测试系统定义的运行异常——数组越界出现的异常。

程序如下：

```
public class HelloWorld {
    public static void main(String args[]) {
        int i = 0;
        String greetings[] = {"Hello world!", "No, I mean it!", "HELLO WORLD!!"};
        while (i < 4) {
            System.out.println(greetings[i]);
            i++;
        }
    }
}
```

输出结果如下：

```
Hello world!
No, I mean it!
HELLO WORLD!!
Exception in thread "main" java.lang.ArrayIndexOutOfBoundsException
        at HelloWorld.main(HelloWorld.java:7)
```

上面是一个简单的 Java 程序，访问数组元素时，运行时环境会根据数组的长度检查下标是否越界。由于声明数组的长度为 3，当访问数组下标为 3 的元素时出现越界，就导致了 ArrayIndexOutOfBoundsException 异常。这个异常是系统定义好的异常类，对应系统可识别的错误，所以 Java 虚拟机就会自动中止程序的执行流程，并新建一个 ArrayIndexOutOfBoundsException 类的对象，然后抛出这个异常。

Java 预定义了一些常见异常，例如：

1. ArithmeticException

整数除法中，如果除数为 0，则发生该类异常。

如：

```
int i = 12 / 0;
```

2. NullPointerException

如果一个对象还没有实例化，那么访问该对象或调用它的方法将导致 NullPointerException 异常。

如：

```
Image im [] = new Image [4];
System.out.println(im[0].toString())
```

3. NegativeArraySizeException

数组的元素个数应是一个大于等于 0 的整数。创建数组时，如果元素个数是个负数，则会引发 NegativeArraySizeException 异常。

4. ArrayIndexOutOfBoundsException

把数组看作是对象，并用 length 变量记录数组的大小。访问数组元素时，运行时环境会根据数组的长度检查下标是否越界。如果数组下标越界，则将导致 ArrayIndexOutOfBoundsException 异常。

5. ArrayStoreException

程序试图存取数组中错误的数据类型。

6. FileNotFoundException

试图访问一个不存在的文件。

7. IOException

通常的 I/O 错误。

5.2　异常的处理

对于检查型异常，Java 程序必须进行处理。处理方法有如下两种：

- 声明抛出异常：不在当前方法内处理异常，而是把异常抛出到调用当前方法的方法中。
- 捕获异常：在当前方法中使用 catch 语句块捕获所发生的异常，并进行相应的处理。

5.2.1　声明抛出异常

如果程序员不想在当前方法内处理异常，可以使用 throws 子句声明将异常抛出到调用当前方法的方法中。如：

```
public void openThisFile(String fileName) throws java.io.FileNotFoundException {
    //code for method
}
```

一个 throws 子句也可以声明抛出多个异常，如：

```
public Object convertFileToObject(String fileName)
    throws java.io.FileNotFoundException, java.lang.ClassNotFoundException {
```

```
    //code for method
}
```

调用方法也可以将异常再抛给它的调用方法,如:

```
public void getCustomerInfo() throws java.io.FileNotFoundException {
    //do something
    this.openThisFile("customer.txt");
    //do something
}
```

上例中,如果在 openThisFile 方法中抛出了异常,getCustomerInfo 方法将停止执行,并将此异常传送给调用 getCustomerInfo 方法的方法中。

如果所有的方法都选择了抛出此异常,都没有捕获处理,最后 Java 虚拟机将捕获它们,输出相关的错误信息,并终止程序的运行。在异常被抛出之后, 调用栈中的任何方法都可以捕获异常并进行相应的处理。

5.2.2 捕获异常

Java 程序设计中可以使用 try 语句括住可能抛出异常的代码段,然后紧接着用 catch 语句指明要捕获的异常及相应的处理代码。

try 与 catch 语句的语法格式如下:

```
try {
//此处为抛出具体异常的代码
} catch (ExceptionType1 e) {
  //抛出 ExceptionType1 异常时要执行的代码
}catch (ExceptionType2 e) {
  //抛出 ExceptionType2 异常时要执行的代码
...
}catch (ExceptionTypek e) {
  //抛出 ExceptionTypek 异常时要执行的代码
}finally {
  //必须执行的代码
}
```

其中,ExceptionType1、ExceptionType2…ExceptionTypek 是产生的异常类型。在运行时,根据产生的异常类型找到对应的 catch 语句,然后执行 catch 语句块中的代码部分。finally 语句块的作用通常用于释放资源,它不是必须的部分,如果有 finally 语句块,不论是否捕获到异常,总要执行 finally 语句块中的代码。

在有多个异常需要捕获时,异常类型的顺序很重要,具体的异常类型要放在一般异常类型的前面。例如,下面程序中的顺序就不合理,如果发生 FileNotFoundException 异常,由于第一个 catch 语句块中声明的 Exception 是 FileNotFoundException 的超类,因此异常总是会被第一个 catch 语句块捕获,永远无法到达第二个 catch 语句块。

```
public void getCustomerInfo() {
    try {
        //do something that may cause an Exception
    } catch (java.lang.Exception ex) {
        //Catches all Exceptions
    } catch (java.io.FileNotFoundException ex) {
        //Never reached since above two are caught first
    }
}
```

在 catch 块的内部，可用下面的方法处理异常对象：

- getMessage()——返回一个对产生的异常进行描述的字符串。
- printStackTrace()——输出运行时系统的方法调用序列。

例 5-2　捕获异常举例。

实现功能：读入两个整数，第一个数除以第二个数，之后输出。

```
public class ExceptionTester1 {
    public static void main(String args[]) {
        System.out.println("Enter the first number:");
        int number1 = Keyboard.getInteger();
        System.out.println("Enter the second number:");
        int number2 = Keyboard.getInteger();
        System.out.print(number1 + " / " + number2 + "=");
        int result = number1 / number2;
        System.out.println(result);
    }
}
```

其中，Keyboard 类的声明如下：

```
import java.io.*;
public class Keyboard {
    static BufferedReader inputStream = new BufferedReader(new
InputStreamReader(System.in));
    public static int getInteger() {
        try {
            return (Integer.valueOf(inputStream.readLine().trim()).intValue());
        } catch (Exception e) {
            e.printStackTrace();
            return 0;
        }
    }
    public static String getString() {
        try {
```

```
            return (inputStream.readLine());
        } catch (IOException e) {
            return "0";
        }
    }
}
```

如果依次输入“143”和“24”,则输出结果如下:

```
Enter the first number:
143
Enter the second number:
24
143 / 24=5
```

如果依次输入“140”和“abc”,则系统会报告异常,结果如下:

```
Enter the first number:
140
Enter the second number:
abc
java.lang.NumberFormatException: For input string: "abc"
        at java.lang.NumberFormatException.forInputString
(NumberFormatException.java:48)
        at java.lang.Integer.parseInt(Integer.java:449)
        at java.lang.Integer.valueOf(Integer.java:554)
        at Keyboard.getInteger(Keyboard.java:6)
        at ExceptionTester.main(ExceptionTester.java:7)
Exception in thread "main" java.lang.ArithmeticException: / by zero
        at ExceptionTester.main(ExceptionTester.java:9)
140 / 0=Java Result: 1
```

在 Keyboard.getInteger 方法中,捕获任何 Exception 类的异常,并输出相关信息。

为了处理输入的字母(而非数字),可以使用方法 Keyboard.getString 先取得字符串后,然后再做转换。

例 5-3　捕获 NumberFormatException 类型的异常。

```
public class ExceptionTester2 {
    public static void main(String args[]) {
        int number1 = 0, number2 = 0;
        try {
            System.out.println("Enter the first number:");
            number1 = Integer.valueOf(Keyboard.getString()).intValue();
            System.out.println("Enter the second number:");
            number2 = Integer.valueOf(Keyboard.getString()).intValue();
```

```
        } catch (NumberFormatException e) {
            System.out.println("Those were not proper integers!quit!");
            System.exit(-1);
        }
        System.out.print(number1 + " / " + number2 + "=");
        int result = number1 / number2;
        System.out.println(result);
    }
}
```

运行结果如下：

```
Enter the first number:
abc
Those were not proper integers!  I quit!
```

例 5-4　捕获被零除的异常（ArithmeticException 类型的异常）。

```
public class ExceptionTester3 {
    public static void main(String args[]) {
        int number1 = 0, number2 = 0, result = 0;
        try {
            System.out.println("Enter the first number:");
            number1 = Integer.valueOf(Keyboard.getString()).intValue();
            System.out.println("Enter the second number:");
            number2 = Integer.valueOf(Keyboard.getString()).intValue();
            result = number1 / number2;
        } catch (NumberFormatException e) {
            System.out.println("Invalid integer entered!");
            System.exit(-1);
        } catch (ArithmeticException e) {
            System.out.println("Second number is 0, cannot do division!");
            System.exit(-1);
        }
        System.out.print(number1 + " / " + number2 + "=" + result);
    }
}
```

输出结果如下：

```
Enter the first number:
143
Enter the second number:
0
Second number is 0, cannot do division!
```

下面对程序进行改进：重复提示输入，直到输入合法的数据。为了避免代码重复，可将数据存入数组。

例 5-5　可以提示重复输入的程序。

```
public class ExceptionTester4 {
    public static void main(String args[]) {
        int result;
        int number[] = new int[2];
        boolean valid;
        for (int i = 0; i < 2; i++) {
            valid = false;
            while (!valid) {
                try {
                    System.out.println("Enter  number " + (i + 1));
                    number[i] = Integer.valueOf(Keyboard.getString()).intValue();
                    valid = true;
                } catch (NumberFormatException e) {
                    System.out.println("Invalid integer entered. Please try again.");
                }
            }
        }
        try {
            result = number[0] / number[1];
            System.out.println(number[0] + " / " + number[1] + "=" + result);
        } catch (ArithmeticException e) {
            System.out.println("Second number is 0, cannot do division!");
        }
    }
}
```

运行结果如下：

```
Enter number 1
abc
Invalid integer entered. Please try again.
Enter number 1
efg
Invalid integer entered. Please try again.
Enter number 1
143
Enter number 2
abc
Invalid integer entered. Please try again.
Enter number 2
40
143 / 40=3
```

5.2.3　生成异常对象

前面所提到的异常或者是由 Java 虚拟机生成，事实上，在程序中也可以自己生成异常对象，即不是因为出错而产生异常，而是人为地抛出异常。

不论哪种方式，生成异常对象都是通过 throw 语句实现，例如：

```
throw new ThrowableObject();
ArithmeticException  e = new ArithmeticException();
throw e;
```

注意：生成的异常对象必须是 Throwable 或其子类的实例。

例 5-6　生成异常对象举例。

程序如下：

```
class ThrowTest {
    public static void main(String args[]) {
        try {
            throw new ArithmeticException();
        } catch (ArithmeticException ae) {
            System.out.println(ae);
        }
        try {
            throw new ArrayIndexOutOfBoundsException();
        } catch (ArrayIndexOutOfBoundsException ai) {
            System.out.println(ai);
        }
        try {
            throw new StringIndexOutOfBoundsException();
        } catch (StringIndexOutOfBoundsException si) {
            System.out.println(si);
        }
    }
}
```

运行结果如下：

```
java.lang.ArithmeticException
java.lang.ArrayIndexOutOfBoundsException
java.lang.StringIndexOutOfBoundsException
```

5.2.4　自定义异常类

除了使用系统预定义的异常类外，用户还可以自己定义异常类，所有自定义的异常类都必须是 Exception 的子类。一般的声明方法如下：

```
public class MyExceptionName extends SuperclassOfMyException {
   public MyExceptionName() {
     super("Some string explaining the exception");
   }
}
```

例 5-7　声明当除数为零时抛出的异常类 DivideByZeroException。

程序如下：

```
//DivideByZeroException.java
public class DivideByZeroException extends ArithmeticException {
    public DivideByZeroException() {
        super("Attempted to divide by zero");
    }
}
//DivideByZeroExceptionTester.java
public class DivideByZeroExceptionTester {
    private static int quotient(int numerator, int denominator) throws
        DivideByZeroException {
        if (denominator == 0)
            throw new DivideByZeroException();
        return(numerator / denominator);
    }
    public static void main(String args[]) {
        int number1=0, number2=0, result=0;
        try {
            System.out.println("Enter the first number:");
            number1 = Integer.valueOf(Keyboard.getString()).intValue();
            System.out.println("Enter the second number:");
            number2 = Integer.valueOf(Keyboard.getString()).intValue();
            result = quotient(number1,number2);
        }
        catch (NumberFormatException e) {
            System.out.println("Invalid integer entered!");
            System.exit(-1);
        }
        catch (DivideByZeroException e) {
            System.out.println(e.toString());
            System.exit(-1);
        }
        System.out.println(number1 + " / " + number2 + "=" + result);
    }
}
```

运行结果如下：

```
Enter the first number:
140
Enter the second number:
0
DivideByZeroException: Attempted to divide by zero
```

5.3　输入输出流

5.3.1　输入输出流的概念

输入输出流常常简称为 I/O 流(Input/Output)。Java 中没有标准的输入和输出语句,在 Java 中将信息的输入与输出过程抽象为输入输出流。输入是指数据流入程序,输出是指数据从程序流出,在 Java 中输入输出操作通常都是通过输入输出流来实现的。输入输出流可以与各种数据源和目标相连。

为了从信息源获取信息,程序打开一个输入流,这个输入流便在信息源与程序之间建立连接,程序可以从输入流读取信息,如图 5-3 所示。

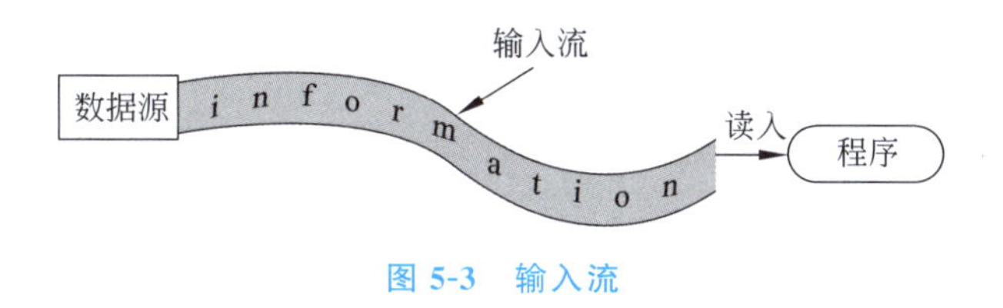

图 5-3　输入流

当程序需要向目标位置写信息时,便需要打开一个输出流,这个输出流便在程序与输出目标之间建立连接,程序通过输出流向这个目标位置写信息,如图 5-4 所示。

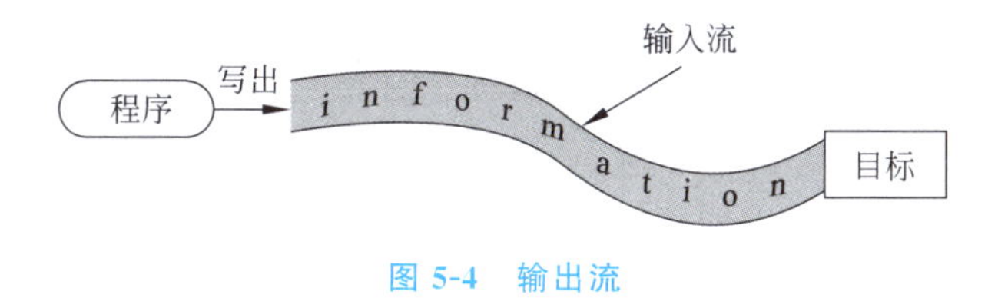

图 5-4　输出流

通常系统中有很多种输入输出设备,一些只可以是数据源,例如键盘、鼠标、扫描仪;一些只可以是目标,例如显示器;还有一些既可以是某个数据流的目标,同时也是另一个流的数据源,例如磁盘文件、运行的程序、网络连接等。

不论数据从哪来,到哪去,也不论数据本身是何种类型,读写数据的方法大体上都是一样的,如表 5-1 所示。

表 5-1　顺序读写数据的方法

读	写	读	写
打开一个流	打开一个流	关闭输入流	关闭输出流
读取信息	写入信息		

5.3.2 预定义的 I/O 流类概述

如前所述,Java 的输入输出都要通过一些 IO 包中的方法来实现,其中最常用的包便是 java.io 包,它提供了一系列支持读/写的 Java 流类,使用这些流类时程序需要先引入这个包。

输入输出流可以从以下几个方面进行分类:

- 输入流或输出流(从流的方向划分)。
- 结点流或处理流(从流的分工划分)。
- 面向字符的流或面向字节的流(从流的内容划分)。

以上是从不同的角度进行分类。例如:一个流可以是面向字符的输入流,同时又属于处理流。不仅如此,将不同类型的流连接在一起的方法也有很多,因而 Java 程序中的输入输出部分是比较复杂的,对于初学者而言尤其不容易掌握。因此本章后序内容将按照若干专题来介绍最常用的输入输出操作的实现方法。

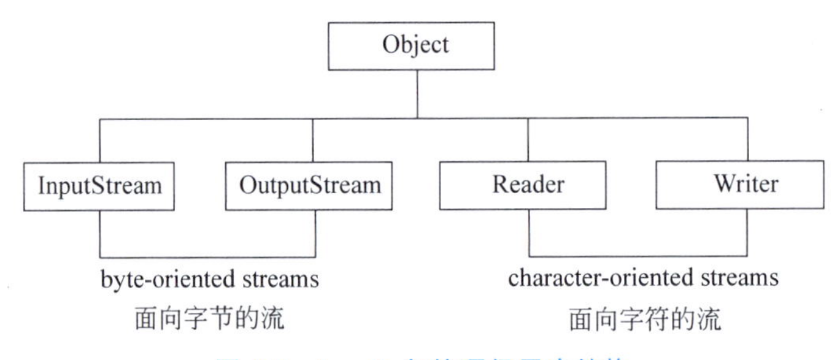

图 5-5 java.io 包的顶级层次结构

首先,按照面向字符的流和面向字节的流这种分类,来介绍一下 IO 包中这两种流类的特点。图 5-5 显示了 IO 包的顶级层次结构,从图中可以看出,IO 包中的类首先被分为“面向字节的流”和“面向字符的流”。面向字符的流是专门用于字符数据的,面向字节的流通常用于一般目的的输入输出。当然从根本上说,所有的数据都是由 8 位的字节组成,所以从逻辑上讲,所有的流都可以被称为“字节流”。不过用于表示字符的字节流有其特定的处理单位,因此被称为“字符流”,而其他的被称为“字节流”。

1. 面向字符的流——Reader 和 Writer 类

字符流是针对字符数据的特点进行过优化的,因而提供一些面向字符的有用特性。字符流的源或目标通常是文本文件。

Java 中的字符使用的都是 16-bit 的 Unicode 编码,每个字符占有两字节(即 16-bit)。人们为解决各个国家和地区使用本地化字符编码所遇到的种种问题,将全世界所有的符号进行统一编码,这就是 Unicode 编码。Java 技术通过 Unicode 保证了其跨平台特性。字符流可以实现 Java 程序中的内部格式和文本文件、显示输出、键盘输入等外部格式之间的转换。

Reader 和 Writer 是 java.io 包中所有字符流的抽象超类。Reader 提供了输入字符的 API 及其部分实现,Writer 则提供了输出字符的 API 及其部分实现。Reader 和 Writer 的子类又可分为两大类:一类用来从数据源读入数据或往目的地写出数据(称为结点流),在

图 5-6 中有阴影;另一类对数据执行某种处理(称为处理流),在图 5-6 中无阴影。

绝大多数程序使用 Reader 和 Writer 这两个抽象类的一系列子类来读入和写出文本信息。例如 FileReader/FileWriter 就是用来读/写文本文件的。

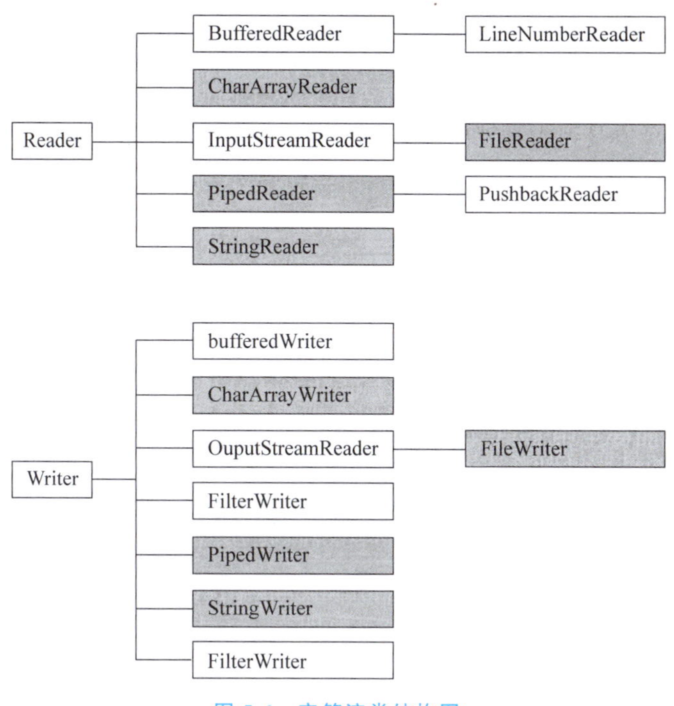

图 5-6　字符流类结构图

2. 字节流——InputStream 和 OutputStream 类

很多情况下,数据源或目标中含有非字符数据,例如 Java 编译器产生的字节码文件中含有 Java 虚拟机的指令。这些信息不能被解释为字符,所以必须用字节流来输入输出。

InputStream 和 OutputStream 是用来处理 8 位字节流的抽象超类,程序使用这两个类的子类来读写 8 位的字节信息。这种流通常被用来读写诸如图片、声音之类的二进制数据。事实上,绝大多数数据是被存储为二进制文件的,世界上的文本文件大约只能占到 2%,这是因为使用二进制数据输入输出比将其转化为字符后再输入输出要快得多,通常二进制文件要比含有相同数据量的文本文件小得多。

这些子类中有两个特殊的类 ObjectInputStream 和 ObjectOutputStream,它们可用来读/写对象。还有两个特殊的类 PipedInputStream 和 PipedOutputStream 主要用来完成线程之间的通讯,一个线程的 PipedInputStream 对象能够从另外一个线程的 PipedOutputStream 对象中读取数据。

类似于处理字符流的类,InputStream 和 OutputStream 的子类也可以分为两部分:结点流(有阴影)和处理流(无阴影),如图 5-7 所示。

3. 标准输入输出

Java 中有以下三个标准输入输出流:

- 标准输入 System.in

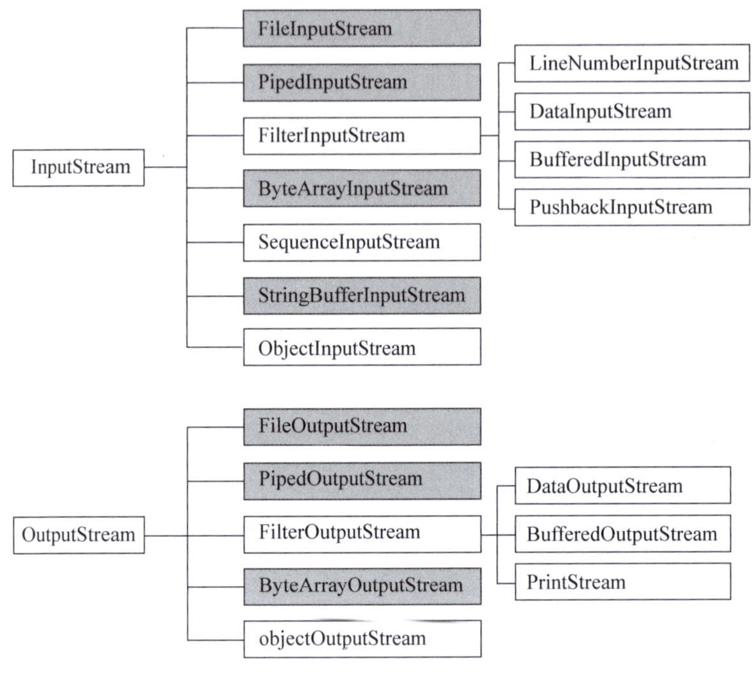

图 5-7　字节流类结构图

- 标准输出 System.out
- 标准错误输出 System.err

System.in、System.out 和 System.err 都是 System 类中定义的类成员变量，System.in 是 InputStream 类型的，代表标准输入流，这个流是已经打开了的，默认状态对应于键盘输入。

System.out 和 System.error 是 PrintStream 类型的，代表标准输出流和标准错误信息输出流，默认状态对应于屏幕输出。

标准的输入输出设备也可以通过这个类的重导向方法进行重新指定：

- setIn(InputStream)指定新的标准输入流。
- setOut(PrintStream)指定新的标准输出流。
- setErr(PrintStream)指定新的标准错误输出流。

值得注意的是，System.in 是原始 InputStream，要经过包装才能从键盘读取信息。例 5-8演示了如何从键盘读入数据。

例 5-8　从键盘读入信息并在显示器上显示。

源程序如下：

```
import java.io.*;
public class Echo {
    public static void main(String[] args) throws IOException {
        BufferedReader in = new BufferedReader(
                new InputStreamReader(System.in));
        String s;
```

```
            while ((s = in.readLine()).length() !=0) {
                System.out.println(s);
            }
        }
    }
```

输入“Hello”后回车，看到打印了“Hello”，继续输入回车，程序退出。输入“Hello”后的结果如下：

```
Hello
Hello
```

这里使用的 System.in，是在程序启动时由 Java 系统自动创建的流对象，由于它是原始的字节流，因而不能直接从中读取字符，需要对其进行进一步的处理。本例中以 System.in 作为参数，进一步创建了一个 InputStreamReader 流对象，InputStreamReader 相当于字节流和字符流之间的一座桥梁，它读取字节并将其转换为字符。BufferedReader 用于对 InputStreamReader 处理后的信息进行缓冲，以提高效率。

InputStreamReader 和 BufferedReader 都属于下面要介绍的“处理流”。

4. 处理流

正像在例 5-8 中所看到的，InputStreamReader 和 BufferedReader 都属于“处理流”。处理流不直接与数据源或目标相连，而是与另外的流进行配合，对数据进行某种处理，例如 BufferedReader 对另一个流产生的数据进行缓冲。

5.3.3 I/O 异常

多数 I/O 方法在遇到错误时会抛出异常，因此调用这些方法时必须在方法头声明抛出 IOException，或者在 try 语句块中执行 I/O 操作，然后捕获 IOException。

I/O 流类有一个共同点，一旦被创建就会自动打开，通过调用其 close 方法，可以显式关闭任何一个流。如果这个流对象不再被引用，Java 的垃圾回收机制也会隐式地关闭它。然而，寄望于垃圾回收器隐式地关闭流，容易使程序进入不可控状态，尤其容易发生内存泄漏，因此一般我们会显式地捕获异常，并在 finally 语句块中关闭流。

前文中讲过，每个 try 语句块后可以跟随任意多个 catch 语句块，但最多只能有一个 finally 语句块。如果存在 finally 语句块，则无论是否发生异常，它都一定会被执行。如果发生了异常，则它排在 try 和 catch 后执行；如果未发生异常，则在 try 之后立即执行 finally。一般来讲，在 finally 语句块中会执行资源的清理操作，如关闭文件、关闭连接等，以避免资源未及时释放导致内存泄露。

下面的例子通过 finally 语句块确保输入流和输出流在任何情况下都能关闭。

例 5-9　使用 finally 语句块关闭资源。

```
import java.io.*;
public class FinallyTester {
    public static void main(String[] args) throws IOException {
```

```
        BufferedReader in = new BufferedReader(new InputStreamReader(System.
in));
        String s;
        try {
            BufferedWriter out = new BufferedWriter(new OutputStreamWriter
(System.out));
            try {
                while ((s = in.readLine()).length() != 0) {
                    out.write(s);
                }
            } catch (IOException ioe) {
                ioe.printStackTrace();
            } finally {
                out.close();
            }
        } catch (IOException ioe) {
            ioe.printStackTrace();
        } finally {
            in.close();
        }
    }
}
```

上例中,try 语句互相嵌套,程序可读性较差,且当需要关闭的资源较多时,程序会变得非常臃肿。从 Java 7 开始,如果待关闭的资源实现了 java.io.AutoCloseable 接口,可以使用 try-with-resources 语句在不需要 finally 的情况下实现资源的关闭。上例中,输入流 BufferedReader 和输出流 BufferedWriter 的超类都实现了 java.io.AutoCloseable 接口,因此可以使用 try-with-resources 语句对上例进行改写。

例 5-10　使用 try-with-resources 语句关闭资源。

```
import java.io.*;
public class TryWithResourcesTester {
    public static void main(String[] args) {
        String s;
        try (BufferedReader in = new BufferedReader(new InputStreamReader
(System.in));
            BufferedWriter out = new BufferedWriter(new OutputStreamWriter
(System.out));
        ) {
            while ((s = in.readLine()).length() != 0) {
                out.write(s);
            }
        } catch (IOException ioe) {
```

```
                ioe.printStackTrace();
            }
        }
    }
```

可以看到,通过 try-with-resources 语句改写的程序实现了大幅“瘦身”,并且更加易于理解。程序在执行时的效果与使用 finally 的效果是相同的,无论是否发生异常,在 try 语句中定义的输入流和输出流都能够确保被自动关闭。

5.4　文件读写

在输入输出流的应用当中,最基本和常用的就是对磁盘文件的读写操作了。这一节将具体介绍如何读写文本文件和二进制文件,如何进行文件的解压缩处理。本节还将讨论对象序列化以及文件类 File 的相关知识等。

5.4.1　写文本文件

为了在磁盘上创建一个文本文件并往其中写入字符数据,需要用到 FileWriter 类。它是 OutputStreamWriter 类的子类,而 OutputStreamWriter 类又是 Writer 类的一个子类。下面通过实例演示如何写文本文件。

例 5-11　在 D 盘根目录创建文本文件 Hello.txt,并往里写入若干行文本。

```
import java.io.*;
class FileWriterTester1 {
    public static void main(String[] args) throws IOException {
                                            //main 方法中声明抛出 I/O 异常
        String fileName = "D:\\Hello.txt";  //注意'\'是转义符,需要使用'/'或'\\'
        FileWriter writer = new FileWriter(fileName);
                                            //创建一个给定文件名的输出流对象
        writer.write("Hello!\n");           //往流里写字符数组
        writer.write("This is my first text file,\n");
        writer.write("You can see how this is done.\n");
        writer.write("输入一行中文也可以\n");
        writer.close();                     //关闭流
    }
}
```

程序运行以后打开 D 盘根目录下的 Hello.txt 文件,可以看到里面内容恰是写入的内容。每次运行这个程序,都将删除已经存在的“Hello.txt”文件,创建一个新的同名文件,通过 write 方法将向其中写入字符。

FileWriter 的构造方法有 5 个,本例是通过一个字符串指定文件名来创建。FileWriter 的流对象创建好之后,就会在磁盘中产生一个新的文本文件“Hello.txt”。如果同名文件已经存在,则会被这个新文件代替。使用 FileWriter 的另外一种构造方法,可以设定第二个

append 参数为 true,就可以实现在已有文件内容之后续写而不是完全替代。

"Hello.txt"是一个普通的 ASCII 码文本文件,每个字符占一个字节。在 Java 程序中的字符串则是每个字符占两字节。一个 Writer 类的流可以实现内部格式到外部磁盘文件格式的转换。

流的 close 方法将清空流里的内容并关闭它,在上例中即结束文件操作。我们应该养成一个好习惯,当一个涉及文件操作的程序结束时,都应该执行 close 方法关闭文件。如果不调用这个方法,可能系统还没有完成所有数据的写操作,程序就结束了,导致流中的最后一些数据没有被写入文件。这取决于操作系统的繁忙程度,因此会产生时好时坏的后果。流关闭以后,就没有这个问题了。

本例对于 I/O 异常的处理采用的是在 main 方法开头就抛出异常。例 5-12 采用的是将可能抛出异常的程序段包括在 try 块内,然后在 catch 捕获并处理异常。

例 5-12 使用 try,catch 方法处理 I/O 异常。

```
import java.io.*;
class FileWriterTester2 {
    public static void main(String[] args) {     //这里暂时不抛出异常
        String fileName = "D:\\Hello.txt";
        try {                                     //将所有 I/O 操作放入 try 块中
            FileWriter writer = new FileWriter(fileName, true);
                                                  //注意这里比上例多了个参数
            writer.write("Hello!\n");
            writer.write("This is my first text file,\n");
            writer.write("You can see how this is done. \n");
            writer.write("输入一行中文也可以\n");
            writer.close();
        }
        catch (IOException iox) {           //如果文件操作出现错误,则屏幕显示提示信息
            System.out.println("Problem writing" + fileName);
        }
    }
}
```

运行此程序,会发现在原文件内容后面又追加了重复的内容,这就是将构造方法的第二个参数设为 true 的效果。如果将文件属性改为只读属性,再运行本程序,就会出现 I/O 错误,程序将转入 catch 块中,给出出错信息。

在上面这个例子中,由于写入的文本很少,使用 FileWriter 类就可以了。但如果需要写入的内容很多,就应该使用 java.io 包里提供的更为高效的缓冲器流类 BufferedWriter。这两个类都用于输出字符流,包含的方法几乎完全一样,但 BufferedWriter 多提供了一个 newLine()方法用于换行。例 5-11 和例 5-12 中的换行方法是在每一行末尾加换行符'\n',但由于不同操作系统的计算机对文字的换行方法可能不同,所以上述程序未必能在各种机器上产生同样的效果,而 newLine()方法可以输出在当前计算机上正确的换行符。修改后的程序见例 5-13。

例 5-13　使用 BufferedWriter 完成例 5-11 实现的功能。

```
import java.io.*;
class BufferedWriterTester {
    public static void main(String[] args) throws IOException {
        String fileName = "D:/newHello.txt";
        BufferedWriter out = new BufferedWriter(new FileWriter(fileName));
        //将 FileWriter 嵌套在 BufferedWriter 中
        out.write("Hello!");
        out.newLine();              //使用 newLine 方法进行换行
        out.write("This is another text file using BufferedWriter,");
        out.newLine();
        out.write("So I can use a common way to start a newline");
        out.close();
    }
}
```

用任何文本编辑器打开 newHello.txt 都会出现正确的换行效果，但 Hello.txt 可能未必正常。

5.4.2　读文本文件

从文本文件中读取字符需要使用 FileReader 类，它继承自 Reader 抽象类的子类 InputStreamReader。对应于写文本文件的缓冲器，读文本文件也有缓冲器类 BufferedReader，具有 readLine()函数，可以对换行符进行鉴别，一行一行地读取输入流中的内容。例 5-14 演示了如何从上一节创建的文本文件 newHello.txt 中读取文本。

例 5-14　从创建的文本文件 Hello.txt 中读取文本并显示在屏幕上。

```
import java.io.*;
class BufferedReaderTester {
    public static void main(String[] args) {
        String fileName = "D:/newHello.txt";
        String line;
        try {                             //创建文件输入流并放入缓冲流当中
            BufferedReader in = new BufferedReader(new FileReader(fileName));
            line = in.readLine();         //读取一行内容
            while (line !=null)           //控制循环条件直到文件终点
            {
                System.out.println(line);
                line = in.readLine();
            }
            in.close();                   //关闭缓冲流,文件输入流自动也被关闭
        }
        catch (IOException iox) {         //如出现 IO 异常则进入本块处理
            System.out.println("Problem reading " + fileName);
        }
    }
}
```

FileReader 流对象被创建后，文件"newHello.txt"就被打开了，如果该文件不存在，就会抛出一个 IOException。

BufferedReader 对象的 readLine()方法将从一个面向字符的输入流中读取一行文本，并将其放入字符变量 line 中。如果输入流中不再有数据，就会返回 null。

接下来程序读取文件的每一行并将其写到监视器上，当检测到文件结尾时程序就退出了，这是一个很常用的编程模式。运行该程序，屏幕上将逐行显示出 newHello.txt 文件中的内容。

如何读取和处理文件中的数据直到文件结尾。还有一种判断文本文件结尾的方法，那就是利用 Reader 类的 read()方法返回的一个 int 型整数。如果读到文件末尾，该方法将返回−1。据此，可修改例 5-14 中的读文件判断部分如下：

```
int c;
while((c=in.read())!=-1)
    System.out.print((char)c);
```

关闭输入流文件并不像关闭输出流文件那么重要，因为当检测到文件结尾时输入流中就没有数据了，因而没有必要去刷新它。但为了操作系统可以更为有效地利用有限的资源，建议读者养成如果不再需要就关闭它的好习惯。

我们已经学习了如何读写文本文件，下面看一个综合的例子，如何复制一个源文本文件到另外一个目标文本文件。

例 5-15　指定源文件和目标文件名，将源文件的内容复制至目标文件。

```
import java.io.*;
class CopyMaker {                           //声明一个类
    String sourceName, destName;
    BufferedReader source;
    BufferedWriter dest;
    String line;
    //这个私有方法用来打开源文件和目的文件，如无异常则返回 true
    private boolean openFiles() {
        try {
            source = new BufferedReader(new FileReader(sourceName));
                                            //打开源文件
        }
        catch (IOException iox) {
            System.out.println("Problem opening " + sourceName);
                                            //出现异常显示出错信息
            return false;
        }
        try {
            dest = new BufferedWriter(new FileWriter(destName));
                                            //打开目的文件
        }
```

```
        catch (IOException iox) {
            System.out.println("Problem opening " + destName);
            return false;
        }
        return true;
    }
    private boolean copyFiles() {        //这个私有方法用来复制文件,如无异常返回 true
        try {
            line = source.readLine(); //从源文件读取数据
            while (line !=null) {        //一直读到文件末尾
                dest.write(line);        //向目的文件写一行数据
                dest.newLine();          //在此行数据末尾换行,保持和源文件相同的格式
                line = source.readLine();
                                       //读下一行数据,如到文件结尾,则返回 line 为 null
            }
        }
        catch (IOException iox) {
            System.out.println("Problem reading or writing");
            return false;
        }
        return true;
    }
    private boolean closeFiles() {       //此私有方法用来关闭文件,如无异常返回 true
        boolean retVal = true;
        try {
            source.close();
        }
        catch (IOException iox) {
            System.out.println("Problem closing " + sourceName);
            retVal = false;
        }
        try {
            dest.close();
        }
        catch (IOException iox) {
            System.out.println("Problem closing " + destName);
            retVal = false;
        }
        return retVal;
    }
    public boolean copy(String src, String dst) {
                                         //这个类中唯一的公有方法,需两个字符串参数
        sourceName = src;
        destName = dst;
```

```
        //调用三个私有方法,若都正常返回 true,有问题则返回 false,并显示相应出错信息
        return openFiles() && copyFiles() && closeFiles();
    }
}
public class FileCopy {
    public static void main(String[] args) {  //main 方法为程序入口
        if (args.length == 2)                 //要求提供两个参数作为源和目标文件名
        {
            new CopyMaker().copy(args[0], args[1]);
        } //新建一个 CopyMaker 类的对象并执行其 copy 方法,参数由命令行提供
        else {
            //如果不是两个参数,则给出提示信息,程序结束
            System.out.println("Please Enter File names");
        }
    }
}
```

在此文件 FileCopy.java 编译后生成 FileCopy.class 和 CopyMaker.class 两个字节码文件。在命令行方式下执行如下命令:

```
java FileCopy D:/Hello.txt D:/CopyHello.txt
```

则在 D 盘根目录下又会出现 CopyHello.txt 文件,内容与 Hello.txt 完全相同。

5.4.3 写二进制文件

虽然文本文件本质上也属于二进制文件,它也是由一个一个字节构成的,但不同的是,其中的每个字节都代表字符。前两节介绍的面向字符的流可以将数据在内部的 Unicode 格式和外部的本地格式之间进行转换,这对文本文件是很方便的。但对于非字符类型的数据,这种转换就是不合适的。例如对于字处理软件 Word 产生的 DOC 文件,很多字节将被解释为字体、字号、图形等非字符信息,这样的文件是二进制文件,就不能用 Reader 流正确读取了。下面介绍更为通用的二进制文件的读写方法。

Java.io 包中的 OutputStream 及其子类专门用于写二进制数据。FileOutputStream 是其子类,可用于将二进制数据写入文件,由于在所有平台下,Java 的基本数据类型都有相同的格式,因此用 FileOutputStream 写的二进制文件中的数据可以被运行在任何平台上的 Java 程序正确读取。DataOutputStream 是 OutputStream 的另一子类,它可连接到一个 FileOutputStream 上,便于写各种基本类型的数据。

例 5-16　将三个 int 型数字 255、0、−1 写入数据文件 data1.dat。

```
import java.io.*;
class FileOutputstreamTester {
    public static void main(String[] args) {
        String fileName = "D:/data1.dat";
```

```
        int value0 = 255, value1 = 0, value2 = -1;
        try {
            //将 DataOutputStream 与 FileOutputStream 连接可输出不同类型的数据
             DataOutputStream out = new DataOutputStream(new FileOutputStream
(fileName));
            out.writeInt(value0);
            out.writeInt(value1);
            out.writeInt(value2);
            out.close();
        }
        catch (IOException iox) {
            System.out.println("Problem writing " + fileName);
        }
    }
}
```

运行程序后，在 D 盘生成数据文件 data1.dat，用文本编辑软件打开查看其二进制信息，内容为 00 00 00 FF 00 00 00 00 FF FF FF FF，的确每个 int 数字都是 32 个 bit 的。

FileOutputStream 类的构造方法负责打开文件"data1.dat"用于写数据，如果文件不存在则创建一个新文件，如果文件已存在则用新创建的文件替代。然后 FileOutputStream 类的对象与一个 DataOutputStream 对象连接，DataOutputStream 类具有写各种基本数据类型的方法，例如本例中的 writeInt 方法可以将四个字节的整型数据写入流中。最后，程序关闭了流，这可以确保写操作完成。

表 5-2 列出了 DataOutputStream 类中最常用的一些方法。

表 5-2　DataOutputStream 类常用 API

名　称	说　明
public DataOutputStream(OutputStream out)	构造方法，参数为一个 OutputStream 对象作为其底层的输出对象
protected int written	私有属性，代表当前已写出的字节数
public void flush()	冲刷此数据流，使流内的数据都被写出
public final int size()	返回私有变量 written 的值，即已经写出的字节数
public void write(int b)	向底层输出流输出 int 变量的低 8 位。执行后，记录写入字节数的计数器加 1
public final void writeBoolean(boolean b)	写出一个布尔数，true 为 1，false 为 0，执行后计数器增加 1
public final void writeByte(int b)	将 int 参数的低 8 位写入，舍弃高 24 位，计数器增加 1
public void writeBytes(String s)	字符串中的每个字符被丢掉高 8 位写入流中，计数器增加写入的字节数，即字符个数
public final void writeChar(int c)	将 16-bit 字符写入流中，高位在前，计数器增加 2
public void writeDouble(double v)	写双精度数，计数器增加 8

续表

名　称	说　明
public void writeFloat(float f)	写单精度数,计数器增加 4
public void writeInt(inti)	写整数,计数器增加 4
public void writeLong(long l)	写长整数,计数器增加 8
public final void writeShort(int s)	写短整数,计数器增加 2

DataOutputStream 提供的 size 方法,可以作为计数器统计写入的字节数。

类似于文本文件中的 BufferedWriter,写二进制文件也有缓冲流类 BufferedOutputStream,对于大量数据的写入,使用缓冲流类可以提高效率。

例 5-17　向文件中写入各种数据类型的数,并统计写入的字节数。

```
import java.io.*;
class BufferedOutputStreamTester {
    public static void main(String[] args) throws IOException {
        String fileName = "mixedTypes.dat";
        DataOutputStream dataOut = new DataOutputStream(
                new BufferedOutputStream(
                new FileOutputStream(fileName)));
        dataOut.writeInt(0);
        System.out.println(dataOut.size() + " bytes have been written.");
        dataOut.writeDouble(31.2);
        System.out.println(dataOut.size() + " bytes have been written.");
        dataOut.writeBytes("JAVA");
        System.out.println(dataOut.size() + " bytes have been written.");
        dataOut.close();
    }
}
```

运行程序,输出为:

```
4 bytes have been written
12 bytes have been written
16 bytes have been written
```

这个程序可作为字节计数器。下面我们再看另一个例子。

例 5-18　向文件中写入内容为-1 的一字节,并读出。

```
import java.io.*;
public class ByteIOTester {
    public static void main(String[] args) throws Exception {
        DataOutputStream out = new DataOutputStream(new FileOutputStream("D:/
try.dat"));
```

```
        out.writeByte(-1);
        out.close();
        DataInputStream in = new DataInputStream(new FileInputStream("D:/
try.dat"));
        int a;
        a = in.readByte();
        System.out.println(Integer.toHexString(a));
        System.out.println(a);
        in.skip(-1);      //往后一个位置,以便下面重新读出
        a = in.readUnsignedByte();
        System.out.println(Integer.toHexString(a));
        System.out.println(a);
        in.close();
    }
}
```

运行结果如下：

```
ffffffff
-1
ff
255
```

用文本编辑软件打开 D：/try.dat 文件,其内容为 FF。如果用 DataInputStream 类的 readByte 读入,其高 24 位都将补 1,所以结果还是－1,但如果用 readUnsignedByte 读入,其高 24 位都将补 0,结果就变成了 255。

有兴趣的读者可以对各种数据类型和方法进行试验。需要注意的是,写的字节是连续的,一个数据接着一个数据,中间没有分隔符,所以应该记住写的数据类型、个数等情况,以便将来利用。

5.4.4　读二进制文件

读二进制文件,比较常用的类有 FileInputStream、DataInputStream、BufferedInputStream 等。类似于 DataOutputStream,DataInputStream 也提供了很多方法用于读入布尔型、字节、字符、整型、长整型、短整型、单精度、双精度等数据。读者可参看 API 文档。

例 5-19　读取例 5-16 创建的数据文件中的 3 个 int 型数字,显示相加结果。

```
import java.io.*;
class DataInputStreamTester1 {
    public static void main(String[] args) {
        String fileName = "D:\\data1.dat";
        int sum = 0;
        try {
            DataInputStream instr = new DataInputStream(
```

```
                    new BufferedInputStream(new FileInputStream(fileName)));
                sum += instr.readInt();
                sum += instr.readInt();
                sum += instr.readInt();
                System.out.println("The sum is: " + sum);
                instr.close();
            }
            catch (IOException iox) {
                System.out.println("Problem reading " + fileName);
            }
        }
    }
```

该程序显示结果是 254。

由于知道文件中存储的是 3 个 int 型数据,这里便可以正确读取。readInt 方法可以从输入流中读入 4 个字节并将其当作 int 型数据,因而可以直接进行算术运算。

在这个例子中,因为已经知道文件中有 3 个数据,所以使用了 3 个读入语句,但如果只知道文件中是 int 型数据而不知道数据的个数该怎么办呢? 因为 DataInputStream 的读入操作如遇到文件结尾就会抛出 EOFException 异常,所以可以将读操作放入 try 块中。

```
    try {
        while (true) {
            sum += instr.readInt();
        }
    }
    catch (EOFException eof) {
        System.out.println("The sum is: " + sum);
        instr.close();
    }
```

EOFException 是 IOException 的子类,所以只有文件结束的异常才会被捕捉到,但如果没有读到结尾,在读取过程中发生的异常就属于 IOException,这样就需要再加一个 catch 块处理这种异常。一个 try 块后面可以跟不止一个 catch 块,用于处理各种可能发生的异常。所以,可以在上段代码后再加上用于捕捉 IOException 的代码段如下:

```
    catch (IOException eof) {
                System.out.println("Problem reading input");
                instr.close();
            }
```

但如果 catch 块中的 close 方法也发生异常就没法捕捉了。可以在 main 方法中抛出异常,这种方法比较简单,缺点是没有 catch 块,因而无法对异常进行进一步处理,例如给出提示信息。

另一种方法是使用嵌套的 try 块解决这个问题,参见例 5-20。

例 5-20　已知 D:/data1.dat 中全是 int 型数据，读取所有数据，并求和。

```
import java.io.*;
class DataInputStreamTester2 {
    public static void main(String[] args) {
        String fileName = "D:/data1.dat";
        long sum = 0;
        try {
            DataInputStream instr = new DataInputStream(
                    new BufferedInputStream(new FileInputStream(fileName)));
            try {
                while (true) {
                    sum += instr.readInt();
                }
            } catch (EOFException eof) {
                System.out.println("The sum is: " + sum);
                instr.close();
            }
        } catch (IOException iox) {
            System.out.println("IO Problems with " + fileName);
        }
    }
}
```

结果也是 254。

DataInputStream 有很多种方法用于读取不同类型的数据，读者可参阅 API 文档，这里不再赘述。

由于文本文件的存储方式其实也是二进制代码，在下面这个例子使用 InputStream 类的方法读取例 5-11 中创建的文本文件“D:/Hello.txt”并显示，请读者注意和例 5-14 中使用 Reader 类的方法的差异。

例 5-21　用 InputStream 类读取文本文件并输出在屏幕上。

```
import java.io.*;
public class InputStreamTester {
    public static void main(String[] args) throws IOException {
        FileInputStream s = new FileInputStream("D:/Hello.txt");
        int c;
        while ((c = s.read()) !=-1) {
            System.out.write(c);
        }
        s.close();
    }
}
```

System.out 属于 PrintStream 类，其 write(int)方法继承自 OutputStream，因此也是写

出其 int 类型参数的低 8 位字节。

5.4.5 File 类

File 类是 IO 包中唯一表示磁盘文件信息的对象,它定义了一些与平台无关的方法来操纵文件。通过调用 File 类提供的各种方法,能够创建文件、删除文件、重命名文件、判断文件的读写权限及是否存在,设置和查询文件的最近修改时间等。在 Java 中,目录也被当作 File 类使用,只是多了一些目录特有的功能。不同的操作系统具有不同的文件系统组织方式,通过使用 File 类,Java 程序可以用与平台无关的、统一的方式来处理文件和目录。前面几节中构造文件流时都使用文件名作为参数,其实也可以使用 File 类的对象作为参数。

File 类提供了 4 个构造方法和一些常见方法,如表 5-3 所示。

表 5-3　File 类常用 API

名　　称	说　　明
public File(String name)	指定与 File 对象关联的文件或目录的名称,name 可以包含路径信息及文件或目录名
public File(String pathToName, String name)	使用参数 pathToName(绝对路径或相对路径)来定位参数 name 所指定的文件或目录
public File(File directory, String name)	使用现有的 File 对象 directory(绝对路径或相对路径)来定位参数 name 所指定的文件或目录
public File(URI rui)	使用给定的统一资源定位符(uniform resource identifier, URI)来定位文件
public static final String pathSeparator	获取适合于本机的分隔符
boolean canRead()	如果文件可读,则返回真,否则返回假
boolean canWrite()	如果文件可写,则返回真,否则返回假
boolean exists()	如果 File 构造方法参数所指定的名称是指定路径中的文件或目录,则返回真,否则返回假
boolean createNewFile()	如果文件不存在,则创建这个名字的空文件,并返回真,如果文件存在,则返回假
boolean isFile()	如果 File 构造方法参数所指定的名称是一个文件,则返回真,否则返回假
boolean isDirectory()	如果 File 构造方法参数所指定的名称是一个目录,则返回真,否则返回假
boolean isAbsolute()	如果 File 构造方法参数所指定的名称是一个文件或目录的绝对路径,则返回真,否则返回假
boolean delete()	删除文件或目录,如果是目录,必须是空目录才能删除成功,删除成功返回真,否则返回假
String getAbsolutePath()	返回一个包含文件或目录的绝对路径的字符串
String getName()	返回一个包含文件名或目录名的字符串
String getPath()	返回一个包含文件或目录路径的字符串
String getParent()	返回一个包含文件或目录的父路径的字符串,即可在其中找到文件或目录的目录

续表

名　　称	说　　明
long lehgth()	返回文件的字节长度。如果 File 对象代表目录，则返回 0
long lastModified()	返回文件或目录最近一次修改的时间，该时间的表示与平台相关。返回值只用于与该方法返回的其他值进行比较
String[] list()	返回一个代表目录中内容的字符串数组，如 File 对象不是目录，则返回 null

有了 File 类，在试图打开文件之前，就可以使用 File 类的 isFile 方法来确定 File 对象是否代表一个文件(而非目录)，还可以通过 exists 方法判断同名文件或路径是否存在，进而采取正确的方法，以免造成误操作。

例 5-22　在 D 盘创建文件 Hello.txt，如果存在则删除旧文件，不存在则直接创建新的。

```
import java.io.*;
public class FileTester {
    public static void main(String[] args) {
        File f = new File("D:" + File.separator + "Hello.txt");
                                                    //调用 File 类的静态属性
        if (f.exists()) {
            f.delete();
            System.out.println("File exists, delete it.");
        }
        else {
            System.out.println("File not exists, try to create it");
            try {
                f.createNewFile();
            } catch (Exception e) {
                System.out.println(e.getMessage());
            }
        }
    }
}
```

如果 D:\Hello.txt 这个文件存在，则第一次运行将删除这个文件，第二次运行再次创建一个同名的空文件。

5.4.6　处理压缩文件

java.util.zip 包中提供了一些类，可以用压缩的格式对流进行读写。它们都继承自字节流类 OutputStream 和 InputStream，其中 GZIPOutputStream 和 ZipOutputStream 可分别把数据压缩成 GZIP 格式和 Zip 格式，GZIPInputStream 和 ZipInputStream 可以分别把压缩成 GZIP 格式或 Zip 的数据解压缩恢复原状。这些类使用的压缩算法都是相同的。

例 5-23　将例 5-11 中创建的文本文件“Hello.txt”通过 GZIPOutputStream 压缩为文件“test.gz”，再通过 GZIPInputStream 解压“test.gz”文件，将文件内容显示出来，并且恢复

为“newHello.txt”。

```
import java.io.*;
import java.util.zip.*;
public class GZIPTester {
    public static void main(String[] args) throws IOException {
        FileInputStream in = new FileInputStream("D:/Hello.txt");
        GZIPOutputStream out = new GZIPOutputStream(new FileOutputStream("D:/
test.gz"));
        System.out.println("Writing compressing file from D:/Hello.txt to D:/
test.gz");
        int c;
        while ((c = in.read()) !=-1) {
            out.write(c);                    //写压缩文件
        }
        in.close();
        out.close();
        System.out.println("Reading file form D:/test.gz to monitor");
        //通过 InputStreamReader 将字节流转化为字符流
        BufferedReader in2 = new BufferedReader(new InputStreamReader(
                new GZIPInputStream(new FileInputStream("D:/test.gz"))));
        String s;
        while ((s = in2.readLine()) !=null) {
            System.out.println(s);     //读每一行并显示
        }
        in2.close();
        System.out.println("Writing decompression to D:/newHello.txt");
        GZIPInputStream in3 = new GZIPInputStream(new FileInputStream("D:/test.
gz"));
        FileOutputStream out2 = new FileOutputStream("D:/newHello.txt");
        while ((c = in3.read()) !=-1) {
            out2.write(c);                   //写解压缩文件
        }
        in3.close();
        out2.close();
    }
}
```

这个程序的运行结果是首先生成了压缩文件“test.gz”,再读取其中的内容,显示结果和“Hello.txt”中的内容完全一样。程序生成的解压缩文件“newHello.txt”与“Hello.txt”中的内容也完全相同。

为了提高压缩效率,可以将缓冲流 BufferedInputStream 或 BufferedOutputStream 包装在压缩输入输出流当中,对此读者可以自行尝试。

从 InputStream 类的对象读取一个字节用的是 read()方法,返回是一个 int 型的数字,每个字节都被转化为[0,255]之间的一个整数,如果读到了文件末尾,则返回－1,所以可以将读到－1 作为文件已经读取完毕的标志。向 OutputStream 类型的对象写一个字节用的是 write(int)方法,但是 int 是 32 位的,所以其实写的是其低 8 位,忽略了高 24 位。

由此可以看到,压缩类的使用非常直接,只需将别的输出流包装在压缩输出流类 GZIPOutputStream 或 ZipOutputStream 中,将别的输入流包装在压缩输入流类 GZIPInputStream 或 ZipInputStream 中,其余都是普通的 I/O 读写。

还需注意的是,例 5-23 是一个混合使用字符流和字节流的例子。GZIPOutputStream 和 GZIPInputStream 的构造方法都只能接受字节流类的对象,本身也是字节流,但通过 Reader 类的 InputStreamReader 可以将读入的字节流转化为字符流。可以说, InputStreamReader 和 OutputStreamWriter 构建了字节流和字符流之间的桥梁。InputStreamReader 能够将 InputStream 转换为 Reader, OutputStreamWriter 则能够将 OutputStream 转换为 Writer。

ZipOutPutStream 和 ZipInputStream 类的使用方法还另有一些不同,Zip 文件是一个压缩文件,里面可能含有多个文件,所以有多个入口,这就必须对每个入口分别读取。在压缩文件中每一个文件用一个 ZipEntity 对象来表示,该对象的 getName()方法返回文件的最初名称。

例 5-24　从命令行输入若干个文件名,将所有文件压缩为“D:/test.zip”,再从此压缩文件中解压并显示。

```
import java.io.*;
import java.util.*;
import java.util.zip.*;
public class ZipOutputStreamTester {
    //向控制台抛出异常
    public static void main(String[] args) throws IOException {
        FileOutputStream f = new FileOutputStream("D:/test.zip");
        //指定压缩文件名,套接文件流、缓冲流、压缩流
        ZipOutputStream out = new ZipOutputStream(new BufferedOutputStream(f));
        for (int i = 0; i < args.length; i++)     //对命令行中指定的每个文件进行处理
        {
            System.out.println("Writing file " + args[i]);
            BufferedInputStream in = new BufferedInputStream(new
FileInputStream(args[i]));
            out.putNextEntry(new ZipEntry(args[i]));
                                                  //以文件名为参数设置 ZipEntry 对象
            int c;
            while ((c = in.read()) !=-1) {
                out.write(c);                     //从源文件读出,往压缩文件中写入
            }
            in.close();
        }
        out.close();                              //关闭输出流
```

```
        //解压缩文件并显示
        System.out.println("Reading file");
        FileInputStream fi = new FileInputStream("D:/test.zip");
        ZipInputStream in2 = new ZipInputStream(new BufferedInputStream(fi));
        ZipEntry ze;
        while ((ze = in2.getNextEntry()) !=null) {                //获得入口
            System.out.println("Reading file " + ze.getName());
                                                                   //显示文件最初名称
            int x;
            while ((x = in2.read()) !=-1) {
                System.out.write(x);
            }
            System.out.println();
        }
        in2.close();
    }
}
```

该程序运行情况是,在命令行输入两个文本文件名后,将生成 D:/test.zip 文件,并在屏幕上显示出解压后每个文件的内容。在资源管理器窗口中,使用 winzip 软件可解压缩该文件,恢复出和原来文件相同的两个文本文件。

例 5-25　解压缩 Zip 文件,并恢复其原来路径。

```
import java.util.*;
import java.util.zip.*;
import java.lang.*;
import java.io.*;
class Unzip {
    byte doc[] = null;                              //存储解压缩数据的缓冲字节数组
    String Filename = null;                         //压缩文件名字符串
    String UnZipPath = null;                        //解压缩路径字符串
    //指定压缩文件名和解压缩路径的构造方法
    public Unzip(String filename, String unZipPath) {
        this.Filename = filename;
        this.UnZipPath = unZipPath;
        this.setUnZipPath(this.UnZipPath);
    }
    public Unzip(String filename) {                 //只指定压缩文件名的构造方法
        this.Filename = new String(filename);
        this.UnZipPath = null;
        this.setUnZipPath(this.UnZipPath);
    }
    private void setUnZipPath(String unZipPath) { //确保路径名后有"/"
        if (unZipPath.endsWith("\\")) {
```

```
            this.UnZipPath = new String(unZipPath);
        }
        else {
            this.UnZipPath = new String(unZipPath + "\\");
        }
    }
    public void doUnZip() {    //从 zip 文件中读取数据,并将解压缩文件保存到指定路径下
        try {
            ZipInputStream zipis = new ZipInputStream(new FileInputStream
(Filename));
            ZipEntry fEntry = null;
            while ((fEntry = zipis.getNextEntry()) !=null)
                                                    //直到压缩文件最后一个入口
            {
                if (fEntry.isDirectory()) {         //是路径则创建路径
                    checkFilePath(UnZipPath + fEntry.getName());
                }
                else { //是文件则解压缩文件
                    String fname = new String(UnZipPath + fEntry.getName());
                                                    //确定解压缩地址
                    try { //从压缩文件中读取解压缩数据存入字节数组中,并写入解压缩地
                        址中
                        FileOutputStream out = new FileOutputStream(fname);
                        doc = new byte[512];
                        int n;
                        while ((n = zipis.read(doc, 0, 512)) !=-1) {
                            out.write(doc, 0, n);
                        }
                        out.close();
                        out = null;
                        doc = null;
                    }
                    catch (Exception ex) {
                    }
                }
            }
            zipis.close();                          //关闭输入流
        }
        catch (IOException ioe) {
            System.out.println(ioe);
        }
    }
    //检验路径是否存在,如不存在则创建
    private void checkFilePath(String dirName) throws IOException {
```

```
        File dir = new File(dirName);
        if (!dir.exists()) {
            dir.mkdirs();
        }
    }
}
//主类,用于输入参数,生成 Unzip 类的实例
public class UnZipTester {
    public static void main(String[] args) {
        String zipFile = args[0];                       //第一个参数为 zip 文件名
        String unZipPath = args[1] + "\\";              //第二个参数为指定解压缩路径
        Unzip myZip = new Unzip(zipFile, unZipPath);//创建一个 Unzip 类的实例
        myZip.doUnZip();            //调用 Unzip 类除构造方法外唯一公有方法,完成解压缩
    }
}
```

Unzip 类用来将指定 zip 文件解压到指定路径下,在主类 Ex6_16 的 main 方法中,可以从命令行输入 zip 文件名和解压缩路径。

5.4.7　对象序列化

Java 是一种面向对象的语言,因而对象的永久存储是非常重要的。在实际问题中,经常需要保存对象的信息,在需要的时候,再读取这个对象,这就是对象序列化。前面讲的所有例子中,对象只存在于内存中,只在创造它们的程序运行的时候存在,一旦程序结束了,这些对象就会被垃圾回收机制清除掉。

java.io 包中提供了专门用于对象信息存储和读取的输入输出流类 ObjectInputStream 和 ObjectOutputStream。但这两个类不会保存和读取对象中的 transient 和 static 类型的变量,这使得我们可以选择性地存储必要的信息。并非所有的对象都能被序列化,要实现对象的序列化,这个对象所属的类必须实现 Serializable 接口。

例 5-26　创建一个书籍对象,并把它输出到一个文件 book.dat 中,然后再把该对象读出来,在屏幕上显示对象信息。

```
import java.io.*;
public class SerializableTester {
    public static void main(String args[]) throws IOException,
ClassNotFoundException {
        //新建一个 Book 类的对象
        Book book = new Book(100032, "Java Programming Skills", "Wang Sir", 30);
        ObjectOutputStream oos = new ObjectOutputStream(
                new FileOutputStream("book.dat")); //创建一对象输出流
        oos.writeObject(book);                          //向流中写对象
        oos.close();                                    //关闭输出流
        book = null;
        ObjectInputStream ois = new ObjectInputStream(
```

```
                new FileInputStream("book.dat"));  //创建一对象输入流
        book = (Book) ois.readObject();            //读入对象并强制转型为 Book 类
        ois.close();                               //关闭输入流
        System.out.println("ID is:" + book.id);    //读取对象信息并显示
        System.out.println("name is:" + book.name);
        System.out.println("author is:" + book.author);
        System.out.println("price is:" + book.price);
    }
}
class Book implements Serializable {                //创建 Book 类,并声明其实现
Serializable 接口
    int id;
    String name;
    String author;
    float price;
    public Book(int id, String name, String author, float price) {
        this.id = id;
        this.name = name;
        this.author = author;
        this.price = price;
    }
}
```

运行程序,将生成 book.dat 文件,并在屏幕显示:

```
ID is:100032
name is:Java Programming Skills
author is:Wang Sir
price is:30.0
```

从运行结果上看,刚刚读出来并还原的内容和原来创建时是一样的。如果希望增加 Book 类的功能,使其还能够具有借书方法 borrowBook,并保存借书人的借书号 borrowerID,可对 Book 类添加如下内容:

```
transient int borrowerID;
public void borrowBook(int ID) {
    this.borrowerID=ID;
}
```

在 main 方法中创建了 Book 类的一个对象后,紧接着调用此方法,输入 ID 为 2018:

```
book.borrowBook(2018);
```

最后再要求从读入的对象中输出 borrowerID:

```
System.out.println("Borrower ID is:"+book.borrowerID);
```

运行结果将显示 borrrowID 为 0,这正是因为将其声明为 transient,所以保存和读出对象时都不会对其进行处理,如果去掉 transient 关键字,则可以正确读出 2018,读者可进行尝试。这对于保护比较重要的信息(例如密码等)是很有必要的。

5.4.8 随机文件读写

前面已经介绍了如何创建、读取顺序存取文件,但对于很多场合,例如银行系统、实时销售系统,要求能够迅速、直接地访问文件中的特定信息,而无须查找其他的记录,这时顺序方式显然是不适宜的。这种类型的即时访问可能要用到随机存取文件和数据库,关于数据库的内容后边有一章会详细介绍。

java.io 包提供了 RandomAccessFile 类用于随机文件的创建和访问。使用这个类,可以跳转到文件的任意位置进行数据的读写。程序可以在随机文件中插入数据,而不会破坏该文件的其他数据。此外,程序也可以更新或删除先前存储的数据,而不用重写整个文件。

随机文件的应用程序必须指定文件的格式。最简单的是要求文件中的所有记录均保持相同的固定长度。利用固定长度的记录,程序可以容易地计算出任何一条记录相对于文件头的确切位置。

RandomAccessFile 类有个位置指示器,指向当前读写处的位置。当读写 n 字节后,文件指示器将指向这 n 字节后的下一字节处。刚打开文件时,文件指示器指向文件的开头处。可以用 seek、skipBytes 等方法移动文件指示器到新的位置,随后的读写操作将从新的位置开始。RandomAccessFile 在等长记录格式文件的随机读取时有很大的优势,但该类操作仅限于操作文件,不能访问其他 I/O 设备,如网络、内存映像等。表 5-4 列举了这个类主要的一些 API 方法,还有很多未列出,请读者自己查阅 API 文档。

表 5-4　RandomAccessFile 主要的一些 API 函数

名　称	说　明
public RandomAccessFile(File f, String mode)	构造方法,指定关联的文件,以及处理方式:'r'为只读,'rw'为读写
public void setLength(longnewLength)	设置文件长度,即字节数
public long length()	返回文件的长度,即字节数
public void seek(long pos)	移动文件位置指示器,pos 指定从文件开头的偏离字节数。可以超过文件总字节数,但只有写操作后,才能扩展文件大小
public int skipBytes(int n)	跳过 n 字节,返回数为实际跳过的字节数
public int read()	从文件中读取一字节,字节的高 24 位为 0。如遇到结尾,则返回－1
public final double readDouble()	读取 8 字节
public final void writeChar(intv)	写入一个字符,两字节,高位先写入
public final void writeInt(intv)	写入 4 个字节的 int 型数字

例 5-27 创建一个雇员类,包括姓名、年龄。姓名不能超过 8 个字符,年龄是 int 类型。所以每条记录固定为 20B。使用 RandomAccessFile 向雇员信息文件类添加、修改、读取。

```
import java.io.*;
class Employee {                                    //雇员类
    char name[] = {'\u0000', '\u0000', '\u0000', '\u0000',
        '\u0000', '\u0000', '\u0000', '\u0000'};
    //姓名字符数组,初始状态用 8 个 Unicode 编码的空格填满
    int age;                                        //年龄
    public Employee(String name, int age) throws Exception { //构造方法
        if (name.toCharArray().length > 8) {  //如果字符长度大于 8,则只取前 8 个
            System.arraycopy(name.toCharArray(), 0, this.name, 0, 8);
        }
        else { //字符长度小于 8,则有几个填几个
            System.arraycopy(name.toCharArray(), 0, this.name, 0, name.
toCharArray().length);
        }
        this.age = age;
    }
}
public class RandomAccessFileTester {
    String Filename;
    public RandomAccessFileTester(String Filename) {
                                                   //构造方法,要求初始化随机读写的文件名
        this.Filename = Filename;
    }
    public void writeEmployee(Employee e, int n) throws Exception {
                                                   //写第 n 条记录
        RandomAccessFile ra = new RandomAccessFile(Filename, "rw");
        ra.seek(n * 20);                           //将位置指示器移到指定位置上
        for (int i = 0; i < 8; i++) {
            ra.writeChar(e.name[i]);
        }
        ra.writeInt(e.age);
        ra.close();
    }
    public void readEmployee(int n) throws Exception { //读第 n 条记录
        char buf[] = new char[8];
        RandomAccessFile ra = new RandomAccessFile(Filename, "r");
        ra.seek(n * 20);
        for (int i = 0; i < 8; i++) {
            buf[i] = ra.readChar();
        }
        System.out.print("name:");
```

```
        System.out.println(buf);
        System.out.println("age:" + ra.readInt());
        ra.close();
    }
    public static void main(String[] args) throws Exception { //主方法
        RandomAccessFileTester t = new RandomAccessFileTester("1.txt");
        Employee e1 = new Employee("ZhangSantt", 23);  //创建第一个雇员
        Employee e2 = new Employee("小不点", 33); //创建第二个雇员
        Employee e3 = new Employee("王华", 19);    //创建第三个雇员
        t.writeEmployee(e1, 0);                 //写入第一个雇员信息为第 0 条记录
        t.writeEmployee(e3, 2);                 //写入第三个雇员信息为第 2 条记录
        System.out.println("第一个雇员信息");
        t.readEmployee(0);                      //读取第 0 条记录
        System.out.println("第三个雇员信息");
        t.readEmployee(2);                      //读取第 2 条记录
        t.writeEmployee(e2, 1);                 //写入第二个雇员信息为第 1 条记录
        System.out.println("第二个雇员信息");
        t.readEmployee(1);                      //读取第 1 条记录
    }
}
```

运行结果如下：

```
第一个雇员信息
name:ZhangSan
age:23
第三个雇员信息
name:王华
age:19
第二个雇员信息
name:小不点
```

第一个员工的姓名多于 8 个字符，多余的被截掉了。不论英文字母还是中文汉字都占两字节，以 Unicode 编码格式存储在文件中。可见，通过使用 RandomAccessFile 可以方便地实现随机读写文件。

5.5　本章小结

本章首先介绍异常处理的基本概念、Java 程序中错误的分类，通过代码实例讲解了如何抛出异常、捕获异常以及声明自定义的异常。

大多数应用程序都需要与外部设备进行数据交换，Java 语言定义了许多专门负责各种方式输入输出的 IO 类，这些类都被放在了 java.io 包中。Java 将输入输出抽象为 IO 流，根据数据类型的不同，可将 IO 流类分为字节流和字符流，根据功能不同，又可分为输入流、输

出流以及直接对目标设备读写的结点流和对流进行某种处理的处理流。

本章重点介绍了对磁盘文件进行操作的各种流类，包括 File 类、读写二进制文件和文本文件、压缩文件、对象的存储和读取、文件的随机读写等。IO 流的内容是非常复杂的，需要读者在实践中不断积累经验，在掌握基本原理的基础上，学会自己查阅 API 文档解决问题。

习题

1. 什么是异常？解释抛出异常和捕获异常的含义。

2. 简述 Java 的异常处理机制。

3. 系统定义的异常与用户自定义的异常有何不同？如何使用这两类异常？

4. 用户程序如何自定义异常？编程实现一个用户自定义异常。

5. 模仿文本文件复制的例题，编写对二进制文件进行复制的程序。

6. 创建一存储若干随机整数的文本文件，文件名、整数的个数及范围均由键盘输入。

7. 分别使用 FileWriter 和 BufferedWriter 往文件中写入 10 万个随机数，比较用时的多少。

8. 用记事本程序创建一篇包含几十个英语单词的小文章，要求从屏幕输出每一个单词。（提示：查阅 StreamTokenizer、StringTokenizer 类的说明）

9. 从键盘敲入一系列字母，将其存储到文件中，对其进行升序排序后，存到另一个文件中，并显示在屏幕上。

10. 创建一学生类（包括姓名、年龄、班级、密码），创建若干该类的对象并保存在文件中（密码不保存），从文件读取对象后显示在屏幕上。

11. 一家杂货店的店主，需要查询、输入、修改任何一件商品的品名、价格、库存量信息。请用随机存取文件满足其要求，可以更新、查询信息。每件商品的标志为其记录号。

第 6 章

集合框架

一般情况下应用系统中同一类型的对象通常有很多，对这些对象进行有效的组织是很有必要的，于是 Java 提供了一套集合框架。在 Java 集合框架中，Collection 及 Map 是两个主要接口，以这两个接口为根的层次结构中衍生除了很多类，都可以用来组织群体对象。本章首先简要介绍 Java 集合框架的概念，然后详细介绍集合框架中常用的接口与实现类，接下来介绍如何对集合进行增加元素、移除元素、遍历、排序、查找等常见操作，最后介绍如何通过 Java 8 新增的流式 API 对集合进行函数式的高效操作。

6.1 集合框架概述

在前面的章节中介绍过，数组是 Java 提供的随机访问对象序列的一种简单有效的方法。数组是一个简单的线性序列，访问元素的速度较快，但其缺点是数组的大小自创建以后就固定了，在数组对象的整个生存期内其大小不可改变。如果你需要动态改变其大小，或者需要在序列中存储不同类型的数据，就需要用集合。

集合类型是程序设计语言中非常重要的一部分，它允许我们将很多对象收集到一起，并作为一个对象进行存储。在 Java 中有很多与集合有关的接口及类，他们被组织在以 Collection 及 Map 接口为根的层次结构中，统一被称作集合框架(Collections Framework)。

Java 集合框架提供了一系列现成的数据结构与算法可供使用，程序员可以利用集合框架快速编写代码，并获得优良性能。集合框架是为表示和操作集合而规定的一种统一的标准的体系结构，具体内容包括集合接口、接口实现以及对集合进行运算的算法。集合接口是一套具有层次结构的抽象数据类型，它将集合的操作与表示分开；接口实现是指实现集合接口的一系列 Java 类，是可重用的数据结构；对集合进行运算的算法是指执行运算的方法，如在集合上进行查找和排序。从 Java 5 开始，集合框架全部采用泛型实现。

6.2 集合框架中的主要接口

集合的接口声明了各类集合支持的操作。Collection、Set、List 和 Map 是 Java 集合框架中的几种主要接口，图 6-1 反映了它们的继承关系。在本节中，我们将依次学习这几种主要接口的概念与特点。

1. Collection 接口

Collection 接口及其类层次如图 6-2 所示(阴影部分表示的是接口)。这些接口及类都在 java.util 包中。Collection 声明时应该使用泛型，即 Collection＜E＞。

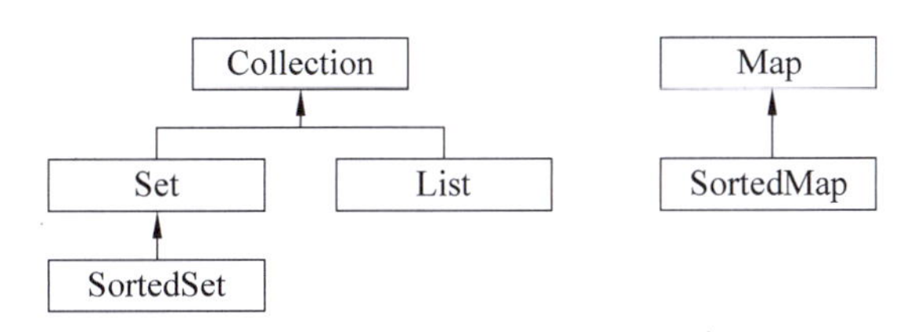

图 6-1　集合框架的主要接口

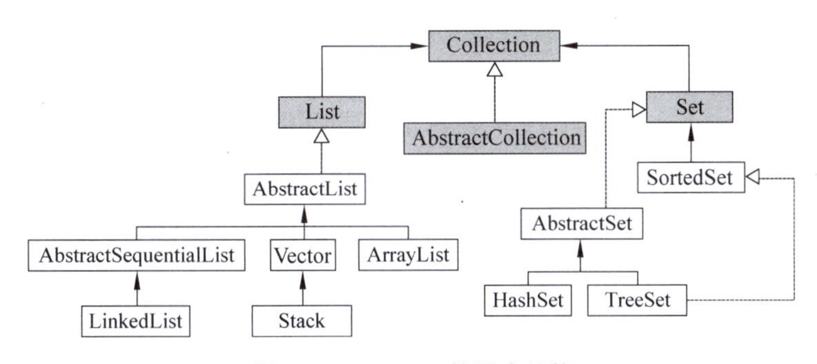

图 6-2　Collection 的层次结构

在 Collection 接口中声明了很多的抽象方法，其所有的子类都可以响应。这些方法可分为查询方法及修改方法两部分。

主要的查询方法包括：

- intsize()——返回集合对象中包含的元素个数。
- boolean isEmpty()——判断集合对象中是否还包含元素，如果没有任何元素，则返回 true。
- boolean contains(Object obj)——判断给定的对象是否在集合对象中。
- boolean containsAll(Collection c)——判断方法的接收者对象是否包含给定的集合对象中的所有元素。

主要的修改方法包括：

- boolean add(E obj)——将给定的参数对象增加到集合对象中。
- boolean addAll(Collection<? extends E> c)——将给定的集合参数中的所有元素增加到接收者集合中。
- boolean remove(Object obj)——将给定的参数对象从集合中删除。
- boolean removeAll(Collection<?> c)——将给定的集合参数中的所有元素都从接收者集合中删除。
- boolean removeIf(Predicate<? super E> filter)——从集合中删除所有满足条件的元素。
- boolean retainAll(Collection<?> c)——保留参数集合中的所有元素，删除其他元素。
- voidclear()——删除集合中的所有元素。

Collection 的两个主要的子接口是集合(Set)与列表(List)。

2. Set 接口

Set 是一个不含重复元素的集合,是数学中"集合"的抽象。Set 接口扩展了 Collection,并且禁止重复的元素,对 equals 和 hashCode 操作有了更强的约定,使得不同实现的 Set 对象之间可以进行有意义的比较。如果两个 Set 对象包含同样的元素,二者便是相等的。实现集合(Set)接口的两个主要类是 HashSet 及 TreeSet。Set 接口在声明时应该使用泛型,即 Set<E>。

- SortedSet 接口

SortedSet 接口是一种特殊的 Set,其中的元素是有序排列的,并且还增加了与次序相关的操作,通常用于存放类似词汇表这样的内容。实现 SortedSet 接口的主要类是 TreeSet。SortedSet 接口在声明时应该使用泛型,即 SortedSet<E>。

3. List 接口

列表(List)是一个有序集合,其中的元素是按顺序排列的,且可以重复。列表中的每个元素都有一个 index 值(从 0 开始),用于标明元素在列表中的位置。列表也可以被称为序列(sequence)。

我们可以将不同类型的对象加入到列表中,并按一定的顺序排列。列表的主要实现类包括 ArrayList、Vector、LinkedList、Stack 等。List 接口在声明时应该使用泛型,即 List<E>。

4. Queue 接口

队列(Queue)也是一类典型的集合。队列一般用于将某类元素按一定的顺序收集到一起,以便进行操作与处理。队列中的元素一般是先进先出的(first-in-first-out,FIFO),新加入队列的元素排在队列末尾,从队列中移除元素时先移除排在最前面的元素。

除了继承 Collection 接口中的通用方法之外,Queue 定义了一套对元素进行插入、移除和查看操作的方法,包括 add、offer、remove、poll、element 和 peek,如表 6-1 所示。这些方法根据它们对异常情况进行处理的不同方式可以分为两组,其中的一组(add、remove、element)在操作无法正常进行时会抛出异常,另一组(offer、poll、peek)则并不抛出异常,而是返回特殊值 false 或 null。

表 6-1　Queue 接口的两类方法比较

	抛出异常	返回特殊值
插入操作	add(e)	offer(e)
移除操作	remove()	poll()
查看操作	element()	peek()

例如,在调用 add 方法向队列中添加新元素时,如果当前的队列已满,无法容纳新的元素,则 add 方法会抛出 IllegalStateException 以示警告;而同样的情况在使用 offer 方法时并不抛出异常,而是返回 false,告知调用者此次添加操作不成功。

再例如,使用 element 方法和 peek 方法都可以查看队列中的第一个元素,但是当队列为空时,element 方法会抛出 NoSuchElementException,而 peek 方法则返回 null。

- Deque 接口

Deque(double ended queue)接口继承自 Queue 接口,它支持从队列的头、尾两端对元素进行插入、移除和查看等操作，因此也可被称之为“双端队列”。Deque 的双向特性使它能够作为一种后进先出(last-in-first-out，LIFO)的集合来使用，比如栈(Stack)。事实上，JDK 中对栈的实现最初是由 Java 1.0 版本的 Stack 类来完成的，而当 Java 6 新增了 Deque 接口后，官方的建议是优先考虑将 Deque 作为栈来使用，而非原先的 Stack 类。Deque 接口的主要实现类包括 java.util 包下的 LinkedList、ArrayDeque、ConcurrentLinkedDeque 和 java.util.concurrent 包下的 LinkedBlockingQueue 等。

5. Map 接口

Map 是一个从关键字到值的映射对象，Map 中不能有重复的关键字，每个关键字最多能够映射到一个值。Map 接口在声明时应该使用泛型，即 Map<K, V>，其中 K 表示关键字的类型，V 表示值的类型。当需要通过关键字实现对值的快速存取时，使用 Map 类是最好的选择。以 Map 接口为根的类层次结构如图 6-3 所示。

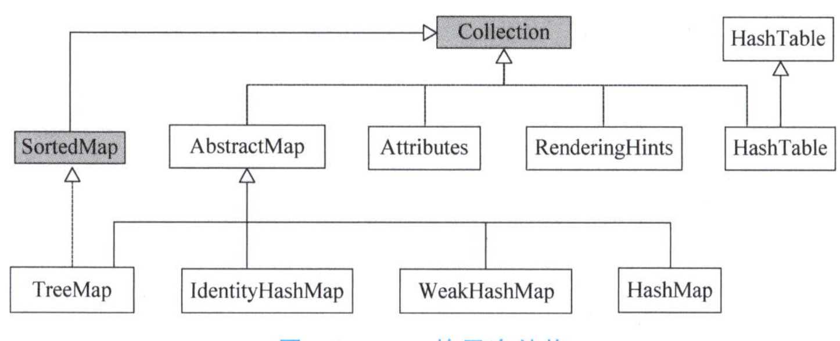

图 6-3　Map 的层次结构

Map 接口声明的抽象方法主要有查询方法及修改方法。

查询方法包括：

- intsize()——返回 Map 中的元素个数。
- boolean isEmpty()——返回 Map 中是否包含元素，如不包括任何元素，则返回 true。
- boolean containsKey(Object key)——判断给定的参数是否是 Map 中的一个关键字(key)。
- boolean containsValue(Object val)——判断给定的参数是否是 Map 中的一个值(value)。
- Vget(Object key)——返回 Map 中与给定关键字相关联的值(value)。
- Collection<V>values()——返回包含 Map 中所有值(value)的 Collection 对象。
- Set<K>keySet()——返回包含 Map 中所有关键字(key)的 Set 对象。
- Set<Map, Entry<K, V>>entrySet()——返回包含 Map 中所有项的 Set 对象。

修改方法包括：

- Objectput(K key, V val)——将给定的关键字(key)/值(value)对加入到 Map 对象中。其中关键字(key)必须唯一，否则，新加入的值会取代 Map 对象中已有的值。
- voidputAll(Map<? extends K, ? extends V> m)——将给定的参数 Map 中的所有项加入到接收者 Map 对象中。
- Vremove(Object key)——将关键字为给定参数的项从 Map 对象中删除。

- voidclear()——从 Map 对象中删除所有的项。
- SortedMap 接口

SortedMap 接口是一种特殊的 Map 接口,其中的关键字是有序排列的,它是与 SortedSet 接口对等的 Map 接口,通常用于词典和电话目录等。实现 SortedMap 接口的主要类是 TreeMap。SortedMap 接口在声明应该使用泛型,即 SortedMap<K, V>,其中 K 表示关键字的类型,V 表示值的类型。

6.3 集合框架中的常用类

6.3.1 HashSet

HashSet 是 Set 接口的一个典型实现,在使用 Java 解决实际问题时,对于集合的一般需求基本都可以使用 HashSet 实现。通过下面一个简单的例子来学习如何对集合进行基本操作。

例 6-1　HashSet 应用举例。

```
import java.util.HashSet;
import java.util.Set;
public class HashSetTester {
    public static void main(String[] args) {
        Set<String> set = new HashSet<>(3);

        set.add("one");
        set.add("two");
        set.add("three");
        System.out.println("The initial set: " + set.toString());

        boolean removed = set.remove("three");
        System.out.println("The element 'three' is removed from the set: " +
removed);
        removed = set.remove("three");
        System.out.println("The element 'three' is removed from the set once
again: " + removed);

        boolean added = set.add("three");
        System.out.println("The element 'three' is added to the set: " + added);
        added = set.add("three");
        System.out.println("The element 'three' is added to the set once again: "
+ added);

        Set<String> setToRetain = new HashSet<>(2);
        setToRetain.add("one");
        setToRetain.add("two");
        System.out.println("The elements to retain: " + setToRetain.toString());
        set.retainAll(setToRetain);
```

```
        System.out.println("The set after retaining: " + set.toString());

        Set<String> setToRemove = new HashSet<>(2);
        setToRemove.add("two");
        setToRemove.add("three");
        System.out.println("The elements to remove: " + setToRemove.toString());
        set.removeAll(setToRemove);
        System.out.println("The set after removing: " + set.toString());

        set.clear();
        System.out.println("The set is empty after clearing: " + set.isEmpty());

        try {
            set.add(null);
        } catch (Exception e) {
            System.out.println("The set does not allow 'null' element!");
        }
        System.out.println("The set now contains a 'null' element: " + set
.contains(null));
    }
}
```

程序运行结果为：

```
The initial set: [two, three, one]
The element 'three' is removed from the set: true
The element 'three' is removed from the set once again: false
The element 'three' is added to the set: true
The element 'three' is added to the set once again: false
The elements to retain: [two, one]
The set after retaining: [two, one]
The elements to remove: [two, three]
The set after removing: [one]
The set is empty after clearing: true
The set contains a 'null' element: true
```

首先，我们初始化一个容量为 3 的 HashSet 对象，然后向其中添加“one”“two”“three”三个元素。这时，通过调用 toString 方法可以看到，集合中确实包含了刚刚添加的三个元素。我们注意到，程序运行时输出的三个元素的排列顺序与我们添加时的顺序是不同的。这是由 HashSet 的实现方式决定的。通过阅读 HashSet 的 Javadoc，读者可以发现 HashSet 不确保遍历结果的顺序与元素添加的顺序一致，也不确保每一次遍历的顺序都一致。

接下来，连续两次调用 remove 方法从集合中移除“three”这个元素。可以看到，第一次操作时，元素确实从集合中被移除掉了；第二次操作时，由于集合中已经不存在这个元素，实际上并没有元素真的从集合中被移除。同理，我们连续两次调用 add 方法把“three”重新添加到集合中,第一次成功添加,第二次由于元素已经存在,所以实际上并没有元素真的被添加。

接着,我们构造一个新的 HashSet,放入"one""two"两个元素。通过对原先的 HashSet 调用 retainAll 方法,并传入新构造的 HashSet 作为参数,我们告诉程序在原先的 HashSet 中保留重叠的元素,移除其他元素。可以看到,经过 retainAll 操作之后的集合中只剩下了"one""two"这两个元素。

然后,我们再构造一个新的 HashSet,它包含"two""three"这两个元素。通过对原先的 HashSet 调用 removeAll 方法,并传入新构造的 HashSet 作为参数,我们在原先的 HashSet 中移除掉所有重叠的元素。由于两个集合中重叠的元素是"two",所以它被移除出原先的集合,集合中只剩下"one"一个元素。

接下来,我们调用了 clear 方法,从集合中移除所有元素。

最后,我们向 HashSet 中添加元素 null,并使用 contains 方法确认该元素已经存在。注意,本例中使用的 HashSet 是允许包含 null 元素的,而有一些 Set 接口的实现类(比如 TreeSet)是不允许包含 null 元素的,在向这些集合中添加 null 元素时,程序会抛出 NullPointerException。

6.3.2　Vector 和 ArrayList

从前文中可以看到,Vector 及 ArrayList 都是实现了 List 接口的具体类,这两个类在应用中经常使用。

前面我们已经学习了数组,数组的特点是:它的容量是在创建的时候就确定了,一旦确定就不能再改变,也就是说在使用的过程中不能随着存储需求的变化而变化。为此,Java 集合框架提供了 Vector 类和 ArrayList 类,它们都具有下面的功能:

- 能够存储任意类型的对象。
- 基本类型(primitive)的数据不能直接放到集合里,但是可以包裹在封装类之后放入集合。
- 其容量能够根据需要自动扩充。
- 增加元素方法的效率较高,除非空间已满。在空间已满时增加元素,需要首先花费一定的时间扩充容量。

可用下面的方法生成一个新的 Vector 对象:

```
Vector myVector = new Vector();                    //初始容量为 10
Vector myVector = new Vector(int cap);             //初始容量为 cap
Vector myVector = new Vector(Collection col);      //以参数 col 中的元素进行初始化
```

ArrayList 的构造方法与上面类似:

```
ArrayList myList = new ArrayList();
ArrayList myList = new ArrayList(int cap);
ArrayList myList = new ArrayList(Collection col);
```

有时也可以用数组元素生成 Vector 对象,但需要将数组转换成 List 对象,再将此 List

对象作为参数传给 Vector 的构造方法。例如：

```
String[] num = {"one", "two", "three", "four", "five"};
Vector aVector = new Vector(java.util.Arrays.asList(num));
```

下面介绍一些 Vector 的标准方法，ArrayList 中声明的方法基本上与 Vector 的相同。除了 elements()方法不能应用于 ArrayList 对象，其他所有方法都可以应用于 ArrayList 对象。

- void add(Object obj)——将给定的参数对象加入到 Vector 的原有元素的最后。

例如：

```
Vector<String> teamList = new Vector<String>();
teamList.add("Zhang Wei");
teamList.add("Li Hong");
teamList.add("Yu Hongshu");          //现在 teamList 中有三个 String 类型的对象
```

- boolean addAll(Collection col)——将集合类对象(可以是另一个 Vector 对象)中的所有元素加入到此方法的接收者对象中，如果接收者对象的结果有变化，则返回 true。

例如：

```
Vector<String> teamList = new Vector<String>();
teamList.add("Zhang Wei");
teamList.add("Li Hong");
teamList.add("Yu Hongshu");
Vector yourList = new Vector();
yourList.addAll(teamList);            //yourList 与 teamList 的元素相同。
```

- int size()——返回 Vector 中元素的个数。
- boolean isEmpty()——如果 Vector 中不含有元素，则返回 true。
- Object get(int pos)——返回 Vector 中指定位置的元素。

例如：

```
Vector<String> teamList = new Vector<String>();
teamList.add("Zhang Wei");
teamList.add("Li Hong");
teamList.add("Yu Hongshu");
teamList.get(1);                      //返回 "Li Hong"
teamList.get(3);                      //产生例外 ArrayIndexOutOfBoundsException
```

- void set(int pos, Object obj)——用参数对象替换 Vector 中指定位置的对象。

例如：

```
Vector<String> teamList = new Vector<String>();
teamList.add("Zhang Wei");
```

```
teamList.add("Li Hong");
teamList.add("Yu Hongshu");
teamList.set(2, "Liu Na");
System.out.println(teamList);          //显示[Zhang Wei, Li Hong, Liu Na]
teamList.set(3,"Ma Li");               //产生例外 ArrayIndexOutOfBoundsException
```

• boolean remove(Object obj)——从 Vector 中去除给定对象的第一次出现,如果找到了对象,则返回 true。去除一个对象后,其后面的所有对象都依次向前移动。

例如:

```
Vector<String> teamList = new Vector<String>();
teamList.add("Zhang Wei");
teamList.add("Li Hong");
teamList.add("Yu Hongshu");
teamList.remove("Li Hong");
teamList.remove("Wang Hong");          //不做任何事情,也不出现错误。
System.out.println(teamList);          //显示[Zhang Wei,Yu Hongshu]
```

• Type remove(int pos)——去除给定位置的元素,并返回被去除的对象。

例如:

```
Vector<String> teamList = new Vector<String>();
teamList.add("Zhang Wei");
teamList.add("Li Hong");
teamList.add("Yu Hongshu");
teamList.remove(0);                    //去除 Zhang Wei
teamList.remove(0);                    //去除 Li Hong
System.out.println(teamList);          //显示[Yu Hongshu]
teamList.remove(1);                    //产生例外 ArrayIndexOutOfBoundsException
```

• boolean removeAll(Collection<?> col)——从接收者对象中去除所有在参数对象中出现的元素,如果接收者对象的结果有变化,则返回 true。

例如:

```
Vector<String> teamList = new Vector<String> ();
teamList.add("Zhang Wei");
teamList.add("Li Hong");
teamList.add("Yu Hongshu");
Vector<String> yourList = new Vector<String> ();
yourList.add("Yu Hongshu");
yourList.add("He Li");
yourList.add("Zhang Wei");
teamList.removeAll(yourList);
System.out.println(teamList);          //显示[Li Hong]。
```

- void clear()——从 Vector 中去除所有的元素。
- boolean contains(Object obj)——返回 Vector 中是否包含指定的对象，如果包含则返回 true；否则，返回 false。
- boolean containsAll(Collection<?> col)——返回 Vector 中是否包含参数 col 中的所有对象。
- int indexOf(Object obj)——返回给定对象在 Vector 中第一次出现的位置，如果给定对象在 Vector 中不存在，则返回－1。

例如：

```
Vector teamList<String> = new Vector<String> ();
teamList.add("Zhang Wei");
teamList.add("Li Hong");
teamList.add("Yu Hongshu");
teamList.add("Li Hong");
teamList.add("Li Hong");
teamList.indexOf("Li Hong");            //返回 1。
teamList.indexOf("Zhang Li");           //返回-1。
```

- Enumeration elements()——返回包含 Vector 中所有元素的 Enumeration 类对象。

需要注意的是 elements()方法只能应用于 Vector 对象，而不能应用于 ArrayList 对象。例如：

```
Vector teamList = new Vector();
teamList.add("Zhang Wei");
teamList.add("Li Hong");
teamList.add("Yu Hongshu");
teamList.elements();                    //返回 Enumeration 类对象。
```

- Iterator iterator()——返回包含 Vector 中所有元素的 Iterator 类对象。

与数组相比，它们除了可以自动扩充容量之外，还可以存储任意不同类型的对象。如果声明 Vector 时不指定 Vector 中元素的类型，那么当使用 get()方法取出 Vector 中的元素时，get()方法返回的类型都是 Object 类型。Vector 似乎记不住存入的每个对象的具体类型，Vector 的使用者需要记住存入对象的具体类型，当使用 get()方法取出后，再封装成其本来的类型。如果声明 Vector 时指定了 Vector 中元素的类型，则使用 get 方法后取出的元素就是指定的类型，且不能转型成其他类型。

例如，我们创建 Vector 类对象时不指定元素的类型：

```
String[] names = {"Zhang", "Li", "Wang", "Zhao"};
Vector v = new Vector();
for (int i=0; i<names.length; i++) {
    Customer c = new Customer();
    c.setName(names[i]);
```

```
        v.add(c);
    }
```

则使用 get()方法将 Customer 对象从 Vector 中取出后，需要再转型成 Customer 类。代码如下：

```
for (int i=0; i<v.size();i++) {
    Customer c = (Customer)v.get(i);
    System.out.println(c.getName());
}
```

而如果指定 Vector 类对象的元素类型为"Customer"，即：

```
String[] names = {"Zhang", "Li", "Wang", "Zhao"};
Vector<Customer> v = new Vector<Customer>();
for (int i=0; i<names.length; i++) {
    Customer c = new Customer();
    c.setName(names[i]);
    v.add(c);
}
```

则使用 get()方法时，不需要转型成 Customer 对象，而且也不能转型成 Object 对象：

```
for (int i=0; i<v.size();i++) {
    Customer c = v.get(i);              //直接返回 Customer 类型
    Object c = (Object)v.get(i);        //错误,不能通过编译
    System.out.println(c.getName());
}
```

在 Vector 中也可以存储混合类型的对象，但通常情况下，这些不同类型的对象都具有相同的超类或接口。

与所有的集合类一样，Vector 不能存储简单类型的数据，如果要存储，则需要使用包裹类。例如：

```
Vector<Double> rateVector = new Vector<Double>();
double[] rates = {36.25, 25.4, 18.34, 35.7,23.78};
for (int i=0; i<rates.length; i++)
    rateVector.add(rates[i]);          //自动封箱为封装类对象
```

当从 Vector 中取出时，由于指定了元素类型，因此返回的就是包裹类对象。代码如下：

```
double sum = 0.0;
for (int i=0; i<rateVector.size();i++)
    sum += rateVector.get(i);          //自动拆箱为简单数据类型
return sum;
```

ArrayList 的用法与 Vector 基本相同，例如，也可以使用下面的代码创建保存 Customer 对象的 ArrayList：

```
String[]  names = {"Zhang", "Li", "Wang", "Zhao"};
ArrayList <Customer> v = new ArrayList <Customer> ();
for (int i=0; i<names.length; i++) {
    Customer c = new Customer();
    c.setName(names[i]);
    v.add(c);
}
```

6.3.3　LinkedList

LinkedList 通过双向链表(doubly-linked list)数据结构实现了 List 和 Deque 接口。由于同时具备 List、Queue 和 Deque 的特性，LinkedList 的应用场景比较广泛。我们来看下面的例子。

例 6-2　LinkedList 应用举例。

```
public class LinkedListTester {
    public static void main(String[] args) {
        LinkedList<Character> linkedList = new LinkedList<>();

        linkedList.add('A');
        linkedList.add('B');
        linkedList.add('C');
        System.out.println("The initial list is: " + linkedList.toString());

        linkedList.addFirst('Z');
        linkedList.addLast('Y');
        System.out.println("The list now is: " + linkedList.toString());

        System.out.println("peek: " + linkedList.peek());
        System.out.println("peekFirst: " + linkedList.peekFirst());
        System.out.println("element: " + linkedList.element());
        System.out.println("getFirst: " + linkedList.getFirst());

        System.out.println("peekLast: " + linkedList.peekLast());
        System.out.println("getLast: " + linkedList.getLast());

        linkedList.pollFirst();
        System.out.println("The list after pollFirst is: " + linkedList.toString());
        linkedList.pollLast();
        System.out.println("The list after pollLast is: " + linkedList.toString());
    }
}
```

程序运行结果为：

```
The initial list is: [A, B, C]
The list now is: [Z, A, B, C, Y]
peek: Z
peekFirst: Z
element: Z
getFirst: Z
peekLast: Y
getLast: Y
The list after pollFirst is: [A, B, C, Y]
The list after pollLast is: [A, B, C]
```

首先，初始化一个空的 LinkedList，并且通过声明泛型表示该列表中包含的是字符类型的数据。然后，向其中依次添加 A、B、C 三个字符作为初始化数据。向队列头部和尾部分别添加字符 Z 和 Y 之后，列表的内容变为[Z, A, B, C, Y]。接下来，调用不同的方法查看列表中的第一个元素和最后一个元素。可以看到，通过 peek、peekFirst、element、getFirst 方法都能够获取第一个元素，通过 peekLast 和 getLast 方法都能够获取最后一个元素。最后，依次移除列表头部和尾部的元素，列表内容又变为了最开始的[A, B, C]。

值得一提的是，虽然 LinkedList 允许包含 null 元素，但在实际使用过程中应该尽量避免这样做。这是因为，LinkedList 所实现的 Queue 接口中有一个方法 poll，用于移除排在队列最前面的元素，当队列为空时，poll 方法约定返回 null 来表示移除操作失败。如果队列本身包含一个 null 元素，恰好位于最前列，并通过 poll 方法返回给了调用者，此时调用者无法判断这个返回值 null 到底是代表从队列头部移除了一个值为 null 的元素还是由于队列为空造成了移除操作失败。

6.3.4 HashTable 和 HashMap

哈希表也称为散列表，是用来存储群体对象的集合类结构，这里介绍两个常用的类：HashTable 和 HashMap。从本章前面的内容我们知道，这两个类都处于以 Map 接口为根的类层次结构中。哈希表存储对象的方式与前面所讲的数组、Vector 及 ArrayList 有什么不同呢？

前面所讲的数组、Vector 及 ArrayList 都可以存储对象，但对象的存储位置是随机的，即对象本身与其存储位置之间没有必然的联系。当要查找一个对象时，只能以某种顺序(如顺序查找，二分查找)与各个元素进行比较，如果数组或向量中的元素数量很庞大时，查找的效率必然降低。

一种有效的存取方式是不与其他的元素进行比较，一次存取便能得到所查记录，这就必须在对象的存储位置和对象的关键属性 k 之间建立一个特定的对应关系 f，使每个对象与一个唯一的存储位置相对应。因而在查找时，只要根据待查对象的关键属性 k，计算 f(k)的值即可，如果此对象在集合中，则必定在存储位置 f(k)上，因此不需要与集合中的其他元素进行比较便可直接取得所查的记录。在此，我们称这个对应关系 f 为哈希(Hash)函数，按这种思想建立的表称为哈希表。

Java 使用类 HashTable(HashMap)来实现哈希表,下面是与哈希表相关的一些主要概念:

- 容量(capacity):HashTable 的容量不是固定的,随着对象的加入,其容量可以自动扩充。
- 关键字/键(key):每一个存储的对象都需要有一个关键字,关键字可以是对象本身,也可以是对象的一部分(如对象的某一个属性)。
- 哈希码(hash code):要将对象存储到 HashTable,就需要将其关键字映射到一个整型数据,称为 key 的哈希码。
- 哈希函数(hash function):返回对象的哈希码的函数。
- 项(item):HashTable 中的每一项都有两个域:关键字域 key 及值域 value(即存储的对象)。key 及 value 都可以是任意的 Object 类型的对象,但不能为空(null)。要求在一个 HashTable 中的所有关键字都是唯一的。
- 装载因子(load factor):哈希表的装载因子定义为(表中填入的项数)/(表的容量)。

HashTable 具有下面的构造方法:

```
Hashtable();                                    //初始容量为 101,最大装载因子为 0.75
Hashtable(int capacity);
Hashtable(int capacity, float maxLoadFactor);
```

常用的 HashTable 方法如下:

- V put(K key, V value)——值 value 以 key 为其关键字加入到哈希表中,如果此关键字在表中不存在,则返回 null,否则表中存储的 value。

例如:

```
Hashtable<String, String> aPhoneBook = new Hashtable<String, String>();
aPhoneBook.put("Zhang Lei", "010-84256712");
aPhoneBook.put("Zhu Yongqin", "010-82957788");
aPhoneBook.put("Liu Na", "010-80791234");
System.out.println(aPhoneBook);
//显示{ Liu Na=010-80791234, Zhu Yongqin=010-82957788, Zhang Lei=010-84256712 }
```

- V get(Object key)——返回关键字为 key 的值 value,如果不存在,则返回 null。

例如:

```
Hashtable  aPhoneBook = new Hashtable();
aPhoneBook.put("Zhang Lei", "010-84256712");
aPhoneBook.put("Zhu Yongqin", "010-82957788");
aPhoneBook.put("Liu Na", "010-80791234");
aPhoneBook.get("Zhang Lei");            //返回"010-84256712"
aPhoneBook.get("Zhu Yongqin");          //返回"010-82957788"
aPhoneBook.get("Liu Ling");             //返回 null
```

- V remove(Object key)——将键/值对从表中去除,并返回从表中去除的值,如果不存在,则返回 null。

例如：

```
Hashtable  aPhoneBook = new Hashtable();
aPhoneBook.put("Zhang Lei", "010-84256712");
aPhoneBook.put("Zhu Yongqin", "010-82957788");
aPhoneBook.put("Liu Na", "010-80791234");
aPhoneBook.remove("Zhu Yongqin");
aPhoneBook.remove("010-80791234");      //不出错,但返回 null。
System.out.println(aPhoneBook);         //显示{ Liu Na=010-80791234, Zhang Lei=010
                                          -84256712 }
```

- boolean isEmpty()——判断哈希表是否为空。
- boolean containsKey(Object key)——判断给定的关键字是否在哈希表中。
- boolean contains(Object value)——判断给定的值是否在哈希表中。
- boolean containsValue(Object value)——判断给定的值是否在哈希表中。
- void clear()——将哈希表清空。
- Enumeration<V> elements()——返回包含值的 Enumeration 对象。
- Enumeration<K> keys()——返回包含关键字的 Enumeration 对象。

HashMap 类与 HashTable 类很相似,只是 HashTable 类不允许有空的关键字,而 HashMap 类允许。

例 6-3　HashTable 应用举例。

有一个音像店出租电影业务,需要编写一个应用程序进行管理,在进行出租时能够很快找到顾客需要的电影。例如,在实际应用中,可能会通过以下方式查找需要的电影：

- 通过标题(title)查找电影。
- 可将电影分成不同的类型(type),如喜剧片、悲剧片、战斗片等。因此在进行出租时,可在某一特定的类型中查找电影。
- 查找包括某一演员(actor/actress)的电影。

显然,可以使用向量(Vector/ArrayList)来存储所有的电影,但这种方法在查找的时候很浪费时间。可以想象一下,如果很多电影没有按一定的顺序放在架子上,在查找时就需要挨个去找,速度当然很慢。

可以使用 HashTable 对电影进行有效存储,使得在需要时能够很快找到。首先考虑电影类 Movie,其属性包括：标题(title),演员列表(actors),类型(type)。电影类 Movie 的声明如下：

```
import java.util.*;
public class Movie {
    //实例属性
    private String title, type;
    private Vector<String> actors;
    //get 及 set 方法
    public String getTitle() {
        return title;
```

```
    }
    public String getType() {
        return type;
    }
    public Vector<String> getActors() {
        return actors;
    }
    public void setTitle(String aTitle) {
        title = aTitle;
    }
    public void setType(String aType) {
        type = aType;
    }
    //无参构造方法
    public Movie() {
        this("???", "???");
    }
    //两个参数的构造方法
    public Movie(String aTitle, String aType) {
        title = aTitle;
        type = aType;
        actors = new Vector<String>();
    }
    //toString 方法
    @Override
    public String toString() {
        return ("Movie: " + "\"" + title + "\"");
    }
    //向 Movie 实例中增加一个演员
    public void addActor(String anActor) {
        actors.add(anActor);
    }
}
```

下面考虑 MovieStore 类，为了达到能按开始提到的不同条件进行快速查找的目的，在 MovieStore 类中，可以建立下面三个哈希表（HashTable 对象）：

- 电影表（movieList）：以标题（title）为关键字（key），以具有此标题的 Movie 对象为值（value）。
- 演员表（actorList）：以演员的名字为关键字，其值为此演员参与的所有电影（用向量存储）。
- 类型表（typeList）：以类型名为关键字，其值为属于此类型的所有电影（用向量存储）。

MovieStore 类的声明如下：

```
import java.util.*;
public class MovieStore {
    //实例属性
    private Hashtable<String, Movie> movieList;
    private Hashtable<String, Vector<Movie>> actorList;
    private Hashtable<String, Vector<Movie>> typeList;
    //get 方法
    public Hashtable<String, Movie> getMovieList() {
        return movieList;
    }
    public Hashtable<String, Vector<Movie>> getActorList() {
        return actorList;
    }
    public Hashtable<String, Vector<Movie>> getTypeList() {
        return typeList;
    }
    //构造方法
    public MovieStore() {
        movieList = new Hashtable<String, Movie>();
        actorList = new Hashtable<String, Vector<Movie>>();
        typeList = new Hashtable<String, Vector<Movie>>();
    }
    //toString 方法
    @Override
    public String toString() {
        return ("MovieStore with " + movieList.size() + " movies.");
    }
}
```

在这里,我们不需要定义哈希表的 set 方法,原因是当我们向 MovieStore 对象中增加一个 Movie 对象时,这个 Movie 对象需要增加到电影表、类型表及演员表中。增加 Movie 对象的方法 addMovie 的代码如下:

```
//增加一个 Movie 对象
public void addMovie(Movie aMovie) {
    //增加到 movieList
    movieList.put(aMovie.getTitle(), aMovie);
    //如果在类型表中还没有此类型,则增加一个新类型
    if (!typeList.containsKey(aMovie.getType())) {
        typeList.put(aMovie.getType(), new Vector<Movie>());
    }
    //将此 Movie 对象增加到适当的类型中去
    typeList.get(aMovie.getType()).add(aMovie);
    //增加所有的演员
```

```
    for (String anActor: aMovie.getActors()) {
        //如果演员表中还没有此演员,则增加一个新演员
        if (!actorList.containsKey(anActor)) {
            actorList.put(anActor, new Vector<Movie>());
        }
        //将此 Movie 对象增加到演员表中
        actorList.get(anActor).add(aMovie);
    }
}
```

删除一个 Movie 对象的 removeMovie 方法的代码如下：

```
//从 MovieStore 中删除一个 Movie 对象
private void removeMovie(Movie aMovie) {
    //将 Movie 对象从 movieList 中删除
    movieList.remove(aMovie.getTitle());
    //将 Movie 对象从 typeList 中删除,如果此类型对应的电影向量为空,
    //则将此类型从类型表中删除
    typeList.get(aMovie.getType()).remove(aMovie);
    if (typeList.get(aMovie.getType()).isEmpty()) {
        typeList.remove(aMovie.getType());
    }
    //将 Movie 对象从 actorList 中删除,如果此演员对应的电影向量为空,
    //则将此演员从演员表中删除
    for (String anActor : aMovie.getActors()) {
        actorList.get(anActor).removeElement(aMovie);
        if (actorList.get(anActor).isEmpty()) {
            actorList.remove(anActor);
        }
    }
}
```

下面是已知一个 Movie 对象的 title,将其从 MovieStore 对象中删除。

```
//已知一个 Movie 对象的 title,将其从 MovieStore 对象中删除
public void removeMovie(String aTitle) {
    if (movieList.get(aTitle) == null) {
        System.out.println("No movie with that title");
    } else {
        removeMovie(movieList.get(aTitle));
    }
}
```

最后将下面的三个方法加入到 MovieStore 类的声明中。

```
//输出所有 Movie 对象的标题
public void listMovies() {
    //使用 Enumeration 遍历
    Enumeration<String> titles = movieList.keys();
    while (titles.hasMoreElements()) {
        System.out.println(titles.nextElement());
    }
}
//输出给定演员参加的所有电影
public void listMoviesWithActor(String anActor) {
    //使用 Iterator 遍历
    Iterator<Movie> someMovies = actorList.get(anActor).iterator();
    while (someMovies.hasNext()) {
        System.out.println(someMovies.next());
    }
}
//输出属于给定类型的所有电影
public void listMoviesOfType(String aType) {
    Vector<Movie> someMovies = typeList.get(aType);
    //使用 foreach 循环遍历
    for (Movie m : someMovies) {
        System.out.println(m);
    }
}
```

下面编写测试类,对上面定义的方法进行测试,代码如下:

```
public class MovieStoreTester {
    public static void main(String args[]) {
        MovieStore aStore = new MovieStore();
        Movie aMovie = new Movie("白毛女", "悲剧片");
        aMovie.addActor("田华");
        aMovie.addActor("李百万");
        aMovie.addActor("陈强");
        aStore.addMovie(aMovie);

        aMovie = new Movie("党的女儿", "教育片");
        aMovie.addActor("田华");
        aMovie.addActor("陈戈");
        aStore.addMovie(aMovie);

        aMovie = new Movie("红色娘子军", "教育片");
        aMovie.addActor("祝希娟");
        aMovie.addActor("王心刚");
```

```
        aMovie.addActor("陈强");
        aStore.addMovie(aMovie);

        aMovie = new Movie("五朵金花", "爱情片");
        aMovie.addActor("陈丽坤");
        aMovie.addActor("赵丹");
        aStore.addMovie(aMovie);

        aMovie = new Movie("上甘岭", "战斗片");
        aMovie.addActor("陈强");
        aMovie.addActor("高保成");
        aStore.addMovie(aMovie);

        aMovie = new Movie("马路天使", "喜剧片");
        aMovie.addActor("赵丹");
        aMovie.addActor("周璇");
        aStore.addMovie(aMovie);

        aMovie = new Movie("少林寺", "武打片");
        aMovie.addActor("葛优");
        aStore.addMovie(aMovie);

        aMovie = new Movie("我的父亲母亲", "爱情片");
        aMovie.addActor("章子怡");
        aMovie.addActor("孙红雷");
        aStore.addMovie(aMovie);

        aMovie = new Movie("红高粱", "艺术片");
        aMovie.addActor("巩俐");
        aMovie.addActor("萋文");
        aStore.addMovie(aMovie);

        System.out.println("Here are the movies in: " + aStore);
        aStore.listMovies();
        System.out.println();

        //测试删除
        System.out.println("删除白毛女");
        aStore.removeMovie("白毛女");
        System.out.println("删除秋菊打官司");
        aStore.removeMovie("秋菊打官司");

        //测试输出方法
        System.out.println("\n教育片:");
```

```
        aStore.listMoviesOfType("教育片");
        System.out.println("\n爱情片:");
        aStore.listMoviesOfType("爱情片");

        System.out.println("\n陈强的电影::");
        aStore.listMoviesWithActor("陈强");
        System.out.println("\n赵丹的电影:");
        aStore.listMoviesWithActor("赵丹");
    }
}
```

运行结果如下：

```
Here are the movies in: MovieStore with 9 movies.
红色娘子军
上甘岭
马路天使
五朵金花
我的父亲母亲
党的女儿
白毛女
红高粱
少林寺

删除白毛女
删除秋菊打官司
No movie with that title

教育片:
Movie: "党的女儿"
Movie: "红色娘子军"

爱情片:
Movie: "五朵金花"
Movie: "我的父亲母亲"

陈强的电影::
Movie: "红色娘子军"
Movie: "上甘岭"

赵丹的电影:
Movie: "五朵金花"
Movie: "马路天使"
Press any key to continue...
```

6.4　集合的操作

在本节,我们学习如何对集合进行遍历,如何通过集合框架中提供的工具类生成常用的集合对象,以及如何对集合与数组进行排序、查找等操作。

6.4.1　集合的遍历

集合的遍历是最常见的一种集合操作。我们通常使用下面的方法遍历集合类对象 v 中的每一个元素:

```
for (int i=0; i<v.size();i++) {
    Customer c = (Customer)v.get(i);
    System.out.println(c.getName());
}
```

而对于指定了类型 Type 的集合类对象 v,则无须转型,可以使用下面的方法遍历:

```
for (int i=0; i<v.size();i++) {
    Customer c = v.get(i);
    System.out.println(c.getName());
}
```

使用 java.util.Iterator 类可以使得遍历方法得到简化。Iterator 提供了用于遍历元素的方法,能够从集合类对象中提取元素,还具有从正在遍历的集合中去除对象的能力。

Iterator 类具有如下三个实例方法:

- hasNext()——判断是否还有元素可供遍历?
- next()——获取下一个元素。
- remove()——从集合中移除最近一次调用 Iterator 的 next()方法返回的元素。每调用一次 next 方法,只能相应地调用一次 remove 方法。

例 6-4　Iterator 类使用举例。

```
import java.util.Arrays;
import java.util.Iterator;
import java.util.Vector;
public class IteratorTester {
    public static void main(String[] args) {
        String[] num = {"one", "two", "three", "four", "five",
                "six", "seven", "eight", "nine", "ten"};
        Vector<String> vector = new Vector<>(Arrays.asList(num));
        System.out.println("The initial Vector is: " + vector);
        Iterator<String> nums = vector.iterator();
        while (nums.hasNext()) {
            String aString = nums.next();
            System.out.println(aString);
            if (aString.length() > 4) {
```

```
                nums.remove();
            }
        }
        System.out.println("The Vector after iteration is: " + vector);
    }
}
```

运行结果如下：

```
The initial Vector is: [one, two, three, four, five, six, seven, eight, nine, ten]
one
two
three
four
five
six
seven
eight
nine
ten
The Vector after iteration is: [one, two, four, five, six, nine, ten]
```

在遍历的过程中，Iterator 类对象能够与其对应的集合对象保持一致，没有元素被遗漏，因此能够得到正确的结果。

除了 Iterator 之外，也可以使用增强 for 循环来遍历数组以及所有实现了 Iterable 接口的对象。由于 Collection 接口继承了 Iterable 接口，因此 Set、List、Queue 等接口的实现类均可以使用增强 for 循环来遍历。

例 6-5　增强 for 循环遍历集合举例。

```
import java.util.Arrays;
import java.util.List;
public class EnhancedForStatementTester {
    public static void main(String[] args) {
        List<String> days = Arrays.asList(
                "Sunday",
                "Monday",
                "Tuesday",
                "Wednesday",
                "Thursday",
                "Friday",
                "Saturday");
        for (String day : days) {
            System.out.println(day);
        }
    }
}
```

运行结果如下：

```
Sunday
Monday
Tuesday
Wednesday
Thursday
Friday
Saturday
```

从上述例子可知，使用增强 for 循环可以使代码更加简洁，让程序员使用更加方便。它的缺点是无法像 Iterator 一样在遍历中移除对象，因此应根据实际需要来选择使用。

我们还可以使用 Java 8 新增的 Lambda 表达式对集合进行遍历。

例 6-6　foreach 结合 Lambda 表达式遍历集合举例。

```
public class LambdaForeachTester1 {
    public static void main(String[] args) {
        List<String> days = Arrays.asList(
                "Sunday",
                "Monday",
                "Tuesday",
                "Wednesday",
                "Thursday",
                "Friday",
                "Saturday");
        days.forEach(day -> System.out.println(day));
    }
}
```

结合我们在第 4 章学习的函数式接口的相关知识，还可以将 Lambda 表达式改为方法引用：

```
days.forEach(System.out::println);
```

采用 Lambda 表达式和方法引用对集合进行遍历的运行结果与例 6-5 都是相同的。

6.4.2　使用 Collections 类生成常用集合

Java 集合框架除了定义集合接口并提供常用的实现类之外，还提供了一系列对集合进行操作的工具。其中，java.util.Collections 类就是这些工具中的一个主要成员。Collections 类中包括了一系列静态方法，用于对集合进行排序、查找等各类操作，以及快速生成常用的集合对象。

Collections 类中形如 unmodifiable *、empty *、singleton *、synchronized *、checked * 的方法都是用于快速生成常用集合对象的，以下我们举几个例子进行说明。

```
public static <T> Collection<T> unmodifiableCollection(Collection<? extends T> c)
```

返回一个集合 c 的"只读"集合。对这个"只读"集合可以正常进行 contains、isEmtpy 等查询操作,但进行 add、remove 等操作时则会抛出 UnsupportedOperationException 异常。

```
public static final <T> List<T> emptyList()
```
返回一个不可修改的空列表。

```
public static <K,V> Map<K,V> singletonMap(K key, V value)
```
返回一个只包含一个键值对(key, value)的不可修改的 Map。

```
public static <T> Set<T> synchronizedSet(Set<T> s)
```
返回一个基于集合 s 的"线程安全"的集合(线程安全的概念将在后续章节中介绍)。

```
public static <E> Queue<E> checkedQueue(Queue<E> queue, Class<E> type)
```
返回一个基于队列 queue 的"类型安全"的集合。在向返回的队列中插入新元素时,如果元素类型不是指定类型,则立即抛出 ClassCastException 异常。

在合适的场景使用 Collections 类提供的方法生成集合,可以使代码简洁易读,还可以降低程序的开销,减少出错的概率。比如,当程序需要获取一个空列表时,我们不必每次都通过 new ArrayList<>()方法生成一个新的对象,而可以通过调用 Collections.emptyList()方法来获取这个空列表。通过阅读 emptyList 方法的源代码可以发现,它返回的是 Collections 类中定义的一个静态变量,因此减少了创建新对象的次数,节省了程序开支。再比如,一些返回值为集合类型的方法,其本意是提供一个只读的查询结果,并不希望调用者对返回值进行修改操作(比如向集合中增加元素,或从集合中移除元素),那么在实现这些方法的时候可以调用类似 unmodifiableCollection 这样的方法,以防止调用者误操作对集合进行更改。

需要特别注意的是,在使用 Collections 类提供的这些便捷方法时,请开发者一定首先阅读这些方法的 Javadoc,因为 Javadoc 中详细描述了方法的实现原理,尤其是返回值的特性与限制,比如返回的集合是否可以修改,集合中的元素是如何排序的,集合是否线程安全等。如果没有理解返回值的这些特性与限制,很容易使程序产生错误。

6.4.3　使用 Collections 类进行集合操作

集合框架的 Collections 类中还提供了一系列多态算法,用于对集合进行排序、查找等操作。所有这些算法的形式都是静态方法,其第一个参数都是算法操作的集合对象。Java 平台提供的大多数算法都是用于操作 List 对象,有两个算法操作(min 和 max)可用于任意集合对象。

1. 排序算法 sort

排序算法对 List 中的元素进行排序,使其中的元素按照某种次序关系排列。算法有两种形式,第一种简单形式是将元素按照自然次序排列,第二种形式需要一个附加的 Comparator 对象作为参数,用于按照规定的比较规则进行排序,可用于实现反序或特殊次序排序。

2. 洗牌算法 shuffle

洗牌算法 shuffle 的作用与排序算法恰好相反，它打乱 List 中元素的次序，以随机方式重排元素，任何次序出现的概率都是相等的。在实现偶然性游戏的时候，这个算法很有用，例如扑克牌中的洗牌。

3. 常规数据处理算法

集合类提供了几种常规数据处理算法。

- reverse：将一个 List 中的元素反向排列。
- swap：交换 List 中的两个元素。
- fill：用指定的值填充 List 中的每一个元素，这个操作在重新初始化 List 时有用。
- copy：接受两个参数——目标 List 和源 List，将源中的元素复制到目标，覆写其中的内容。目标 List 必须至少与源一样长，如果更长，则多余部分的内容不受影响。
- rotate：对列表中的元素进行整体位移。
- replaceAll：将列表中与某个元素相同(equals)的所有元素全部替换为新元素。

4. 二分查找算法 binarySearch

binarySearch 在一个有序的 List 中查找指定元素。在调用这个方法前，必须保证 List 已经按规则进行了排序，否则算法的执行结果将是不确定的。算法有两种形式，第一种形式假定 List 是按照自然顺序排列的，第二种形式需要增加一个 Comparator 对象，表示比较规则，并假定 List 是按照这种规则排序的。

5. 查找最大值和最小值

min 和 max 算法返回指定集合中的最小值和最大值，这两个算法分别都有两种形式。简单形式按照元素的自然顺序返回最值，另一种形式需要附加一个 Comparator 对象作为参数，并按照 Comparator 对象指定的比较规则返回最值。

6.4.4　数组实用方法

Java 集合框架中还提供了一套专门用于操作数组的实用方法，作为静态方法存在于 Arrays 类中。此外 Arrays 类中还包括可以将数组视为列表(List)的静态工厂方法。

Arrays 类中的常用方法简述如下：

1. 比较数组

Arrays.equals(type[] a, type[] b) 系列方法实现两个数组的比较，相等时返回 true。

2. 填充数组

Arrays.fill(type[] a, type val) 给数组填充，就是简单地把一个数组全部或者某段数据填成一个特殊的值。

3. 其他方法

Arrays.sort(type[] a) 对数组排序。

Arrays.binarySearch( ) 对数组元素进行二分法查找。

Arrays.asList(Object[] a) 实现数组到 ArrayList 的转换。

6.5 流式API

6.5.1 流式API介绍

流式API是Java 8新增的一个重要特性,它为数组、集合等批量数据提供了一套函数式的操作方法,能够简单、高效地对这些数据进行过滤、映射、遍历、计数等批量操作。我们可以把流想象成是存在于数组、集合等真实数据结构之外的一层包装,流中并不存储实际的数据,也并不改变它所包裹的数据的内容。流的核心思想是将原本固化的数据结构(如数组、列表、队列)转化为一种流动的"视图"来加以运用。流本身具备一些有益的特性,例如不占用存储空间、支持函数式操作、无边界、可并行处理等,因此以流的视角来处理批量数据时,能够利用流的这些特性来完成数据结构本身无法实现的操作。

通过下面一个简单的例子,能够对流式API产生初步的认识。

例6-7 使用流式API计算数组中偶数的个数。

```
public class StreamTester1 {
    public static void main(String[] args) {
        int[] arr = {1, 2, 3, 4, 5, 6, 7};
        System.out.println("There are " + arr.length + " integers in the array.");
        long count = Arrays.stream(arr)
                .filter(i -> i % 2 == 0)
                .count();
        System.out.println("Among them, " + count + " are even.");
    }
}
```

程序运行结果为:

```
There are 7 integers in the array.
Among them, 3 are even.
```

上例中,通过流式API计算了一个整数数组中偶数的个数。首先,通过Arrays.stream(arr)方法获取到一个流,然后通过流的filter方法结合Lambda表达式过滤出偶数,最后通过count方法完成计数。

6.5.2 流的获取

流从原始数据转化而来,经过过滤、映射等一系列转换操作(intermediate operations),并经过计数、收集等终止操作(terminal opertaions)中的一种,最终完成整个生命周期。Java把这一系列过程称之为流水线(stream pipeline)。这其中的第一个步骤,就是要将原始数据转换成可供操作的流。

流的主要获取方式有以下几种。

• 通过Collection接口中定义的stream()方法和parallelStream()方法获取流。

例如：

```
String[] arr = new String[]{"a", "b", "c"};
List<String> list = Arrays.asList(arr);
Stream<String> streamFromCollection = list.stream();
Stream<String> parallelStreamFromCollection = list.parallelStream();
```

- 通过 Arrays.stream(Object[])方法获取流。例如：

```
Stream<String> streamFromArrays = Arrays.stream(arr);
```

- 通过 Stream 接口及其子接口的静态工厂方法获流。例如：

```
Stream<String> streamFromFactory = Stream.of(arr);
```

- 通过 BufferedReader.lines()方法获取一个表示文件行数据的流。例如：

```
BufferedReader reader = new BufferedReader(new FileReader("D:/test.txt"));
Stream<String> streamFromReader = reader.lines();
```

- 通过 Random 类的实例获取一个无限长的随机数流。例如：

```
Random random = new Random();
IntStream intStream = random.ints();
```

获取到流之后，就可以对它进行一系列操作了。

6.5.3　流的操作

流的操作分为两类，一类是转换操作(intermediate operations)，一类是终止操作(terminal opertaions)。对于一个流，可以执行任意次转换操作，但是只能执行一次终止操作。例 6-7 中的 filter 是一个转换操作，count 则是一个终止操作。

转换操作的本质是将当前的流赋予某种属性，然后以一个新流的形式返回。转换操作是“懒加载”的，即在程序执行转换操作时，并没有对流进行实际的操作，而只是将某种属性附加在流上。比如，当例 6-7 中的程序执行到 filter(i —> i % 2 == 0)这句话时，程序其实并没有进行任何实际的过滤操作，而是生成了一个新的流，使得这个流在真正执行遍历时，能够过滤出偶数元素。而真正的遍历，只有终止操作才会执行，也就是程序运行到 count()这句话的时候。

终止操作是对流中的元素进行遍历以获取某种结果的操作。终止操作的执行过程也可以被看作是对流进行“消费”的过程，每个流只能消费一次，不能重复消费。如果需要对同样的数据进行多次消费，则每次消费需要重新获取一个流。

流的操作方法主要定义在 java.util.stream 包下的 BaseStream 和 Stream 这两个接口中。同一个包下还包括几个对特定数据类型进行处理的流接口，比如 IntStream、LongStream 和 DoubleStream。

流的主要转换操作包括：

```
Stream<T> filter(Predicate<? super T> predicate)        - 过滤操作
<R> Stream<R> map(Function<? super T, ? extends R> mapper)   - 映射操作
Stream<T> distinct()                                    - 过滤重复元素
Stream<T> sorted()                                      - 自然排序
Stream<T> sorted(Comparator<? super T> comparator)      - 按指定规则排序
Stream<T> limit(long maxSize)                           - 按指定长度截取流
Stream<T> skip(long n);                                 - 丢弃前 n 个元素
```

流的主要终止操作包括：

```
Iterator<T> iterator()                                - 获取流的 Iterator
void forEach(Consumer<? super T> action)              - 对每个元素执行指定的操作
Object[] toArray() - 将流转换为数组
Optional<T> min(Comparator<? super T> comparator)- 按指定规则查找最小值
Optional<T> max(Comparator<? super T> comparator)- 按指定规则查找最大值
long count() - 计数
boolean anyMatch(Predicate<? super T> predicate)  - 判断流中是否存在符合条件的元素
boolean allMatch(Predicate<? super T> predicate)  - 判断是否所有元素都符合指定条件
boolean noneMatch(Predicate<? super T> predicate) - 判断是否所有元素都不符合指定
                                                    条件
Optional<T> findFirst()                               - 获取流中的第一个元素
Optional<T> findAny()                                 - 获取流中任意一个元素
```

最后，来看一个对流进行操作的实例。假设我们拥有一群足球运动员的数据，包括运动员的名字、身价、进球数、助攻数、得奖数。现在，需要写一段程序来随机挑选其中的明星球员，播放他们的比赛视频。

例 6-8　流的操作举例-随机播放一名球星的比赛视频。

```
class Player {
    private String name;
    private int value;
    private int goals;
    private int assists;
    private int prizes;

    public Player(String name, int value, int goals, int assists, int prizes) {
        this.name = name;
        this.value = value;
        this.goals = goals;
        this.assists = assists;
        this.prizes = prizes;
    }
```

```
    void playVideo() {
        System.out.println("Playing highlights of " + this.name + "...");
    }

    public String getName() {
        return name;
    }

    public int getValue() {
        return value;
    }

    public int getGoals() {
        return goals;
    }

    public int getAssists() {
        return assists;
    }

    public int getPrizes() {
        return prizes;
    }
}

public class StreamTester2 {
    public static void main(String[] args) {

        /* 球员数据 */
        Player[] arr = new Player[]{
                new Player("Messi", 100, 50, 25, 15),
                new Player("Ronaldo", 100, 60, 20, 15),
                new Player("Hazard", 90, 30, 20, 5),
                new Player("Salah", 95, 50, 20, 10),
                new Player("Henderson", 80, 5, 15, 5),
                new Player("van Dijk", 90, 2, 5, 10),
                new Player("Benzema", 80, 30, 15, 3),
                new Player("Wu Lei", 70, 10, 5, 1),
                new Player("Muller", 75, 15, 15, 5),
                new Player("Marcelo", 80, 5, 10, 1),
        };

        /* 由数组构造列表 */
        List<Player> list = Arrays.asList(arr);
```

```
        int times = 5;
        for (int i = 0; i < times; i++) {
            pickRandomStar(list).playVideo();
        }
    }

    private static Player pickRandomStar(List<Player> list) {
        /* 随机排列球员数据 */
        Collections.shuffle(list);

        /* 挑选任意一个进球数大于或等于 30,助攻数大于或等于 20,得奖数大于或等于 10 的
            球员 */
        Optional<Player> player = list.stream()
                .filter(p -> p.getGoals() >= 30 || p.getAssists() >= 20 || p.
getPrizes() >=10)
                .findAny();

        return player.orElse(null);
    }
}
```

以下是程序某一次执行的输出结果。读者朋友通过自行尝试可以发现,程序每次的输出结果是不同的。

```
Playing highlights of van Dijk...
Playing highlights of Salah...
Playing highlights of Benzema...
Playing highlights of Salah...
Playing highlights of Hazard...
```

6.6　本章小结

本章重点介绍了 Java 集合框架以及框架中常用的接口和类。Java 集合框架包括对外的接口、接口的实现和对集合运算的算法。Java 集合框架是以 Collection 及 Map 接口为根的层次结构,常用的接口由 Collection、Set、List、Queue、Map 等,常用的实现类有 HashSet、ArrayList、LinkedList、HashTable、HashMap 等,它们大部分都可以使用 Iterator 类进行遍历,也可以使用 for 循环或 foreach 方法来遍历。Java 8 新增的流式 API 提供了一系列对集合进行函数式操作的方法。读者学习了本章以后应该对 Java 的集合框架有一个初步的认识,但是要达到深入理解和运用自如,还要进一步参考 API 文档,并结合实际的应用需求不断实践和总结。

习题

1. 数组的声明与数组元素的创建有什么关系?

2. Vector 类的对象与数组有什么关系? 什么时候适合使用数组? 什么时候适合使用 Vector?

3. 与顺序查找相比,二分查找有什么优势? 使用二分查找有什么条件?

4. 试举出三种常见的排序算法,并简单说明其排序思路。

5. 声明一个类 People,成员变量有姓名、出生日期、性别、身高、体重等;生成 10 个 People 类对象,并放在一个一维数组中,编写方法按身高进行排序。

6. 声明一个类,此类使用私有的 ArrayList 来存储对象。使用一个 Class 类的引用得到第一个对象的类型之后,只允许用户插入这种类型的对象。

7. 找出一个二维数组的鞍点,即该位置上的元素在所在行上最大,在所在列上最小(也可能没有鞍点)。

8. 声明一个矩阵类 Matrix,其成员变量是一个二维数组,数组元素类型为 int,设计下面的方法,并声明测试类对这些方法进行测试。

(1) 构造方法

```
Matrix()                            //构造一个 10×10 个元素的矩阵,没有数据
Matrix(int n)                       //构造一个 n×n 个元素的矩阵,数据随机产生
Matrix(int n,int m)                 //构造一个 n×m 个元素的矩阵,数据随机产生
Matrix(int table[][])               //以一个整型的二维数组构造一个矩阵
```

(2) 实例方法

```
public void output()                //输出 Matrix 类中数组的元素值
public Matrix transpose()           //求一个矩阵的转置矩阵
public Boolean isTriangular()       //判断一个矩阵是否为上三角矩阵
public Boolean isSymmetry()         //判断一个矩阵是否为对称矩阵
public void add(Matrix b)           //将矩阵 b 与接收者对象相加,结果放在接收者对象中
```

9. 用 key-value 对来填充一个 HashMap,并按 hash code 排列输出。

10. 编写一个方法,在方法中使用 Iterator 类遍历 Collection,并输出此集合类中每个对象的 hashCode()值。用对象填充不同类型的 Collection 类对象,并将你的方法应用于每一种 Collection 类对象。

第 7 章

图形用户界面

一个好的程序，不仅应该高效地完成计算与事务处理，还应该为用户提供良好的交互界面。图形用户界面(graphical user interface，GUI)便是一个友好的交互机制。图形用户界面使程序具有形象化的外观风格，用户可以很容易地学会使用程序，并可以方便地与程序进行交互。本章将介绍如何在 Java Application 中引入图形用户界面。

7.1 绘图

7.1.1 图形环境和图形对象

要在 Java 中绘图，需要先了解 Java 的图形环境。GUI 组件(诸如 Applet 和窗口)的左上角坐标默认为(0,0)，从左上角到右下角，水平坐标 x 和垂直坐标 y 逐渐增加。坐标的单位是像素，它是显示器分辨率的最小单位。通过指定坐标，文本和图形就可以显示在屏幕上指定的位置。

在屏幕上绘图要使用 Java 的图形环境，Graphics 对象就是专门管理图形环境的。Graphics 类是一个抽象类，将其设计为抽象类是因为，绘图是与平台相关的。例如在运行 Microsoft Windows 的 PC 机上绘图，与在 Linux 工作站上绘图，其实现是完全不一样的，因此不可能以统一的方式实现一个 Graphics。设计一个抽象类 Graphics 就可以给程序员提供一个与平台无关的绘图接口，因而程序员就可以以独立于平台的方式来使用图形。在各个平台上实现的 Java 系统将创建 Graphics 类的一个子类，来实现绘图功能，但是这个子类对程序员是透明的，也就是说只能看得到 Graphics 类，却不知道也不必关心其实现。

当 Java 程序需要在某个组件上进行绘图时，要使用 paint 方法，paint 方法的原型为：

```
public void paint(Graphics g);
```

在执行 paint 方法时，系统会传递一个指向特定平台的 Graphics 子类的图形对象 g 作为参数。利用这个对象就可以实现很多绘图功能，后面会详细介绍。这里需要特别指出的是，在程序中通常是重写 paint 方法，但并不直接调用它，而是调用 repaint 方法。repaint 方法不需要提供参数，它会清除该组件背景中的旧图并且自动调用 paint 方法重绘该组件。

7.1.2 颜色和字体

Java 中有关颜色的类是 Color 类，它在 java.awt 包中，这个类声明了用于操作 Java 程序中颜色的方法和常量。表 7-1 列举了 Color 类的一些属性和方法及 Graphics 类中与颜色相关的一些方法。

表 7-1　Color 类的一些属性和方法及 Graphics 类中与颜色相关的一些方法

名　　称	描　　述
public final static Color GREEN	常量 绿色
public final static Color RED	常量 红色
public Color(int r,int g,int b)	通过指定红、蓝、绿颜色分量(0～255),创建一种颜色
public int getRed()	返回某颜色对象的红色分量值(0～255)
Graphics: public void setColor(Color c)	Graphics 类的方法,用于设置组件的颜色
Graphics: public Color getColor()	Graphics 类的方法,用于获得组件的颜色

Java 中有关字体控制的类是 Font 类,也在 java.awt 包中,表 7-2 总结了 Font 类的一些属性和方法,以及 Graphics 类在字体方面的一些方法。

表 7-2　Font 类的一些属性和方法及 Graphics 类中与字体相关的一些方法

名　　称	描　　述
public final static int PLAIN	一个代表普通字体风格的常量
public final static int BOLD	一个代表黑体字体风格的常量
public final static int ITALIC	一个代表斜体字体风格的常量
public Font(String name,int style,int size)	利用指定的字体、风格和大小创建一个 Font 对象
public int getStyle()	返回一个表示当前字体风格的整数值
public Boolean isPlain()	测试一个字体是否是普通字体风格
Graphics: public Font getFont()	获得当前字体
Graphics: public void setFont(Font f)	设置当前字体为 f 指定的字体、风格和大小

7.1.3　使用 Graphics 类绘图

Graphics 对象的 drawString 方法可以在屏幕上绘制代表文本的像素。其实,Graphics 对象还可以绘制线条、矩形、多边形、椭圆、弧等多种图形。读者可通过查阅 Javadoc 文档查看 Graphics 类的所有方法。表 7-3 总结出一些 Graphics 类常用的绘图方法。

表 7-3　Graphics 类常用的绘图方法

名　　称	描　　述
public void drawString(String str, int x, int y)	绘制字符串,左上角的坐标是(x,y)
public void drawLine(int x1, int y1, int x2, int y2)	在(x1,y1)与(x2,y2)两点之间绘制一条线段
public void drawRect(int x, int y, int width, int height)	用指定的 width 和 height 绘制一个矩形,该矩形的左上角坐标为(x,y)

续表

名　称	描　述
public void fillRect(int x, int y, int width, int height)	用指定的 width 和 height 绘制一个实心矩形,该矩形的左上角坐标为(x,y)
public void clearRect(int x, int y, int width, int height)	用指定的 width 和 height,以当前背景色绘制一个实心矩形。该矩形的左上角坐标为(x,y)
public void drawRoundRect(int x, int y, int width, int height, int arcWidth, int arcHeight)	用指定的 width 和 height 绘制一个圆角矩形,圆角是一个椭圆的 1/4 弧,此椭圆由 arcWidth、arcHeight 确定两轴长。其外切矩形左上角坐标为(x,y)
public void fillRoundRect(int x, int y, int width, int height, int arcWidth, int arcHeight)	用当前色绘制实心圆角矩形,各参数含义同 drawRoundRect
public void draw3DRect(int x, int y, int width,int height, boolean b)	用指定的 width 和 height 绘制三维矩形,该矩形左上角坐标是(x,y),b 为 true 时,该矩形为突出的,b 为 false 时,该矩形为凹陷的
public void fill3DRect(int x, int y, int width, int height, boolean b)	用当前色绘制实心三维矩形,各参数含义同 draw3DRect
public void drawPolygon(int[] xPoints, int[] yPoints, int nPoints)	用 xPoints、yPoints 数组指定的点的坐标依次相连绘制多边形,共选用前 nPoints 个点
public void fillPolygon(int[] xPoints, int[] yPoints, int nPoints)	绘制实心多边形,各参数含义同 drawPolygon
public void drawOval(int x, int y, int width, int height)	用指定的 width 和 height,以当前色绘制一个椭圆,外切矩形的左上角坐标是(x,y)
public void fillOval(int x, int y, int width, int height)	绘制实心椭圆,各参数含义同 drawOval
public void drawArc(int x, int y,int width, int height, int startAngle, int arcAngle)	绘制指定 width 和 height 的椭圆,外切矩形左上角坐标是(x,y),但只截取从 startAngle 开始,并扫过 arcAngle 度数的弧线
public void fillArc(int x, int y,int width, int height, int startAngle, int arcAngle)	绘制一条实心弧线(即扇形),各参数含义同 drawArc

下面是一个例子,用来说明如何设置字体、颜色及绘制各种几何图形。

例 7-1　用各种颜色绘制文字及各种图形。

```
import java.awt.*;
import javax.swing.*;
public class GraphicsTester extends JFrame {
    public GraphicsTester() {                     //构造方法,创建窗口
        super("演示字体、颜色、绘图");               //调用基类构造方法,设置窗口标题
        setSize(480, 250);                        //设置窗口大小
        setVisible(true);                         //显示窗口
    }
    @Override
    public void paint(Graphics g) {
        super.paint(g);                           //call superclass's paint method
```

```
        g.setFont(new Font("SansSerif", Font.BOLD, 12));         //设置字体
        g.setColor(Color.blue);                                  //设置颜色
        g.drawString("字体 ScanSerif,粗体,12 号,蓝色", 20, 50);   //绘制字符串

        g.setFont(new Font("Serif", Font.ITALIC, 14));
        g.setColor(new Color(255, 0, 0));
        g.drawString(" 字体 Serif,斜体,14 号,红色", 250, 50);

        g.drawLine(20, 60, 460, 60);                       //绘制直线

        g.setColor(Color.green);
        g.drawRect(20, 70, 100, 50);                       //绘制空心矩形
        g.fillRect(130, 70, 100, 50);                      //绘制实心矩形

        g.setColor(Color.yellow);
        g.drawRoundRect(240, 70, 100, 50, 50, 50);         //绘制空心圆角矩形
        g.fillRoundRect(350, 70, 100, 50, 50, 50);         //绘制实心圆角矩形

        g.setColor(Color.cyan);
        g.draw3DRect(20, 130, 100, 50, true);     //绘制有三维突起效果的空心矩形
        g.fill3DRect(130, 130, 100, 50, false);   //绘制有三维凹陷效果的实心矩形

        g.setColor(Color.pink);
        g.drawOval(240, 130, 100, 50);            //绘制空心椭圆
        g.fillOval(350, 130, 100, 50);            //绘制实心椭圆
        g.setColor(new Color(0, 120, 20));
        g.drawArc(20, 190, 100, 50, 0, 90);       //绘制一段圆弧
        g.fillArc(130, 190, 100, 50, 0, 90);      //绘制扇形,扇形由圆弧及两半径圈定

        g.setColor(Color.black);
        int xValues[] = {250, 280, 290, 300, 330, 310, 320, 290, 260, 270};
        int yValues[] = {210, 210, 190, 210, 210, 220, 230, 220, 230, 220};
        g.drawPolygon(xValues, yValues, 10);      //绘制空心多边形

        int xValues2[] = {360, 390, 400, 410, 440, 420, 430, 400, 370, 380};
        g.fillPolygon(xValues2, yValues, 10);     //绘制实心多边形
    } //end method paint
    public static void main(String args[]) {
        JFrame.setDefaultLookAndFeelDecorated(true);
                                                  //设置窗口的外观感觉为 Java 默认
        GraphicsTester application = new GraphicsTester();
                                                  //创建 GraphicsTester 类的一个实例
        application.setDefaultCloseOperation(JFrame.EXIT_ON_CLOSE);
    }
}
```

运行效果如图 7-1 所示。

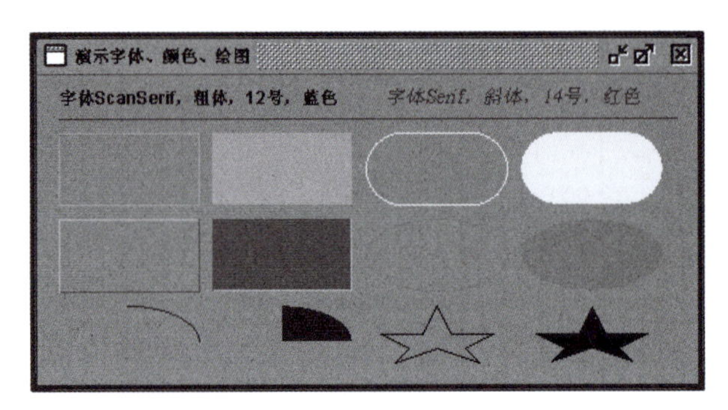

图 7-1 上例的运行效果

7.1.4 使用 Graphics2D 类绘图(Java2D API)

Java 2D API 提供了高级的二维图形功能。这些 API 分布在 java.awt、java.awt.image、java.awt.color、java.awt.font、java.awt.geom、java.awt.print 和 java.awt.image.renderable 包中。它能轻松使你完成以下功能:

- 绘制任何宽度的直线。
- 用渐变颜色和纹理来填充图形。
- 平移、旋转、伸缩、切变二维图形,对图像进行模糊、锐化等操作。
- 构建重叠的文本和图形。

前面看到在屏幕上绘图时,系统会传递一个和系统相关的 Graphics 子类的对象,通过这个对象,就能实现前文介绍的很多绘图功能。类似地,要想使用 Java2D API,就必须通过一个 Graphics2D 类的对象。Graphics2D 是 Graphics 类的抽象子类,因此它可以实现表 7-3 列出的所有方法。事实上,所有用于绘图的 paint 方法操作的对象实际上是 Graphics2D 的一个子类实例,该实例传递给 paint 方法,并被向上转型为 Graphics 类的实例。要访问 Graphics2D 功能,必须使用如下语句将传递给 paint 方法的 Graphics 引用强制转换为 Graphics2D 引用:

```
Graphics2D g2d= (Graphics2D) g
```

7.2 Swing 基础

上一节介绍了如何在屏幕上绘制普通的图形,但如果需要绘制一个按钮,并使其可以对点击事件做出响应,就需要使用 Java Swing 提供的组件。本章的后续部分都将介绍关于 Swing 的知识。JFrame、JApplet 都是 Swing 组件,它们分别代表窗口组件和 Applet 容器组件。

7.2.1 JFC 与 Swing

提到 Swing,不得不先说一下 JFC。JFC 是 Java Foundation Classes(Java 基础类)的缩

写，Java 基础类是一组支持在流行平台的客户端应用程序中创建 GUI 和图形功能 Java 类库，作为 J2SE 的一个有机部分，主要包含 5 个部分：AWT、Java2D、Accessibility、Drag and Drop 以及 Swing。这是一套帮助开发人员设计复杂应用程序的开发包，它有如下特性：

- Swing 组件。它提供丰富、可扩展的 GUI 组件库，包括按钮、窗口、表格等一系列的图形组件。
- 支持即插式的外观和感觉(look and feel)。程序与用户进行交互的界面和方式称为该程序的外观和感觉，Swing 组件允许程序员为所有的平台指定统一的外观和感觉，程序允许用户选择他们所喜欢的外观和感觉。而原来来自于 AWT 的 GUI 组件是直接绑定在本地平台的图形用户界面功能上的，所以当界面为 AWT GUI 的 Java 程序运行在不同的 Java 平台上时，该程序的 GUI 组件会有不同的显示外观。
- 支持辅助技术(Accessibility API)。提供诸如触摸屏，盲文的辅助技术支持。
- Java 2D API。它使开发者可以在 Application 和 Applet 里轻松使用高质量的二维图像、文本。
- 支持 Drag and Drop 操作。它允许用户在两个程序界面之间进行数据交换。

从 Java 2 开始，JFC 就已经直接包含在 JDK 中了，成了 Java 平台的一个核心部分，用户可以直接在程序中声明和使用。

由此可以看出 Swing 是 JFC 的一部分，它可以在各个 Java 平台上运行。在本章中，将介绍 Swing 程序的编程思想和方法，限于篇幅，只会涉及一些常用的 Swing 组件，读者了解了这些之后就可以编写一般的 Swing 程序了。在进一步的深入学习和编程实践中，读者应该学会查阅 JDK API 文档来满足更多的实际需求。Swing API 功能强大，内容丰富，分布于表 7-4 的 17 个包内。

表 7-4　Swing API 所在的包

javax.accessibility	javax.swing.plaf	javax.swing.text.html
javax.swing	javax.swing.plaf.basic	javax.swing.text.parser
javax.swing.border	javax.swing.plaf.metal	javax.swing.text.rtf
javax.swing.colorchooser	javax.swing.plaf.multi	javax.swing.tree
javax.swing.event	javax.swing.table	javax.swing.undo
javax.swing.filechooser	javax.swing.text	

但是在大部分 Swing 程序中只用到了两个包：javax.swing 和 javax.swing.event。javax.swing 包是每个 Swing 应用程序必须要导入的。

7.2.2　Swing 与 AWT

在 Java 里用来设计 GUI 的组件和容器有两种，一种是早期版本的 AWT 组件，在 java.awt 包里，包括 Button、Checkbox、Scrollbar 等，这些组件都是 Component 类的子类；另一种是较新的 Swing 组件，其名称都是在原来 AWT 组件名称前面加上 J，例如 JButton、JCheckBox、JScrollbar 等，这些组件都是 JComponent 类的子类。

Swing 组件是对 AWT 组件的改进，尽管 Swing 是从 AWT 派生出来的，但 Swing 组件并不使用 AWT 组件，很多原有的 AWT 组件(如按钮、列表和对话框)都重新用 Swing 组件改写了，这些控件的重新设计使用了面向对象程序设计中最常用的 MVC 设计模式。

Swing 组件与 AWT 组件的最大不同之处在于 Swing 组件完全是由 Java 语言编写的，因此 Swing 组件的外观和功能不依赖于任何由宿主平台的窗口系统所提供的代码，程序员可以为它设置在不同操作系统下统一的外观风格，当然也可以随操作系统的不同而变化。Swing 组件通常被称为轻量级组件(lightweight components)，AWT 组件被称为重量级组件(heavyweight components)。Swing 组件在不同平台上表现得更一致，并且能够提供本地窗口系统不支持的新特性。

Swing 是 Java 窗口程序不可或缺的组件，有别于以往 AWT 组件没有弹性、缺乏效率的缺点，Swing 可以提供更丰富的视觉感受。最简单的 Swing 组件也能提供远比 AWT 组件优越的性能，例如 Swing 的按钮和标签可以显示图形，可以轻松为其添加或改变边框，Swing 组件也不必一定是矩形的，例如按钮可以是圆形的，而且在程序运行过程中可以动态改变其形状；而老的 AWT 组件则无法完成这些任务。正因为如此，人们越来越多地使用 Swing 组件构建图形用户界面，本章重点也将放在有关 Swing 的内容。

7.2.3　在 Application 中应用 Swing

在 Application 中应用 Swing，也是要将 Swing 组件加载到这个 Application 的顶层容器(通常是 JFrame)中。7.3 节将详细讲解 Swing 组件及其加载过程。这里先看一个简单的例子，使读者对 Swing 有一个直观的印象，看看 Swing 组件是怎么在 Application 中添加并显示的。

例 7-2　应用 Swing 组件的 Aplication。

```
import javax.swing.*;
import java.awt.event.*;
import java.awt.*;
public class SwingApplication {
    public static void main(String[] args) {
        JFrame f = new JFrame("Simple Swing Application");
                                                    //创建一个框架 f 作为顶层容器
        Container contentPane = f.getContentPane(); //获得 f 的内容面板
        contentPane.setLayout(new GridLayout(2, 1));//设置布局
        JButton button = new JButton("Click me");   //创建按钮
        final JLabel label = new JLabel();          //创建标签
        contentPane.add(button);                    //添加按钮
        contentPane.add(label);                     //添加标签
        button.addActionListener(           //为按钮添加事件监听器,对 click 做出反应
                new ActionListener() {
            public void actionPerformed(ActionEvent event) {
                String information = JOptionPane.showInputDialog("请输入一串字符");
                label.setText(information);
            }
```

```
        });
        f.setSize(200, 100);                                //设置大小
        f.setVisible(true);                                 //显示
        f.setDefaultCloseOperation(JFrame.EXIT_ON_CLOSE);
                                                            //设置关闭 f 则结束程序
    }
}
```

运行结果如图 7-2(a)所示，单击 Click me 按钮，会出现一个“输入”对话框，如图 7-2(b)所示，输入一串字符后单击 OK 按钮，JLabel 会显示刚才输入的内容，如图 7-2(c)所示。

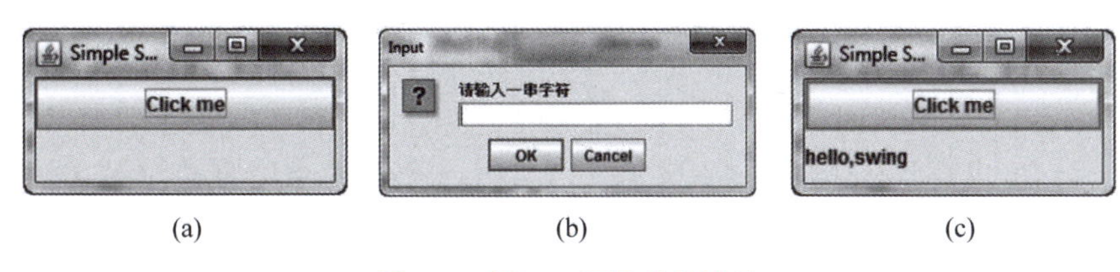

(a)　(b)　(c)

图 7-2　例 7-2 运行时的情况

7.3　Swing 的特点和概念

7.3.1　Swing 的组件和容器层次

通常将 javax.swing 包里的 Swing 组件归为三个层次：顶层容器、中间层容器、原子组件。在具体介绍这三个层次的组件之前，首先看一下绝大多数 Swing 组件的继承层次如下：

```
java.lang.Object
 └ java.awt.Component
   └ java.awt.Container
     └ javax.swing.JComponent
```

JComponent 类是除了顶层容器以外所有 Swing 组件的基类，根据继承关系，可以在每个基类中找到大多数 GUI 组件的常见操作。例如在 JComponent 类中可以找到前面提到的 paint 方法和 repaint 方法；在 Container 类中可以找到 add 方法，该方法用于将组件添加到内容面板(Container 对象)中。另一个源于 Container 类的方法是 setLayout，这个方法可用来设置布局，以帮助 Container 对象对其中的组件进行定位和设置组件大小。

1. 顶层容器

Swing 提供三个顶层容器的类，分别是 JFrame、JDialog 和 JApplet，因为顶层容器必须和操作系统打交道，所以，它们都应该是重量级组件。从继承结构上来看，它们分别是从原来 AWT 组件的 Frame、Dialog 和 Applet 类继承而来。

每个使用 Swing 组件的 Java 程序都必须至少有一个顶层容器，别的组件都必须放在这个顶层容器上才能显现出来。如果说程序中所有的 Swing 组件都处在这个程序特有的一

套容器结构中的话,那么顶层容器就是这套容器结构的根。

通常在一个基于 Swing 的独立的应用程序 Application 中,JFrame 是其一套容器结构的根。例如在一个 Application 中有一个主窗口和两个对话框,就能知道这个程序有三套容器结构,一套以 JFrame 为根,另外两套以 JDialog 为根。

而在基于 Swing 的 Applet 中,必须有一套以 JApplet 为根的容器结构,它将显示在浏览器窗口中。如果某个 Applet 程序中还出现一个对话框,就能知道这个 Applet 有两套容器结构,其中显示在浏览器中的组件的容器结构以 JApplet 为根,而显示在对话框中的组件的容器结构以 JDialog 为根。

2. 中间容器

中间层容器存在的目的仅仅是为了容纳别的组件,它分为两类:一般用途的和特殊用途的。一般用途的有 JPanel、JScrollPane、JSplitPane、JTabbedPane、JToolBar 五类;特殊用途的有 JInternalFrame、JRootPane 两类。在这些类当中,JRootPane 比较特殊,它由好几个部分构成,我们可以直接从顶层容器中获得一个 JRootPane 对象来直接使用,而不需要像别的中间容器那样,使用的时候需要新建一个对象,后面还会详细介绍。

3. 原子组件

原子组件通常是在图形用户界面中和用户进行交互的组件。它的基本功能就是和用户交互信息,而不像前两种组件那样是用来容纳别的组件的。根据不同的功能,它可被分为三类,显示不可编辑信息的 JLabel、JProgressBar、JToolTip;有控制功能、可以用来输入信息的 JButton、JCheckBox、JRadioButton、JComboBox、JList、JMenu、JSlider、JSpinner、JTexComponent 等;还有能提供格式化信息并允许用户选择的 JColorChooser、JFileChooser、JTable、JTree。

下面用简单的例子来演示三层容器的结构。

例 7-3 运用三层容器结构。

```
import javax.swing.*;
import java.awt.*;
public class ComponentTester {
    public static void main(String[] args) {
        JFrame.setDefaultLookAndFeelDecorated(true);  //设置 JFrame 的外观风格
        JFrame frame = new JFrame("Swing Frame");     //创建一个 JFrame 类顶级容器
        //获得顶级容器的内容面板 contentPane,只有通过它才能加入其他组件。
        //它属于中间容器 JRootPane 的一部分。
        Container contentPane = frame.getContentPane();
        JPanel panel = new JPanel();              //创建一个 JPanel 类的中间容器 panel
        panel.setBorder(BorderFactory.createLineBorder(Color.black, 5));
                                                      //设置边框
        panel.setLayout(new GridLayout(2, 1));        //设置布局
        JLabel label = new JLabel("Label", SwingConstants.CENTER);
                                                      //创建原子组件 Label
        JButton button = new JButton("Button");       //创建原子组件 button
        //将原子组件添加到中间容器上
        panel.add(label);
```

```
        panel.add(button);
        contentPane.add(panel);              //将中间容器通过内容面板添加到顶层容器上
        frame.pack();                                  //对组件进行排列
        frame.setVisible(true);                        //显示
        frame.setDefaultCloseOperation(JFrame.EXIT_ON_CLOSE);
                                                       //关闭此 GUI 则关闭程序
    }
}
```

程序运行效果如图 7-3 所示。

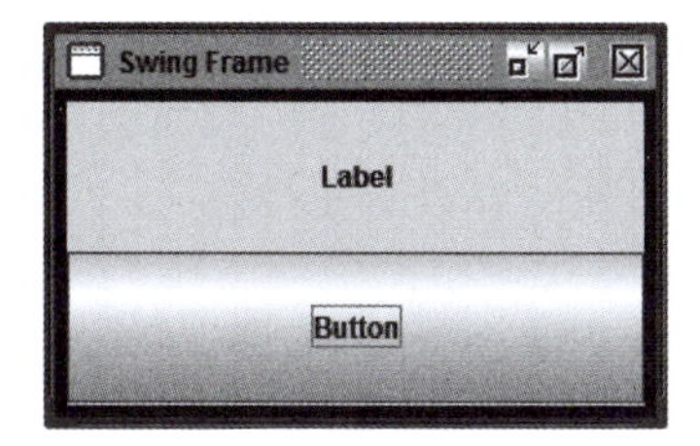

图 7-3　例 7-3 运行时的情况

表 7-5 列出了所有的 Swing 组件，在后边的内容中分别进行介绍。

表 7-5　Swing 组件一览

Box	BoxLayout	JButton
JCheckBox	JCheckBoxMenuItem	JComboBox
JComponent	JDesktopPane	JDialog
JEditorPane	JFrame	JInternalFrame
JLabele	JLayeredPane	JList
JMenu	JMenuBar	JRadioButtonMenuItem
JRootPane	JScrollBar	JScrollPane
JSeparator	JSlider	JSplitPane
JTabbedPane	JTable	JTextArea
JTextField	JTextPane	JToggleButton
JToolBar	JToolTip	JTree
JViewport	JMenuItem	JOptionPane
JPasswordField	JPopupMenu	JProgressBar
JRadioButton	JWindow	OverlayLayout
ProgressMonitor	ProgressMonitorInputStream	Timer
UIDefaults	UIManager	

7.3.2 布局管理

在创建完顶层容器，获得其内容面板，并准备好所有的中间层容器和原子组件以后，要考虑如何将下级组件有秩序地摆在上一级容器中。我们可以在程序中具体指定每个组件的位置，也可以使用布局管理器(Layout Manager)。使用布局管理器的方法是通过容器对象，调用其 setLayout 方法，并以某种布局管理器对象为参数例如：

```
Container contentPane = frame.getContentPane();
contentPane.setLayout(new FlowLayout());
```

使用布局管理器可以更方便地进行布局，而且当窗口大小发生改变时，它还会自动更新组件之间的布局来配合窗口大小变化，不需要担心版面会因此混乱。在 Java 中有很多实现 LayoutManager 接口的类，经常用到的有以下几个：

```
BorderLayout
FlowLayout
GridLayout
CardLayout
GridBagLayout
BoxLayout
SpringLayout
```

上一节提到的内容面板(content pane)默认使用的就是 BorderLayout，它可以将组件放置到东、西、南、北、中五个区域。

在 Oracle 公司的官网关于 Swing 编程的教程(http://docs.oracle.com/javase/tutorial/uiswing/layout/index.html)中，可以观看各种布局的效果演示，也可以下载示例程序。该网站提供的示例程序有：AbsoluteLayoutDemo.java、BorderLayoutDemo.java、BoxAlignmentDemo.java、BoxLayoutDemo.java、BoxLayoutDemo2.java、CardLayoutDemo.java、CustomLayoutDemo.java、FlowLayoutDemo.java、GraphPaperTest.java、GraphPaperLayout.java、GridBagLayoutDemo.java、GridLayoutDemo.java、SpringBox.java、SpringUtilities.java、SpringCompactGrid.java、SpringUtilities.java、SpringDemo1.java、SpringDemo2.java、SpringDemo3.java、SpringDemo4.java、SpringForm.java、SpringUtilities.java、SpringGrid.java、SpringUtilities.java、TabDemo.java。

例 7-4 中引用了 Oracle 公司官方提供的几个的示例程序，演示了各种不同的布局管理器的使用方法和效果。

例 7-4　布局管理器的使用方法和效果。

(1) BorderLayoutDemo.java 及其运行效果。

BorderLayout 可以将组件放置到东、西、南、北、中 5 个区域，示例源程序如下：

```
import java.awt.BorderLayout;
import java.awt.Container;
import java.awt.Dimension;
```

```
import javax.swing.JButton;
import javax.swing.JFrame;
import javax.swing.JLabel;

public class BorderLayoutDemo {
    public static boolean RIGHT_TO_LEFT = false;

    public static void addComponentsToPane(Container pane) {
        if (!(pane.getLayout() instanceof BorderLayout)) {
            pane.add(new JLabel("Container doesn't use BorderLayout!"));
            return;
        }

        if (RIGHT_TO_LEFT) {
            pane.setComponentOrientation(
                java.awt.ComponentOrientation.RIGHT_TO_LEFT);
        }

        JButton button = new JButton("Button 1 (PAGE_START)");
        pane.add(button, BorderLayout.PAGE_START);

        //Make the center component big, since that's the
        //typical usage of BorderLayout.
        button = new JButton("Button 2 (CENTER)");
        button.setPreferredSize(new Dimension(200, 100));
        pane.add(button, BorderLayout.CENTER);

        button = new JButton("Button 3 (LINE_START)");
        pane.add(button, BorderLayout.LINE_START);

        button = new JButton("Long-Named Button 4 (PAGE_END)");
        pane.add(button, BorderLayout.PAGE_END);

        button = new JButton("5 (LINE_END)");
        pane.add(button, BorderLayout.LINE_END);
    }

    /**
     * Create the GUI and show it.  For thread safety,
     * this method should be invoked from the
     * event-dispatching thread.
     */
    private static void createAndShowGUI() {
        //Make sure we have nice window decorations.
```

```
        JFrame.setDefaultLookAndFeelDecorated(true);

        //Create and set up the window.
        JFrame frame = new JFrame("BorderLayoutDemo");
        frame.setDefaultCloseOperation(JFrame.EXIT_ON_CLOSE);

        //Set up the content pane.
        addComponentsToPane(frame.getContentPane());
        //Use the content pane's default BorderLayout. No need for
        //setLayout(new BorderLayout());
        //Display the window.
        frame.pack();
        frame.setVisible(true);
    }

    public static void main(String[] args) {
        //Schedule a job for the event-dispatching thread:
        //creating and showing this application's GUI.
        javax.swing.SwingUtilities.invokeLater(new Runnable() {
            public void run() {
                createAndShowGUI();
            }
        });
    }
}
```

运行效果如图 7-4 所示。

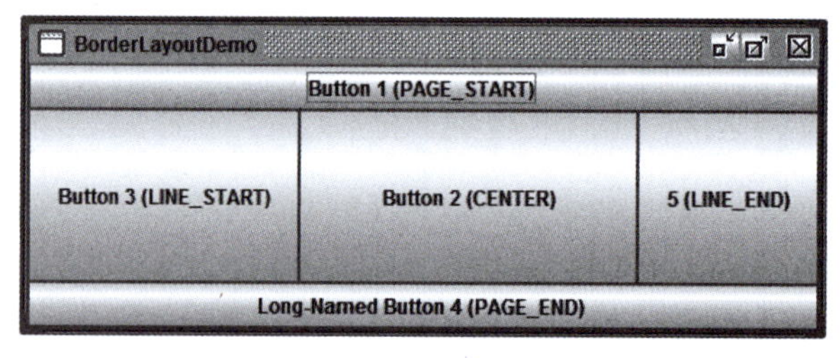

图 7-4 BorderLayoutDemo.java 运行时的情况

(2) FlowLayoutDemo.java 及其运行效果。

FlowLayout 是 JPanel 默认使用的布局管理器,它只是简单地把组件放在一行,如果容器不是足够宽来容纳所有组件,就会自动开始新的一行。示例源程序如下:

```
import java.awt.Container;
import java.awt.FlowLayout;
import javax.swing.JButton;
import javax.swing.JFrame;
```

```
import java.awt.Dimension;
import java.awt.ComponentOrientation;

public class FlowLayoutDemo {
    public static boolean RIGHT_TO_LEFT = false;

    public static void addComponents(Container contentPane) {
        if (RIGHT_TO_LEFT) {
            contentPane.setComponentOrientation(
                ComponentOrientation.RIGHT_TO_LEFT);
        }
        contentPane.setLayout(new FlowLayout());

        contentPane.add(new JButton("Button 1"));
        contentPane.add(new JButton("Button 2"));
        contentPane.add(new JButton("Button 3"));
        contentPane.add(new JButton("Long-Named Button 4"));
        contentPane.add(new JButton("5"));
    }

    /**
     * Create the GUI and show it.  For thread safety,
     * this method should be invoked from the
     * event-dispatching thread.
     * /
    private static void createAndShowGUI() {
        //Make sure we have nice window decorations.
        JFrame.setDefaultLookAndFeelDecorated(true);

        //Create and set up the window.
        //JFrames decorated by the Java look and feel
        //can't get smaller than their minimum size.
        //We specify a skinnier minimum size than the
        //content pane will cause the frame to request,
        //so that you can see what happens when you
        //drag the window so that it's narrower than a
        //single row.
        JFrame frame = new JFrame("FlowLayoutDemo") {
            public Dimension getMinimumSize() {
                Dimension prefSize = getPreferredSize();
                return new Dimension(100, prefSize.height);
            }
        };
```

```
        frame.setDefaultCloseOperation(JFrame.EXIT_ON_CLOSE);

        //Set up the content pane.
        addComponents(frame.getContentPane());

        //Display the window.
        frame.pack();
        frame.setVisible(true);
    }

    public static void main(String[] args) {
        //Schedule a job for the event-dispatching thread:
        //creating and showing this application's GUI.
        javax.swing.SwingUtilities.invokeLater(new Runnable() {
            public void run() {
                createAndShowGUI();
            }
        });
    }
}
```

运行效果如图 7-5 所示。

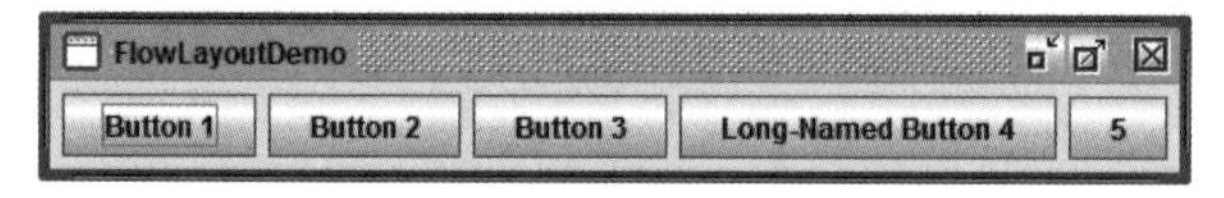

图 7-5　FlowLayoutDemo.java 运行时的情况

(3) GridLayoutDemo.java 及其运行效果。

GridLayout 将按照其构造方法中程序员提供的行数和列数将界面分为等大的若干块，组件按加载顺序被等大地放置其中，示例源程序如下：

```
import java.awt.*;
import javax.swing.*;

public class GridLayoutDemo {
    public final static boolean RIGHT_TO_LEFT = false;

    public static void addComponentsToPane(Container pane) {
        if (RIGHT_TO_LEFT) {
            pane.setComponentOrientation(
                ComponentOrientation.RIGHT_TO_LEFT);
        }

        pane.setLayout(new GridLayout(0,2));
```

```
        pane.add(new JButton("Button 1"));
        pane.add(new JButton("Button 2"));
        pane.add(new JButton("Button 3"));
        pane.add(new JButton("Long-Named Button 4"));
        pane.add(new JButton("5"));
    }

    /**
     * Create the GUI and show it.  For thread safety,
     * this method should be invoked from the
     * event-dispatching thread.
     */
    private static void createAndShowGUI() {
        //Make sure we have nice window decorations.
        JFrame.setDefaultLookAndFeelDecorated(true);

        //Create and set up the window.
        JFrame frame = new JFrame("GridLayoutDemo");
        frame.setDefaultCloseOperation(JFrame.EXIT_ON_CLOSE);

        //Set up the content pane.
        addComponentsToPane(frame.getContentPane());

        //Display the window.
        frame.pack();
        frame.setVisible(true);
    }

    public static void main(String[] args) {
        //Schedule a job for the event-dispatching thread:
        //creating and showing this application's GUI.
        javax.swing.SwingUtilities.invokeLater(new Runnable() {
            public void run() {
                createAndShowGUI();
            }
        });
    }
}
```

运行效果如图7-6所示。

(4) CardLayoutDemo.java及其运行效果。

CardLayout可以实现在一个区域出现不同的组件布局,就像在一套卡片中选取其中的任意一张一样。它经常由一个组合框控制这个区域显示哪一个组件,可通过组合框像选择

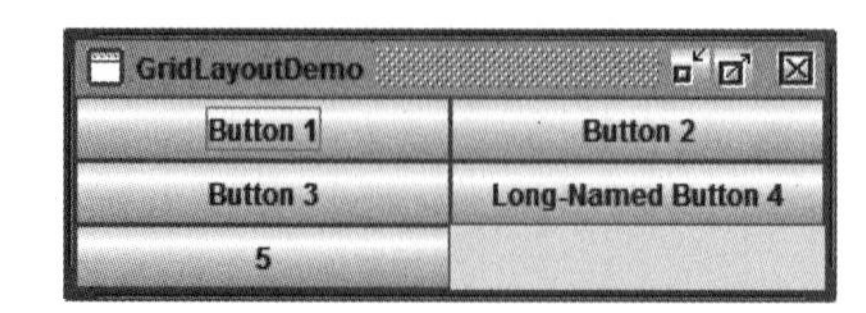

图 7-6　GridLayoutDemo.java 运行时的情况

卡片一样选择某一种布局。示例源程序如下：

```
import java.awt.*;
import java.awt.event.*;
import javax.swing.*;

public class CardLayoutDemo implements ItemListener {
    JPanel cards; //a panel that uses CardLayout
    final static String BUTTONPANEL = "JPanel with JButtons";
    final static String TEXTPANEL = "JPanel with JTextField";

    public void addComponentToPane(Container pane) {
        //Put the JComboBox in a JPanel to get a nicer look.
        JPanel comboBoxPane = new JPanel(); //use FlowLayout
        String comboBoxItems[] = { BUTTONPANEL, TEXTPANEL };
        JComboBox cb = new JComboBox(comboBoxItems);
        cb.setEditable(false);
        cb.addItemListener(this);
        comboBoxPane.add(cb);

        //Create the "cards".
        JPanel card1 = new JPanel();
        card1.add(new JButton("Button 1"));
        card1.add(new JButton("Button 2"));
        card1.add(new JButton("Button 3"));

        JPanel card2 = new JPanel();
        card2.add(new JTextField("TextField", 20));

        //Create the panel that contains the "cards".
        cards = new JPanel(new CardLayout());
        cards.add(card1, BUTTONPANEL);
        cards.add(card2, TEXTPANEL);

        pane.add(comboBoxPane, BorderLayout.PAGE_START);
        pane.add(cards, BorderLayout.CENTER);
    }
```

```
    public void itemStateChanged(ItemEvent evt) {
        CardLayout cl = (CardLayout)(cards.getLayout());
        cl.show(cards, (String)evt.getItem());
    }

    /**
     * Create the GUI and show it.  For thread safety,
     * this method should be invoked from the
     * event-dispatching thread.
     */
    private static void createAndShowGUI() {
        //Make sure we have nice window decorations.
        JFrame.setDefaultLookAndFeelDecorated(true);
        //Create and set up the window.
        JFrame frame = new JFrame("CardLayoutDemo");
        frame.setDefaultCloseOperation(JFrame.EXIT_ON_CLOSE);

        //Create and set up the content pane.
        CardLayoutDemo demo = new CardLayoutDemo();
        demo.addComponentToPane(frame.getContentPane());

        //Display the window.
        frame.pack();
        frame.setVisible(true);
    }

    public static void main(String[] args) {
        //Schedule a job for the event-dispatching thread:
        //creating and showing this application's GUI.
        javax.swing.SwingUtilities.invokeLater(new Runnable() {
            public void run() {
                createAndShowGUI();
            }
        });
    }
}
```

运行效果如图 7-7 所示。

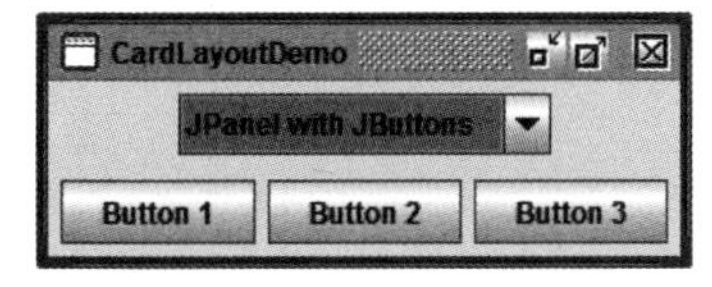

图 7-7　CardLayoutDemo.java 运行时的情况

(5) GridBagLayoutDemo.java及其运行效果。

GridBagLayout把组件放置在网格中,这一点类似于GridLayout,但它的优点在于不仅能设置组件摆放的位置,还能设置该组件占多少行/列。这是一种非常灵活的布局管理器。示例源程序如下:

```
import java.awt.*;
import javax.swing.JButton;
import javax.swing.JFrame;

public class GridBagLayoutDemo {
    final static boolean shouldFill = true;
    final static boolean shouldWeightX = true;
    final static boolean RIGHT_TO_LEFT = false;

    public static void addComponentsToPane(Container pane) {
        if (RIGHT_TO_LEFT) {
            pane.setComponentOrientation(ComponentOrientation.RIGHT_TO_LEFT);
        }

        JButton button;
        pane.setLayout(new GridBagLayout());
        GridBagConstraints c = new GridBagConstraints();
        if (shouldFill) {
            //natural height, maximum width
            c.fill = GridBagConstraints.HORIZONTAL;
        }

        button = new JButton("Button 1");
        if (shouldWeightX) {
            c.weightx = 0.5;
        }
        c.gridx = 0;
        c.gridy = 0;
        pane.add(button, c);

        button = new JButton("Button 2");
        c.gridx = 1;
        c.gridy = 0;
        pane.add(button, c);

        button = new JButton("Button 3");
        c.gridx = 2;
        c.gridy = 0;
        pane.add(button, c);
```

```
        button = new JButton("Long-Named Button 4");
        c.ipady = 40;                                   //make this component tall
        c.weightx = 0.0;
        c.gridwidth = 3;
        c.gridx = 0;
        c.gridy = 1;
        pane.add(button, c);

        button = new JButton("5");
        c.ipady = 0;                                    //reset to default
        c.weighty = 1.0;                             //request any extra vertical space
        c.anchor = GridBagConstraints.PAGE_END; //bottom of space
        c.insets = new Insets(10,0,0,0);            //top padding
        c.gridx = 1;                                    //aligned with button 2
        c.gridwidth = 2;                                //2 columns wide
        c.gridy = 2;                                    //third row
        pane.add(button, c);
    }

    /**
     * Create the GUI and show it.  For thread safety,
     * this method should be invoked from the
     * event-dispatching thread.
     */
    private static void createAndShowGUI() {
        //Make sure we have nice window decorations.
        JFrame.setDefaultLookAndFeelDecorated(true);

        //Create and set up the window.
        JFrame frame = new JFrame("GridBagLayoutDemo");
        frame.setDefaultCloseOperation(JFrame.EXIT_ON_CLOSE);

        //Set up the content pane.
        addComponentsToPane(frame.getContentPane());

        //Display the window.
        frame.pack();
        frame.setVisible(true);
    }

    public static void main(String[] args) {
        //Schedule a job for the event-dispatching thread:
        //creating and showing this application's GUI.
```

```
        javax.swing.SwingUtilities.invokeLater(new Runnable() {
            public void run() {
                createAndShowGUI();
            }
        });
    }
}
```

运行效果如图 7-8 所示。

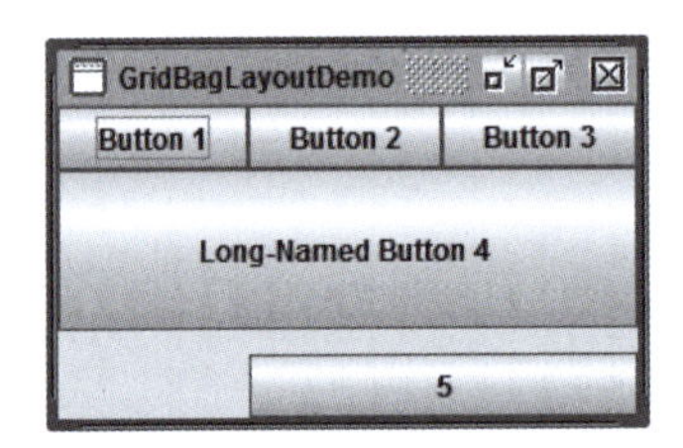

图 7-8 GridBagLayoutDemo.java 运行时的情况

(6) BoxLayoutDemo.java 及其运行效果。

BoxLayout 将组件放在单一的行或列中,和 FlowLayout 不同的是,它可以考虑到组件的对齐方式,最大、最小、优选尺寸。示例源程序如下:

```
import java.awt.Component;
import java.awt.Container;
import javax.swing.BoxLayout;
import javax.swing.JButton;
import javax.swing.JFrame;

public class BoxLayoutDemo {
    public static void addComponentsToPane(Container pane) {
        pane.setLayout(new BoxLayout(pane, BoxLayout.Y_AXIS));

        addAButton("Button 1", pane);
        addAButton("Button 2", pane);
        addAButton("Button 3", pane);
        addAButton("Long-Named Button 4", pane);
        addAButton("5", pane);
    }

    private static void addAButton(String text, Container container) {
        JButton button = new JButton(text);
        button.setAlignmentX(Component.CENTER_ALIGNMENT);
        container.add(button);
    }
```

```
    /**
     * Create the GUI and show it.  For thread safety,
     * this method should be invoked from the
     * event-dispatching thread.
     */
    private static void createAndShowGUI() {
        //Make sure we have nice window decorations.
        JFrame.setDefaultLookAndFeelDecorated(true);

        //Create and set up the window.
        JFrame frame = new JFrame("BoxLayoutDemo");
        frame.setDefaultCloseOperation(JFrame.EXIT_ON_CLOSE);
        //Set up the content pane.
        addComponentsToPane(frame.getContentPane());

        //Display the window.
        frame.pack();
        frame.setVisible(true);
    }


    public static void main(String[] args) {
        //Schedule a job for the event-dispatching thread:
        //creating and showing this application's GUI.
        javax.swing.SwingUtilities.invokeLater(new Runnable() {
            public void run() {
                createAndShowGUI();
            }
        });
    }
}
```

运行效果如图 7-9 所示。

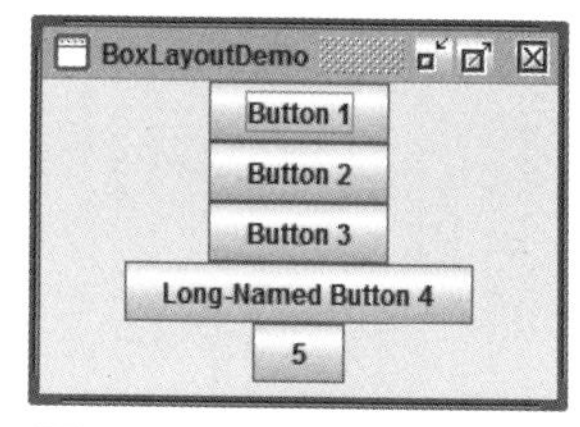

图 7-9　BoxLayoutDemo.java 运行时的情况

（7）SpringDemo3.java 及其运行效果。

SpringLayout 是一种灵活的布局管理器。它能够精确指定组件之间的间距。组件之间的距离通过 Spring 类的对象来表示，每个 Spring 有 4 个属性：最小值、最大值、优选值和实际值。每个组件的 Spring 对象集合在一起就构成了 SpringLayout.Constraints 对象。示例源程序如下：

```
import javax.swing.SpringLayout;
import javax.swing.JFrame;
import javax.swing.JLabel;
import javax.swing.JTextField;
```

```
import java.awt.Container;

public class SpringDemo3 {
    /**
     * Create the GUI and show it.  For thread safety,
     * this method should be invoked from the
     * event-dispatching thread.
     */
    private static void createAndShowGUI() {
        //Make sure we have nice window decorations.
        JFrame.setDefaultLookAndFeelDecorated(true);

        //Create and set up the window.
        JFrame frame = new JFrame("SpringDemo3");
        frame.setDefaultCloseOperation(JFrame.EXIT_ON_CLOSE);

        //Set up the content pane.
        Container contentPane = frame.getContentPane();
        SpringLayout layout = new SpringLayout();
        contentPane.setLayout(layout);

        //Create and add the components.
        JLabel label = new JLabel("Label: ");
        JTextField textField = new JTextField("Text field", 15);
        contentPane.add(label);
        contentPane.add(textField);

        //Adjust constraints for the label so it's at (5,5).
        layout.putConstraint(SpringLayout.WEST, label,
                             5,
                             SpringLayout.WEST, contentPane);
        layout.putConstraint(SpringLayout.NORTH, label,
                             5,
                             SpringLayout.NORTH, contentPane);

        //Adjust constraints for the text field so it's at
        //(<label's right edge> + 5, 5).
        layout.putConstraint(SpringLayout.WEST, textField,
                             5,
                             SpringLayout.EAST, label);
        layout.putConstraint(SpringLayout.NORTH, textField,
                             5,
                             SpringLayout.NORTH, contentPane);
```

```
        //Adjust constraints for the content pane: Its right
        //edge should be 5 pixels beyond the text field's right
        //edge, and its bottom edge should be 5 pixels beyond
        //the bottom edge of the tallest component (which we'll
        //assume is textField).
        layout.putConstraint(SpringLayout.EAST, contentPane,
                             5,
                             SpringLayout.EAST, textField);
        layout.putConstraint(SpringLayout.SOUTH, contentPane,
                             5,
                             SpringLayout.SOUTH, textField);

        //Display the window.
        frame.pack();
        frame.setVisible(true);
    }

    public static void main(String[] args) {
        //Schedule a job for the event-dispatching thread:
        //creating and showing this application's GUI.
        javax.swing.SwingUtilities.invokeLater(new Runnable() {
            public void run() {
                createAndShowGUI();
            }
        });
    }
}
```

运行效果如图 7-10 所示。

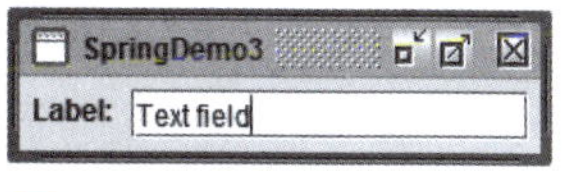

图 7-10　SpringDemo3.java 运行效果

7.3.3　事件处理

GUI 是由事件驱动的，一些常见的事件包括：移动鼠标、单击和双击鼠标、单击按钮、在文本字段中输入文本、在菜单中选择菜单项、在组合框中选择、单选和多选按钮、拖动滚动条、关闭窗口等。

Swing 通过事件对象来包装事件，程序可以通过事件对象获得事件的有关信息。图 7-11 说明了 Swing 组件的一些常用的事件对象及其继承关系，实框中的类在 java.awt.event 包中，虚框中的类在 javax.swing.event 包中。需要注意的是 AWTEvent 仅仅是继承自 EventObject 类的一个子类，除此以外还有很多别的事件类，例如 CareEvent、ChangeEvent、TableModelEvent；还有一些事件类甚至根本不继承 EventObject 类，而是实现了一些特殊的接口，例如 DocumentEvent。

编写事件处理程序时，要关注事件源、事件监听器、事件对象。事件源表示事件来自于哪个组件或对象，例如要对按钮被按下这个事件编写处理程序，按钮就是事件源。事件对象代表某个要被处理的事件，例如按钮被按下就是一个要被处理的事件，当用户按下按钮时，

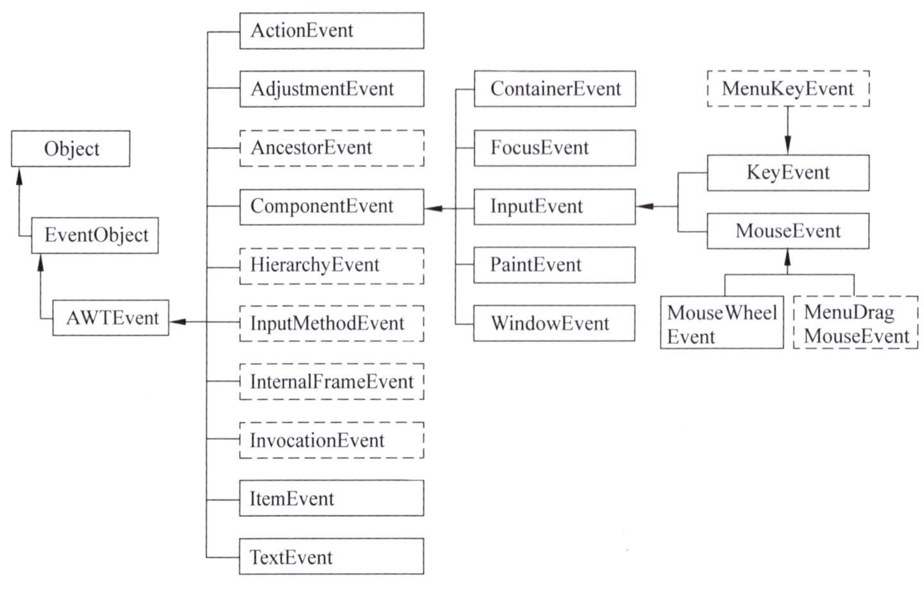

图 7-11　Swing 组件的事件对象及其继承关系

就会产生一个事件对象。事件对象中包含事件的相关信息和事件源。事件监听器负责监听事件并做出响应，一旦它监视到事件发生，就会自动调用相应的事件处理程序作出响应。

事件源提供注册监听器或取消监听器的方法，它维护一个已注册的监听器列表，如有事件发生，就会通知每个已注册的监听器。一个事件源可以注册多个事件监听器，每个监听器又可以对多种事件进行相应。例如一个 JFrame 事件源上可以注册窗口事件监听器，响应窗口关闭、最大化、最小化等事件，同时也可以注册鼠标事件监听器，对鼠标点击、移动等事件进行响应。

表 7-6 列出了 Swing 事件源通常可能触发的事件及对应的事件监听器，它们也位于 java.awt.event 包和 javax.swing.event 包中。在 7.4.3 节中对 Swing 原子组件的进一步讲解时，还要涉及这个话题。

表 7-6　Swing 事件源通常可能触发事件及对应事件监听器

事　件　源	事 件 对 象	事件监听器
JFrame	MouseEvent WindowEvent	MouseEventListener WindowEventListener
AbstractButton (JButton, JToggleButton, JCheckBox, JRadioButton)	ActionEvent ItemEvent	ActionListener ItemListener
JTextField JPasswordField	ActionEvent UndoableEvent	ActionListener UndoableListener
JTextArea	CareEvent InputMethodEvent	CareListener InputMethodEventListener
JTextPane JEditorPane	CareEvent DocumentEvent UndoableEvent HyperlinkEvent	CareListener DocumentListener UndoableListener HyperlinkListener

续表

事 件 源	事件对象	事件监听器
JComboBox	ActionEvent ItemEvent	ActionListener ItemListener
JList	ListSelectionEvent ListDataEvent	ListSelectionListener ListDataListener
JFileChooser	ActionEvent	ActionListener
JMenuItem	ActionEvent ChangeEvent ItemEvent MenuKeyEvent MenuDragMouseEvent	ActionListener ChangeListener ItemListener MenuKeyListener MenuDragMouseListener
JMenu	MenuEvent	MenuListener
JPopupMenu	PopupMenuEvent	PopupMenuListener
JProgressBar	ChangeEvent	ChangeListener
JSlider	ChangeEvent	ChangeListener
JScrollBar	AdjustmentEvent	AdjustmentListener
JTable	ListSelectionEvent TableModelEvent	ListSelectionListener TableModelListener
JTabbedPane	ChangeEvent	ChangeListener
JTree	TreeSelectionEvent TreeExpansionEvent	TreeSelectionListener TreeExpansionListener
JTimer	ActionEvent	ActionListener

表7-6列出的内容很多,但通常用到的事件并不多,最常用的有ActionEvent、ItemEvent、ChangeEvent、WindowEvent、MouseEvent等。一般ActionEvent发生在按下按钮、选择了一个项目、在文本框中按下回车键;ItemEvent发生在具有多个选项的组件上,如JCheckBox、JComboBox;ChangeEvent用在可设定数值的拖曳杆上,例如JSlider、JProgressBar等;WindowEvent用在处理窗口的操作;MouseEvent用于鼠标的操作。

事件监听器也是一个对象,它总是通过事件源的add×××Listener方法被注册到某个事件源上,不同的Swing组件可以注册不同的事件监听器,一个事件监听器中可以包含对多种具体事件的专用处理方法,例如用于处理鼠标事件的监听器接口MouseListener,它包含鼠标压下、放开、进入、离开、敲击5种事件,其相应方法分别是mousePressed、mouseReleased、mouseEntered、mouseExited、mouseClicked,这5种方法都需要一个事件对象作为参数。因为MouseListener是一个接口,所以为了在程序中创建一个鼠标事件监听器的对象,需要实现其所有5个方法,在方法体中,可以通过鼠标事件对象传递过来的信息(例如点击的次数,坐标),实现各种处理功能。有时并不需要对所有事件进行处理,为此Swing提供了一些适配器类×××Adapter,这些类含有×××Listener中所有方法的默认实现(其实是什么也不做),通过继承这些类,就只需编写那些需要进行处理的事件的方法。例如,如果只想对鼠标敲击事件进行处理,可以使用MouseAdapter类,则只需重写

mouseClicked 方法就可以了。

通常有三种实现事件处理的方法：

(1) 实现事件监听器接口,这种方法需要实现接口中所有的方法,对不需要进行处理的事件方法,也要列出来,其方法体使用一对空的花括号。

(2) 继承事件监听器适配器类,这样就只需要重写真正感兴趣的事件。

(3) 使用匿名内部类,这种方法特别适用于已经继承了某个父类(例如 Applet 程序,主类必须继承 JApplet 类或 Applet 类),根据 Java 语法规则,就不能再继承适配器类的情况,而且使用这种方法程序看起来会比较清楚明了。

下面通过一个简单的例子介绍如何使用这三种方法实现同一个功能。

例 7-5　创建一窗口,当鼠标在窗口中点击时,在窗口标题栏中显示点击位置坐标。

方法一：实现 MouseListener 接口。

```
//ImplementMouseListener.java
import java.awt.event.*;                          //引入 MouseListener 类所在的包
import javax.swing.*;                             //引入 JFrame 所在的包
//ImplementMouseListener 要实现 MouseListener 接口
public class ImplementMouseListener implements MouseListener {
    JFrame f;                        //在构造方法和别的方法中都要使用,所以声明为类属性
    public ImplementMouseListener() {             //构造方法
        f = new JFrame();                         //新建一窗口
        f.setSize(300, 150);
        f.setVisible(true);
        f.addMouseListener(this);                 //为窗口增加鼠标事件监听器
        f.setDefaultCloseOperation(JFrame.EXIT_ON_CLOSE);
                                                  //设置关闭窗口则退出程序
    }
    public void mousePressed(MouseEvent e) {
    } //实现接口的 mousePressed 方法
    public void mouseReleased(MouseEvent e) {
    }//实现接口的 mouseReleased 方法
    public void mouseEntered(MouseEvent e) {
    } //实现接口的 mouseEnterd 方法
    public void mouseExited(MouseEvent e) {
    } //实现接口的 mouseExited 方法
    public void mouseClicked(MouseEvent e) { //实现接口的 mouseClicked 方法
        f.setTitle("点击坐标为 (" + e.getX() + ", " + e.getY() + ")");
                                                  //设置窗口标题
    }
    public static void main(String[] args) { //主方法,创建 ImplementMouseListener
                                                  类的一个对象
        new ImplementMouseListener();
    }
}
```

方法二：继承 MouseAdapter 类。

```
//ExtendMouseAdapter.java
import java.awt.event.*;                          //载入 MouseAdapter 所在的包
import javax.swing.*;
public class ExtendMouseAdapter extends MouseAdapter {
                               //ExtendMouseAdapter 类继承 MouseAdapter 适配器类
    JFrame f;
    public ExtendMouseAdapter() {
        f = new JFrame();
        f.setSize(300, 150);
        f.setVisible(true);
        f.addMouseListener(this);
        f.setDefaultCloseOperation(JFrame.HIDE_ON_CLOSE);
    }
    public void mouseClicked(MouseEvent e) {     //可见只要重写 mouseClicked 方法
        f.setTitle("点击坐标为 (" + e.getX() + ", " + e.getY() + ")");
    }
    public static void main(String[] args) {     //主方法
        new ExtendMouseAdapter();
    }
}
```

方法三：使用匿名内部类。

前面处理关闭窗口事件时，用的是 JFrame 类的 setDefaultCloseOperation 方法，其实也可以为窗口对象增加事件监听器，在窗口关闭的响应方法中增加退出程序的语句，程序如下：

```
//UseInnerClass.java
import java.awt.event.*;               //载入 MouseAdapter、WindowAdapter 类所在的包
import javax.swing.*;

public class UseInnerClass{
    JFrame f;
    public UseInnerClass()
    {
        f=new JFrame();
        f.setSize(300,150);
        f.setVisible(true);
        f.addMouseListener(new MouseAdapter(){ //使用 MouseAdapter 类的匿名内部类
            public void mouseClicked(MouseEvent e){
                f.setTitle("点击坐标为 ("+e.getX()+", "+e.getY()+")");
            }
        });//为窗口添加鼠标事件监听器语句结束
        f.addWindowListener(new WindowAdapter(){ //使用 WindowAdapter 类的匿名内部类
                                                 //实现关闭窗口则退出程序
```

```
            public void windowClosing(WindowEvent e){
                System.exit(0);
            }
        });//为窗口添加窗口事件监听器语句结束
    }
    public static void main(String[] args){
        new UseInnerClass();
    }
}
```

采用三种不同方法的程序,其运行效果都是一样的,当鼠标在窗口中点击的时候,窗口标题栏将出现所点位置的坐标信息,如图 7-12 所示。

图 7-12　例 7-8 的运行结果

7.4　Swing 组件

7.4.1　顶层容器

前面提到,Swing 提供了 3 个顶层容器类：JFrame、JApplet 和 JDialog。这 3 个顶层容器都是重量级组件,它们分别继承了 AWT 组件 Frame、Applet 和 Dialog,其继承结构如下。

JFrame 类的继承结构：

```
java.lang.Object
 └ java.awt.Component
   └ java.awt.Container
     └ java.awt.Window
       └java.awt.Frame
         └javax.swing.JFrame
```

JApplet 类的继承结构：

```
java.lang.Object
 └ java.awt.Component
   └ java.awt.Container
     └ java.awt.Panel
       └ java.awt.Applet
         └ javax.swing.JApplet
```

JDialog 类的继承结构：

```
java.lang.Object
 └ java.awt.Component
   └ java.awt.Container
     └ java.awt.Window
       └ java.awt.Dialog
         └ javax.swing.JDialog
```

为了显示在屏幕上，每个 GUI 组件必须是一套容器层次结构的一部分。容器层次结构其实是一个以顶层容器为根的树状组件集合。

每个顶层容器都有一个内容面板，通常直接或间接地容纳别的可视组件。

每个 GUI 组件只能放置在某个容器内一次。如果某个组件已经在一个容器中，而现在又想把它加到另外一个容器中，这个组件就会从第一个容器中清除。可以有选择地为顶层容器添加菜单，菜单被放置在顶层容器上，但是在内容面板之外。

JApplet 类的顶层容器由浏览器提供，通常不需要自己产生一个 JApplet 类的对象。表 7-7 列出了 JFrame 和 JDialog 的构造方法。

表 7-7　顶层容器 JFrame 和 JDialog 的构造方法

名　称	描　述
JFrame()	建立一个新的 JFrame，默认值是不可见的(Invisible)
JFrame(String title)	建立一个具有标题 title 的 JFrame，默认值是不可见的(Invisilble)
JApplet()	建立一个 JApplet
JDialog()	建立一个非模态对话框，无标题
JDialog(Dialog owner)	建立一个属于 Dialog 组件的对话框，为非模态形式，无标题
JDialog (Dialog owner, boolean modal)	建立一个属于 Dialog 组件的对话框，可决定模态形式，无标题
JDialog(Dialog owner, String title)	建立一个属于 Dialog 组件的对话框，为非模态形式，有标题
JDialog(Dialog owner, String title, boolean modal)	建立一个属于 Dialog 组件的对话框，可决定模态形式，有标题
JDialog(Frame owner)	建立一个属于 Frame 组件的对话框，为非模态形式，无标题
JDialog (Frame owner, boolean modal)	建立一个属于 Frame 组件的对话框，可决定模态形式，无标题
JDialog(Frame owner, String title)	建立一个属于 Frame 组件的对话框，为非模态形式，有标题
JDialog(Frame owner, String title, boolean modal)	建立一个属于 Frame 组件的对话框，可决定模态形式，有标题

在 JDialog 的构造方法中，参数 modal 是一种对话框操作方式，当 modal 为 true 时，用户必须结束对话框才能回到原来所属窗口，当 modal 为 false 时，代表对话框与所属窗口可以互相切换，彼此之间在操作上没有顺序性。

从构造方法来看，JDialog 只能在 Dialog 或 Frame 基础上创建。如果要在 Applet 上创建 JDialog,可以利用 Component 类所提供的 getParent()方法,找到 Applet 所属的 Frame 容器,就能够构造出 JDialog 了。

用 JDialog 来做对话框,必须实现对话框中的每一个组件,但有时候我们的对话框只是要显示一段文字,或是做一些简单的选择,这时候可以利用 JOptionPane 类,这个类也在 javax.swing 包内。通过使用这个类提供的一些静态方法 show×××Dialog,就可以产生 4 种简单的对话框,它们的方法参数中绝大部分(除了输入对话框可以不指定父窗口)都需要提供一个父窗口组件 ParentComponent,只有关闭这些简单的对话框后,才可以返回到其父窗口,也就是说,它们绝大部分都是模态的。具体说明见表 7-8。

表 7-8　JOptionPane 类输出简单对话框的静态方法

名　　称	描　　述
void showMessageDialog(Component parentComponent, Object message) void showMessageDialog(Component parentComponent, Object message, String title, int messageType) void shoeMessageDialog(Component parentComponent, Object message, String title, int messageType, Icon icon)	显示一个信息对话框,指定其父窗口、信息组件、标题、信息类型、图标。其中信息类型包括 ERROR_MESSAGE, INFORMATION_MESSAGE, WARNING_MESSAGE, QUESTION_MESSAGE
int showOptionDialog(Component parentComponent, Object message, String title, int OptionType, int messageType, Icon icon, Object[] options, Object initialValue)	显示一个选项对话框,指定其父窗口、信息组件、标题、选项类型、信息类型、图标、待选项、初始选取值。其中选项类型包括 YES_NO_OPTION、YES_NO_CANCEL_OPTION;信息类型同上。带选项的对象都会自动调用其 toString()方法显示出来 返回值指示用户的选项,如果直接关闭,则为静态常量 CLOSED_OPTION
int showConfirmDialog(Component parentComponent, Object message) int showConfirmDialog(Component parentComponent, Object message String title, int optionType) int showConfirmDialog(Component parentComponent, Object message String title, int optionTypee, int messageType) int showConfirmDialog(Component parentComponent, Object message String title, int optionTypee, int messageType, Icon icon)	显示一个确认对话框,指定其父窗口、显示信息、标题、选项类型、信息类型、图标。其中选项类型包括 YES _ NO _ OPTION、YES _ NO _ CANCEL _ OPTION;信息类型同上 返回值指示用户的选项,如果直接关闭,则为静态常量 CLOSED_OPTION

续表

名　　称	描　　述
String showInputDialog(Object message) String showInputDialog(Object message, Object initialSelectionValue) String showInputDialog(Component parentComponent, Object message) String showInputDialog(Component parentComponent, Object message, Object initialSelectionValue) String showInputDialog(Component parentComponent, Object message, String title, int messageType) String showInputDialog(Component parentComponent, Object message, String title, int messageType, Icon icon Object[] selectionValues, Object initial)	显示一个输入对话框,可以指定其有无父窗口。如果没有指定父窗口,则显示在屏幕中央。其余参数含义同前

如果父窗口是 JInternalFrame 对象,其相应方法就变成 showInternal×××Dialog。JInternalFrame 是一种中间容器,下一小节会做较详细的讲解。

每个顶层容器要想加入别的组件,都必须通过它的根面板(JRootPane)对象。JRootPane 类也处在 javax.swing 包中。通过 7.3.1 节的学习已经知道,JRootPane 属于中间层次的容器。每个顶层容器都有一个 JRootPane 类的对象。我们将在下一小节中对其进行深入介绍。

7.4.2　中间容器

中间层容器存在的目的仅仅是为了容纳别的组件,它分为两类:一般用途的和特殊用途的。一般用途的有 JPanel、JScrollPane、JSplitPane、JTabbedPane、JToolBar 五类;特殊用途的有 JInternalFrame、JRootPane 两类。在这些类当中,JRootPane 比较特殊,它由好几个部分构成,可以直接从顶层容器中获得一个 JRootPane 对象来直接使用,而不需要像别的中间容器那样,使用的时候需要新建一个对象。

JRootPane 的层次结构如图 7-13 所示,可见,它包括 glassPane 和 layeredPane,layeredPane 又分为 contentPane 和 JMenuBar。

glassPane 默认状态下是隐藏的。如果你设置它为可见的,那么它就像一层玻璃似的覆盖在整个 JRootPane 对象上。它是完全透明的,除非使用它的 paintComponent 方法。我们可以使用 glassPane 来截获所有要到达除 JRootPane 以外的部分的事件。

layeredPane 分为很多层(layer),每一层都有一个代表层深度的整数值(Z-order),所以说,layeredPane 提供了布局组件位置的第三维信息:深度。contentPane 和 JMenuBar 所在层的深度值是-30000。深度值高的组件将覆盖在深度值低的组件上。

一般将所有组件添加到contentPane上,JMenuBar则是可选的,如果没有,contentPane就会充满整个顶层容器。关于JRootPane结构的形象表示如图7-14所示。

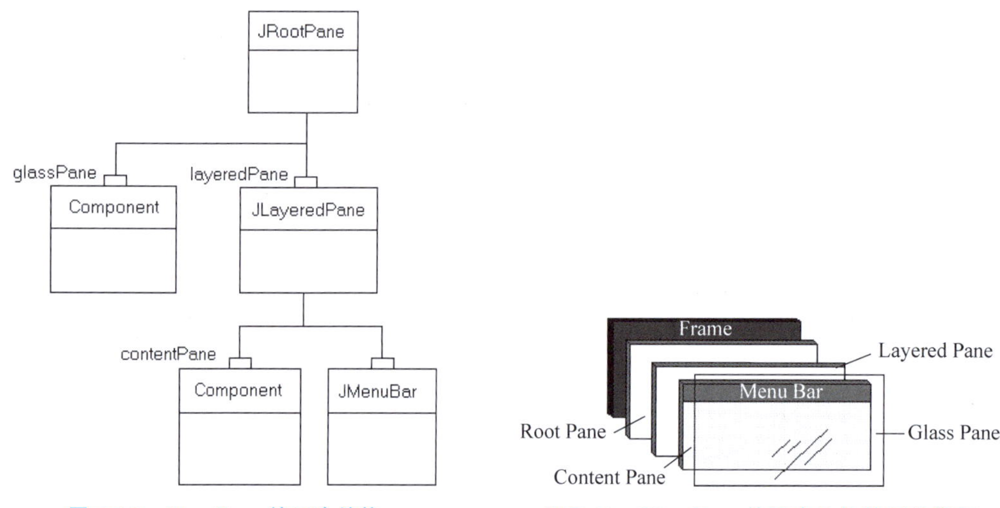

图7-13　JRootPane的层次结构　　图7-14　JRootPane的层次结构的形象表示

通过getContentPane()方法可以获得默认的内容面板对象,也可以通过setContentPane(Container container)设置内容面板。ContentPane的默认布局管理器是BorderLayout,即分东、西、南、北、中五个方位布置版面。如果需要使用菜单,则需要通过setJMenuBar(JMenuBar menubar)来创建菜单。这个方法的参数需要一个菜单条(JMenuBar)类型的对象。通常方法是创建若干个菜单项(JMenuItem)对象,再把它们添加到一个菜单(JMenu)对象上,它代表一级菜单,如果将JMenu对象添加到另外一个JMenu对象上,就会构成多级菜单的效果。最后将若干个JMenu组件添加到一个菜单条JMenuBar对象上。

JPanel是一种经常使用的轻量级中间容器。在默认状态下,除了背景色外它并不绘制任何东西。但可以很容易地为它设置边框和绘制特性。在很多种外观和感觉下,JPanel默认状态都是透明的,因而可以把它设置为顶层容器contentPane。有效地利用JPanel可以使版面管理更为容易。

与其他容器一样,panel可以使用布局管理器来规划它所容纳的组件的位置和大小。通过setLayout方法可以改变其布局,也可以在创建一个JPanel对象时就为它确定某种布局方式。后一种方式更能提高程序效率,因为程序不用创建默认的FlowLayout布局了。在默认状态下panel使用FlowLayout布局,将各组件布局在一行。

下面是在创建JPanel对象同时指定其布局方式的例子:

```
JPanel p = new JPanel(new BorderLayout());
```

但这种方式不适应于BoxLayoout,因为BoxLayout的构造方法需要首先提供一个容器。所以只能用setLayout方法来设置BoxLayout布局:

```
JPanel p = new JPanel();
p.setLayout(new BoxLayout(p, BoxLayout.PAGE_AXIS));
```

当布局管理器是 FlowLayout、BoxLayout、GridLayout 或者 SpringLayout 时，通常使用有一个参数的 add 方法来向容器中添加组件，例如：

```
aFlowPanel.add(aComponent);
aFlowPanel.add(anotherComponent);
```

但如果布局管理器是 BorderLayout、GridBagLayout 时，通常还需要为 add 方法提供一个参数来指定组件在 panel 中的位置，例如：

```
aBorderPanel.add(aComponent, BorderLayout.CENTER);
```

表 7-9 列出了 JPanel 类通常使用的 API，其中大部分是从其基类 JComponent、Container、Component 继承来的。

表 7-9 JPanel 类通常使用的 API

名 称	说 明
JPanel()	创建一个 JPanel，默认布局是 FlowLayout
JPanel(LayoutManager layout)	创建一个指定布局的 JPanel
void add(Component comp)	添加组件
void add(Component comp, int index)	把组件添加到特定位置上
int getComponentCount()	获得这个 panel 里所有组件的数量
Component getComponent(int index)	获得指定序号的某个组件
Component getComponentAt(int x, int y)	获得指定位置的某个组件
void remove(Component)	移除某个组件
void removeAll()	移除所有组件
void setLayout(LayoutManager layout)	设置布局
LayoutManager getLayout()	得到现有布局
void setBorder(Border border)	设置边框

下面来看看 JScrollPane 容器的用法。当容器内要容纳的内容大于容器大小的时候，我们希望容器能够有一个滚动条，通过拖动滑块，就可以看到更多的内容。JScrollPane 就是能够实现这种功能的特殊容器。

JScrollPane 由九个部分组成，如图 7-15 所示。包括一个中心显示地带、四个角和四条边。其中只有中心显示地带是必须要显现的，下面的边和右面的边是出现滚动条的地方，另外两条边和四个角可以设置成任何组件。需要注意的是只有相邻的两条边都出现，它们交叉的角上的组件才能够显示出来。图 7-15 中的四个字符串是在 ScrollPaneConstants 接口中定义的字符串常量，分别定义了四个角，JScrollPane 继承了这个接口，就可以在自己的方法中直接使用了。

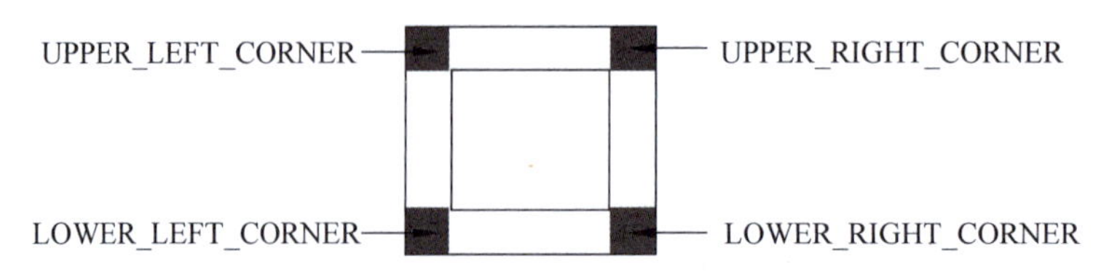

图 7-15　JScrollPane 组成结构

表 7-10 列出了 JScrollPane 类通常使用的 API。

表 7-10　JScrollPane 类通常使用的 API

名　　称	说　　明
static int HORIZONTAL_SCROLLBAR_ALWAYS	水平滚动条策略常数：总是显示
static int HORIZONTAL_SCROLLBAR_AS_NEEDED	水平滚动条策略常数：当显示内容水平区域大于显示区域时才出现
static int HORIZONTAL_SCROLLBAR_NEVER	水平滚动条策略常数：总是不显示
static int VERTICAL_SCROLLBAR_ALWAYS	垂直滚动条策略常数：总是显示
static int VERTICAL_SCROLLBAR_AS_NEEDED	垂直滚动条策略常数：当显示内容垂直区域大于显示区域时才出现
static int VERTICAL_SCROLLBAR_NEVER	垂直滚动条策略常数：总是不显示
JScrollPane()	建立一个空的 JScrollPane 对象
JScrollPane(Component view)	建立一个显示组件的 JScrollPane 对象，当组件内容大于显示区域时，自动产生滚动条
JScrollPane(Component view, int vsbPolicy, int hsbPolicy)	建立一个显示组件的 JScrollPane 对象，滚动条出现时机由后两个整数参量确定，其取值为本表最先所列六个常量
JScrollPane(int vsbPolicy, int hsbPolicy)	建立一个空的 JScrollPane 对象，后两个参数含义及取值同前
void setViewportView(Component)	设置 JScrollPane 中心地带要显示的组件
void setVerticalScrollBarPolicy(int) int getVerticalScrollBarPolicy()	设置或者读取垂直滚动条策略常数
void setHorizontalScrollBarPolicy(int) int getHorizontalScrollBarPolicy()	设置或者读取水平滚动条策略常数
void setViewportBorder(Border) Border getViewportBorder()	设置或者读取中心显示地带的边框
void setWheelScrollingEnabled(Boolean) Boolean isWheelScrollingEnabled()	设置或者读取是否随着鼠标滚轮滚动出现或隐藏滚动条，默认状态下为真
void setColumnHeaderView(Component) void setRowHeaderView(Component)	设置显示在上面的边上的组件 设置显示在左面的边上的组件
void setCorner(String key,Component corner)	设置要显示在指定角上的组件，key 的值为图 7-17 中表明的字符串之一
Component getCorner(String key)	获得指定角上的组件

如果想把两个组件显示在两个显示区域内，且随着区域间分隔线的拖动，区域内组件的大小也随之发生变动，这时就需要使用 JSplitPane 类的容器。它允许设置水平分割或者垂直分割；也允许设置动态拖曳功能（拖动分界线时两边组件是随着拖曳动态改变大小还是在拖曳结束后才改动）。通常先把组件放到 Scroll Pane 中，再把 Scroll Pane 放到 Split Pane 中。这样在每部分窗口中，都可以拖动滚动条看到组件的全部内容。表 7-11 列出了 JSplitPane 通常使用的 API。

表 7-11　JSplitPane 类通常使用的 API

名　称	说　明
static intHORIZONTAL_SPLIT	水平分割常数
static int VERTICAL_SPLIT	垂直分割常数
JSplitPane()	创建一个 JSplitPane，以水平方向排列，两边各是一个 Button，没有动态拖曳功能
JSplitPane(int newOrientation)	建立一个指定分割方向的 JSplitPane，没有动态拖曳功能，参数为两个分割常数之一
JSplitPane(int newOrientation, Boolean newContinuousLayout)	指定分割方向，并可指定是否有动态拖曳功能
JSplitPane(int newOrientation, Boolean newContinuousLayout, Component newLeftComponent, Component newRightComponent)	指定分割方向、是否具有动态拖曳功能和两侧组件
JSplitPane(int newOrientation, Component newLeftComponent, Component newRightComponent)	指定分割方向和两侧组件，无自动拖曳功能
void setOrientation(int newOrientation) int getOrientation()	设置或获得分割方向
void setDividerSize(int) int getDividerSize()	设置或读取分隔线条的粗细
void setContinuousLayout(boolean nCL) boolean isContinuousLayout()	设置或读取是否使用动态拖曳功能
void setOneTouchExpandable(Boolean oTE) boolean is OneTouchExpandable()	设置或读取是否在分隔线上显示一个控键来完全扩展和完全压缩单侧内容。
void remove(Component comp) void add(Component comp)	删除或添加组件。只可以添加两个组件
void setDividerLocation(double) void setDividerLocation(int) int getDividerLocation()	设置或读取分隔线条的位置。设置参数可以是 double 型的百分数，也可以是 int 型的像素值

在介绍另外几种中间容器之前，先简单介绍一下很多 Swing 组件都实现的 SwingConstant 接口，这个接口中定义了很多常量用来表示位置、朝向信息。这些常量都是 static int 型的。Swing 组件通过实现这个接口就可以使用它们来确定位置了。表 7-12 列出了这些常量。接下来就会逐渐看到它们的一些用法。

表 7-12　SwingConstants 接口中表示位置的常量

名　称	说　明
LEFT	左边
RIGHT	右边
TOP	顶部
BOTTOM	底部
CENTER	中间
NORTH	北边
SOUTH	南边
EAST	东边
WEST	西边
NORTH_EAST	东北边
SOUTH_EAST	东南边
SOUTH_WEST	西南边
NORTH_WEST	西北边
HORIZONTAL	水平排列
VERTICAL	垂直排列
LEADING	从左到右书写语言中为左边;从右到左书写语言中为右边
TRAILING	从左到右书写语言中为右边;从右到左书写语言中为左边

如果一个窗口的功能有几项,可以给每项设置一个标签,每个标签下面包含为完成此功能专用的若干组件。用户要使用哪项功能,只用单击相应的标签,就可以进入相应的页面。这时就需要使用 JTabbedPane 中间容器类。表 7-13 列出了 JTabbedPane 常用的 API。

表 7-13　JTabbedPane 类通常使用的 API

名　称	说　明
JTabbedPane()	创建一个 tabbed pane,标签条位置在顶部
JtabbedPane(int tabPlacement)	创建一个 tabbed pane,并设置其标签位置。参数为从 SwingConstants 接口中继承来的 TOP、BOTTOM、LEFT、RIGHT 之一
void addTab(String title, Icon icon, Component comp, String tip) void addTab(String title, Icon icon, Component comp) void addTab(String, Component)	增加一个标签页,第一个 String 参数指定显示在标签上的文本,可选的 Icon 参数制定标签图标,Component 参数指定选择此标签页时要显示的组件,最后一个可选的 String 参数是提示信息
void insertTab(String title, Icon icon, Component comp, String tip,int index)	在指定位置 index 插入一个标签页,第一个标签页的 index 是 0,其余参数意义同 addTab 方法
removeTabAt(int index)	删除指定位置的标签页
int indexOfTabComponent comp) int indexofTab(String title) int indexofTab(Icon icon)	返回有指定组件、标题或图标的标签页序号

续表

名　称	说　明
void setSelectedIndex(int) void setSelectedComponent(Component comp)	选择指定序号或组件的标签页,选择的效果是将显示此标签页所含的所有内容
void setComponentAt(int index, Component comp) Component getComponentAt(int index)	设置或读取指定序号标签页上的组件
void setEnabledAt(int index,Boolean enabled)	设置指定序号标签页是否可选

一般在设计界面时,会将所有功能分类放置在菜单中(JMenu),但当功能相当多时,可能会使用户为一个简单的操作反复地寻找菜单中相关的功能。为了避免这种不便,可以把一些常用的功能以工具栏的方式呈现在菜单下,这就是 JToolBar 容器类的好处。

可以将 JToolBar 设计为水平或垂直方向的,也可以用鼠标拉动的方式来改变。表 7-14 列出了 JToolBar 类经常使用的 API。

表 7-14　JToolBar 类通常使用的 API

名　称	说　明
JToolBar() JToolBar(int orientation) JToolBar(String name) JToolBar(String name,int orientation)	创建一个工具栏,可以指定其朝向(orientation),为 SwingConstants 中的 HORIZONTAL 或 VERTICLE,也可以指定游离工具栏显示的名称(name)
void add(Component)	为工具栏添加一个组件
void addSeparator()	在末尾增加一个分隔线
void setFloatabled(Boolean floatabled) Boolean isFloatable()	设置或读取工具栏是否可以游离,成为一个独立的窗口

如果要实现在一个主窗口中打开很多个文档,每个文档各自占用一个新的窗口,就需要使用 JInternalFrame 容器类。JInternalFrame 的使用跟 JFrame 几乎一样,可以最大化、最小化、关闭窗口、加入菜单;唯一不同的是 JInternalFrame 是轻量级组件,因此它只能是中间容器,必须依附于顶层容器上。表 7-15 列出了 JInternalFrame 通常使用的 API。

表 7-15　JInternalFrame 类通常使用的 API

名　称	说　明
JInternalFrame() JInternalFrame(String title) JInternalFrame(String title,boolean resizable) JInternalFrame(String title, boolean resizable, boolean closable) JInternalFrame(String title, boolean resizable, boolean closable, boolean maximizable) JInternalFrame(String,boolean resizable, boolean closable, boolean maximizable,boolean iconifiable)	创建一个子窗口对象,依次设置标题、是否可改变大小、可关闭、可最大最小化、是否有图标。默认状态下都是不可以

续表

名　　称	说　　明
void setContentPane(Container c) Container getContentPane()	设置或获得 internal frame 的内容面板,通常包括除菜单以外的所有可视组件
void setJMenuBar(JMenuBar m) JMenuBar getJMenuBar()	设置或获得 internal frame 的菜单
void setVisible(boolean b)	此方法从 Component 类继承。设置是否可见。应该在将 internal frame 加到其父窗口之前调用
void setLocation(int x, int y)	设置相对于父窗口的位置。指定左上角坐标
void setBounds(int x, int y, int width, int height)	设置位置和大小
VoidaddInternalFrameListener(InternalFrameListener l)	添加事件监听器,相当于 WindowListener
void setSelected(boolean b) boolean isSelected()	设置或获得当前是否被激活
void setFramedIcon(Icon icon) Icon getFrameIcon()	设置或获得显示在 internal frame 标题栏中的图标

通常会将 internal frame 加入 JDesktopPane 类的对象来方便管理,JDesktopPane 继承了 JLayeredPane,用来建立虚拟桌面。它可以显示并管理众多 internal frame 之间的层次关系。表 7-16 列出了 JDesktopPane 通常使用的 API。

表 7-16　JDesktopPane 类通常使用的 API

名　　称	说　　明
JDesktopPane()	创建一个 JDesktopPane 的实例
JInternalFrame[] getAllFrames()	返回此 JDesktopPane 包含的所有 JInternalFrame 对象
JInternalFrame[] getAllFramesInLayer(int)	返回 JDesktopPane 指定层数中包含的所有 JInternalFrame 对象

7.4.3　原子组件

Swing 原子组件有很多种,与顶层容器和中间容器相比,原子组件用法都比较简单。限于篇幅,这里只作简要的介绍。要想了解详细信息,请查看 Oracle 官网关于 Swing 编程的教程(http://docs.oracle.com/javase/tutorial/uiswing/index.html)。

首先介绍用于显示不可编辑信息的三类组件:JLabel、JProgressBar、JToolTip。

1. 标签 JLabel

JLabel 组件上可以显示文字和图像,并能指定两者的位置。其常用的 API 如表 7-17 所示。

表 7-17　JLabel 常用的 API

名　　称	说　　明
JLabel()	建立一个空标签
JLabel(Icon image)	建立一个含有图标的标签,图标在水平方向和垂直方向上都处在标签正中位置

续表

名　　称	说　　明
JLabel(Icon image, int horizontalAlignment)	建立一个含有图标的标签,并指定其水平排列方式,第二个参数为 SwingConstants 中 LEFT、CENTER、RIGHT、LEADING、TRAILING 之一
JLabel(String text)	建立一个含有文字的标签,文字在垂直位置居中,水平位置为 LEADING
JLabel(String text　int horizontalAlignment)	建立一个含有文字的标签,并指定其水平排列方式,第二个参数为 SwingConstants 中 LEFT、CENTER、RIGHT、LEADING、TRAILING 之一
JLabel(String text, Icon icon, int horizontalAlignment)	建立一个含有文字和图标的 JLabel 组件,并指定文字和图标的水平位置,文字在图标的 TRAILING 边
void setHorizontalAlignment(int Alignment)	设置标签内容的水平位置。参数为 SwingConstants 中 LEFT、CENTER、RIGHT、LEADING、TRAILING 之一
int getHorizontalAlignment()	读取标签内容水平位置
void setVerticalAlignment(int Alignment)	设置标签内容的垂直位置。参数为 SwingConstants 中 TOP、CENTER、BOTTOM 之一
int getVerticalAlignment()	读取标签内容垂直位置
void setHorizontalTextPosition (int textPostion)	设置文字的水平位置,参数为 SwingConstants 中 LEFT、CENTER、RIGHT、LEADING、TRAILING 之一
int getHorizontalTextPosition()	读取文字的水平位置
void setVerticalTextPosition(int textPostion)	设置文字的垂直位置,参数为 SwingConstants 中 TOP、CENTER、BOTTOM 之一
int getVerticalTextPosition()	读取文字的垂直位置
void setIcon(Icon icon)	设置标签图标
void setText(String text)	设置标签文本

2. 进度条 JProgressBar

在一些软件运行时,会出现一个进度条告知目前进度如何。通过使用 JProgressBar 可以轻松地为软件加上一个进度条。表 7-18 列出了 JProgressBar 通常使用的 API。

表 7-18　JProgressBar 常用的 API

名　　称	说　　明
JProgressBar()	建立一个水平进度条,只显示边框但没有文字。起始值和最小值是 0,最大值是 100
JProgressBar(int orient)	建立水平或垂直进度条,参数是 SwingConstants 接口中的 VERTICAL 和 HORIZONTAL 之一
JProgressBar(int min, int max)	建立一个指定最大最小值的水平进度条
JProgressBar(int orient, int min, int max)	建立一个指定最大最小值和方向的进度条
void setOrientation(int orient)	设置进度条方向

续表

名　　称	说　　明
void setMinimum(int min)	设置进度条的最小值为 min
void setMaximum(int max)	设置进度条的最大值为 max
void setValue(int n)	设置进度条当前值
int getValue(int n)	获得进度条当前值
void addChangeListener(ChangeListener l)	添加状态变化事件监听器，每当进度条的当前值改变，就会自动运行此监听器中的 stateChanged()方法

3. 提示信息 JToolTip

设置组件提示信息(tool tips)的 API 在 JComponent 类中，因为所有的 Swing 原子组件都继承自这个类，所以可以直接使用这些 API 创建提示信息。一般来说，这些 API 已经足够使用了，因而不必直接处理 JToolTip 类。表 7-19 列出了 JComponent 关于提示信息的 API 方法。通常用 setToolTipText()方法为组件设置提示信息，但有的组件(如 JTabbedPane)由多个部分组成，通常需要鼠标在不同部分停留时显示不同的提示信息，这时可以在其 addTab()方法中设置提示信息参数，也可以通过 setTooltipTextAt 方法进行设置。对于那些没有专门方法用来为每部分设置不同提示信息的组件，可以通过创建此组件的子类并重写其 getToolTipText(MouseEvent e)方法来实现。

表 7-19　JComponent 中关于 tool tip 的 API

名　　称	说　　明
void setToolTipText(String test) String getToolTipText()	设置或获得鼠标在组件上停留时显示的提示信息
String getToolTipText(MouseEvent event)	默认状态下返回值同 getToolTipText()。但对于 JTabbedPane、JTable、JTree 等多部分组件重写了这个方法用来得到和鼠标事件位置相关的提示信息
Point getToolTipLocation(MouseEvent event)	设置提示信息左上角显示位置，默认是 null

例 7-6　进度条示例。

随着时间增加，进度条输出进度变化情况，同时标签上显示出当前进度。鼠标移到两组件时，显示提示信息。源程序如下：

```
//JProgressBarTester.java
import javax.swing.*;
import java.awt.*;
import javax.swing.event.*;
import java.awt.event.*;
public class JProgressBarTester implements ChangeListener {
    JLabel label;
    JProgressBar pb;
    public JProgressBarTester() {
```

```
        int value = 0;
        JFrame f = new JFrame("第一类原子组件演示");
        Container contentPane = f.getContentPane();
        label = new JLabel("", JLabel.CENTER);
        label.setToolTipText("显示进度信息");
        pb = new JProgressBar();
        pb.setOrientation(JProgressBar.HORIZONTAL);    //设置进度条方向
        pb.setMinimum(0);                              //设置最小值
        pb.setMaximum(100);                            //设置最大值
        pb.setValue(value);                            //初值
        pb.setStringPainted(true);                     //设置进度条上显示进度
        pb.addChangeListener(this);                    //增加时间监听器
        pb.setToolTipText("进度条");                    //设置提示信息
        contentPane.add(pb, BorderLayout.CENTER);
        contentPane.add(label, BorderLayout.SOUTH);
        f.setSize(400, 60);
        f.setVisible(true);
        for (int i = 1; i <= 1000000000; i++) {
            if (i % 10000000 == 0) {
                pb.setValue(++value);          //改变进度条的值,触发 ChangeEvent
            }
        }
        f.addWindowListener(new WindowAdapter() {      //为窗口操作添加监听器

            public void windowClosing(WindowEvent e) {
                System.exit(0);
            }
        });
    }
    public static void main(String[] args) {
        new JProgressBarTester();
    }
    public void stateChanged(ChangeEvent e) {
        int value = pb.getValue();
        label.setText("目前已完成进度:" + value + "%");
    }
}
```

运行结果如图 7-16 所示。当把鼠标移动到进度条上,将显示提示信息。

图 7-16 上例的运行效果

下面我们看第二类有控制功能、可以用来输入信息的原子组件：JButton、JCheckBox、JRadioButton、JComboBox、JList、JMenu、JSlider、JSpinner、JTextComponent。

4. 按钮类组件

首先来看一下众多的按钮类的继承层次。AbstractButton 抽象类是众多按钮类的基类，继承它的类有 JButton、JToggleButton、JMenuItem；其中 JToggleButton 表示有两个选择状态的按钮，它有两个子类 JCheckBox、JRadioButton，分别用来实现多选按钮和单选按钮；JMenuItem 有三个子类 JCheckBoxMenuItem、JRadioButtonMenuItem、JMenu，用来在菜单中加入多选按钮、单选按钮和一般的菜单项。如果想把一组按钮集合到一行或一列，可以使用在中间容器中提到的 JToolBar。

AbstractButton 定义了所有按钮都具备的一些属性，例如都可以显示图片和文本，并可以设置文本相对于图片的位置。其常用 API 都列举在表 7-20 中。

表 7-20　AbstractButton 常用的 API

名　称	说　明
JButton(String text, Icon icon)	创建一个指定文字和图标的按钮
void setText(String text) string getText()	设置或得到按钮文字
void setIcon(Icon icon) Icon getIcon()	设置或得到按钮图标
void setDisabledIcon(Icon icon)	设置按钮处于不可按状态时的图标
void setPressedIcon(Icon icon)	设置按钮处于压下状态时的图标
void setSelectedIcon(Icon icon)	设置按钮处于被选择状态时的图标
void setDisabledSelectedIcon(Icon icon)	设置按钮处于未选状态时的图标
void setRolloverIcon(Icon icon)	设置鼠标滑过按钮时所显示的图标
void setHorizontalAlignment(int Alignnment) void setVerticalAlignment(int Alignment)	设置按钮的内容(包括文字和图标)在按钮中所处的水平位置和垂直位置。参数为从 SwingConstants 接口中继承的常数，同 JLabel 类中的说明
void setHorizontalTextPosition(int Alignment) void setVerticalTextPosition(int Alignment)	设置按钮中的文本相对于图标的水平位置和垂直位置。参数意义同上
void setMargin(Insets insets)	设置按钮边界和其内容之间的距离像素
void setIconTextGap(int iconTextGap)	设置图标和文本间的距离
void setMnemonic(int mnemonic)	设置快捷键，参数为 KeyEvent 类中定义的常数
void setDisplayedMnemonicIndex(int index)	设置在文字的指定字符下面加下画线，总是放在 setMnemonic 方法后
void setActionCommand(String)	为由此按钮引发的事件命名，经常在其事件处理程序中通过 ActionEvent.getActionCommand()方法获得是否为此按钮引发的事件
void addActionListener(ActionListener l) void removeActionListener(ActionListener l)	增加或删除事件监听器，通常用于 JButton 和 JRadioButton
void addItemListener(ItemListener l) void removeItemLListener(ItemListener l)	增加或删除事件监听器，通常用于 JRadioButton

续表

名 称	说 明
void setSelected(boolean)	设置按钮处于被选中状态，通常用于JCheckBox、JRadioBox
void doClick() void doClick(int presstime)	由程序执行一次点击事件，其效果同用户用鼠标点击按钮，如果有参数，表示按下持续的毫秒数
void setMultiClickThreshold(long threshold)	设置压下时间的最小值，如果用于压下时间短于此事件，不会引发事件处理程序，通常是0，但在类似于对话框中要求用户仔细考虑的场合可以设置为一个合适的正值

JButton类只比AbstractButton多增加了一些功能，可以把一个JButton类的对象设置为默认按钮。在顶层容器中，最多只能有一个按钮被设置成为默认的。默认的按钮通常会高亮显示，当顶层容器获得了键盘焦点且用户按下回车键时就会触发默认按钮的click事件。设置的代码通常如下：

```
//在一个顶层容器子类的构造方法中：
getRootPane().setDefaultButton(defaultButton);
```

JCheckBox类用于产生复选框，如果要在菜单中使用复选框，就要使用JCheckBoxMenuItem类。因为它们都继承了AbstractButton，所以会有按钮类的通常特性。CheckBoxes与RadioButtons类似，但前者可以选多个选项，后者能且只能一个选项，不过在未被点击之前，后者可以被设置为哪个都不选。JCheckBox、JCheckBoxMenuItem、JRadioBox、JRadioBoxMenuItem这四个类的构造方法可以有三个参数，前两个参数设置文本和图标，第三个设置初始状态是否被选择。以JCheckBox为例，可以有以下构造方法：

```
JCheckBox(String text, Icon icon, boolean selected)
```

5. 列表框JList

除了JCheckBox以外，JList也可以选择一到多个选项。JList有几种各有特色的构造方法(选项是否可添加、删除)，也提供了很多API可以用来设置各选项的显示方式(在一列还是若干列)、选择模式(一次可选几项及是否可连续)等。因为JList通常含有很多选项，所以经常把它放在一个JScrollPane对象里面。JList的事件处理一般可分为两类，一类是取得用户选取的项目，事件监听器是ListSelectionListener；另一类是对鼠标事件作出响应，其事件监听其是MouseListener。表7-21列出了JList通常使用的API。

表7-21 JList常用的API

名 称	说 明
JList() JList(Object[]listData) JList(Vector listData) JList(ListModel dataModel)	创建一个列表框，第二个和第三个一旦创建好后，其内容就不能改变

续表

名　称	说　明
void setModel(ListModel)	设置包含 list 内容的 model
void setListData(Object[] listData) void setListData(Vector listData)	设置 list 包含选项。这两种方法隐含创建了一个不可更改的 ListModel
void setVisibleRowCount (int visibleRowCount)	设置显示几行,默认是 8
void setLayOutOrientation (int layOutOrientation)	设置选项显示方式,参数为 VERTICAL,HORIZONTAL_WRAP、VERTICAL_WRAP 三者之一默认是 VERTICAL
void addListSelectionListener (ListSelectionListener l)	注册事件监听器来监听选择发生变化
void setSelectionMode (int selectionMode)	设定选择模式,参数为 ListSelectionModel 接口中的常量 SINGLE_SELECTION、SINGLE_INTERVAL_SELECTION、MULTIPLE_INTERVAL_SELECTION 之一
void setSelectedIndex(int index) void setSelectedIndices(int[] indices) void setSelectedValue(Object anObject, boolean Scroll) void setSelectionInterval(int start, int end)	按照设定序号或内容选择 list 中的项目
int getSelectedIndex() int[] getSelectedIndices() Object getSelectedValue() Object[] getSelectedValues()	获得所选项序号或内容信息

6. 组合框 JComboBox

组合框 JComboBox 允许用户在许多选项中选其一,可以有两种非常不一样的格式。默认状态是不可编辑的模式,其特色是包括一个按钮和一个下拉列表,用户只能在下拉列表提供的内容中选其一;另一种是可编辑的模式,其特色是多了一个文本区域,用户可以在此文本区域内填入列表中不包括的内容。组合框只需要很少的屏幕区域,而一组 JRadioBox、JCheckBox、JList 占据的空间比较大。

7. 滑动条 JSlider 和 JSpinner

如果用户需要在连续的数值之间进行选择,可以使用 JSlider(空间大的话)或 JSpinner(空间小的话)组件。先看 JSlider,它就好像电器用品上机械式的控制杆,可以设置它的最小、最大、初始刻度,也可以设置它的方向,也可以为其标上刻度或文本。当用户在 JSlider 上移动滑动杆时,就会产生 ChangeEvent 事件,所以通常为 JSlider 添加的事件监听器就是 ChangeListener。表 7-22 列出了 JSlider 常用的 API。

表 7-22　JSlider 常用的 API

名　称	说　明
JSlider() JSlider(int orientation, int min, int max, int initial)	建立一个滑动杆,可以定义其方向,最大、最小及初始刻度。默认状态是水平的,刻度从 0 到 100,初始值是 50

续表

名　　称	说　　明
void setValue(int n) int getValue()	设置或获得当前值
void setMajorTickSpacing(int n)	设置大刻度的间隔
void setMinorTickSpacing(int n)	设置小刻度的间隔
void setPaintTicks(boolean b)	设置是否绘制数字刻度
void setLabelTable(Dictionary labels)	设置和数字刻度对应的文本，通常将对应关系放置在一个 Hashtable 中，HashTable 是 Dictionary 的子类
void setPaintLabels(boolean b)	设置是否绘制刻度文本或者大刻度
void addChangeListener(ChangeListener l)	注册事件监听器 changeListener

JSpinner 类似于可编辑的 JComboBox，它是种复合组件，由三个部分组成：向上按钮、向下按钮和一个文本编辑区。可以通过按钮来选择待选项，也可以直接在文本编辑区内输入。但和 JComboBox 不同的是，它的待选项不会显示出来。

8. 文本类组件

Swing 提供 6 种文本组件，还有一系列支持的类和接口，它们允许用户在里边编辑文本，基本能满足各种复杂的文本需求。尽管它们的用法和功能不同，但却都继承自 JTextComponent 抽象类。图 7-17 给出了它们的继承结构。由图可看出，这些文本组件可分为三类，第一类包括 JTextField、JPasswordField、JFormattedTextField，它们只能显示和编辑一行文本，像按钮一样，它们可以产生 ActionEvent 事件，因此通常用来接受少量用户输入信息并在输入结束时进行一些事件处理；第二类是 JTextArea，它可以显示和编辑多行文本，但是这些文本只能是单一风格的，因此通常用来让用户输入任意长度的无格式文本或显示无格式的帮助信息；第三类包括 JEditorPane、JTextPane，它可以显示和编辑多行多种式样的文本，甚至可以嵌入图像或别的组件。JTextComponent 及其子类的特色非常多，限于篇幅，不再详述，读者可参考前面给出的 Oracle 网站的官方教程。

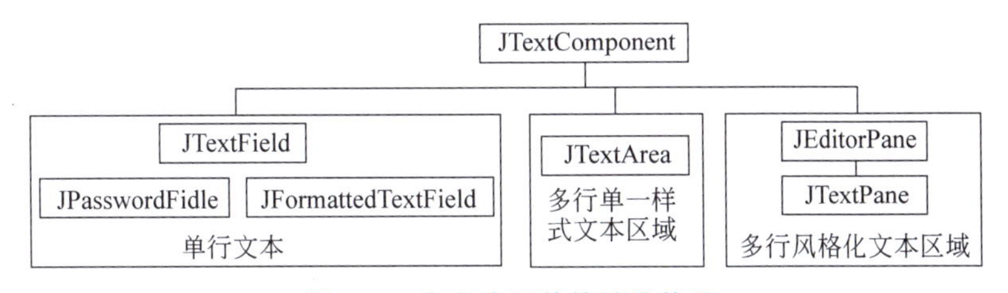

图 7-17　各文本组件的继承关系

例 7-7　简单计算器。

在第一个窗口输入用户名和密码，要求输入密码使用 JPasswordField 组件，密码正确后，才能进入第二个窗口进行“＋、－、×、÷”计算。运算符号使用单选按钮 JRadioButton，操作数使用 JComboBox 和 JSpinner 组件。

```
//SimpleCalculator.java
import javax.swing.*;
import java.awt.*;
import java.awt.event.*;
import javax.swing.border.*;
public class SimpleCalculator implements ActionListener, ItemListener {
    static JFrame f = null;
                      //因为要在 main 静态方法中被引用,所以必须设为 static 类型
    ButtonGroup bg;                          //按钮组,可组合若干单选按钮
    JComboBox combo;                         //下拉式列表框
    JSpinner s1;                             //有序变化选择框
    JLabel L3;                               //显示计算结果的标签
    JRadioButton r1, r2, r3, r4;             //单选按钮
    int op = 0;
    public SimpleCalculator() {
        f = new JFrame("第二类原子组件演示");    //新建一个窗体
        Container contentPane = f.getContentPane();

        JPanel p1 = new JPanel();            //新建一个 Panel
        p1.setLayout(new GridLayout(1, 4));
        //设置边框
            p1. setBorder ( BorderFactory. createTitledBorder ( BorderFactory.
createLineBorder(
               Color.blue, 2), "选择运算种类", TitledBorder.CENTER, TitledBorder.
TOP));
        //单选按钮
        r1 = new JRadioButton("+");
        r2 = new JRadioButton("-");
        r3 = new JRadioButton("×");
        r4 = new JRadioButton("÷");
        p1.add(r1);
        p1.add(r2);
        p1.add(r3);
        p1.add(r4);
        bg = new ButtonGroup();          //按钮组,组合 4 个单选按钮,使一次只能选择一个
        bg.add(r1);
        bg.add(r2);
        bg.add(r3);
        bg.add(r4);
        r1.addItemListener(this);        //为单选按钮增加 ItemListener 事件监听器
        r2.addItemListener(this);
        r3.addItemListener(this);
        r4.addItemListener(this);
```

```
        JPanel p2 = new JPanel();                               //新建第二个 Panel
        p2.setLayout(new GridLayout(2, 2));
        p2.setBorder(BorderFactory.createTitledBorder(BorderFactory
.createLineBorder(Color.blue, 2), "选择或输入操作数", TitledBorder.CENTER,
TitledBorder.TOP));
        JLabel L1 = new JLabel("第一个操作数:");
        JLabel L2 = new JLabel("第二个操作数:");
        //创建下拉式列表框
        String[] data1 = {"0", "10", "20", "30", "40", "50", "60", "70", "80", "90",
"100"};
        combo = new JComboBox(data1);
        combo.setEditable(true);
        ComboBoxEditor editor = combo.getEditor();
        combo.configureEditor(editor, "请选择或直接输入数字");
        SpinnerModel sM1 = new SpinnerNumberModel(50, 0, 100, 1);
                                                                //创建有序变化选择框
        s1 = new JSpinner(sM1);

        p2.add(L1);
        p2.add(combo);
        p2.add(L2);
        p2.add(s1);
        JPanel p3 = new JPanel();                               //创建一个新的 Panel
        p3.setLayout(new GridLayout(1, 2));
        JButton button1 = new JButton("计   算");
        L3 = new JLabel("", SwingConstants.CENTER);
        p3.add(button1);
        p3.add(L3);
        button1.addActionListener(this);
        //将三个 Panel 加在内容面板上
        contentPane.add(p1, BorderLayout.NORTH);
        contentPane.add(p2, BorderLayout.CENTER);
        contentPane.add(p3, BorderLayout.SOUTH);

        f.getRootPane().setDefaultButton(button1);          //设置窗体回车对应按钮
        f.pack();                                               //排版
        f.addWindowListener(new WindowAdapter() {
            public void windowClosing(WindowEvent evt) {
                System.exit(0);
            }
        });
    }
    public void itemStateChanged(ItemEvent e)                   //单选钮被点击时触发
    {
```

```
        if (e.getSource() == r1) {
            op = 1;
        }
        if (e.getSource() == r2) {
            op = 2;
        }
        if (e.getSource() == r3) {
            op = 3;
        }
        if (e.getSource() == r4) {
            op = 4;
        }
    }
    public void actionPerformed(ActionEvent e)              //计算按钮被点击时触发
    {
        double a = Double.parseDouble(combo.getSelectedItem().toString());
        double b = Double.parseDouble(s1.getValue().toString());
        double c;
        switch (op) {
            case 1:
                c = a + b;
                L3.setText("" + c);
                break;
            case 2:
                c = a - b;
                L3.setText("" + c);
                break;
            case 3:
                c = a * b;
                L3.setText("" + c);
                break;
            case 4:
                c = a / b;
                L3.setText("" + c);
                break;
            default:
                L3.setText("请选择运算符");
        }
    }
    public static void main(String args[]) {
        new SimpleCalculator();
        new PassWord(f);                                    //新建一输入密码对话框
    }
}
```

```
class PassWord implements ActionListener                    //输入密码对话框类
{
    JTextField user;
    JPasswordField passWd;
    JButton b1, b2;
    Container dialogPane;
    JDialog d;
    JFrame f;
    public PassWord(JFrame f) {
        d = new JDialog();                                  //新建一对话框
        d.setTitle("请输入用户名和密码");                      //设置标题
        dialogPane = d.getContentPane();
        dialogPane.setLayout(new GridLayout(3, 2));
        dialogPane.add(new JLabel("用户名 ", SwingConstants.CENTER));
        user = new JTextField();
        dialogPane.add(user);
        dialogPane.add(new JLabel("密  码", SwingConstants.CENTER));
        passWd = new JPasswordField();
        dialogPane.add(passWd);
        b1 = new JButton("确定");
        b2 = new JButton("退出");
        dialogPane.add(b1);
        dialogPane.add(b2);
        b1.addActionListener(this);
        b2.addActionListener(this);
        d.setBounds(200, 150, 400, 130);                    //设定大小
        d.getRootPane().setDefaultButton(b1);               //设定回车对应按钮
        d.setVisible(true);
        this.f = f;
    }
    public void actionPerformed(ActionEvent e) {
        String cmd = e.getActionCommand();
        if (cmd.equals("确定")) {
            String name = user.getText();
            char[] c = passWd.getPassword();
            String passWord = new String(c);
            if ((name.equals("java")) && (passWord.equals("java"))) {
                                                            //用户名和密码正确
                d.dispose();                                //关闭对话框
                f.setVisible(true);                         //显示主窗体
                return;
            }
            else { //用户名或密码错误则出现错误信息对话框,并清空以前输入
                JOptionPane.showMessageDialog(d, "错误的用户名或密码",
```

```
                    "请重新输入", JOptionPane.WARNING_MESSAGE);
                user.setText("");
                passWd.setText("");
            }
        }
        if (cmd.equals("退出")) {
            System.exit(0);
        }
    }
}
```

运行情况如图 7-18 所示,首先出现对话框要求输入用户名和密码,如果用户名和密码都是“java”的话表示信息正确,则进入计算界面。如果不是的话,则出现提示信息。

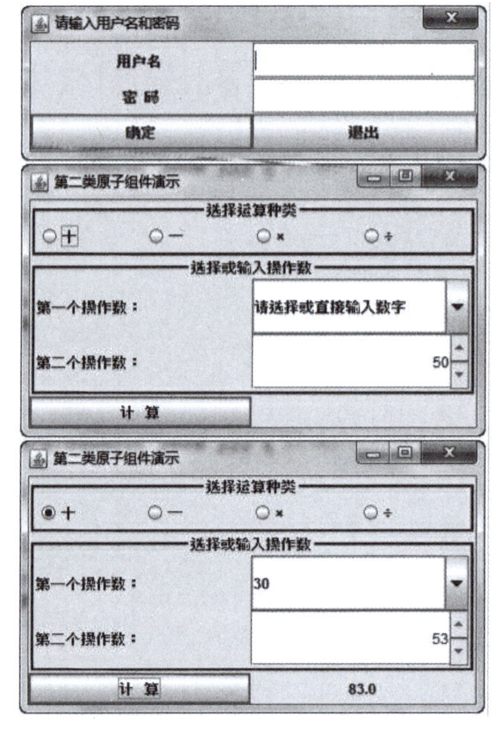

图 7-18 简单计算器的运行效果

接下来介绍第三类能提供格式化的信息并允许用户选择的 JColorChooser、JFileChooser、JTable、JTree 组件。

9. 颜色选择对话框 JColorChooser

JColorChooser 颜色选择对话框可以让用户选择所需要的颜色。通常使用这个类的静态方法 showDialog()来弹出标准的颜色选择对话框,其返回值就是选择的颜色。也可以通过静态方法 createDialog()方式输出个性化的颜色选择对话框,例如为其添加菜单、定义其事件处理程序,这个方法的返回值就是一个对话框。JColorChooser 在这两种方法中都是以对话框的形式出现的。事实上,通过构造 JColorChoose 对象,它也可以像别的一般组件一样出现在容器中，不过这时需要通过它的 getSelectionModel ( ) 方法获得其 ColorSelectionModel 对象，并为这个对象添加 ChangeListener 事件监听器来对选择某种颜色的事件进行处理。

10. 文件选择对话框 JFileChooser

JFileChooser 文件选择对话框可以让用户选择一个已有的文件或者新建一个文件。可以使用 JFileChooser 的 showDialog、showOpenDialog 或 showSaveDialog()方法来打开文件对话框，但是它仅仅会返回用户选择的按钮(确认还是取消)和文件名(如果是确认的话)，接下来要实现的例如保存或者打开的功能还需要程序员自己编写。这个类提供了专门的方法用于设置可选择的文件类型，还可以指定每类文件使用的类型图标。

11. 表格 JTable

JTable 用来产生表格，和其相关的还有一些接口和类，主要是 TableModel、AbstractTableModel、DefaultTableModel、SelectionModel、TableColumnModel。通过这些类的 API 方法可以轻松地为表格设计显示外观(是否有滚动条、调整某一列宽、其他列宽变化情形等)、显示模式(根据数据类型的不同有不同的排列显示方式、为某一字段添加组合框 JComboBox)、选择模式(单选、多选、连续选、任意选)等。发生在 JTable 的事件大致均针对表格内容的操作处理，包括字段内容改变、列数增加或减少、行数增加或减少或是表格的结构发生改变，这些事件称为 TableModelEvent 事件。可以通过 addTableModelListener 方法为表格添加这种事件监听器。

12. 树状结构 JTree

JTree 用树状结构来直观地表现层次关系，包括根结点、树枝结点、树叶结点。其构造方法有多种，参数可以是一个 Hashtable，也可以是 TreeNode 或 TreeModel 对象。可以使用 JComponent 提供的 putClientProperty 方法来设置 JTree 外观，也可以使用 TreeCellRenderer 来个性化各类结点的显示样式。

7.5　其他 Swing 特性

7.5.1　Action 对象

Action 接口是对 ActionListener 接口的一个有用的扩展，它的继承关系如下：

```
public interface Action extends ActionListener
```

在很多既有菜单又有工具栏的应用程序中，可以看到某项菜单和工具栏中某个工具按钮的功能是相同的，按照前面所讲的方法，需要为每个组件一一添加事件监听器，并在其处理程序中写入相同的代码，这样的话程序就会显得比较烦琐。在这种场合，可以考虑使用 Action 对象实现此功能，除此以外，还可以通过它对不同组件的显示文字、图标、快捷键、提示文字、是否可用等属性进行统一的设置。

为了创建一个 Action 对象，通常首先需要创建一个子类——继承抽象类 AbstractAction 类，然后再实例化这个子类。AbstractAction 抽象类提供了 Action 接口的默认实现，而且还提供了一些获取和设置 Action 类属性的方法。在继承 AbstractAction 类并创建自己需要的子类的时候,只需要通过这些方法设置需要的属性值和定义 actionPerformed 方法就可以了。表 7-23 列出了 AbstractAction 抽象类常用的属性及方法。

表 7-23　AbstractAction 抽象类常用的属性及方法

名　　称	适用的组件类和调用方法	说　　明
static String ACCELERATOR_KEY	JMenuItem (setAccelerator)	加速键(即快捷键)
static String ACTION_COMMAND_KEY	AbstractButton, JCheckBox, JRadioButton (setActionCommand)	和 ActionEvent 相关的命令字符串
static StringMNEMONIC_KEY	AbstractButton, JMenuItem, JCheckBox, JRadioButton (setMnemonic)	快捷键
static String NAME	AbstractButton, JMenuItem, JCheckBox, JRadioButton (setText)	action 的名字。可以通过构造方法 AbstractAction (String) 或 AbstractAction (String, Icon)设置其属性
static String SHORT_DESCRIPTION	AbstractButton, JCheckBox, RadioButton (setToolTipText)	提示文本
static String SMALL_ICON	AbstractButton, JMenuItem (setIcon)	用于为按钮提供小图标,也可以通过构造方法 AbstractAction(name, icon)设置
AbstractAction() AbstractAction(String name) AbstractAction (String name, Icon icon)		构造方法,可定义名称和图标
Object[] getKeys()		返回被设置了的键值对象数组,如果没有,返回 null
Object getValue(String key)		获得指定键值对应的对象
void putValue (String key, Object value)		为指定键值设置属性
void actionPerformed(ActionEvent e)		事件处理方法

建立了一个 Action 对象后,可以通过 GUI 组件的 setAction 方法把 Action 关联到此 GUI 组件。每个具有 addActionListener 方法的组件也都具有 setAction 方法,但 setAction 方法并不是 addActionListener 方法的替换。Action 是一个事件监听器,如果除此之外还需要添加别的监听器,则应该使用 addActionListener 方法。对给定的 GUI 组件,可以调用 setAction 不止一次,但组件和上一个 Action 对象之间的关联会被删除。

通过 setAction 方法把 Action 对象关联到某 GUI 组件后,会有如下效果:

(1) 此组件的属性会被升级到符合这个 Action 对象的属性。例如,如果设置了 Action 对象的文字和图标值,那么组件的文字和图标也会被重新设置成同样的值。

(2) 这个 Action 对象会被注册为此组件的一个事件监听器对象。

(3) 如果改变了 Action 对象的属性或方法，则和它关联的组件的属性或方法也会自动升级来符合这个改变了的 Action 对象。例如，如果改变了这个 Action 对象的使能状态(Enable State)，则所有和它关联的组件的使能状态也会发生相应改变。

7.5.2 边框

每个继承自 JComponent 的 Swing 组件都可以有若干个边框(Border)，边框不仅可以用来绘制线条，还可以为组件提供标题和周边的空白区域。使用组件的 setBorder 方法为组件添加边框。这个方法需要提供一个 Border 类型的对象。通常可以使用 BorderFactory 类提供的很多静态方法产生一个常用的 Border 对象。如果不能够满足要求，还可以直接使用 javax.swing.border 包里的 API 来定义自己的边框，其过程通常是创建 AbstractBorder 抽象类的子类，在子类中实现至少一个构造方法和 paintBorder、getBorderInsets 方法。表 7-24 列出了有关 border 的常用的 API。

表 7-24　有关 border 的常用 API

名　称	说　明
BorderFactory	类里的静态方法，返回类型都是 Border
createLineBorder(Color color) createLineBorder(Color color, int thickness)	创建指定颜色、线宽的线框
createEtcheBorder() createEtchedBorder(Color hightlight, Color shadow) createEtchedBorder(int type) createEtcheBorder(int type, Color highlight, Color shadow)	创建突起或凹陷的边框。可选的 Color 参数指定了使用的高亮和阴影色。type 参数为 EtchedBorder.LOWERED 或 EtchedBorder.RAISED 之一，如果不含此参数，则为 LOWERED
createLoweredBevelBorder()	创建一种边框，给人感觉组件比周围低
createRaiseBevelBorder()	创建一种边框，给人感觉组件比周围高
createBevelBorder(int type, Color highlight, Color shadow) createBevelBorder(int type, Color highlightOuter, Color highlightInner, Color shadowOuter, Color shadowInner)	创建为组件造成突起或下沉的效果的边框，type 为 BevelBorder. RAISED 或 BevelBorder. LOWERED。颜色参数用来指定外层和内层的高亮色和阴影色
createEmptyBorder() createEmptyBorder(int top, int left, int bottom, int right)	创建一不显示的边框，无参数的边框不占空间，有参数的指定了边框在四个边上占据的像素数
MatterBorder createMatteBorder(int top, int left, int bottom, int right, Color color) MatterBorder createMatteBorder(int top, int left, int bottom, int right, Icon tileIcon)	创建一个不光滑的边框，四个整数参数指定了边框在四个边上占据的像素数，颜色参数指定了边框的颜色，图标参数指定了填充边框的图标
TitledBorder createTitledBorder(Border border, String title, int titleJustification, int titlePosition, Font titleFont, Color titleColor)	为已有的 border 增加标题 title，并指定标题位置、字体、颜色。某些参数是可选的，具体用法见 API 文档

续表

名　　称	说　　明
CompoundBorder createCompoundBorder(Border outsideBorder, Border insideBorder)	创建一个双层边框
Swing 组件	用来设置边框的 API
void setBorder(Border border) Border getBorder()	设置或获得 JComponent 组件的边框
void setBorderPainted(Boolean) Boolean isBorderPainted()	设置或获得是否显示边框,用在 AbstractButton、JMenuBar、JPopupMenu、JProgressBar 和 JToolBar 中

7.5.3 设置外观和感觉

Swing 有一个十分有趣的特点,就是所谓的可插拔的外观和感觉(Pluggable Look & Feel),允许程序模拟各种操作系统的外观和感觉。JDK 中支持的常见的外观和感觉如下:

- JAVA Look and Feel: 其类名为"javax.swing.plaf.metal.MetalLookAndFeel"。它是程序默认的 Look and Feel,这是 Java 提供的跨平台的有金属质感的外观和感觉,可以用在所有平台上。
- Motif Look and Feel: 其类名为"com.sun.java.swing.plaf.motif.MotifLookAndFeel",它是仿真 UNIX 环境的外观和感觉,也可以用在所有平台上。
- Microsoft Windows: 其类名为"com.sun.java.swing.plaf.windows.WindowsLookAndFeel",只能在 Microsoft Windows 的操作系统下使用。
- Macintosh style: 其类名为"com.sun.java.swing.plaf.mac.MacLookAndFeel",只能在 Macintosh 的操作系统下使用。

人们需要在产生任何可视组件之前就设置好它们的外观和感觉,要设置某种外观和感觉,必须使用 UIManager 类所提供的 setLookAndFeel()静态方法,这个方法的参数为上面提到的类名字符串之一。

虽然在某种具体的操作系统下,可以有 3 种选择,但通常只会做两种选择,选用 Java 提供的跨平台的外观和感觉或程序所处系统的外观和感觉。前者是默认的状态,可以利用 UIManager 类提供的 getCrossPlatformLookAndFeelClassName()静态方法获得类名;对于后者,可以利用 UIManager 类提供的 getSystemLookAndFeel()静态方法获得目前操作平台的 Look and Feel 类名称字符串。

但这些设置并不能影响顶层容器 JFrame 和 JDialog,因为它们是重量级组件,均是依赖于操作系统(Operating System dependent)的,当使用的操作系统不同时,所显示的顶层容器就会有所不同。针对这两个顶层容器,都有一个静态方法 static void setDefaultLookAndFeelDecorated(boolean)来专门为其设置外观感觉,如果参数是 true,就会选用现在的外观感觉,如果是 false,就会选用操作平台的外观感觉。

7.5.4 应用线程

Swing 的绘图代码和事件处理代码在一个叫作 event-dispatching 线程中运行，它保证了每个事件一个接一个地发生、绘图，不被事件打断。但如果在此线程中的 GUI 界面初始化过程中需要执行一个很耗时的任务（比如复杂的计算、网络堵塞、磁盘 I/O 等），可以把这个任务放到另外一个线程中进行，这样界面才会更快得出现。还有一种情况需要使用多线程，例如点击一个按钮进入一段事件处理程序中，而这段程序本身是个死循环，如果这段程序不结束，就没法接受别的事件，解决办法就是把这段事件处理程序放到另外一个线程中。

例 7-8　单线程的绘图程序。

有一个按钮和标签，标签可以在上面画线，点击按钮后则进入无限循环。

```
//SingleThreadDraw.java
import javax.swing.*;
import java.awt.*;
import java.awt.event.*;
public class SingleThreadDraw extends JFrame {
    int x, y;
    public SingleThreadDraw() {
        this.setTitle("线程演示");
        Container c = this.getContentPane();
        JLabel L = new JLabel("点击可以画线哟", JLabel.CENTER);
        c.add(L, BorderLayout.CENTER);
        JButton b = new JButton("试试按我");
        b.setBorder(BorderFactory.createLineBorder(Color.blue, 5));
                                                        //为按钮创建边框
        c.add(b, BorderLayout.SOUTH);
        L.addMouseListener(new MouseAdapter() {
            public void mousePressed(MouseEvent e) {    //在标签上按鼠标时触发
                x = e.getX();                           //获得按点的横坐标
                y = e.getY();                           //获得按点的纵坐标
                repaint();                              //重绘组件
            }
        });
        b.addActionListener(new ActionListener() {
            public void actionPerformed(ActionEvent e) {
                while (true);                           //点击按钮后进入死循环
            }
        });
        this.setSize(300, 400);
        this.setVisible(true);                          //显示
    }
    @Override
```

```
    public void paint(Graphics g) {
        g.drawLine(0, 0, x, y);                         //画线
    }
    public static void main(String[] args) {
        new SingleThreadDraw();
    }
}
```

运行效果如图 7-19 所示,可以在标签上画图,但点击按钮之后,就陷入了死循环,再点击标签就不能画线了。

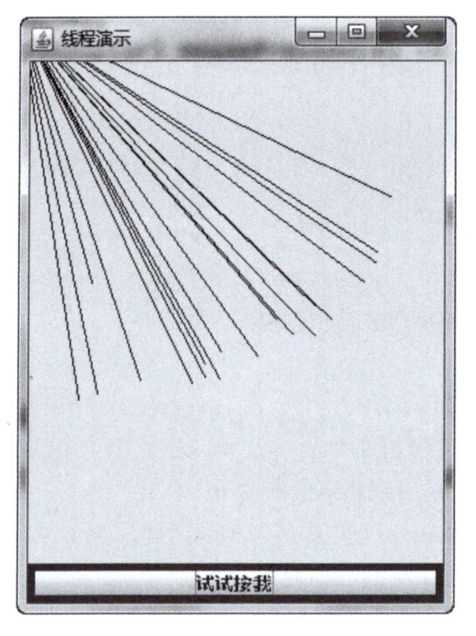

图 7-19　例 7-11 的运行效果

例 7-9　多线程的绘图程序。

修改上例,使点击按钮后虽然进入无限循环,仍可以画线。

```
//MultiThreadDraw.java
import javax.swing.*;
import java.awt.*;
import java.awt.event.*;
public class MultiThreadDraw extends JFrame {
    int x, y;
    public MultiThreadDraw() {
        this.setTitle("线程演示");
        Container c = this.getContentPane();
        JLabel L = new JLabel("点击可以画线哟", JLabel.CENTER);
        c.add(L, BorderLayout.CENTER);
        JButton b = new JButton("试试按我");
        b.setBorder(BorderFactory.createLineBorder(Color.blue, 5));
                                                        //为按钮创建边框
```

```
        c.add(b, BorderLayout.SOUTH);
        L.addMouseListener(new MouseAdapter() {
            public void mousePressed(MouseEvent e) { //在标签上按鼠标时触发
                x = e.getX();                        //获得按点的横坐标
                y = e.getY();                        //获得按点的纵坐标
                repaint();                           //重绘组件
            }
        });
        b.addActionListener(new ActionListener() {

            public void actionPerformed(ActionEvent e) {
                new newThread().start();
            }
        });
        this.setSize(300, 400);
        this.setVisible(true);                       //显示
    }
    @Override
    public void paint(Graphics g) {
        g.drawLine(0, 0, x, y);
    }
    public static void main(String[] args) {
        new MultiThreadDraw();
    }
}
class newThread extends Thread {
    @Override
    public void run() {
        while (true);
    }
}
```

经过修改后，即使点击按钮进入死循环，但由于是在另外一个线程上执行，因而不会影响继续可以在标签上点击画图。

7.5.5　定时器

如果需要让程序按照一定时间顺序依次完成某项任务，就需要使用 Timer 组件，其完整的类名是 javax.swing.Timer。Timer 组件会根据程序员设定的时间间隔，周期性地触发 ActionEvent 事件。例如使用定时器，可以使一系列图像成为动画。Timer 类提供了一系列 API 用于对定时器的各种操作，例如启动、关闭、设置间隔时间、设置是否只使用一次等。表 7-25 列出 Timer 常用的 API。

表 7-25　Timer 常用的 API

名　　称	说　　明
Timer(int delay, ActionListener listener)	创建一个指定间隔时间和事件监听器的定时器
voidsetDelay(int milliseconds) int getDelay()	设置或获得间隔时间,单位是毫秒
void setInitialDelay(int milliseconds) int getInitialDelay()	设置或获得首次触发 Timer 事件的时间间隔,以后的间隔是 setDelay 设置的数值
void setRepeats(boolean flag) boolean isRepeats()	设置或获得是否可以连续触发,如果是 false,只触发一次事件
void setCoalesce(boolean flag) boolean isCoalesce()	设置或获得定时器是否将若干未处理的一系列事件削减为一个,而不至于积压排队,默认状态是 true
void start()	开启定时器
void restart()	取消当前定时器事件,并在 initialDelay 间隔后重新开启定时器
void stop()	关闭定时器
boolean isRunning	获得定时器是否在运行

7.6　桌面 API

从 Java 6 开始,对于特定的文件类型,Java 程序可以和关联该文件类型的主机应用程序进行交互。这种交互是通过 java.awt.DeskTop 类进行的,因此 java.awt.DeskTop API 叫作桌面 API。

具体来说,桌面 API 允许 Java 应用程序完成以下三件事情:

(1) 通过一个 URL,启用主机平台上默认的浏览器打开该 URL,这个功能由 DeskTop 的 browse 方法完成。

(2) 启用主机平台上默认的邮件客户端,这个功能由 DeskTop 的 mail 方法完成。

(3) 对特定的文件,启用主机平台上与之关联的应用程序,对该文件进行打开、编辑、打印操作,这些功能分别由 DeskTop 的 open、edit、print 方法完成。

例 7-10　桌面 API 举例。

```
import java.awt.*;
import java.awt.event.ActionEvent;
import java.awt.event.ActionListener;
import javax.swing.*;
import java.net.*;
import java.io.*;
public class DeskTopAPI extends JFrame {
    private Desktop desktop;
    public JLabel lblBrowser;
    public JLabel lblMailTo;
```

```
    public JLabel lblOpenFile;
    public JLabel lblEditFile;
    public JLabel lblPrintFile;
    public JTextField txtBrowserURI;
    public JTextField txtMailTo;
    public JTextField txtOpenFile;
    public JTextField txtEditFile;
    public JTextField txtPrintFile;
    public JButton btnBrowserURI;
    public JButton btnMailTo;
    public JButton btnOpenFile;
    public JButton btnEditFile;
    public JButton btnPrintFile;
    public DeskTopAPI() {
        setDefaultCloseOperation(javax.swing.WindowConstants.EXIT_ON_CLOSE);
        setTitle("DesktopDemo");
        Container contentPane = getContentPane();
        contentPane.setLayout(new GridLayout(5,3));
        lblBrowser = new JLabel("URI:");
        lblMailTo = new JLabel("Mail to:");
        lblOpenFile = new JLabel("File:");
        lblEditFile = new JLabel("File:");
        lblPrintFile = new JLabel("File");
        txtBrowserURI = new JTextField();
        txtMailTo = new JTextField();
        txtOpenFile = new JTextField();
        txtEditFile = new JTextField();
        txtPrintFile = new JTextField();
        btnBrowserURI = new JButton("Open URI");
        btnBrowserURI.addActionListener(new java.awt.event.ActionListener() {
            public void actionPerformed(java.awt.event.ActionEvent evt) {
                URI uri = null;
                try {
                    uri = new URI(txtBrowserURI.getText());
                    desktop.browse(uri);
                }
                catch(IOException ioe) {
                    ioe.printStackTrace();
                }
                catch(URISyntaxException use) {
                    use.printStackTrace();
                }
            }
        });
```

```
        btnMailTo = new JButton("Send Mail");
        btnMailTo.addActionListener(new java.awt.event.ActionListener() {
            public void actionPerformed(ActionEvent e) {
                String mailTo = txtMailTo.getText();
                URI uriMailTo = null;
                try {
                    if (mailTo.length() > 0) {
                        uriMailTo = new URI("mailto", mailTo, null);
                        desktop.mail(uriMailTo);
                    } else {
                        desktop.mail();
                    }
                }
                catch(IOException ioe) {
                    ioe.printStackTrace();
                }
                catch(URISyntaxException use) {
                    use.printStackTrace();
                }
            }
        });
        btnOpenFile = new JButton("Open File");
        btnOpenFile.addActionListener(new java.awt.event.ActionListener() {
            public void actionPerformed(ActionEvent e) {
                try {
                        String fileName = txtOpenFile.getText();
                        File file = new File(fileName);
                        desktop.open(file);
                }
                catch (IOException ioe) {
                    ioe.printStackTrace();
                }
            }
        });
        btnEditFile = new JButton("Edit File");
        btnEditFile.addActionListener(new java.awt.event.ActionListener() {
            public void actionPerformed(ActionEvent e) {
                try {
                        String fileName = txtOpenFile.getText();
                        File file = new File(fileName);
                        desktop.edit(file);
                }
                catch (IOException ioe) {
                    ioe.printStackTrace();
```

```
                }
            }
        });
        btnPrintFile = new JButton("Print File");
        btnPrintFile.addActionListener(new java.awt.event.ActionListener() {
            public void actionPerformed(ActionEvent e) {
                try {
                        String fileName = txtOpenFile.getText();
                        File file = new File(fileName);
                        desktop.print(file);
                }
                catch (IOException ioe) {
                    ioe.printStackTrace();
                }
            }
        });
        contentPane.add(lblBrowser);
        contentPane.add(txtBrowserURI);
        contentPane.add(btnBrowserURI);
        contentPane.add(lblMailTo);
        contentPane.add(txtMailTo);
        contentPane.add(btnMailTo);
        contentPane.add(lblOpenFile);
        contentPane.add(txtOpenFile);
        contentPane.add(btnOpenFile);
        contentPane.add(lblEditFile);
        contentPane.add(txtEditFile);
        contentPane.add(btnEditFile);
        contentPane.add(lblPrintFile);
        contentPane.add(txtPrintFile);
        contentPane.add(btnPrintFile);
        disableActions();
        if (Desktop.isDesktopSupported()) {
            desktop = Desktop.getDesktop();
            enableSupportedActions();
        }
    }
    private void disableActions() {
        txtBrowserURI.setEnabled(false);
        btnBrowserURI.setEnabled(false);
        txtMailTo.setEnabled(false);
        btnMailTo.setEnabled(false);
        txtOpenFile.setEnabled(false);
        btnOpenFile.setEnabled(false);
```

```
        txtEditFile.setEnabled(false);
        btnEditFile.setEnabled(false);
        txtPrintFile.setEnabled(false);
        btnPrintFile.setEnabled(false);
    }
    private void enableSupportedActions() {
        txtBrowserURI.setEnabled(true);
        btnBrowserURI.setEnabled(true);
        txtMailTo.setEnabled(true);
        btnMailTo.setEnabled(true);
        txtOpenFile.setEnabled(true);
        btnOpenFile.setEnabled(true);
        txtEditFile.setEnabled(true);
        btnEditFile.setEnabled(true);
        txtPrintFile.setEnabled(true);
        btnPrintFile.setEnabled(true);
    }
    public static void main(String args[]) {
        DeskTopAPI testAPI = new DeskTopAPI();
        testAPI.setSize(400, 200);
        testAPI.setVisible(true);
    }
}
```

程序的运行结果如图 7-20 所示。

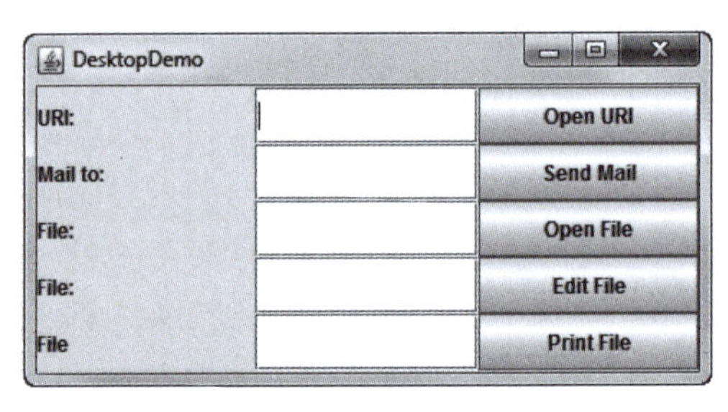

图 7-20　例 7-13 的运行效果

在 URI 文本框中输入网址,例如 https://www.tsinghua.edu.cn,单击 OpenURL 按钮,则会调用系统的默认浏览器。在 File 文本框中输入文件路径,单击 Open File 按钮,则会调用该文件的默认打开应用程序,打开该文件。

7.7　本章小结

本章介绍了 Java 的绘图机制,并简略介绍了绘图效果更为出色的 Java 2D API。目前通常使用轻量级 Swing 组件代替老的重量级 AWT 组件搭建图形用户界面,所以本章重点介绍了 Swing 的结构层次、布局管理,以及如何为其编写事件处理程序;对 Swing 中的组件进行了简明扼要的归类介绍;对很多组件都要使用的特色功能如 Action 对象、边框、外观风格、线程、定时器也做了说明。学习本章的重点在于掌握图形用户界面程序的编程方法、思路,掌握 Swing 的结构和特点,以及常用的 Swing 组件。要全面掌握 Swing 的全部内容,还需要参考专门的书籍或手册。

习题

1. 编写一个程序,该程序绘制一个 5×9 的网格,使用 drawLine 方法。

2. 编写一个程序,该程序以不同的颜色随机产生三角形,每个三角形用不同的颜色进行填充。

3. 编写一个绘制圆形的程序,当鼠标在绘制区域中点击时,该正方形的左上角顶点应准确地跟随鼠标光标地移动,重绘该圆形。

4. 编写一个“猜数”程序:该程序随机在 1 到 100 的范围内选择一个供用户猜测的整数,然后该程序显示提示信息,要求用户输入一个 1 到 100 之间的整数,根据输入数偏大、偏小、正确,程序将显示不同的图标。

5. 练习使用 JScrollPane。使用 BorderLayout 将 JFrame 布局分为左右两块;左边使用 GridLayout,包含 3 个按钮,右边在 JLabel 里显示一张图片,按钮控制 JLabel 是否显示滚动条。

6. 练习使用 JList。建立两个 JList,双击其中任何一个的中的某一项,此项就会添加到另外一个 JList 中。

7. 练习使用 JComboBox。包括一个 JLabel,一个 JComboBox,可以通过输入或者选择 JComboBox 中的某一项来控制 JLabel 中文字的大小。

8. 练习使用 JTable。包括姓名、学号、语文成绩、数学成绩、总分五项,单击总分会自动将语文、数学成绩相加。

9. 练习使用对话框。包括一个 JLabel 和两个 JButton,单击任何一个 JButton 都会产生一个输入对话框,单击“确定”按钮后将输入内容在 JLabel 中显示出来。

10. 练习使用 JMenu、JFileChooser、JColorChooser。通过菜单可以打开文件选择对话框,来打开某一指定文本文件,通过菜单可打开颜色选择对话框控制显示文本的颜色。

11. 编写一个图形用户界面,包括 3 个 JSlider 对象和 3 个 JTextField 对象。每个 JSlider 代表颜色中的红、绿、蓝 3 部分,它们的值从 0 到 255,在相应的 JTextField 中显示各个 JSlider 的当前值。用这 3 个值作为 Color 类构造方法的参数创建一个新的 Color 对象,用来填充一个矩形。

12. 编写 Application 程序,构造一 GUI,实现对两个数的加、减、乘、除功能。应含有 3 个 JTextField、1 个 JButton,3 个 JTextField 分别用于输入两个数字和运算符号,结果用 JLabel 显示出来。

13. 编写一个含菜单的应用程序,包含 File 和 Type 两个菜单,File 菜单中包括“打开”和“退出”两个选项,打开菜单会弹出一个 JFileChooser 对话框;Type 菜单包含一系列复选框,可用于确定文件选择对话框的选择类型。

第 8 章

多线程编程

我们都有在计算机系统中同时开启并使用多个程序的经验，例如，当使用文字处理软件编辑文稿时，同时也可以打开音乐播放器听音乐，可见，这两个独立的程序在同时运行。一个独立程序的每一次运行称为一个进程。

每个进程中又可以包含多个同时执行的子任务，对应于多个线程。本章介绍线程的概念，以及如何创建及使用线程等问题。通过本章的学习，读者能够对为什么要使用线程以及如何使用线程有一个明确的认识，并可正确编写多线程程序。

8.1 多线程编程基础

8.1.1 线程的概念

从宏观来看，似乎单 CPU 的操作系统也能够同时执行多个应用程序，但实际上是操作系统在负责对 CPU 等资源进行分配和管理。虽然 CPU 某一时刻只能做一件事，但以非常小的时间间隔交替执行多个程序，就可以给人在同时执行多个程序的感觉。

在大多数操作系统中都可以创建多个进程。当一个程序因等待网络访问或用户输入而被阻塞时，另一个程序还可以运行，这样就提高了资源利用率。但是，创建每个进程要付出一定的代价：设置一个进程要占用相当一部分处理器时间和内存资源。而且，大多数操作系统不允许进程访问其他进程的内存空间，进程间的通信也很不方便，编程模型比较复杂。因此在很多情况下，如果是同一个应用程序需要并行处理多件任务，就不必建立多个进程，而是在一个进程之中建立多个线程。创建线程比创建进程的开销要小得多，线程之间的协作和数据交换也相对比较容易。

一个应用程序的一次执行对应于一个进程，每个进程中至少有一个线程在执行其地址空间中的代码。在单线程程序中，一个进程中只有一个线程，代码按调用顺序依次执行。如果要实现一个程序中多段代码同时并发执行，就需要产生多个线程，并指定每个线程上所要运行的程序段，这就是多线程。

在 Java 程序中创建线程有两种方法：继承 Thread 类和实现 Runnable 接口。

8.1.2 Thread 类

当 Java 虚拟机执行单线程的 Java 程序时，只有一个非后台线程，例如执行中的 main 方法。如果程序中有需要同时并行执行的多个代码段，并且这些代码段在逻辑上可以同时运行，那么就可以建立多个线程并发执行。

与其他高级语言相比，用 Java 编写多线程的程序相对来说比较容易，因为 Java 在语言级提供了对线程的支持。Java 的 Thread 类封装了 Java 程序中一个线程(对象)需要拥有的属性和方法。

从 Thread 类派生一个子类，并创建这个子类的对象，就可以产生一个新的线程。这个子类应该覆盖 Thread 类的 run 方法，在 run 方法中写入需要在新线程中执行的语句段。这个子类的对象需要调用 start 方法来启动线程，新线程将自动进入 run 方法，原线程会继续往下执行。Thread 类直接继承了 Object 类，并实现了 Runnable 接口。Thread 类位于 java.lang 包中，因而程序开头不用 import 任何包就可直接使用。

例 8-1　在新线程中完成计算某个整数的阶乘。

```
public class FactorialThreadTester {
    public static void main(String[] args) {
        System.out.println("main thread starts");
        FactorialThread1 thread = new FactorialThread1(10);
        thread.start();
        System.out.println("main thread ends ");
    } //end main
}
//class FactorialThread1 controls thread execution
class FactorialThread1 extends Thread {
    private int num;
    public FactorialThread1(int num) {
        this.num = num;
    }
    @Override
    public void run() {
        int i = num;
        int result = 1;
        System.out.println("new thread started");
        while (i > 0) {
            result = result * i;
            i = i - 1;
        }
        System.out.println("The factorial of " + num + " is " + result);
        System.out.println("new thread ends");
    }
}
```

编译运行结果如下：

```
main thread starts
main thread ends
new thread started
The factorial of 10 is 3628800
new thread ends
```

从输出信息可以看出 main 线程执行完后,新线程才开始执行。main 方法调用 thread.start 方法启动新线程后并不等待其 run 方法返回就继续运行,thread.run 方法在一边独自运行,不影响原来的 main 方法的运行。

如果启动新线程后希望主线程多持续一段时间再结束,可在 start 语句后加上让当前线程(也就是这里的 main 线程)休息 1ms 的语句:

```
try {
    Thread.sleep(1);
}
catch(Exception e){};
```

则运行结果如下:

```
main thread starts
new thread stared
The factorial of 10 is 3628800
new thread ends
main thread ends
```

可见,这样结果就变成了新线程结束后 main 线程才结束。

表 8-1 列出了 Thread 类的主要方法。刚刚提及的让线程休息的 sleep 方法也在其中。

表 8-1　Thread 类的常用方法

名　称	说　明
public Thread()	构造一个新的线程对象,默认名为 Thread-n,n 是从 0 开始递增的整数
public Thread(Runnable target)	构造一个新的线程对象,以一个实现 Runnable 接口的类的对象为参数,默认名为 Thread-n,n 是从 0 开始递增的整数
public Thread(String name)	构造一个新的线程对象,并同时指定线程名
public static Thread currentThread()	返回当前正在运行的线程对象
public static void sleep(long millis)	使当前线程暂停运行指定的毫秒数,但此线程并不失去已获得的锁
public void start()	启动线程
public void run()	Thread 的子类应该覆盖此方法,内容为该线程应执行的任务
public void interrupt()	中断线程
public final void join(long millis)	调用 t.join(m)意味着等待 mms 或者线程 t 死亡才能继续执行调用线程
public final void join()	调用 t.join()等价于调用 t.join(0),即直到线程 t 死亡才能继续执行调用线程
public final void setPriority(int newPriority)	设置线程优先级
public final void setDaemon(Boolean on)	设置是否为后台线程。必须在调用 start 方法前调用此方法

续表

名　称	说　明
public final void checkAccess()	判断调用线程是否有权修改此线程
public void setName(String name)	修改线程名称
public final boolean isAlive()	判断线程是否存活，即已启动且未死亡

读者可能对表 8-1 中所列的某些方法和概念不是很理解，例如 Runnable 接口、锁、优先级、后台线程、线程死亡等，这些内容会在本章后面各节进行详细解释。读者现在只需大概知道 Thread 类主要有哪些方法，如何创建并启动一个新线程即可。下面的示例中，程序创建了 3 个新线程。

例 8-2　创建 3 个新线程，每个线程睡眠一段时间(0～6s)，然后结束。

```
public class ThreadSleepTester {
    public static void main(String[] args) {
        //创建并命名每个线程
        TestThread1 thread1 = new TestThread1("thread1");
        TestThread1 thread2 = new TestThread1("thread2");
        TestThread1 thread3 = new TestThread1("thread3");
        System.out.println("Starting threads");
        thread1.start();                                    //启动线程 1
        thread2.start();                                    //启动线程 2
        thread3.start();                                    //启动线程 3
        System.out.println("Threads started, main ends\n");
    }
}
class TestThread extends Thread {
    private int sleepTime;
    public TestThread(String name) {                        //构造方法
        super(name);                                        //调用超类构造方法为线程命名
        sleepTime = (int) (Math.random() * 6000);           //获得随机休息毫秒数
    }
    @Override
    public void run() {                    //run 方法是线程启动并开始运行后要执行的方法
        try {
            System.out.println(
                    getName() + " going to sleep for " + sleepTime);

            Thread.sleep(sleepTime);                        //线程休眠
        } catch (InterruptedException exception) {
        }
        System.out.println(getName() + " finished");  //运行结束，给出提示信息
    }
}
```

某次运行结果为：

```
Starting threads
Threads started, main ends

thread1 going to sleep for 3519
thread2 going to sleep for 1689
thread3 going to sleep for 5565
thread2 finished
thread1 finished
thread3 finished
```

从输出信息可以看出，由于线程 3 休眠时间最长，所以最后结束，线程 2 休眠时间最短，所以最先结束。每次运行都会产生不同的随机休眠时间，所以结果都不相同。下面是另一次运行的结果：

```
Starting threads
thread1 going to sleep for 574
thread2 going to sleep for 100
Threads started, main ends

thread3 going to sleep for 3880
thread2 finished
thread1 finished
thread3 finished
```

这次 main 线程是在线程 1 和线程 2 进入 run 方法后才结束的，而且随机休眠时间也不相同。多线程的执行次序与系统的调度有关，如果不进行控制，调度有一定的随机性。

8.1.3 Runnable 接口

前面已经提到 Thread 类实现了 Runnable 接口，那么 Runnable 接口是什么呢? Runnable 接口也是 Java 多线程机制的一个重要部分，实际上它只有一个 run 方法。实现 Runnable 接口的类的对象可以用来创建线程，该线程启动之后就会运行它的 run 方法。虽然例 8-1 和例 8-2 都是通过 Thread 类的子类来产生多个线程，但是在编写复杂程序时相关的类可能已经继承了某个超类，而 Java 不支持多继承，在这种情况下，便需要通过实现 Runnable 接口来生成多线程。下面来使用 Runnable 接口重新实现例 8-1 和例 8-2 的功能。

例 8-3　使用 Runnable 接口实现例 8-1。

```
public class FactorialRunnableTester {
    public static void main(String[] args) {
        System.out.println("main thread starts");
        FactorialThread2 t = new FactorialThread2(10);
        new Thread(t).start();
```

```
        System.out.println("new thread started,main thread ends ");
    } //end main
}
//class FactorialThread controls thread execution
class FactorialThread2 implements Runnable {
    private int num;
    public FactorialThread2(int num) {
        this.num = num;
    }
    //实现 Runnable 接口的 run 方法
    public void run() {
        int i = num;
        int result = 1;
        while (i > 0) {
            result = result * i;
            i = i - 1;
        }
        System.out.println("The factorial of " + num + " is " + result);
        System.out.println("new thread ends");
    }
}
```

运行结果和例 8-1 完全相同。

例 8-4　使用 Runnable 接口实现例 8-2 功能。

```
public class ThreadSleepRunnableTester {
    public static void main(String[] args) {
        //创建 3 个实现 Runnable 接口类的对象
        TestThread2 thread1 = new TestThread2();
        TestThread2 thread2 = new TestThread2();
        TestThread2 thread3 = new TestThread2();
        System.out.println("Starting threads");
        //分别以三个对象为参数创建三个新线程,第二个参数为新线程命名并启动之
        new Thread(thread1, "Thread1").start();
        new Thread(thread2, "Thread2").start();
        new Thread(thread3, "Thread3").start();
        System.out.println("Threads started, main ends\n");
    }
}
class TestThread2 implements Runnable {
    private int sleepTime;
    public TestThread2() {                              //构造方法
        sleepTime = (int) (Math.random() * 6000);   //获得随机休息毫秒数
    }
```

```
    public void run()                       //run 方法是线程启动并开始运行后要执行的方法
    {
        try {
            System.out.println(Thread.currentThread().getName() + " going to
sleep for " + sleepTime);
            //区别于例 8-2,因为不是继承 Thread 类,因而必须先调用 currentThread 方法
            Thread.sleep(sleepTime);                    //线程休眠
        } catch (InterruptedException exception) {
        }
        //运行结束,给出提示信息
        System.out.println(Thread.currentThread().getName() + " finished");
    }
}
```

运行结果如下:

```
Starting threads
Thread1 going to sleep for 1487
Thread2 going to sleep for 1133
Threads started, main ends

Thread3 going to sleep for 2328
Thread2 finished
Thread1 finished
Thread3 finished
```

可以看到,主程序运行完毕后线程 3 才进入其 run 方法,且线程 3 休眠时间最长。每次运行本程序,都将出现不同的结果。

其实使用 Runnable 接口的好处不仅在于间接解决了多继承问题,与 Thread 类相比,Runnable 接口更适合于多个线程处理同一资源。事实上,几乎所有的多线程应用都可以用实现 Runnable 接口的方式来实现。在 8.1.4 和 8.1.5 节中,将讨论资源共享和线程同步的问题,读者可以更加清楚地感受到这两种方式用于实现多线程的不同特点。

8.1.4 线程间的数据共享

当多个线程的执行代码来自同一个类的 run 方法时,即称它们共享相同的代码;当它们共同访问相同的对象时,称它们共享相同的数据。使用 Runnable 接口可以轻松实现多个线程共享相同数据,只要用同一个实现了 Runnable 接口的实例作为参数创建多个线程就可以了。

在例 8-4 中,用 3 个 Runnable 类型的对象作为参数创建了 3 个新线程,将会产生 3 个随机休眠时间,现在稍微改变一下,如果只用一个 Runnable 类型的对象作为参数创建 3 个新线程的话,会不会还产生 3 个随机休眠时间呢?

例 8-5　修改例 8-4，只用一个 Runnable 类型的对象为参数创建 3 个新线程。

```
public class ShareRunnableTester {
    public static void main(String[] args) {
        //只创建 1 个实现 Runnable 接口类的对象
        TestThread3 threadobj = new TestThread3();
        System.out.println("Starting threads");
        //只用一个 Runnable 类型对象为参数创建三个新线程,分别命名并启动之
        new Thread(threadobj, "Thread1").start();
        new Thread(threadobj, "Thread2").start();
        new Thread(threadobj, "Thread3").start();
        System.out.println("Threads started, main ends\n");
    }
}
class TestThread3 implements Runnable {
    private int sleepTime;
    public TestThread3() {                          //构造方法
        sleepTime = (int) (Math.random() * 6000);   //获得随机休息毫秒数
    }
    public void run() {                    //run 方法是线程启动并开始运行后要执行的方法
        try {
            System.out.println(
                    Thread.currentThread().getName() + " going to sleep for " +
sleepTime);

            Thread.sleep(sleepTime);                //线程休眠
        } catch (InterruptedException exception) {
        }
        //运行结束,给出提示信息
        System.out.println(Thread.currentThread().getName() + " finished");
    }
}
```

运行结果如下：

```
Starting threads
Thread1 going to sleep for 966
Thread2 going to sleep for 966
Threads started, main ends

Thread3 going to sleep for 966
Thread1 finished
Thread2 finished
Thread3 finished
```

可见，只用一个 Runnable 类型的对象作为参数创建 3 个新线程，不会产生 3 个随机休

眠时间,这是因为这 3 个线程就共享了这个 Runnable 类型对象的私有成员 sleepTime,在本次运行中,3 个线程都休眠了 966ms。

例 8-6　用 3 个线程模拟 3 个售票口,总共出售 200 张票。

有 3 个售票口,共同出售 200 张票,用 3 个线程模仿 3 个售票口的售票行为,这 3 个线程就应该共享 200 张票的数据。

创建一个实现 Runnable 接口的售票类,在主线程中创建一个售票类的实例,并用其作为参数产生 3 个新线程,这 3 个新线程就可以共享这 200 张票的资源了。

```
public class SellTicketsTester {
    public static void main(String[] args) {

        /* 新建一个售票类的对象 */
        SellTickets t = new SellTickets(200);

        /* 用此对象作为参数创建 3 个新线程并启动 */
        new Thread(t).start();
        new Thread(t).start();
        new Thread(t).start();
    }
}

class SellTickets implements Runnable {

    /**
     * 将共享的资源作为私有变量
     */
    private int tickets;

    public SellTickets(int tickets) {
        this.tickets = tickets;
    }

    @Override
    public void run() {

        /* 直到没有票可售为止 */
        while (tickets > 0) {
            System.out.println(Thread.currentThread().getName() + " is selling
ticket " + tickets--);
        }

    }
}
```

运行结果选最后几行如下：

```
Thread-2 is selling ticket 6
Thread-1 is selling ticket 5
Thread-0 is selling ticket 4
Thread-2 is selling ticket 3
Thread-1 is selling ticket 2
Thread-0 is selling ticket 1
```

在这个例子中，创建了 3 个线程，每个线程调用的是同一个 SellTickets 对象中的 run 方法，访问的是同一个对象中的变量（tickets）。

如果是通过创建 Thread 类的子类来模拟售票过程，再创建 3 个新线程，则每个线程都会有各自的方法和变量，虽然方法是相同的，但变量却是各有 200 张票，因而结果将会是各卖出 200 张票，这样不符合需求原意。

8.1.5　多线程的同步控制

前面讲的例子中涉及的线程彼此之间是独立的、不同步的，即每个线程都可以独自运行，不需要考虑其他正在运行的线程的状态或动作。

但是经常会遇到很多有趣的情况：同时运行的几个线程需要共享一个（些）数据，并且要考虑彼此的状态和动作。例如当一个线程对共享的数据进行操作时，在没有完成相关操作之前，不允许其他线程打断它，否则会破坏数据的完整性。也就是说，被多个线程共享的数据在同一时刻只允许一个线程处于操作之中，这就是同步控制中的一个问题：线程间的互斥。

更典型的同步控制问题是所谓的"生产者-消费者"问题，即生产者产生数据，消费者消费数据，两者之间存在着一个相互配合（即同步）关系。具体来说，假设有一个 Java 应用程序，其中有一个线程负责往数据区写数据，另一个线程从同一数据区中读数据，两个线程可以并行执行（类似于流水线上的两道工序）。但如果数据区已满，生产者就暂时不要放数据，要等消费者取走一些数据后再放；而当数据区没有数据时，消费者就暂时不能取数据，而要等生产者放入一些数据后再取。因此，这两个线程必须保证以某种方式的同步。

在例 8-7 中，假定开始售票处并没有票，一个线程往里存票，另外一个线程则往外卖票。新建一个票类对象，让存票和售票线程都访问它。在本例中，采用两个线程共享同一个数据对象来实现对同一份数据的操作。

例 8-7　用两个线程模拟存票、售票过程。

```
public class ProducerAndConsumer1 {
    public static void main(String[] args) {
        Tickets t = new Tickets(10);     //新建一个票类对象,总票数作为参数
        new Producer(t).start();         //以票类对象为参数创建存票线程对象,并启动
        new Consumer(t).start();         //以同一个票类对象为参数创建售票线程,并启动
    }
}
class Tickets {                          //票类
```

```
    int number = 0;                         //票号
    int size;                               //总票数
    boolean available = false;              //表示目前是否有票可售
    public Tickets(int size) {              //构造方法,传入总票数参数
        this.size = size;
    }
}
class Producer extends Thread {             //存票线程
    Tickets t = null;
    public Producer(Tickets t) {            //构造方法以一个票类对象为参数
        this.t = t;
    }
    public void run() {
        while (t.number < t.size) {         //限制循环条件为存票序号小于总票数
            System.out.println("Producer puts ticket " + (++t.number));
            t.available = true;             //可以卖票
        }
    }
}
class Consumer extends Thread {             //售票线程
    Tickets t = null;
    int i = 0;
    public Consumer(Tickets t) {            //构造方法以一个票类对象为参数
        this.t = t;
    }
    public void run() {
        while (i < t.size) {                //循环条件为售票序号小于总票数
            if (t.available == true && i <= t.number) {
                                            //有票可售且小于目前票序号
                System.out.println("Consumer buys ticket " + (++i));
            }
            if (i == t.number) {            //如果票已售到当前序号,则不可售
                t.available = false;
            }
        }
    }
}
```

运行结果如下:

```
Producer puts ticket 1
Producer puts ticket 2
Producer puts ticket 3
Producer puts ticket 4
```

```
Producer puts ticket 5
Producer puts ticket 6
Producer puts ticket 7
Producer puts ticket 8
Consumer buys ticket 1
Consumer buys ticket 2
Consumer buys ticket 3
Consumer buys ticket 4
Consumer buys ticket 5
Consumer buys ticket 6
Consumer buys ticket 7
Consumer buys ticket 8
Producer puts ticket 9
Producer puts ticket 10
Consumer buys ticket 9
Consumer buys ticket 10.
```

可见存票和售票线程交替运行。存票线程先存了 8 张票，售票线程之后售出 8 张；存票线程又存了两张，售票线程又售出两张。通过让两个线程操纵同一个票类对象，实现了数据共享的目的。

乍看似乎什么问题都没有，但是如果多运行几次这个程序，会出现下面这种情况：

```
Producer puts ticket 1
Producer puts ticket 2
Producer puts ticket 3
Producer puts ticket 4
Producer puts ticket 5
Producer puts ticket 6
Producer puts ticket 7
Producer puts ticket 8
Consumer buys ticket 1
Consumer buys ticket 2
Consumer buys ticket 3
Consumer buys ticket 4
Consumer buys ticket 5
Consumer buys ticket 6
Consumer buys ticket 7
Consumer buys ticket 8
Producer puts ticket 9
Producer puts ticket 10
```

存票程序存了最后两张票后，程序就陷入了死机，售票程序不能正常运行了。这是为什么呢？仔细考察这个程序，假如售票线程运行到 t.available＝false 之前，CPU 切换到执行存票线程，存票线程将 t.available 置为 true，但再次切换到售票线程后，售票线程执行

t.available=false,则由于售票号目前还是 8,小于总票数,且存票线程已经结束不再能将 t.available 置为 true,则售票线程陷入了死循环。

如果在 t.available=false 之前加上 sleep 语句,让售票线程多停留一段时间,则可以更加清楚地看到这个问题。

如何避免上面这种意外以保证程序是"线程安全"的呢? 这就需要解决线程的同步与互斥问题。例如在例 8-7 中,只要保证执行售票线程时不存票、执行存票线程时不售票就行了。也就是说,存票线程和售票线程应保持互斥关系。

在 Java 中,利用对象的"锁"可以实现线程间的互斥操作。每个对象都有一个"锁"与之相连。当线程 A 获得了一个对象的锁后,线程 B 若也想获得该对象的锁,就必须等待线程 A 完成指定的操作并释放出锁后,才能获得该对象的锁,然后再执行线程 B 中的操作。一个对象的锁只有一个,所以利用一个对象的锁可以实现不同线程的互斥效果。当一个线程获得锁后,需要该锁的其他线程只能处于等待状态。在编写多线程的程序时,利用这种互斥锁机制,就可以实现不同线程间的互斥操作。

关键字 synchronized 可以实现与一个锁的交互。例如:

```
synchronized(对象) { 代码段 }
```

synchronized 的功能是:首先判断对象的锁是否在,如果在就获得锁,然后就可以执行紧随其后的代码段;如果对象的锁不在(已被其他线程拿走),就进入等待状态,直到获得锁。

注意:当被 synchronized 限定的代码段执行完后,就释放锁。

例 8-8 在 Product 类和 Consumer 类中加入锁。

根据锁的作用及编程思路,现修改例 8-7 的两个线程类如下:

```
class Producer extends Thread {
    Tickets t = null;
    public Producer(Tickets t) {
        this.t = t;
    }
    @Override
    public void run() {
        while ((t.number) < t.size) {
            synchronized (t) {                              //申请对象 t 的锁
                System.out.println("Producer puts ticket " + (++t.number));
                t.available = true;
            }                                               //释放对象 t 的锁
        }
        System.out.println("Producer ends!");
    }
}
class Consumer extends Thread {
    Tickets t = null;
    int i = 0;
    public Consumer(Tickets t) {
```

```
        this.t = t;
    }
    @Override
    public void run() {
        while (i < t.size) {
            synchronized (t) {                              //申请对象 t 的锁
                if (t.available == true && i <= t.number) {
                    System.out.println("Consumer buys ticket " + (++i));
                }
                if (i == t.number) {
                    try {
                        Thread.sleep(1);
                    } catch (Exception e) {
                    }
                    t.available = false;
                }
            }                                               //释放对象 t 的锁
        }
        System.out.println("Consumer ends");
    }
}
```

注意在上面的修改中，仅仅是将需要互斥的语句段放入了 synchronized(object){}语句框中，且两处的 object 是相同的。所以，存票程序段和售票程序段为获得同一对象的锁而实现互斥操作。

当线程执行到 synchronized 的时候，检查传入的实参对象，并申请得到该对象的锁。如果得不到，那么线程就被放到一个与该对象锁相对应的等待线程池中；直到该对象的锁被归还，池中的等待线程才能重新去获得锁，然后继续执行下去。

除了可以对指定的代码段进行同步控制之外，还可以对指定的方法在同步控制下执行，只要在方法定义前加上 synchronized 关键字即可。下面把两个需要互斥的方法放在 Tickets 类中实现，这样程序看起来就会更加清楚（见例 8-9）。

例 8-9　实现例 8-8 功能。将互斥方法放在共享的资源类 Tickets 中。

```
public class ProducerAndConsumer2 {
    public static void main(String[] args) {
        Tickets t = new Tickets(100);
        new Producer(t).start();
        new Consumer(t).start();
    }
}
class Tickets {
    int size;                                    //票总数
    int number = 0;                              //存票序号
```

```
    int i = 0;                                        //售票序号
    boolean available = false;                        //是否有待售的票
    public Tickets(int size) {
        this.size = size;
    }
    public synchronized void put() {                  //同步方法,实现存票的功能
        System.out.println("Producer puts ticket " + (++number));
        available = true;
    }
    public synchronized void sell() {                 //同步方法,实现售票的功能
        if (available == true && i <= number) {
            System.out.println("Consumer buys ticket " + (++i));
        }
        if (i == number) {
            available = false;
        }
    }
}
class Producer extends Thread {
    Tickets t = null;
    public Producer(Tickets t) {                      //构造方法,使两线程共享票类对象
        this.t = t;
    }
    @Override
    public void run() {
        while (t.number < t.size) {                   //如果存票数小于限定总量,则不断往入存票
            t.put();
        }
    }
}
class Consumer extends Thread {
    Tickets t = null;
    public Consumer(Tickets t) {                      //构造方法,使两线程共享票类对象
        this.t = t;
    }
    @Override
    public void run() {
        while (t.i < t.size) {                        //如果售票数小于限定总量,则不断售票
            t.sell();
        }
    }
}
```

运行结果同例 8-8 完全相同。这里需要提及的是,同步方法使用的锁关联对象正是方法所属的实例对象。在例 8-9 中,正是因为 put 和 sell 两个同步方法都属于同一个 Tickets

类的对象,所以实现了同步。

由于要实现多线程的数据共享,即多个线程对同一数据资源进行操作,就可能造成一个线程对资源进行了部分处理,另一个线程就插进来对其进行处理,这样就会破坏共享数据的完整性。因此,需要使用线程同步与互斥技术,防止不同的线程同时对共享数据进行修改操作。数据共享和线程互斥操作经常是密不可分的。

8.1.6 线程之间的通信

多线程的执行往往需要相互之间的配合。为了更有效地协调不同线程的工作,需要在线程间建立沟通渠道,通过线程间的"对话"来解决线程间的同步问题,而不仅仅是依靠互斥机制。

java.lang.Object 类的 wait、notify 等方法为线程间的通信提供了有效手段。表 8-2 列出了这些方法的基本功能。

表 8-2　Object 类中用于线程通信的主要方法

public final void wait()	如果一个正在执行同步代码(synchronized)的线程 A 执行了 wait 调用(在对象 x 上),该线程暂停执行而进入对象 x 的等待池,并释放已获得的对象 x 的锁。线程 A 要一直等到其他线程在对象 x 上调用 notify 或 notifyAll 方法,才能够在重新获得对象 x 的锁后继续执行(从 wait 语句后继续执行)
public void notify()	唤醒正在等待该对象锁的一个线程
public void notifyAll()	唤醒正在等待该对象锁的所有线

对于一个线程,若基于对象 x 调用 wait 或 notify 方法,该线程必须已经获得对象 x 的锁。换句话说,wait 和 notify 只能在同步代码块里调用。

在后面介绍的线程状态图中,读者可以进一步理解这些方法对线程状态的改变。下面通过一个例子说明 wait 和 notify 方法的应用。

例 8-10　修改例 8-9,使每存入一张票,就售一张票,售出后,再存入。

```
public class ProducerAndConsumer3 {
    public static void main(String[] args) {
        Tickets t = new Tickets(10);
        new Producer(t).start();
        new Consumer(t).start();
    }
}
class Tickets {
    int size;
    int number = 0;
    boolean available = false;
    public Tickets(int size) {
        this.size = size;
    }
    public synchronized void put() {
        if (available) {                        //如果还有存票待售,则存票线程等待
```

```
                try {
                    wait();
                } catch (Exception e) {
                }
            }
            System.out.println("Producer puts ticket " + (++number));
            available = true;
            notify();                                   //存票后唤醒售票线程开始售票
        }
        public synchronized void sell() {
            if (!available) {                           //如果没有存票,则售票线程等待
                try {
                    wait();
                } catch (Exception e) {
                }
            }
            System.out.println("Consumer buys ticket " + (number));
            available = false;
            notify();                                   //售票后唤醒存票线程开始存票
            if (number == size) {
                number = size + 1;                      //在售完最后一张票后,设置一个结束标志
            }                                           //number>size 表示售票结束
        }
    }
    class Producer extends Thread {
        Tickets t = null;
        public Producer(Tickets t) {
            this.t = t;
        }
        @Override
        public void run() {
            while (t.number < t.size) {
                t.put();
            }
        }
    }
    class Consumer extends Thread {
        Tickets t = null;
        public Consumer(Tickets t) {
            this.t = t;
        }
        public void run() {
            while (t.number <= t.size) {
                t.sell();
            }
        }
    }
```

当 Consumer 线程售出票后，available 值变为 false，当 Producer 线程放入票后，available 值变为 true。只有 available 为 true 时，Consumer 线程才能售票，否则就必须等待 Producer 线程放入新的票后的通知；反之，只有 available 为 false 时，Producer 线程才能放票，否则必须等待 Consumer 线程售出票后的通知。程序运行结果如下：

```
Producer puts ticket 1
Consumer buys ticket 1
Producer puts ticket 2
Consumer buys ticket 2
Producer puts ticket 3
Consumer buys ticket 3
Producer puts ticket 4
Consumer buys ticket 4
Producer puts ticket 5
Consumer buys ticket 5
Producer puts ticket 6
Consumer buys ticket 6
Producer puts ticket 7
Consumer buys ticket 7
Producer puts ticket 8
Consumer buys ticket 8
Producer puts ticket 9
Consumer buys ticket 9
Producer puts ticket 10
Consumer buys ticket 10
```

可见通过线程间的通信实现了要求。

8.1.7　后台线程

后台线程(daemon thread)也叫守护线程，通常是为了辅助其他线程而运行的线程，它不妨碍程序终止。和后台线程相对的是前台线程(user thread)也叫用户线程，一个进程中只要还有一个前台线程在运行，这个进程就不会结束。如果一个进程中的所有前台线程都已经结束，那么无论是否还有未结束的后台线程，这个进程都会结束。执行“垃圾回收”操作的线程便是一个后台线程。

在线程启动之前调用 setDaemon(true)，可以将线程指定为后台线程。另外，Java 中线程的 daemon 属性默认继承自创建它的线程，因此后台线程创建的线程默认即是后台线程。

例 8-11　创建一个无限循环的后台线程，验证主线程结束后，程序即结束。

```
public class DaemonThreadTester {
    public static void main(String[] args) throws InterruptedException {
        System.out.println("Entering main...");
        DaemonThread daemonThread = new DaemonThread();
        daemonThread.setDaemon(true);
```

```
        daemonThread.start();
        Thread.sleep(200);
        System.out.println("Exiting main...");
    }
}

class DaemonThread extends Thread {
    @Override
    public void run() {
        while (true) {
            System.out.println("DaemonThread executing...");
            try {
                InnerDaemonThread innerDaemonThread = new InnerDaemonThread();
                innerDaemonThread.start();
                sleep(1000);
            } catch (InterruptedException e) {
                System.err.println("DaemonThread interrupted...");
            }
        }
    }
}

class InnerDaemonThread extends Thread {
    @Override
    public void run() {
        while (true) {
            System.out.println("InnerDaemonThread executing...");
            try {
                System.out.println("InnerDaemonThread isDaemon: " + isDaemon());
                sleep(1000);
            } catch (InterruptedException e) {
                System.err.println("InnerDaemonThread interrupted...");
            }
        }
    }
}
```

运行结果如下。

```
Entering main...
DaemonThread executing...
InnerDaemonThread executing...
InnerDaemonThread isDaemon: true
Exiting main...
```

运行程序发现整个程序在主线程结束时就随之中止运行了，如果注释掉 t.setDaemon(true)语句，则程序永远不会结束。同时看到，虽然 DaemonThread 在创建 InnerDaemonThread 时未显示地指定其为后台线程，但 InnerDaemonThread 依旧具备了后台属性，这说明创建它的 DaemonThread 线程时自动继承了该属性。

8.2　线程的生命周期

通过前面的学习，我们已经对线程是如何运行的有所了解，本节将重点讲述线程从产生到消亡的过程。

8.2.1　线程的几种基本状态

一个线程在任何时刻都处于某种线程状态(thread state)。如图 8-1 所示，方框中的文字是其状态名称，流程线旁边的文字表示引起状态转换的方法或条件。

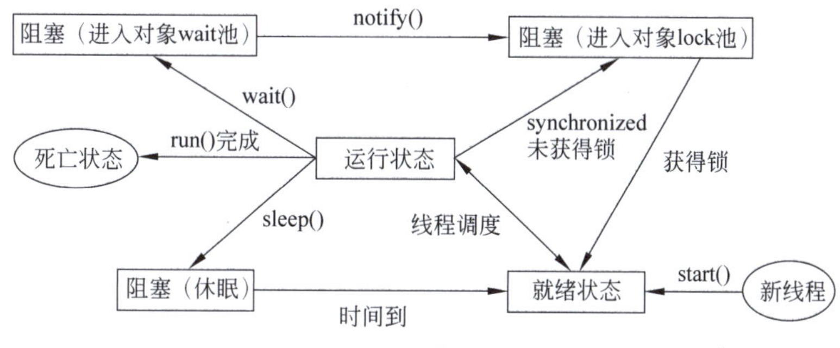

图 8-1　线程生命周期状态图

1. 线程启动并进入就绪状态

一个新线程的生命从新建一个线程类对象开始，此时线程只是一个空的线程对象，并没有为其分配系统资源。当线程处于这个状态时，只可以对其进行 start 操作。执行了 start 方法后，系统才为新线程创建了资源，并自动调用其 run 方法，线程将处于等待 CPU 资源的就绪状态。

2. 运行状态

对于单 CPU 的系统，不可能同时运行所有线程，Java 虚拟机(JVM)实现了一个调度方案使各个处于就绪状态的线程分时占用 CPU。后面将会介绍线程优先级，可以看到不同优先级的线程对 CPU 的抢占能力是不同的。获得了 CPU 资源的线程就进入了运行状态。

3. 死亡状态

在线程的 run 方法结束时，处于运行状态的线程就进入了死亡状态。在线程处于死亡状态并且没有该线程对象的引用时，垃圾收集器能够从内存中删除该线程对象。

4. 阻塞状态

处于执行状态的线程由于需要等待某种资源或条件而不得不暂停运行，进入阻塞状态。阻塞状态分几种情况，为便于理解前面讲授的内容，图 8-1 给出了几种典型的线程阻塞状态。

例如，线程在调用 sleep 方法后，进入休眠状态，此时线程并不失去已获得的锁。当休眠时间结束时，线程从阻塞状态又变为就绪状态。

又如，线程在执行 synchronized 同步代码块时，如果没有获得指定对象锁，就会进入该对象的 lock 池。直到对象的锁被归还，该对象 lock 池中的线程才能获得锁并进入就绪状态。

再如，当线程调用 wait 方法后，就会释放锁并进入等待某个对象的 wait 池，一直要到另一个线程中对所等待的对象调用 notify 或 notifyAll 方法后，等待线程才会从 wait 池进入 lock 池(从一种阻塞状态变为另一种阻塞状态)。

Thread 类有个和线程状态有关的 isAlive 方法。在线程启动之后且 run 方法没有结束前，isAlive 方法返回 true，所以如果 isAlive 方法返回 false，我们就能知道这个线程要么处于刚被创建尚未 start 阶段，要么处于 dead 状态。如果 isAlive 方法返回 true，可以知道这个线程处于其生命周期中(运行状态或阻塞状态)。

8.2.2　死锁问题

通过 8.2.1 小节我们知道，线程在运行过程中，其中某个步骤往往需要满足一些条件才能继续进行下去，如果这个条件不能满足，线程将在这个步骤上出现阻塞。线程 A 可能会陷于对线程 B 的等待，而线程 B 同样陷于对线程 C 的等待，依次类推，整个等待链最后又可能回到线程 A，如此一来便陷入一个彼此等待的轮回中，任何线程都动弹不得，此即所谓死锁(deadlock)。对于死锁问题，关键不在于出现问题后如何调试，而是在于预防。

设想一个游戏，规则为 3 个人(编号分别为 0,1,2)站在三角形的三个顶点的位置上，三个边上放着三个球(编号分别为 0,1,2)，如图 8-2 所示。每个人都必须先拿到自己左手边的球，才能再拿到右手边的球，两手都有球之后，才能够把两个球都放下。

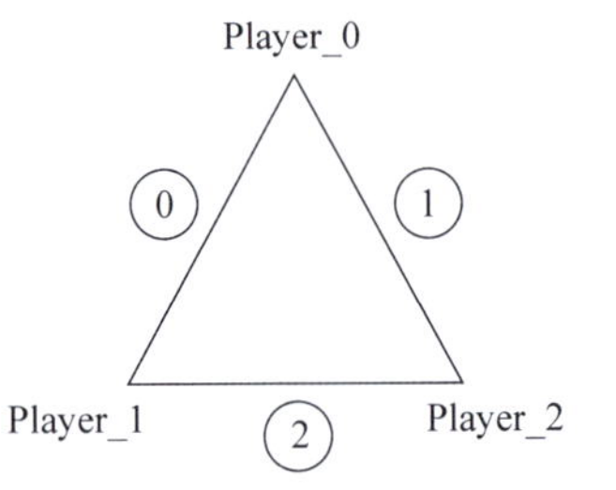

图 8-2　游戏示意图

这个游戏似乎可以永远进行下去，但如果刚好 3 个人都拿到了左手边的球，都等待右手边的球，则因为谁都不能放手，则这 3 个线程都将陷入无止境的等待中，这就构成了死锁。

例 8-12　创建 3 个线程模拟 3 个游戏者的行为。

```
public class PlayerTester {
    public static void main(String[] args) {
        Balls ball = new Balls();                    //新建一个球类对象
        Player0 p0 = new Player0(ball);              //创建 0 号游戏者
        Player1 p1 = new Player1(ball);              //创建 1 号游戏者
        Player2 p2 = new Player2(ball);              //创建 2 号游戏者
        p0.start();                                  //启动 0 号游戏者
        p1.start();                                  //启动 1 号游戏者
        p2.start();                                  //启动 2 号游戏者
    }
}
```

```
class Balls {                                         //球类
  boolean flag0 = false;   //0 号球的标志变量,true 表示已被人拿,false 表示未被任何人拿
  boolean flag1 = false;                              //1 号球的标志变量
  boolean flag2 = false;                              //2 号球的标志变量
}
class Player0 extends Thread {                        //0 号游戏者的类
    private Balls ball;
    public Player0(Balls b) {                         //构造方法,传入一个球类对象参数
        this.ball = b;
    }
    @Override
    public void run() {
        while (true) {
            while (ball.flag1 == true) {
            }
            //如果 1 号球已被拿走,则等待
            ball.flag1 = true;                        //拿起 1 号球
            while (ball.flag0 == true) {
            }
            //如果 0 号球已被拿走,则等待
            if (ball.flag1 == true && ball.flag0 == false) {
                //如果拿起 1 号球未拿 0 号球
                ball.flag0 = true;                    //拿起 0 号球
                System.out.println("Player0 has got two balls!"); //显示信息
                ball.flag1 = false;                   //放下 1 号球
                ball.flag0 = false;                   //放下 0 号球
                try {
                    sleep(1);
                } catch (Exception e) {
                }
                //放下后暂时休息 1ms
            }
        }
    }
}
class Player1 extends Thread {                        //1 号游戏者的类
    private Balls ball;
    public Player1(Balls b) {
        this.ball = b;
    }
    @Override
    public void run() {
        while (true) {
            while (ball.flag0 == true) {
```

```
            }
            ball.flag0 = true;
            while (ball.flag2 == true) {
            }
            if (ball.flag0 == true && ball.flag2 == false) {
                ball.flag2 = true;
                System.out.println("Player1 has got two balls!");
                ball.flag0 = false;
                ball.flag2 = false;
                try {
                    sleep(1);
                } catch (Exception e) {
                }
            }
        }
    }
}
class Player2 extends Thread {                          //2 号游戏者的类
    private Balls ball;
    public Player2(Balls b) {
        this.ball = b;
    }
    @Override
    public void run() {
        while (true) {
            while (ball.flag2 == true) {
            }
            ball.flag2 = true;
            while (ball.flag1 == true) {
            }
            if (ball.flag2 == true && ball.flag1 == false) {
                ball.flag1 = true;
                System.out.println("Player2 has got two balls!");
                ball.flag1 = false;
                ball.flag2 = false;
                try {
                    sleep(1);
                } catch (Exception e) {
                }
            }
        }
    }
}
```

为了便于观察死锁发生的条件,在每个游戏者放下两边的球后增加了 sleep 语句。运行程序后会发现,若干次后将陷入死锁,不再有输出信息,即任何人都不能再同时拥有两侧的球。

为了避免死锁,需要修改游戏规则,使每个人都只能先抢到两侧中号码比较小的球,才能拿另一只球,这样就不会再出现死锁现象。

8.2.3　控制线程的生命

用 stop 方法可以结束线程的生命,但如果一个线程正在操作共享数据段,操作过程没有完成就用 stop 结束的话,将会导致数据的不完整,因此并不提倡使用此方法。通常,通过控制 run 方法中循环条件的方式来结束一个线程。

例 8-13　线程不断显示递增整数,按 Enter 键则停止执行。

```
import java.io.*;

public class StopTester {
    public static void main(String[] args) throws IOException {
        TestThread4 t = new TestThread4();
        t.start();

        //等待键盘输入
        new BufferedReader(new InputStreamReader(System.in)).readLine();

        t.stopMe();                                         //调用 stopMe 方法结束 t 线程
    }
}

class TestThread4 extends Thread {
    private boolean flag = true;

    /**
     * 在此方法中控制循环条件
     */
    public void stopMe() {
        flag = false;
    }

    @Override
    public void run() {
        int i = 0;

        //如果 flag 为真则一直显示递增整数
        while (flag) {
            System.out.println(i++);
            try {
```

```
                sleep(1000);
            } catch (InterruptedException e) {
                e.printStackTrace();
            }
        }


    }
}
```

运行效果为按 Enter 键后则停止显示。

8.3 线程的优先级

在单 CPU 的系统中,多个线程需要共享 CPU,在任何时间点上实际只能有一个线程在运行。控制多个线程在同一个 CPU 上以某种顺序运行称为线程调度。Java 虚拟机支持一种非常简单的、确定的调度算法,叫作固定优先级算法。这个算法基于线程的优先级对其进行调度。

每个 Java 线程都有一个优先级,其范围都在 Thread.MIN_PRIORITY(常数 1)和 Thread.MAX_PRIORITY(常数 10)之间。默认情况下,每个线程的优先级都设置为 Thread.NORM_PRIORITY(常数 5),优先级较高的线程比优先级较低的线程优先执行。在线程 A 运行过程中创建的新的线程对象 B 默认具有和线程 A 相同的优先级,并且如果线程 A 是个后台线程,则线程 B 也是个后台线程。在线程创建之后的任何时候都可以通过调用 setPriority(int priority)方法改变其原来的优先级。

在任何时候,具有最高优先级的线程将被调度算法优先选择而执行。只有高优先级的线程结束或因某种原因而暂停,较低优先级的线程才会开始执行。如果有一个比正在运行的线程具有更高优先级的线程需要运行,则这个高优先级的线程会立刻被调度算法调度,从而抢占在 CPU 上的运行权。需要注意的是,Java 的线程调度机制并不能保证在任何时刻都在运行最高优先权的线程,因为线程调度过程也可能选择一个具有较低优先级的线程来执行。对具有相同优先级的线程,Java 线程调度处理办法是随机的,如何处理这些线程取决于底层的操作系统策略。Java 支持 10 个线程优先级,但是底层操作系统支持的优先级可能要少得多,这样会造成一些混乱。因此,只能将优先级作为一种粗粒度的工具使用。只能以基于效率的考虑来使用线程优先级,而不能依靠线程优先级来保证算法的正确性。总结一下,假设某线程正在运行,则只有出现以下情况之一,才会使其暂停运行:

(1) 一个具有更高优先级的线程变为就绪状态;

(2) 由于输入输出(或其他一些原因),调用 sleep、wait、yield 方法使其发生阻塞;

(3) 对于支持时间分片的系统,时间片的时间期满。

在某些情况下,优先级相同的线程分时运行;在另一些情况下,线程将一直运行到结束。通常情况下,请不要依靠线程优先级来控制线程的状态。

例 8-14 创建两个具有不同优先级的线程,都从 1 递增到 400 000,每增加 50 000 显示一次。

```
public class PriorityTester {
    public static void main(String[] args) {
        TestThread5[] runners = new TestThread5[2];
        //定义一个包含 2 个线程元素的线程数组
        for (int i = 0; i < 2; i++) {
            runners[i] = new TestThread5(i);        //创建这两个线程
        }
        runners[0].setPriority(2);                  //设置第一个线程优先级为 2
        runners[1].setPriority(3);                  //设置第二个线程优先级为 3
        for (int i = 0; i < 2; i++) {
            runners[i].start();                     //启动线程
        }
    }
}
class TestThread5 extends Thread {
    private int tick = 1;
    private int num;
    public TestThread5(int i) {                     //构造方法
        this.num = i;
    }
    @Override
    public void run() {
        while (tick < 400000) {
            tick++;
            if ((tick % 50000) == 0) {              //每隔 5000 进行显示
                System.out.println("Thread #" + num + ", tick = " + tick);
                yield();                            //放弃执行权
            }
        }
    }
}
```

运行结果如下：

```
Thread #1, tick = 50000
Thread #1, tick = 100000
Thread #1, tick = 150000
Thread #1, tick = 200000
Thread #1, tick = 250000
Thread #1, tick = 300000
Thread #1, tick = 350000
Thread #1, tick = 400000
Thread #0, tick = 50000
Thread #0, tick = 100000
```

```
Thread #0, tick = 150000
Thread #0, tick = 200000
Thread #0, tick = 250000
Thread #0, tick = 300000
Thread #0, tick = 350000
Thread #0, tick = 400000
```

从输出信息可以看出具有较高优先级的线程 1 从启动开始之后一直运行到结束,具有较低优先级的线程 0 在线程 1 执行完成之后才开始运行。虽然具有较高优先级的线程 1 调用了 yield 方法放弃 CPU 资源,允许线程 0 进行争夺,但马上又被线程 1 抢夺了回去,所以有没有 yield 方法都没什么区别。如果在 yield 方法后增加一行 sleep 语句,让线程 1 暂时放弃一下在 CPU 上的运行,哪怕是 1ms,则线程 0 也可以有机会被调度。修改后的 run 方法如下:

```
public void run() {
    while (tick < 400000) {
        tick++;
        if ((tick % 50000) == 0) {
            System.out.println("Thread #" + num + ", tick = " + tick);
            yield();
            try {
                sleep(1);
            } catch (Exception e) {
            }
        }
    }
}
```

运行结果如下:

```
Thread #1, tick = 50000
Thread #1, tick = 100000
Thread #1, tick = 150000
Thread #1, tick = 200000
Thread #0, tick = 50000
Thread #1, tick = 250000
Thread #1, tick = 300000
Thread #0, tick = 100000
Thread #1, tick = 350000
Thread #1, tick = 400000
Thread #0, tick = 150000
Thread #0, tick = 200000
Thread #0, tick = 250000
Thread #0, tick = 300000
```

```
Thread #0, tick = 350000
Thread #0, tick = 400000
```

从输出信息可以看出具有较低优先权的线程 0 在线程 1 没有执行完毕前也获得了一部分执行权,但线程 1 还是优先完成执行了。

Java 虚拟机本身并不支持某个线程抢夺另一个正在执行的具有同等优先级线程的执行权。换言之,Java 虚拟机并不是时间分片的。然而,某些计算机操作系统是支持时间分片的。所以,不能编写依赖于时间分片的程序,否则同样的程序在不同的计算机上执行,结果可能是不相同的。通常,在一个线程内部插入 yield()语句,这个方法会使正在运行的线程暂时放弃执行,这使得具有同样优先级的线程就有机会获得调度开始运行,但较低优先级的线程仍将被忽略不参加调度。

对于分时系统,如果所有处于可运行状态的线程都具有相同的优先级,它们将以循环的方式被调度,因此都能够在其时间片内被执行,所以没必要使用 yield 方法;但在非分时系统中,相互协作的相同优先级线程应定期调用 yield 方法,以便能够平滑地处理其他相同优先级的线程,否则它们通常等待一个线程运行结束后才能运行另一个。

如果修改例 8-14,将两线程的优先级都设为 2,则会出现两线程交替运行的状态,结果如下:

```
Thread #0, tick = 50000
Thread #1, tick = 50000
Thread #0, tick = 100000
Thread #1, tick = 100000
Thread #0, tick = 150000
Thread #1, tick = 150000
Thread #0, tick = 200000
Thread #1, tick = 200000
Thread #0, tick = 250000
Thread #1, tick = 250000
Thread #0, tick = 300000
Thread #1, tick = 300000
Thread #0, tick = 350000
Thread #1, tick = 350000
Thread #0, tick = 400000
Thread #1, tick = 400000
```

如果在不支持分时的系统上,也没有 yield 方法的话,具有相同的优先级的线程只能是一个线程执行完毕后才能执行另外一个。

8.4 常用接口与实现类

在前面的章节中,我们了解到使用 Java 创建线程有两个主要的方法:继承 Thread 类或实现 Runnable 接口。在实际的应用场景中,往往需要对线程进行细粒度的控制,比如异步获取线程的执行结果、批量停止多个线程、延时或定时执行某些任务等。如果直接使用Thread 或 Runnable 来实现这些需求，程序将会十分复杂，难以维护且容易出错。为了解决这个问题，JDK 通过 java.util.concurrent 包提供了一些常用的接口与工具类，以标准化可扩展的编程框架形式提供给开发者，覆盖多线程编程的常见场景，解决实际应用过程中的通用问题。

在本节，我们将学习其中几个最常用的接口与实现类，包括对基本的任务提交模型进行定义的 Executor 接口、具备异步任务处理能力的 ExecutorService 接口、以线程池方式管理任务的 ThreadPoolExecutor 类以及具备任务调度能力的 ScheduledThreadPoolExecutor 类。

8.4.1　Executor 接口

Executor 接口为多线程编程定义了一个基本的任务提交模型。接口只有一个方法 execute，返回值为 void，参数为一个 Runnable 对象：

```
void execute(Runnable command);
```

Executor 接口的主要作用是将线程的定义与线程的执行进行解耦。使用 Executor 进行多线程编程时，线程的定义取决于调用 Executor 的程序，它声明 Runnable 对象并提交给 Executor；而线程的执行则取决于 Executor 本身，线程如何调度、如何控制、如何通信均依赖于 Executor 的实现。

在例 8-6 的售票程序中，定义了一个 Runnable 对象，然后基于这个对象手动创建并启动了 3 个线程。在线程执行过程中，如果想对执行情况进行监控与管理，只能将程序写在调用类中。这样，调用类既负责了线程的定义，又负责了线程的执行，程序层次结构不清晰，重用性不好，不易维护。可以使用 Executor 重写该程序。

例 8-15　使用 Executor 管理例 8-6 中的多个线程(SellTickets 类没有变化，所以此处省略)。

```
public class SellTicketsExecutor implements Executor {
    private final List<Thread> threads = new ArrayList<>();

    @Override
    public void execute(Runnable command) {
        Thread t = new Thread(command);
        this.threads.add(t);
        t.start();
    }

    public int totalThreads() {
        return this.threads.size();
    }

    public int aliveThreads() {
```

```
        return Math.toIntExact(this.threads.stream().filter(Thread::isAlive).
    count());
    }

    public static void main(String[] args) {

        /* 新建一个售票类的对象 */
        SellTickets sellTickets = new SellTickets(200);

        /* 新建 Executor 实例 */
        SellTicketsExecutor executor = new SellTicketsExecutor();

        /* 将 Runnable 提交给 Executor */
        executor.execute(sellTickets);
        executor.execute(sellTickets);
        executor.execute(sellTickets);

        System.out.println("Total threads are: " + executor.totalThreads());
        System.out.println("Alive threads are: " + executor.aliveThreads());
    }

}
```

例 8-15 的执行结果与例 8-6 相同，但程序的层次结构却发生了变化。我们看到：main 方法在定义了 SellTickets 这个接口实例之后，并未直接创建线程，而是将接口实例提交给 Executor，由 Executor 负责后续的线程创建与管理工作。这样，一方面 main 方法不需要再关心线程的具体执行情况，程序各组件的职责分工更清晰；另一方面将线程的执行控制逻辑放到 Executor 中实现，能够以 Executor 为单元实现更好的封装与重用。

8.4.2　ExecutorService 接口

ExecutorService 接口继承自 Executor，在 execute 方法的基础上增加了 shutdown、submit 等一系列方法，使其能够实现更细粒度的线程控制，如批量执行任务、批量终止任务、监控任务的执行进度等。ExecutorService 接口的常用方法如表 8-3 所示。

表 8-3　ExecutorService 接口的常用方法

名　　称	说　　明
void shutdown()	执行此方法后，ExecutorService 将不再接受新的任务，但已经提交的任务将被正常执行完
List<Runnable> shutdownNow()	执行此方法后，ExecutorService 将尝试停止所有执行中的任务，且不再处理等待中的任务，并以 List 形式返回这些等待中的任务
boolean isShutdown()	判断此 ExecutorService 是否已经关闭

续表

名 称	说 明
boolean isTerminated()	判断此 ExecutorService 是否已经终止，即在关闭 ExecutorService 后，所有的任务都已完成。注意，只有在调用 shutdown()或 shutdownNow()方法后，本方法才可能返回 true
boolean awaitTermination(long timeout, TimeUnit unit) throws InterruptedException	阻塞本线程的执行，直到发生以下三种情况中的任意一个：1.此 ExecutorService 的关闭请求提交后所有的任务都已完成；2.时间到；3.本线程被中断 在执行 shutdown()或 shutdownNow()方法提交关闭请求之后，可以调用此方法使程序等待一段时间，以期待所有的任务都能够完成
<T> Future<T> submit(Callable<T> task)	向 ExecutorService 提交一个带返回值的任务(Callable 对象)。该返回值以 Future 对象的形式表示，在任务成功完成之后，通过调用 Future 对象的 get 方法可以获取到该返回值
<T> Future<T> submit(Runnable task, T result)	向 ExecutorService 提交一个任务(Runnable 对象)。返回值以 Future 对象的形式表示，在任务成功完成之后，通过调用 Future 对象的 get 方法可以获取到该返回值，也就是传入的参数 result。 本方法与上一个方法的区别是，上一个方法的返回值由 Callable 对象根据任务的执行情况生成，而本方法的返回值则在提交任务的时候就已指定
Future<?> submit(Runnable task)	向 ExecutorService 提交一个任务(Runnable 对象)。该返回值以 Future 对象的形式表示，在任务成功完成之后，Future 对象的 get 方法将返回 null 本方法与上一个方法的区别是，上一个方法的返回值是在提交任务的时候指定的，本方法则未指定具体的返回值，而是采用返回 null 的方式来代表任务的成功完成
<T> List<Future<T>> invokeAll(Collection<? extends Callable<T>> tasks) throws InterruptedException	执行指定的任务(Callable 集合)，在所有任务完成后返回一个装有 Future 对象的列表。通过操作 Future 对象，可以获得任务执行的状态与结果
<T> List<Future<T>> invokeAll(Collection<? extends Callable<T>> tasks, long timeout, TimeUnit unit) throws InterruptedException	本方法的执行逻辑同上，唯一的区别是：如果指定的时间已到，任务还未全部执行完，则取消未完成的任务，并返回
<T> T invokeAny(Collection<? extends Callable<T>> tasks) throws InterruptedException, ExecutionException	执行指定的任务(Callable 集合)，并返回其中任意一个成功执行的任务的结果。程序正常返回或抛出异常时，所有尚未完成的任务将被取消
<T> T invokeAny(Collection<? extends Callable<T>> tasks, long timeout, TimeUnit unit) throws InterruptedException, ExecutionException, TimeoutException	本方法的执行逻辑同上，唯一的区别是：如果指定的时间已到，还没有任何一个任务成功执行，则取消未完成的任务，并抛出 TimeoutException 异常

我们看到，ExecutorService 接口的很多方法都使用了两个新的接口：Future 与 Callable。这两个接口是程序与 ExecutorService 进行交互的两种常见的信息载体，也是 JDK 提供的多线程编程框架中对 Thread 类和 Runnable 接口的有益补充。

Future 代表一次异步运算的执行结果。比如，ExecutorService 接口定义的三个 submit 方法的返回值都是 Future 类型。当 submit 方法执行后，程序立即就返回了，而已提交任务的执行情况则被封装在 Future 对象中，用于后续的读取与处理。调用 Future.get 方法将同步等待任务执行完毕，获取其返回值；而调用 Future.get(long timeout，TimeUnit unit)则可以设置最长等待时间；调用 Future.cancel(boolean mayInterruptIfRunning)方法可以取消任务的执行；调用 Future.isDone 方法可以判断任务是否已经执行完毕。任务正常终止、异常终止或被取消时，Future.isDone 方法都将返回 true。

Callable 是一个函数式接口，它的作用与 Runnable 相似，也是用来对可执行任务进行定义的，但 Runnable 的 run 方法没有返回值，且不能抛出检查型异常；而 Callable 定义的 call 方法能够返回一个以泛型形式定义的返回值，并且在方法体声明了抛出 Exception 异常。

在接下来两个小节中，将介绍 ExecutorService 接口的两个主要实现类，并通过具体的实例学习如何通过 ExecutorService 接口定义的方法实现线程调度。

8.4.3　ThreadPoolExecutor 类

ThreadPoolExecutor 类采用 ExecutorService 的编程模型实现了一个线程池。在多线程编程中，线程池主要用于解决两个问题：一是通过“池子”的使用减少新增任务带来的额外开销，当同时执行大量异步任务时，采用线程池的程序其总体性能更优；二是线程池能够对资源进行可控的管理，比如通过设置阈值来控制资源的总体消耗。

ThreadPoolExecutor 的主要工作机制如下：

- 通过指定 corePoolSize、maximumPoolSize、keepAliveTime 和 workQueue 这四个主要参数，初始化线程池。
- 向线程池提交一个新任务时，如果正在工作的线程数少于 corePoolSize，则创建一个新的线程来处理这个任务。
- 如果正在工作的线程数大于等于 corePoolSize，则将该任务加入队列。
- 如果新任务无法加入队列(比如队列已满)，则创建一个新的线程来处理这个任务。
- 如果正在工作的线程数已达 maximumPoolSize，无法创建新的线程，则拒绝该任务。
- 在线程池运行过程中，如果线程数超过了 corePoolSize，则多余的线程(即比 corePoolSize 多出的线程)将在空闲 keepAliveTime 后被终止，从而减少资源的消耗。

在不同的需求场景下，可以设置不同的参数值来定义相应的线程池。比如，将 corePoolSize 和 maximumPoolSize 设置为相同的值可以定义一个固定大小的线程池；而将 maximumPoolSize 设置为无穷大(比如 Integer.MAX_VALUE)则可以定义一个无限扩容的线程池。下面，创建一个包含 3 个线程的固定容量且不使用队列的线程池，实现例 8-15 的售票程序。

例 8-16　使用线程池改写例 8-15 的售票程序。

```
public class SellTicketsThreadPool {

    public static void main(String[] args) {

        //创建一个包含 3 个线程的固定容量且不使用队列的线程池
        ExecutorService threadPool = new ThreadPoolExecutor(3, 3, 1000,
TimeUnit.MILLISECONDS, new SynchronousQueue<Runnable>());
        System.out.println("Thread pool is established.");

        //使用 AtomicInteger 对象来存储共享资源
        AtomicInteger tickets = new AtomicInteger(200);

        //提交 3 个任务
        Future<Integer> result1 = threadPool.submit(new SellTicketsCallable
(tickets));
        Future<Integer> result2 = threadPool.submit(new SellTicketsCallable
(tickets));
        Future<Integer> result3 = threadPool.submit(new SellTicketsCallable
(tickets));
        System.out.println("Successfully submitted 3 tasks to thread pool.");

        //线程池已满,不能再提交新任务了
        try {
            threadPool.submit(new SellTicketsCallable(tickets));
        } catch (RejectedExecutionException ree) {
            System.out.println("Failed to submit the 4th task: " + ree.getMessage());
        }

        //任务还在执行中,暂时无法获取结果
        try {
            result1.get(500, TimeUnit.MILLISECONDS);
        } catch (InterruptedException | ExecutionException | TimeoutException e) {
            System.out.println("Failed to get future result due to timeout: " + (e
instanceof TimeoutException));
        }

        //请求关闭线程池
        threadPool.shutdown();

        boolean terminated = false;

        //存在未完成的任务,暂时无法关闭线程池
        try {
```

```
            terminated = threadPool.awaitTermination(5000, TimeUnit.MILLISECONDS);
        } catch (InterruptedException e) {
            e.printStackTrace();
        }
         System.out.println("Thread pool is terminated after 5 seconds: " +
terminated);

        //任务都已完成,线程池已被成功关闭
        try {
            terminated = threadPool.awaitTermination(10000, TimeUnit.MILLISECONDS);
        } catch (InterruptedException e) {
            e.printStackTrace();
        }
        System.out.println("Thread pool is terminated after another 10 seconds:
" + terminated);

        //任务执行完毕后,可以获取结果了
        try {
            System.out.println("Task 1 has sold: " + result1.get() + " tickets.");
            System.out.println("Task 2 has sold: " + result2.get() + " tickets.");
            System.out.println("Task 3 has sold: " + result3.get() + " tickets.");
        } catch (InterruptedException | ExecutionException e) {
            System.out.println("Failed to get future result: " + e.getMessage());
        }
    }

}

//
//修改后的 SellTickets 类
//
public class SellTicketsCallable implements Callable<Integer> {

    //
    //余票数量。在各线程间共享。
    //
    private final AtomicInteger remainingTickets;

    //
    //本线程已售票的数量。
    //
    private int soldTickets;

    public SellTicketsCallable(AtomicInteger remainingTickets) {
```

```
        this.remainingTickets = remainingTickets;
    }

    @Override
    public Integer call() throws Exception {
        int ticketNumber;
        for (; ; ) {
            ticketNumber = this.remainingTickets.getAndDecrement();

            //拿到的票号不是正整数,说明已经没有余票
            if (ticketNumber <= 0) {
                break;
            }

            //卖出一张票
            System.out.println(Thread.currentThread().getName() + " is selling
ticket " + ticketNumber);
            this.soldTickets++;

            //每次循环休息 100ms,便于展示程序执行情况
            Thread.sleep(100);
        }
        return this.soldTickets;
    }
}
```

某次执行结果如下。由于输出内容较多,所以省略了其中的重复内容。

```
Thread pool is established.
Successfully submitted 3 tasks to thread pool.
Failed to submit the 4th task: Task java.util.concurrent.FutureTask@6d311334
[Not completed, task = SellTicketsCallable@404b9385] rejected from java.util.
concurrent.ThreadPoolExecutor@682a0b20[Running, pool size = 3, active threads
= 3, queued tasks = 0, completed tasks = 0]
pool-1-thread-2 is selling ticket 198
pool-1-thread-3 is selling ticket 200
...
pool-1-thread-3 is selling ticket 187
pool-1-thread-2 is selling ticket 186
Failed to get future result due to timeout: true
pool-1-thread-1 is selling ticket 183
pool-1-thread-2 is selling ticket 184
...
pool-1-thread-1 is selling ticket 40
```

```
pool-1-thread-3 is selling ticket 41
Thread pool is terminated after 5 seconds: false
pool-1-thread-1 is selling ticket 37
pool-1-thread-3 is selling ticket 36
…
pool-1-thread-2 is selling ticket 2
pool-1-thread-3 is selling ticket 1
Thread pool is terminated after another 10 seconds: true
Task 1 has sold: 66 tickets.
Task 2 has sold: 67 tickets.
Task 3 has sold: 67 tickets.
```

在例 8-16 中，将 corePoolSize 和 maximumPoolSize 都设置为 3，从而创建了一个容量固定为 3 的线程池。同时，线程池使用 SynchronousQueue 作为队列，该队列容量为 0，不接受任务进入队列，因此看到，在成功创建 3 个新的任务之后，第 4 个任务被线程池拒绝了。

我们对 SellTickets 类进行了修改，使其实现 Callable 接口，在 call 方法执行完毕后返回一个整数对象，告诉调用者本次执行一共售出了多少张票。同时，为了避免作为共享资源的 200 张票在多线程读写时可能发生的并发问题，我们将其声明为 AtomicInteger 类型。AtomicInteger 将整数类型封装成支持原子操作的类型，适用于多线程同时读取与更新一个整数对象的场景。详情可进一步参考 java.util.concurrent.atomic 包。

在第一次尝试通过 Future.get 方法获取任务执行结果时，由于任务还在执行，无法获取到结果；在等待一段时间后，任务都已经顺利完成，于是成功获取到了结果。

在程序的最后，尝试关闭线程池。第一次由于等待时间只有 5s，任务还未执行完毕，因此线程池并未关闭；继续等待 10s 后，所有的任务都已经执行完毕，线程池也随之关闭了。

8.4.4 ScheduledThreadPoolExecutor 类

ScheduledThreadPoolExecutor 继承自 ThreadPoolExecutor，并且实现了 ScheduledExecutorService 接口，它在一般线程池功能基础上增加了延时和定时执行任务的功能。下面来看 ScheduledExecutorService 在 ExecutorService 基础之上增加定义的四个接口方法。

表 8-4　ScheduledExecutorService 接口方法

名　称	说　明
ScheduledFuture<?> schedule(Runnable command, long delay, TimeUnit unit)	提交一个延时执行任务
<V> ScheduledFuture<V> schedule(Callable<V> callable, long delay, TimeUnit unit)	提交一个带返回值的延时执行任务
ScheduledFuture<?> scheduleAtFixedRate(Runnable command, long initialDelay, long period, TimeUnit unit)	按 initialDelay 指定的时间延迟执行第一次任务，然后按 period 指定的时间间隔执行任务。如果间隔时间已到，上一次任务执行还未完成，则下一次任务将延后执行，但不会并行执行

续表

名　　称	说　　明
ScheduledFuture <?> scheduleWithFixedDelay (Runnable command, long initialDelay, long delay, TimeUnit unit)	按 initialDelay 指定的时间延迟执行第一次任务，然后按 period 指定的时间间隔，在每次任务执行完毕后等待固定的时间，再执行下一次任务

ScheduledExecutorService 接口新增的延时和定时执行任务的能力，为任务调度提供了更高效、便捷的手段，尤其是定时执行任务的两个接口，能够连续不断地进行某项工作，直到完成全部任务，或者主动终止执行。

8.5　本章小结

本章介绍了 Java 实现多线程的知识及运用多线程时应该注意的问题。读者应该学会如何通过 Thread 类和 Runnable 接口创建线程，如何实现多线程的资源共享和相互通信，以及如何控制线程的生命状态。在实际运用中，应该注意线程安全问题，掌握线程同步的方法，还应该厘清程序逻辑，避免死锁问题的出现。本章还介绍了优先级的知识，读者尤其需要注意的是绝对不能依靠优先级来控制程序的逻辑正确性，使用优先级仅仅是为了提高效率。本章最后介绍了多线程编程常用的接口与实现类，我们提倡尽量使用 JDK 自带的工具类来编写程序，因为这些工具类往往体现了官方推荐的最佳实践，使用它们可以减少程序出错的概率，遇到问题时也能找到更多的资源与解答。

习题

1. 进程和线程有何区别？Java 是如何实现多线程的？

2. 简述线程的生命周期，重点注意线程阻塞的几种情况，以及如何重回就绪状态。

3. 随便选择两个城市作为预选旅游目标。实现两个独立的线程分别显示 10 次城市名，每次显示后休眠一段随机时间(1000ms 以内)，哪个先显示完毕，就决定去哪个城市。分别用 Runnable 接口和 Thread 类实现。

4. 编写一个多线程程序实现如下功能：线程 A 和线程 B 分别在屏幕上显示信息“…start”后，调用 wait 等待；线程 C 开始后调用 sleep 休眠一段时间，然后调用 notifyall，使线程 A 和线程 B 继续运行。线程 A 和线程 B 恢复运行后输出信息“…end”后结束，线程 C 在判断线程 B 和线程 C 结束后自己也结束运行。

5. 实现一个数据单元，包括学号和姓名两部分。编写两个线程，一个线程往数据单元中写入，另一个线程往外读出。要求每写一次就往外读出一次。

6. 创建两个不同优先级的线程，都从 1 数到 10 000，看看哪个数得快。

7. 编写一个程序来说明较高优先级的线程通过调用 sleep 方法，使较低优先级的线程获得运行的机会。

8. 编程实现主线程控制新线程的生命，当主线程运行一段时间后，控制新线程死亡，主线程继续运行一段时间后结束。

9. 用两个线程模拟存、取货物。一个线程往一对象里放货物(包括品名、价格)，另外一个线程取货物。分别模拟“放一个、取一个”和“放若干个、取若干个”两种情况。

10. 用两个线程模拟对话，任何一个线程都可以随时收发信息。

第 9 章

JDBC 编程

使用数据库对数据资源进行管理，可以减少数据的冗余度，节省数据的存储空间，实现数据资源的充分共享，为用户提供管理数据的简便手段。随着计算机技术的发展，数据库技术已成为计算机应用技术的重要方面，数据库的应用也已经成为计算机应用系统的重要部分。JDBC(Java Database Connectivity)是 Java 语言中用来规范客户端程序访问数据库的应用程序接口，提供了诸如查询和更新数据库中数据的方法。通过 JDBC API，程序员能够在 Java 程序中方便地连接和访问数据库，实现 Java 的数据库编程。

本章首先介绍数据库的基本概念，以及基本 SQL 语句的使用，然后介绍在 Java 程序中如何实现对数据库的操作。

9.1　数据库基础知识

9.1.1　数据库技术的特点

20 世纪 50 年代中期至 60 年代中期，由于计算机大容量存储设备(如磁盘、磁鼓)的出现，推动了软件技术的发展，操作系统的出现标志着数据管理步入一个新的阶段。在操作系统环境下，各种数据都是以文件为单位存储在外存，由操作系统统一管理，并且实现了文件的目录管理和文件的权限管理。操作系统为用户使用文件提供了友好的界面，也为程序环境中访问文件提供了相关接口。

但是，操作系统对于文件的管理还是基础性的。文件相对独立，操作系统并不负责维护不同文件中信息之间的联系，因而文件结构不能很好地反映现实世界中事物之间的联系。由于数据的组织仍然是面向程序，所以文件中存在大量的数据冗余。

20 世纪 60 年代以后，随着计算机在数据管理领域的普遍应用，人们对数据管理技术提出了更高的要求。人们希望面向企业或部门、以数据为中心组织数据，以减少数据的冗余，并提供更高的数据共享能力。人们还希望程序和数据具有较高的独立性，当数据的逻辑结构改变时，不涉及数据的物理结构，也不影响应用程序，从而能够降低应用程序研制与维护的费用。数据库技术正是在这种应用需求的背景下发展起来的。

数据库技术是数据管理的专用技术；数据库技术所研究的问题是如何科学地组织和存储数据，如何高效地获取和处理数据；数据库系统是计算机信息系统的基础和主要组成部分。

数据库技术有如下一些特点：

- 面向企业或部门，以数据为中心组织数据，形成综合性的数据库为各应用共享。

- 采用一定的数据模型。数据模型不仅要描述数据本身的特点，而且要描述数据之间的联系。
- 数据冗余小，易修改、易扩充。不同的应用程序根据处理要求，从数据库中获取需要的数据，这样就减少了数据的重复存储，也便于维护数据的一致性。
- 程序和数据有较高的独立性。当数据的物理结构和逻辑结构改变时，有可能不影响或较少影响应用程序。
- 具有良好的用户接口，用户可方便地开发和使用数据库。
- 对数据进行统一管理和控制，提供了数据的安全性、完整性以及并发控制。

相对于操作系统，数据库系统在数据管理方面提供了更加强大的功能以及更加友好的用户界面，是开发信息系统的主要平台。

图 9-1 描绘了应用程序访问数据库的基本模式。从图中可以看出，DBMS(数据库管理系统)是数据库的核心软件。数据库系统的各种操作，包括创建数据库对象、检索和修改数据库中的数据，都是通过 DBMS 实现的。

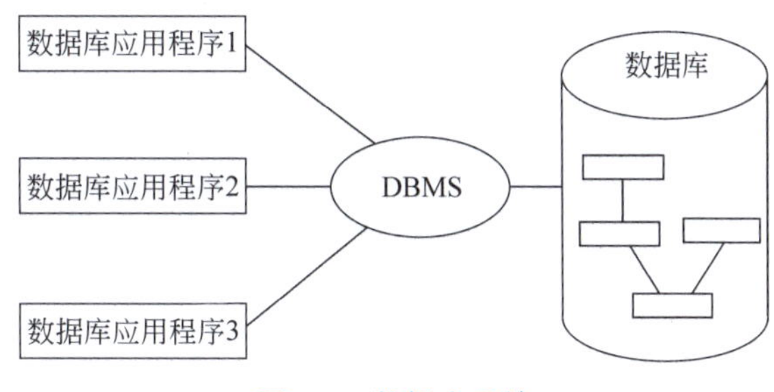

图 9-1　数据库系统

9.1.2　数据模型

所有的数据库系统都是基于某种数据模型的。所谓数据模型，简单地说就是数据库的逻辑结构。数据库要保存大量的数据，首要问题就是如何组织和存储这些数据，这就涉及数据库结构设计问题。

不同种类的数据库可能支持不同的数据模型。关系数据库就是因为支持关系模型而得名，由此也可以看出数据模型在数据库系统中的核心地位。

所谓关系模型，形象地说就是二维表结构，也称之为关系表。一个关系数据库可以包含多个关系表，每个表都用于存储面向某个主题的信息。例如，学生表存储学生信息，系表存储各系的信息，课程表存储课程信息等。关系表是数据库中组织和存储数据的基本单位。

关系表既然是二维表结构，其每一行存储一个记录，每一列表示记录的一个属性。例如对于学生表和系表，可以设计如图 9-2 所示的表结构。

从图 9-2 中可以看出，学生表由 5 列组成，每一列表示学生的一个属性，所有属性用来描述存于该表中的学生信息。例如在学生表中，每个学生都是用学号、姓名、性别、出生年月及所属系的系号等属性来描述，在这些属性上的一组合法取值就对应一个学生记录(表中的一行)。

因此，在设计一个关系表时，除要为表命名外，主要是设计表的列结构，其中包括列名及列的数据类型。

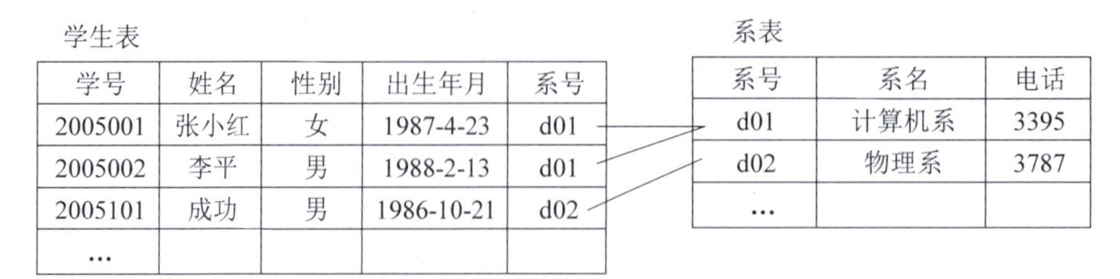

学生表

学号	姓名	性别	出生年月	系号
2005001	张小红	女	1987-4-23	d01
2005002	李平	男	1988-2-13	d01
2005101	成功	男	1986-10-21	d02
…				

系表

系号	系名	电话
d01	计算机系	3395
d02	物理系	3787
…		

图 9-2　二维表的结构

9.1.3　关系表中的主键与外键

一个关系表实际上是具有共同属性的一类实体的集合。按照集合的定义,集合中元素不能重复。同样,关系表中也不应该有重复的记录。例如在学生表中,存有两条一样的学生记录是不必要的,也是不合适的。

为了保证关系表中没有重复的记录,通常数据库系统都支持为关系表定义"主键完整性约束",即为关系表定义一个主键。主键可以是表中的一列,也可以由几列组合而成。主键的作用是唯一标识表中的一个记录。例如在学生表中,学号可以作为主键,因为一个学号可以唯一地确定表中的一个学生记录,姓名就不能用来做为主键,因为学生中有重名现象。在建表时如果定义了主键,系统可以对输入该表的数据进行检查,要求主键不能重复,也不能空(NULL)。

在现实世界中,除事物本身的信息之外,事物之间还存在着很多联系,这种联系反映到数据库中就体现为表之间的联系。例如在图 9-2 中,学生表存储学生信息,系表存储系的信息。但学生和系之间是有联系的:每名学生都属于一个系,而每个系都可以包含多名学生,所以学生表和系表就存在着"属于"的联系。

在关系数据库中,如何存储这种联系的信息呢? 这就要借助"外键"实现。如果一个表中的某一列是另外一个表中的主键,那么该列称之为外键。例如在学生表中,"系号"就是外键,因为系号是系表的主键。在学生表中设计了"系号"一列,就是为了存储学生和系之间的联系信息。

外键就像是连接两个表的一个纽带。通过外键和主键的等值连接(如图 9-2 所示),就可以将不同表里的相关记录连接在一起,从而实现了数据库中相关数据的查找。利用外键,可以查询每个学生所在系的信息,也可以查询指定系所包含的学生信息。

当两个表通过"外键-主键"建立了联系后,就要保持两表数据的一致性。例如在插入学生记录时,外键的值(系号)必须是系表中主键的有效值(必须有这个系),或者是空值(学生的系暂未确定);又如在删除系表记录时,如果在学生表中还有该系的学生记录,系记录就不能删除。

下面再分析一个员工信息管理系统(PIMS)的例子。该数据库中建有员工基本信息表(person)、部门编码表(department)和学历编码表(education)等,如图 9-3 所示。

部门编码表保存了部门编号和部门名称,部门编号(DepID)是主键,每个部门的编号在表中具有唯一性,这样就能保证每行都可以用主键来标识。

学历编码表保存了学历编号和学历名称,学历编号(EduID)是主键。

员工基本信息表存储员工的基本信息,需要包括工作证号、姓名、部门编号、职务、工资、学历编号等字段,工作证号(ID)是该表的主键。在该表中,Department 列是一个外键,匹配

person

ID	Name	Department	Occupation	Salary	Education
1	张三	1	Manager	3500	5
2	李四	2	Secretary	1200	3
3	王五	3	Driver	1500	2
4	韩六	4	Engineer	3000	4

department

DepID	Name
1	经理室
2	项目部
3	财务部
4	市场部
5	运输部
6	后勤部

education

EduID	Name
1	初中
2	高中
3	大专
4	本科
5	硕士
6	博士

图 9-3　员工信息管理系统中设计的几个关系表

部门编码表中的 DepID 主键；Education 列也是一个外键，匹配学历编码表中的 EduID 主键。利用外键和主键的连接，就可以查询出张三的部门名称是经理室，而他的学历是硕士。

9.1.4　建立一个实例数据库

建立数据库需要借助于数据库管理系统，不同的数据库管理系统其具体操作方法是不同的。以 MySQL 为例，介绍如何通过管理工具建立一个数据库，以便为编写 Java 的数据库访问程序提供一个实例环境。

MySQL 是一个开源的关系数据库管理系统，2009 年成为 Oracle 旗下产品。由于 MySQL 数据库性能高、成本低、可靠性好，它已成为世界上最流行的开源数据库之一，被广泛应用在互联网的中小型网站。随着 MySQL 的不断成熟，它也逐渐用于更多大规模网站和应用，比如维基百科、Google 和 Facebook。

phpMyAdmin 是一个以 PHP 为基础，以 Web 方式架构在网站主机上的 MySQL 管理工具。借助 phpMyAdmin，数据库管理员能够通过 Web 界面(也就是在远端)管理 MySQL 数据库，对数据进行增、删、改、查等基本操作，或是进行视图维护、存储过程管理等高级操作。由于 phpMyAdmin 使用方便，功能强大，它已成为非常流行的 MySQL 管理工具。

下面以 MySQL 和 phpMyAdmin 为例，讲述如何在 MySQL 中建立一个数据库，以及在数据库中如何建立 PMS 系统的关系表。具体操作步骤如下：

(1) 使用 MySQL 数据库的 root 账号登录 phpMyAdmin，出现如图 9-4 所示的界面。左侧面板显示 MySQL 成功安装后内置的几个数据库，右侧面板显示 MySQL 版本、phpMyAdmin 版本等系统信息。

(2) 单击左侧面板的 New 选项，输入 testdb 作为新建数据库的名称，选择 utf8_unicode_ci 作为数据库字符集，然后单击 Create 按钮创建数据库，如图 9-5 所示。

(3) 数据库建立后并不包含任何数据表。接下来首先创建员工基本信息表，输入表名 person，列数 6，单击 Go 按钮，如图 9-6 所示。

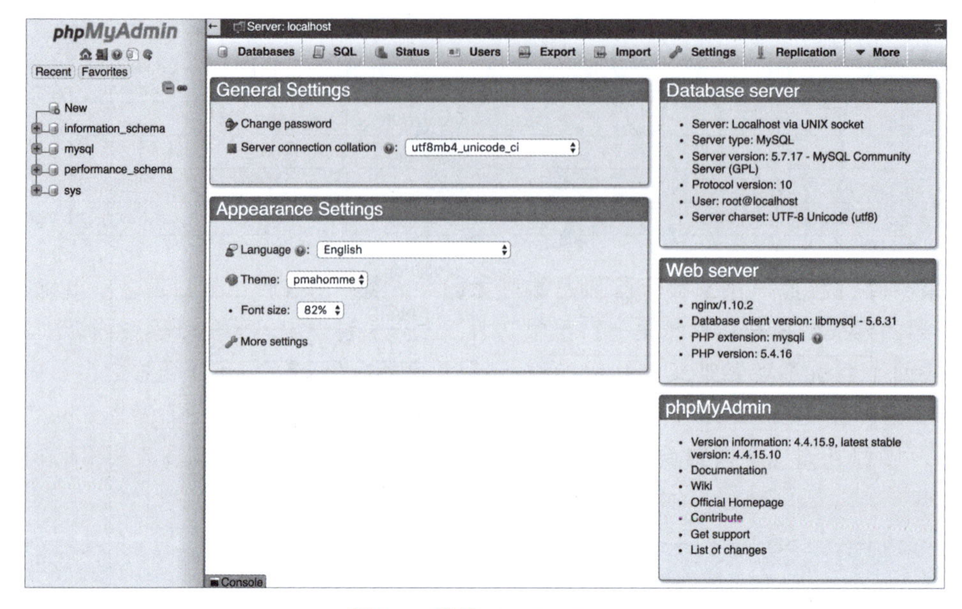

图 9-4　登录 phpMyAdmin

图 9-5　为新建的数据库命名

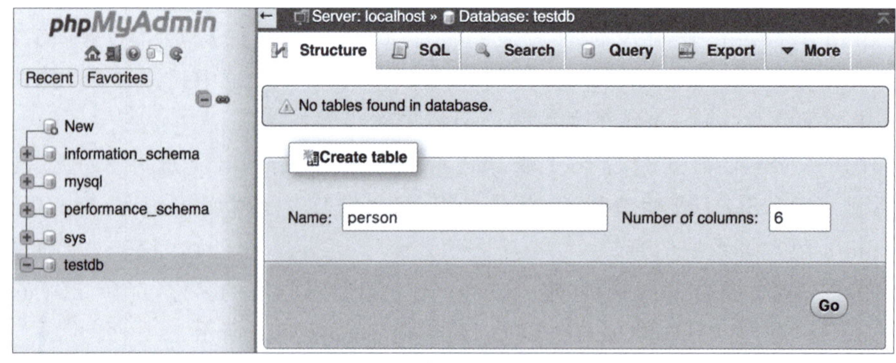

图 9-6　创建员工基本信息表

(4) 系统显示表设计页面,在该页面中可以定义字段的名称、数据类型、字段说明信息(可选)等,如图 9-7 所示。

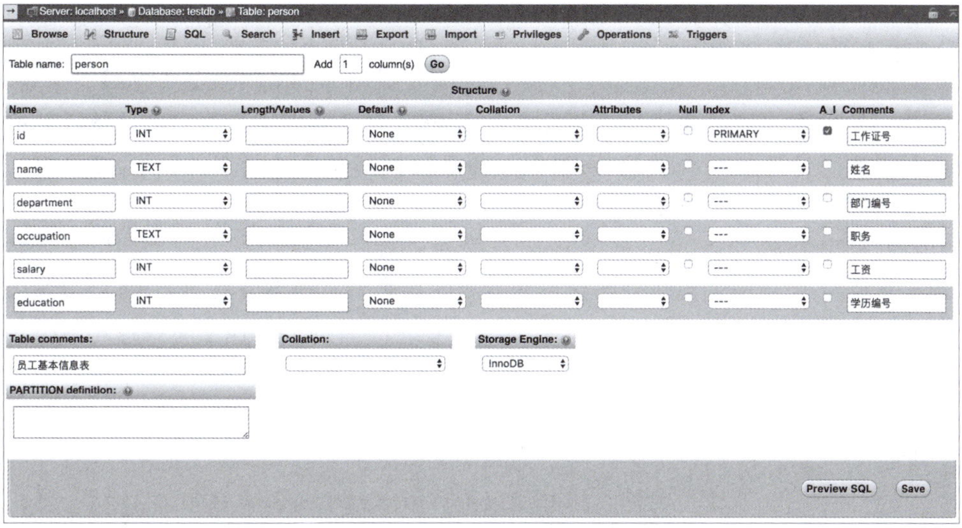

图 9-7　表的设计页面-进行列定义

员工基本信息表的主键为 id。将该列的 Index 设为 PRIMARY,同时,勾选 A_I(Auto_Increment),这样在插入数据时,如果未指定 id 的值,数据库会为该列自动生成一个唯一取值。

在表设计页面,字段(列)的数据类型都可以通过 Type 下拉选单选择。当选择某种数据类型后,还可在 Length/Value 输入框中进一步指定数据格式(如文本型的最大长度、数值精度等)。

单击 Preview SQL 按钮,可以预览系统自动生成的 SQL 语句。单击 Save 按钮保存创建的数据表。

(5) 采用同样方法,依次建立 department 表和 education 表,如图 9-8 和图 9-9 所示。

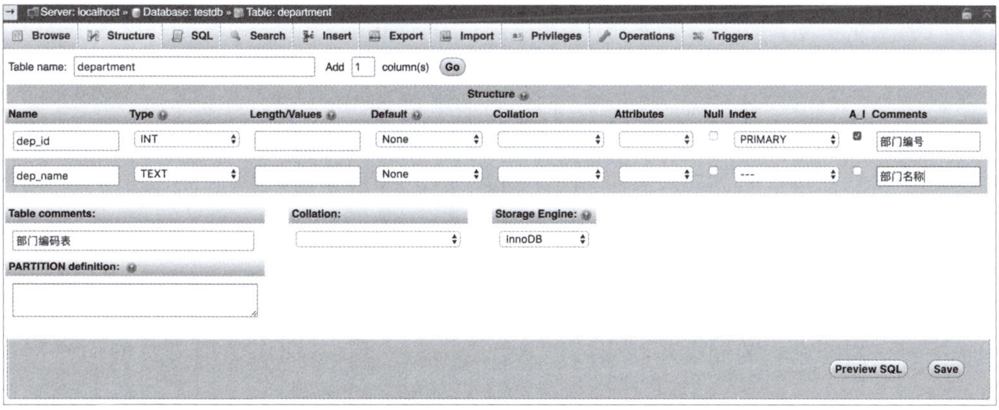

图 9-8　创建 department 表

(6) 建立表之间的联系。

person 表包含两个外键字段,分别为 department 和 education。在创建外键关系前,需

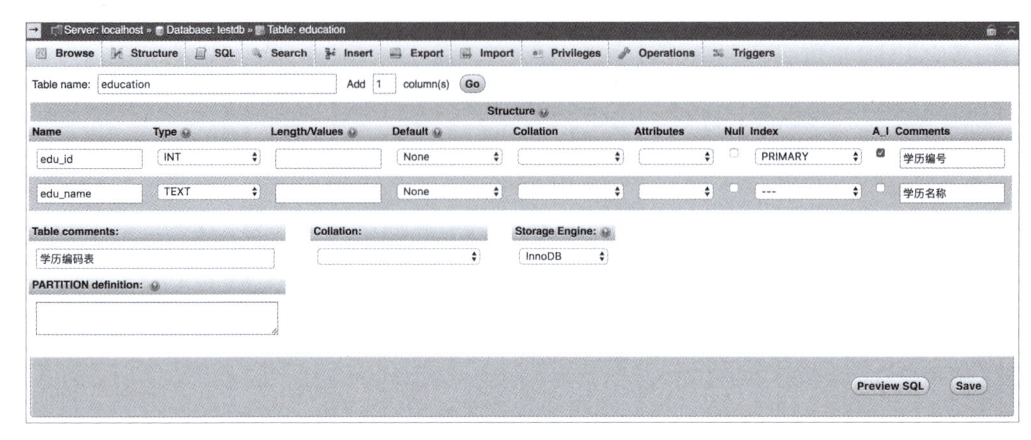

图 9-9　创建 education 表

要先为这两个字段建立索引。单击左侧面板的 person 表，然后单击右侧面板上方的 Structure 菜单，并切换至 Relation view。展开下方的 Indexes 菜单，选择 Create an index on 1 columns，单击 Go 按钮。在弹出窗口中的 Index choice 下拉菜单中选择 INDEX，并在下方的 Column 下拉菜单中选择相应的列。单击 Go 按钮创建索引，如图 9-10 所示。

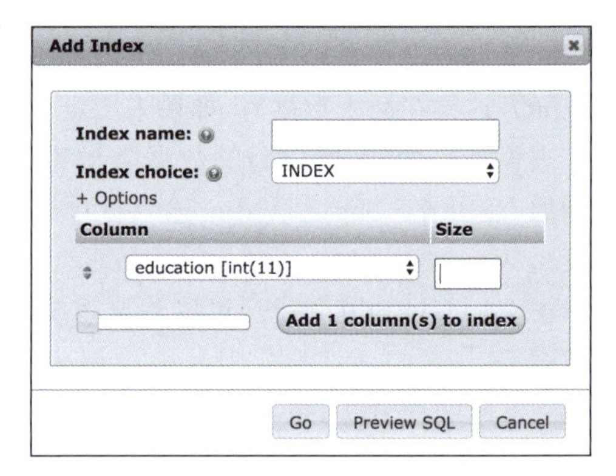

图 9-10　创建外键之前先建立索引

下面建立 person 表和 department 表的联系，即定义 person 表的 department 列为外键。在 Relation view 界面，在 Column 下拉菜单中选择 department，在 Foreign key constraint 区域依次选择数据库 testdb、表 department、列 dep_id。单击 Save 按钮创建外键。

用同样方法建立 education 表中 edu_id 列(主键)和 person 表中 education 列(外键)的联系，如图 9-11 和图 9-12 所示。

(7) 表数据输入。

依次单击左侧面板的表名和右侧面板上方的 Insert 菜单，向表中插入数据。首先参照前文的样例向 department 表和 education 表插入数据。接下来向 person 表插入数据。由于定义了 person 表的两个外键，在输入数据时，系统会检查输入值的合法性。在添加记录时，有些数据可以直接输入，但 department 和 education 列的输入值只能从下拉列表中选择，而不能直接输入，从而保证了表之间数据的一致性，如图 9-13 和图 9-14 所示。

至此，员工信息管理系统的基本表已经建立好了。

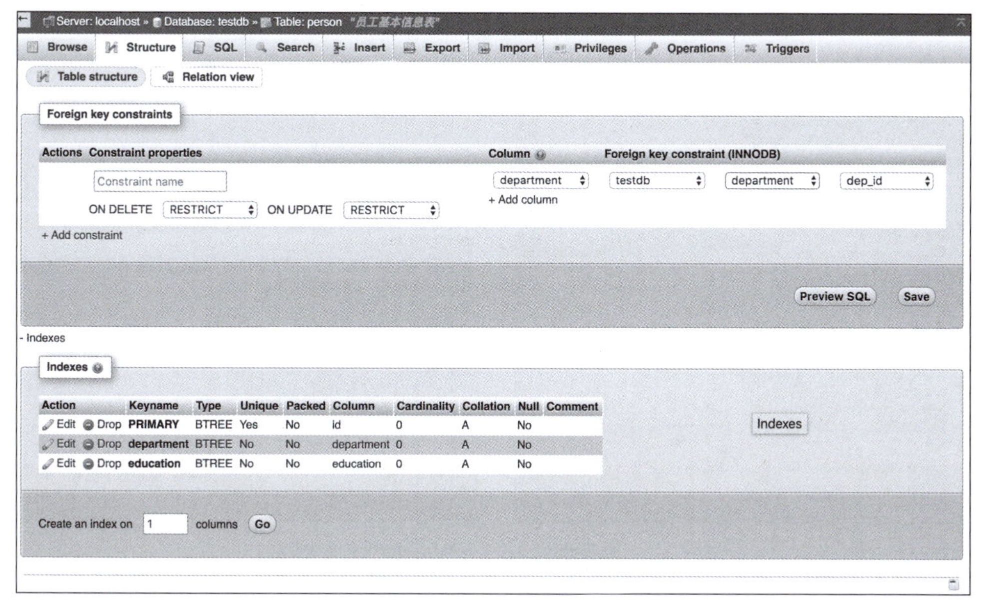

图 9-11　为 department 列创建外键

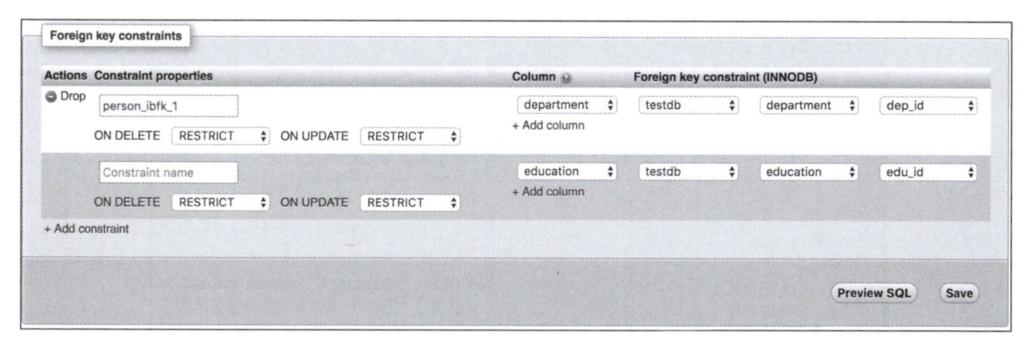

图 9-12　为 education 列创建外键

9.1.5　SQL 简介

SQL 是关系数据库的标准语言。通过 SQL，可以实现对数据库的各种操作。例如：表（及其他数据库对象）的定义、数据的查询与数据维护，以及对数据库的控制等。

目前应用最为广泛的关系数据库，从大型数据库（如 Oracle）到微机数据库（如 Access），都支持基本 SQL 语句的执行。

与一般的高级语言不同（如 C、Java 等），SQL 是非过程化的语言。通过 SQL 语句，只需要告诉数据库做什么，而不需要描述怎么做（即描述解题过程）。所以，利用 SQL 语句实现对数据库的操作是最方便的。

下面介绍几种常用的 SQL 语句，在理解 SQL 语句时请注意以下几点：

- SQL 语言中的语句都是独立执行的，无上下文联系。
- 每条语句都有自己的主关键字，语句中可包含若干子句。
- SQL 语句本身不区分大小写。为突出语句格式，下面例子中对保留字都采用大写。

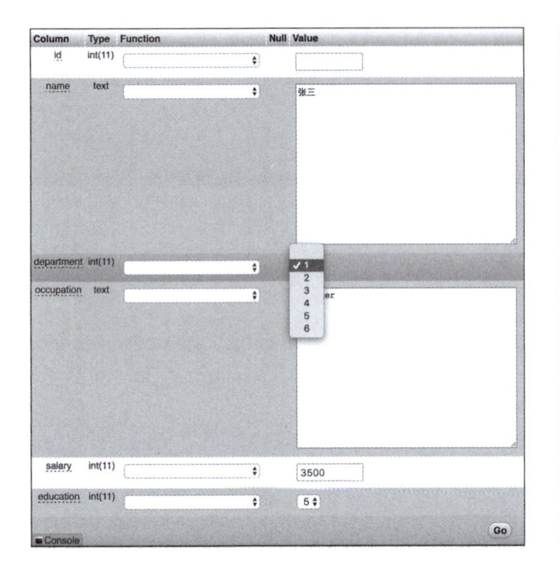

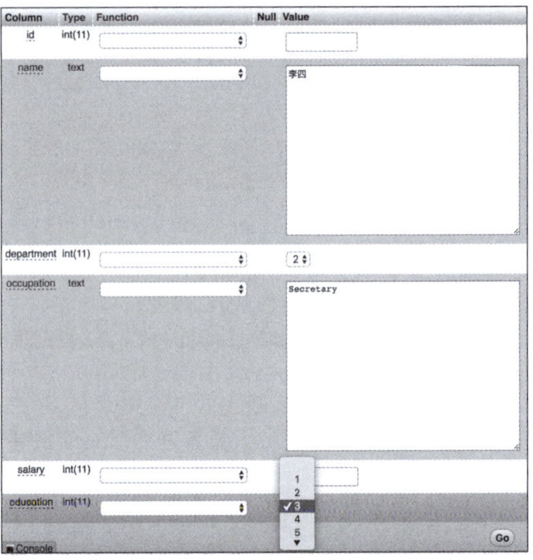

图 9-13　表数据输入——外键值的选择输入

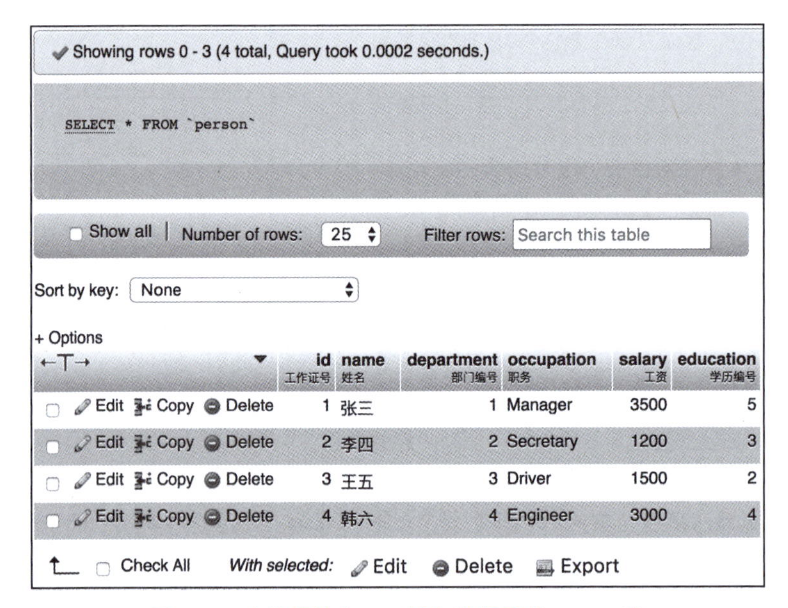

	id 工作证号	name 姓名	department 部门编号	occupation 职务	salary 工资	education 学历编号
Edit Copy Delete	1	张三	1	Manager	3500	5
Edit Copy Delete	2	李四	2	Secretary	1200	3
Edit Copy Delete	3	王五	3	Driver	1500	2
Edit Copy Delete	4	韩六	4	Engineer	3000	4

图 9-14　表数据输入——插入数据后的 person 表

1. 建表语句(创建表，定义表中各列的名称及数据类型)

```
CREATE TABLE person                    //建表语句的主关键字:CREATE TABLE
( id INTEGER PRIMARY KEY,              //定义该列为主键
  name VARCHAR(10),                    //列定义,字符型
  department INTEGER,                  //列定义,整型
  occupation VARCHAR(10),
  salary NUMBER,
  education INTEGER);
```

有关列的数据类型可参考具体数据库的语法手册。

2. 插入语句(向指定表插入一条记录)

```
INSERT INTO person                //插入语句的主关键字:INSERT INTO
VALUES (1, '张三', 1, 'Manager', 3500, 5);
```

在上述格式的插入语句中,插入的值要与表的定义匹配。

3. 修改语句(修改指定记录中某列的值)

```
UPDATE person                     //修改语句的主关键字:UPDATE
SET salary = 3700                 //SET 子句指定对哪列进行修改、如何修改
WHERE id = 1 ;                    //WHERE 子句选择要修改的行
```

4. 删除语句(删除指定的记录)

```
DELETE FROM person                //删除语句的主关键字:DELETE FROM
WHERE department = 4 ;            //WHERE 子句选择要删除的行(删除部门号为 4 的员工记录)
```

5. 查询语句

例如:查询工资大于2000元的员工的姓名及职务:

```
SELECT  *                         //查询语句的主关键字:SELECT, * 表示输出全部列的值
FROM person                       //FROM 子句指定查询的表,本查询只用到 person 表
WHERE salary>2000;                //查询条件
```

例如:查询员工"张三"的学历,输出学历名:

```
SELECT education.name
FROM person, education            //该查询用到两个表
WHERE person.name='张三' AND person.education =education.eduid ;
```

根据问题分析可知,上述查询需要用到两个表,所以在条件子句(WHERE)中除包括"员工名"这一条件外,还必须包括表的连接条件。连接条件将两表中相关记录连接在一起,从而可利用分布在不同表里的相关信息进行查询。

以上是常用SQL语句的简单介绍。在SQL语言中,对数据库中数据的操作可分为读写两种。读操作(查询)通过SELECT语句实现,该语句的执行不会改变数据库中的数据;而涉及写操作的语句共有3个,即INSERT、UPDATE和DELETE。注意:查询语句可以返回一行或多行数据,也可能没有返回结果(没有查到满足条件的记录)。

9.2 通过JDBC访问数据库

在Java程序中如何连接和访问数据库呢?这就要用到JDBC(Java Database Connectivity)技术。

JDBC是为Java语言定义的一个SQL调用级接口。JDBC使开发人员能够用纯Java

API 来编写数据库应用程序。有了 JDBC,向各种关系数据库发送 SQL 语句就是一件很容易的事。而且,JDBC 隔离了 Java 与不同数据库之间的对话,使得 Java 程序无须考虑不同的数据库管理系统平台。将 Java 和 JDBC 结合起来将使程序员只需写一遍程序就可以让它在任何平台上运行。

JDBC 对 Java 程序员而言是 API,对实现与数据库连接的服务提供商而言是接口模型。JDBC 为程序开发提供了标准的接口,并为数据库厂商及第三方中间件厂商实现与数据库的连接提供了标准方法。JDBC 使用已有的 SQL 标准,并支持其他数据库连接标准,如与 ODBC 之间的桥接。ODBC 是一个 C 语言实现的访问数据库的 API,对于没有提供 JDBC 驱动的数据库,从 Java 程序调用本地的 C 程序访问数据库会带来一系列安全性、完整性、健壮性等方面的问题,因而通过 JDBC-ODBC 桥来访问没有提供 JDBC 接口的数据库是一个常用的方案。

通过使用 JDBC,开发人员可以很方便地将 SQL 语句传送给几乎任何一个数据库。也就是说,开发人员不必写一个程序访问 Oracle,再写另一个程序访问 SQL Server。用 JDBC 写的程序能够自动地将 SQL 语句传送给相应的数据库管理系统。根据 Java 语言的可移植性,程序员只需编写一个程序就可以在任何支持 Java 的平台上运行。

JDBC 是一组由 Java 语言编写的类和接口,其 API 包含在 java.sql 和 javax.sql 两个包中。其中 java.sql 为核心包,包括了 JDBC 规范中规定的 API 和新的核心 API,它包含于 Java SE 中;而 javax.sql 包扩展了 JDBC API 的功能,使其从客户端发展为服务器端,成为了 Java EE 的一个基本组成部分。

JDBC API 可分为两个层次:面向底层的 JDBC Driver API 和面向程序员的 JDBC API。前者主要是针对数据库厂商开发数据库底层驱动程序使用的。它们的关系如图 9-15 所示。

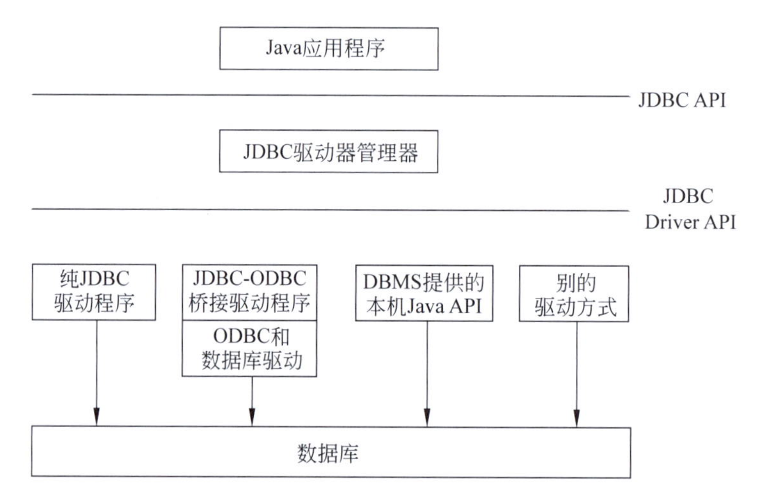

图 9-15　JDBC API 的层次关系

由图 9-15 可见,应用程序通过 JDBC API 和底层的 JDBC Driver API 打交道。JDBC 的 Driver 可以分为 4 种类型,如表 9-1 所示。

表 9-1　JDBC Driver 的种类

名　　称	解　　释
JDBC-ODBC 桥	通过 ODBC 驱动器提供数据库连接。使用这种驱动器，要求每一台客户机都装入 ODBC 驱动
本地 API 驱动	将数据库厂商的特殊协议转换成 Java 代码及二进制类码，客户机上需要装有相应 DBMS 的驱动程序
网络协议驱动	将 JDBC 指令转化成独立于 DBMS 的网络协议形式，再由服务器转化为特定 DBMS 的协议形式
本地协议驱动	将 JDBC 指令转化成网络协议后不再转换，而是由 DBMS 直接使用

在这四种驱动器中，后两种“纯 Java”的驱动器效率更高，也更具有通用性，它们能够充分表现出 Java 技术的优势。但如果不能得到纯 Java 的驱动器，则可以使用前两种驱动器作为中间解决方案，因为它们比较容易获得，使用也较普遍。

面向程序员的 JDBC API 可以完成以下主要任务：首先和数据源建立连接，然后向其传送 SQL 命令，最后处理数据源返回的 SQL 执行的结果。其中最重要的接口和类如表 9-2 所示。

表 9-2　JDBC API 中重要的接口和类

名　　称	解　　释
DriverManager	负责加载各种不同驱动程序，并根据请求向调用者返回相应的数据库连接
Connection	代表对特定数据库的连接
Statement	代表一个特定的容器，容纳并执行一条 SQL 语句
ResultSet	控制执行查询语句得到的结果集
SQLException	处理数据库连接的建立、关闭以及 SQL 语句的执行过程中发生的例外情况

一个基本的 JDBC 程序开发包含如下步骤：

- 设置环境，引入相应的 JDBC 类。
- 选择合适的 JDBC 驱动程序并加载。
- 创建一个 Connection 对象。
- 创建一个 Statement 对象。
- 用该 Statement 对象进行查询等操作。
- 从返回的 ResultSet 对象中获取相应的数据。
- 关闭数据源连接。

下面结合实例进行解释。

9.2.1　设置环境

本书以 MySQL JDBC Driver 为例通过 Java 程序连接 MySQL 数据库。

下载相应的 jar 包，如 mysql-connector-java-5.1.40-bin.jar。若使用 Maven 作为编译工具，则在 pom.xml 中添加如下依赖：

```
<dependency>
    <groupId>mysql</groupId>
    <artifactId>mysql-connector-java</artifactId>
    <version>5.1.40</version>
</dependency>
```

在程序中引入相应的类和包。任何使用 JDBC 的源程序都需要引入 java.sql 包：

```
import java.sql.*;
```

9.2.2　建立连接

通过 JDBC 访问数据库，首先要做的是建立和数据库的连接。这包括两个步骤：

1. 装载驱动器

用 Class.forName 方法显式装载驱动程序，如：

```
Class.forName("com.mysql.jdbc.Driver").newInstance();
```

Class 类的 forName 方法以完整的 Java 类名字符串为参数，装载此类，并返回一个 Class 对象描述此类。执行上述代码时将自动创建一个驱动器类的实例，并自动调用驱动器管理器 DriverManager 类中的 RegisterDriver 方法来注册它。这里"com.mysql.jdbc.Driver"是 MySQL JDBC Driver 类的名字，可以从驱动程序的说明文档中得到。

需要注意的是，驱动器类有可能不存在，使用此 Class.forName 方法就可能会抛出 ClassNotFoundException 异常，因此需要捕获这个异常，同时捕获 newInstance 方法可能抛出的异常：

```
try{
    Class.forName("com.mysql.jdbc.Driver").newInstance();
} catch (ClassNotFoundException e) {
    e.printStackTrace();
} catch (InstantiationException e) {
    e.printStackTrace();
} catch (IllegalAccessException e) {
    e.printStackTrace();
}
```

2. 建立与数据库的连接

其标准方法是调用 DriverManager.getConnection 方法。例如，要连接 9.2.1 小节创建的 MySQL 数据库 testdb，语句如下：

```
Connection con = DriverManager.getConnection(url, user, password);
```

正如方法名称所示，DriverManager.getConnection 方法将返回与指定数据库建立的连接。该方法有三个参数，其中第一个字符串是 JDBC URL，格式为

```
jdbc:子协议:子名称
```

jdbc 表示协议，JDBC URL 中的协议总是 jdbc；子协议是驱动器名称；子名称是数据库的名称，如果是位于远程服务器上的数据库，则还应该包括网络地址，且必须遵循如下所示的命名约定：

```
//主机名:端口/数据库名
```

JDBC URL 提供了一种标识数据库的方法，这使得相应的驱动程序能识别该数据库并与之建立连接。实际上，驱动程序编写者决定了用什么样的 JDBC URL，用户只要遵循驱动程序提供的说明书即可。

假设 MySQL 数据库安装在了本机，且使用了默认的 3306 端口，则本例中完整的 JDBC URL 为：

```
jdbc:mysql://localhost:3306/testdb
```

方法的第二个参数是访问数据库所需的用户名，第三个是用户密码。

Connection 是一个 Java 接口，代表与指定数据库的连接。

DriverManager 类位于 JDBC 的管理层，作用于用户和驱动程序之间。它负责跟踪在系统中所有可用的 JDBC 驱动程序，并在数据库和相应驱动程序之间建立连接。

9.2.3 对数据库进行操作

9.2.2 小节已经建立了到目标数据库的连接对象(Connection)。Connection 接口有 3 个重要的方法 createStatement、prepareStatement、prepareCall，分别用来创建向数据库发送 SQL 语句的三种对象：Statement、PreparedStatement 和 CallableStatement 对象。这三种对象有不同的特点，第一个用于简单的 SQL 语句，第二个用于带有一个或多个参数的 SQL 语句，在 SQL 语句执行前，这些参数将被赋值；第三个用于调用数据库中的存储过程(一种用 SQL 语言编写的程序，详情可以参考其他关于 SQL 语言的书籍)。Statement、PreparedStatement 和 CallableStatement 都是接口，后两个接口都直接或间接继承 Statement，PreparedStatement 直接继承了 Statement，CallableStatement 直接继承了 PreparedStatement。

1. 创建 Statement 对象

用 Connection 的方法 createStatement 创建 Statement 对象。在 Statement 对象上，可以使用 executeQuery、executeUpdate 等方法，这些方法需要一个表示 SQL 语句的字符串作为参数。上述方法将这些 SQL 语句传送给数据库，就可以对数据库进行相应的操作了。

创建 Statemen 对象的代码如下：

```
Statement stmt = con.createStatement();
```

2. 使用 Statement 对象执行语句

为了通过 Statement 对象操作数据库，需要将 SQL 语句作为参数提供给 Statement 的方法，例如：

```
ResultSet rs = stmt.executeQuery("SELECT * FROM person");
```

ResultSet 是结果集对象类，因为查询结果将作为结果集对象返回，所以需要声明一个 ResultSet 对象来容纳查询结果。

Statement 接口提供了三种执行 SQL 语句的方法：executeQuery、executeUpdate 和 execute。使用哪一个方法由 SQL 语句所产生的内容决定。

(1) 方法 executeQuery 用于产生单个结果集的语句，例如 SELECT 语句，例如：

```
Statement stmt = con.createStatement();
ResultSet rs = stat.executeQuery("SELECT * FROM person");//查询表格,提取全部数据
```

(2) 方法 executeUpdate 用于执行 INSERT、UPDATE 或 DELETE 语句，以及 SQL 语言中的 DDL(数据定义语言)语句，例如 CREATE TABLE 等。

例：删除名字为“李四”的员工记录

```
stmt.executeUpdate("DELETE FROM person WHERE Name='李四'");
```

executeUpdate 的返回值是一个整数，表示受影响的行数(即更新计数)，例如修改了多少行、删除了多少行等。对于 CREATE TABLE 等语句，因不涉及行的操作，所以 executeUpdate 的返回值总为零。

(3) 方法 execute 用于执行返回多个结果集(ResultSet 对象)、多个更新计数或二者组合的语句。例如执行某个存储过程或动态执行 SQL，这时有可能出现多个结果的情况。

执行语句的所有方法都将关闭所调用的 Statement 对象当前打开的结果集(如果存在)，这意味着在重新执行 Statement 对象之前，需要完成对当前 ResultSet 对象的处理。

PreparedStatement 接口继承了 Statement 接口中所有方法，并且有自己的 executeQuery、executeUpdate 和 execute 方法。Statement 对象本身不包含 SQL 语句，因而必须给 executeQuery、executeUpdate 和 execute 方法提供 SQL 语句作为参数，而 PreparedStatement 对象已经包含预编译 SQL 语句，所以不用将 SQL 语句作为参数(后面还有介绍)。CallableStatement 对象继承这些方法的 PreparedStatement 形式。

3. 提取执行结果

查询结果作为结果集对象返回后，可以从 ResultSet 对象中提取结果。

1) 使用 next 方法

ResultSet 对象中包含检索出来的行，其中有一个指示器，指向当前可操作的行，初始状

态下指示器是指向第一行前面。方法 next 的功能是将指示器下移一行，所以第一次调用 next 方法时便将指示器指向第一行，以后每一次对 next 的成功调用都会将指示器移向下一行。

2）使用 getXXX 方法

使用相应类型的 getXXX 方法可以从当前行指定列中提取不同类型的数据。例如，本章样例中每行的 name 列都是 SQL 类型 VARCHAR，提取 VARCHAR 类型数据时要用 getString 方法，而提取 float 类型数据的方法是 getFloat。

下面来进一步看看 getXXX 方法如何工作，以下面这条语句为例：

```
String s = rs.getString("name");
```

方法 getString 作用于结果集 ResultSet 对象，因而 getString 将提取当前行 name 列中的数据，由 getString 提取的数据值从 SQL 的 VARCHAR 类型转换成 Java 的 String 类型，然后赋值给字符串对象 s。

JDBC 提供两种方法为 getXXX 指明要提取的列。一种方法是给出列名，就像上面例子中看到的那样；另一种方法是给出列的索引（列序号），1 代表首列，2 代表第 2 列，依此类推。下面是以列序号代替列名的语句：

```
String s = rs.getString(2);//提取当前行的第 2 列数据
```

注意，这里的列序号指的是结果集中的列序号，而不是原表中的列序号。

可见，JDBC 允许使用列名或列序号作为 getXXX 方法的参数，使用列序号效率会略微高一些。

到底用哪一个 getXXX 方法提取数据，JDBC 给了很大的自由度。例如，getInt 方法可以用来提取任何数字或字符类型，提取的数据会被转化成 int 类型。但是 getInt 方法最好只用于提取 SQL 的 INTEGER 类型数据，像 SQL 类型 BINARY、VARBINARY、LONGVARBINARY、DATE、TIME 或 TIMESTAMP 等类型的数据是不能用 getInt 提取的。

表 9-3 列出了 getXXX 方法与 SQL 类型的关系，“x”表示 getXXX 方法可以合法地用于提取对应 SQL 类型的数据，“X”表示 getXXX 方法是被推荐用于提取对应 SQL 类型数据的方法。SQL 类型（或 JDBC 类型）指的是 java.sql.Types 中定义的 SQL 类型。

从表 9-3 中可以看出，虽然 getString 方法适于提取 SQL 的 CHAR 和 VARCHAR 类型数据，但是任何 SQL 的基本类型都可以用 getString 来提取（新的 SQL3 数据类型除外），这是非常有用的（将不同类型的数据都转换为字符串形式）。当然，用 getString 来提取数值数据，会将数值转换为 Java String 对象，当要使用这个数值时还得转换回去。

最后，通过下面的例子综合演示一下上述介绍的内容。

表 9-3　getXXX 方法与 SQL 类型

	TIN-YINT	SMA-LLINT	INTE-GER	BIG-INT	REAL	FL-OAT	DOU-BLE	DEC-IMAL	NUM-ERIC	BIT	CHAR	VARC-HAR	LONGV-ARCHAR	BIN-ARY	VARB-INARY	LONGV-ARBINARY	DATE	TIME	TIMES-TAMP
getByte	X	x	x	x	x	x	x	x	x	x	x	x	x						
getShort	x	X	x	x	x	x	x	x	x	x	x	x	x						
getInt	x	x	X	x	x	x	x	x	x	x	x	x	x						
getLong	x	x	x	X	x	x	x	x	x	x	x	x	x						
getFloat	x	x	x	x	X	x	x	x	x	x	x	x	x						
getDouble	x	x	x	x	x	X	X	x	x	x	x	x	x						
getBigDecimal	x	x	x	x	x	x	x	X	X	x	x	x	x						
getBoolean	x	x	x	x	x	x	x	x	x	X	x	x	x						
getString	x	x	x	x	x	x	x	x	x	x	X	X	x	x	x	x	x	x	x
getBytes														X	X	x			
getDate											x	x	x				X		x
getTime											x	x	x					X	x
getTimestamp											x	x	x				x	x	X
getAsciiStream											x	x	X	x	x	x			
getUnicodeStream											x	x	X	x	x	x			
getBinaryStream														x	x	X			
getObject	x	x	x	x	x	x	x	x	x	x	x	x	x	x	x	x	x	x	x

例 9-1　通过 JDBC 访问 PIMS 数据库,进行查询、添加操作。

```
import java.sql.*;
public class JdbcDemo {
    public static void main(String[] args) {
        /* 运行前,修改为正确的值 */
        String url = ""; //jdbc:mysql://${server}:${port}/${dbname}?
characterEncoding=utf8
        String user = "";
        String password ="";

        Connection conn = null;
        Statement stmt = null;
        ResultSet rs = null;

        try {
            Class.forName("com.mysql.jdbc.Driver").newInstance();
        } catch (ClassNotFoundException e) {
            e.printStackTrace();
        } catch (InstantiationException e) {
            e.printStackTrace();
        } catch (IllegalAccessException e) {
            e.printStackTrace();
        }

        try {
            conn = DriverManager.getConnection(url, user, password);
                                                    //连接数据库
            stmt = conn.createStatement();          //创建 Statement 对象

            queryAndDisplay(stmt, rs);

            stmt.executeUpdate("INSERT INTO person VALUES(9, '林时',3,
'accountant',2000,4)");                             //添加一条记录
            System.out.println("添加数据后的信息为");
            queryAndDisplay(stmt, rs);

            stmt.executeUpdate("DELETE FROM person WHERE name='林时'");
                                                    //删除名字为"林时"的记录
            System.out.println("删除数据后的信息为:");
            queryAndDisplay(stmt, rs);

        } catch (SQLException e) {
            e.printStackTrace();
        } finally {                                 //安全关闭资源
```

```
            if (rs !=null){ try{rs.close();} catch (SQLException e){ e.
printStackTrace(); } }
            if (stmt!=null){ try{stmt.close();} catch (SQLException e)
{ e.printStackTrace(); } }
            if (conn!=null){ try{conn.close();} catch (SQLException e)
{ e.printStackTrace(); } }
        }
    }

    private static void queryAndDisplay(Statement stmt, ResultSet rs) throws
SQLException {
        rs = stmt.executeQuery("SELECT * FROM person");//查询表
        while (rs.next())                               //显示所有记录的 id 和姓名
        {
            System.out.print(rs.getInt("id") + "  ");
            System.out.println(rs.getString("name") + "  ");
        }
    }
}
```

执行结果为：

```
1  张三
2  李四
3  王五
4  韩六
添加数据后的信息为：
1  张三
2  李四
3  王五
4  韩六
9  林时
删除数据后的信息为：
1  张三
2  李四
3  王五
4  韩六
```

可见数据库中的确是先增加了一条记录,后又删除了一条记录。

例 9-2　建立员工信息输入与统计界面。

该例子是实现一个图形用户界面的数据库应用程序。图 9-16 是程序运行界面。左图是主界面,右图是按“员工登记”按钮后弹出的员工记录录入界面。

菜单“选项”包括“员工登记”和“统计”两个菜单项。执行“统计”将显示出当前员工数,如图 9-17 所示。

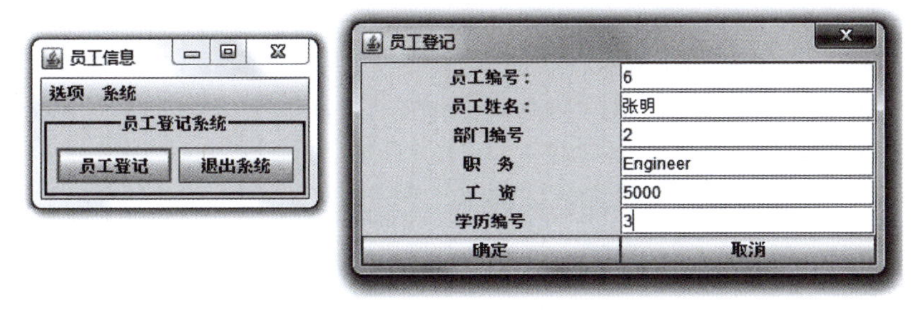

图 9-16 员工信息管理界面(1)

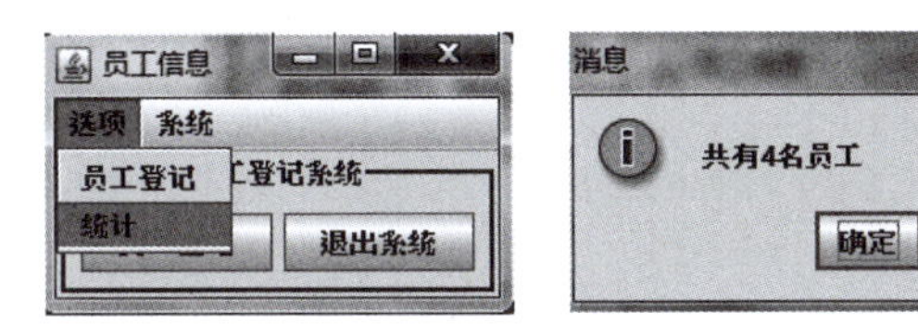

图 9-17 员工信息管理界面(2)

程序代码如下：

```
import javax.swing.*;
import javax.swing.border.*;
import java.awt.*;
import java.awt.event.*;
import java.sql.*;
//实现 ActionListener 接口,因此其对象就是一个事件监听器
public class PersonManager implements ActionListener {
    JFrame f = null;                                          //类属性
    public PersonManager()                                    //构造方法
    {
        f = new JFrame("员工信息");                           //创建一个顶层容器
        Container contentPane = f.getContentPane();          //获得其内容面板
        JPanel buttonPanel = new JPanel();                    //创建一中间容器 JPanel
        JButton b = new JButton("员工登记");                  //创建一原子组件——按钮
        b.addActionListener(this);                            //为按钮添加事件监听器对象
        buttonPanel.add(b);                                   //将此按钮添加到中间容器
        b = new JButton("退出系统");                          //再创建一按钮
        b.addActionListener(this);                            //为按钮增加事件监听器
        buttonPanel.add(b);                                   //将按钮添加到中间容器

        buttonPanel.setBorder(BorderFactory.createTitledBorder(
                                                              //设置中间容器边框
                BorderFactory.createLineBorder(Color.blue, 2),
                "员工登记系统", TitledBorder.CENTER, TitledBorder.TOP));
        contentPane.add(buttonPanel, BorderLayout.CENTER);
                                                              //将中间容器添加到内容面板
```

```
        JMenuBar mBar = new JMenuBar();                          //创建菜单条
        JMenu selection = new JMenu("选项");
        JMenuItem regist = new JMenuItem("员工登记");
        JMenuItem sum = new JMenuItem("统计");
        selection.add(regist);
        selection.add(sum);
        JMenu sys = new JMenu("系统");
        JMenuItem exit = new JMenuItem("退出系统");
        sys.add(exit);
        mBar.add(selection);
        mBar.add(sys);
        f.setJMenuBar(mBar);                                     //为窗体增加菜单
        regist.addActionListener(this);                          //为菜单添加事件监听器
        sum.addActionListener(this);
        exit.addActionListener(this);

        f.pack();
        f.setVisible(true);

        f.addWindowListener(new WindowAdapter() {                //为窗口操作添加监听器

            public void windowClosing(WindowEvent e) {
                System.exit(0);
            }
        });
    }
    public void actionPerformed(ActionEvent e) {                 //实现 ActionListener 接
                                                                   口唯一的方法
        String cmd = e.getActionCommand();                       //从事件对象获得相关名称
        if (cmd.equals("员工登记")) {                            //根据名称选择相应事件
            new RegistSystem(f);                                 //显示员工登记对话框
        } else if (cmd.equals("退出系统")) {
            System.exit(0);
        } else if (cmd.equals("统计")) {
            try {
                Class.forName(PropertyHolder.driver);            //加载驱动器
                Connection con = DriverManager.getConnection(
                    PropertyHolder.url, PropertyHolder.user, PropertyHolder
.password);
                Statement stmt = con.createStatement();          //创建语句
                ResultSet rs = stmt.executeQuery("SELECT * FROM person");
                int i = 0;
                while (rs.next()) {
                    i = i + 1;
```

```
                }
                JOptionPane.showMessageDialog(f, "共有" + i + "名员工");
                //显示信息对话框
                stmt.close();
                con.close();                              //关闭到数据库的连接
            } catch (Exception ex) {
            }
        }
    }
    public static void main(String[] args)    //主方法,用于创建 Ex9_7 类的一个对象
    {
        new PersonManager();
    }
}
class RegistSystem implements ActionListener//用于产生 JDialog,实现事件监听器
                                            //接口
{
    JDialog dialog;
    JTextField tF1 = new JTextField();
    JTextField tF2 = new JTextField();
    JTextField tF3 = new JTextField();
    JTextField tF4 = new JTextField();
    JTextField tF5 = new JTextField();
    JTextField tF6 = new JTextField();

    RegistSystem(JFrame f) {             //构造方法,从其调用方法中获得对话框的父窗口
        dialog = new JDialog(f, "员工登记", true);        //产生一 modal 对话框
        Container dialogPane = dialog.getContentPane(); //接下来注意添加各个组件
        dialogPane.setLayout(new GridLayout(7, 2));

        dialogPane.add(new JLabel("员工编号 : ", SwingConstants.CENTER));
        dialogPane.add(tF1);
        dialogPane.add(new JLabel("员工姓名 : ", SwingConstants.CENTER));
        dialogPane.add(tF2);
        dialogPane.add(new JLabel("部门编号 ", SwingConstants.CENTER));
        dialogPane.add(tF3);
        dialogPane.add(new JLabel("职    务 ", SwingConstants.CENTER));
        dialogPane.add(tF4);
        dialogPane.add(new JLabel("工    资", SwingConstants.CENTER));
        dialogPane.add(tF5);
        dialogPane.add(new JLabel("学历编号", SwingConstants.CENTER));
        dialogPane.add(tF6);
        JButton b1 = new JButton("确定");
        dialogPane.add(b1);
```

```
        JButton b2 = new JButton("取消");
        dialogPane.add(b2);
        b1.addActionListener(this);                               //为两按钮增加事件监听器
        b2.addActionListener(this);
        dialog.setBounds(200, 150, 400, 130);
        dialog.show();
    }
    public void actionPerformed(ActionEvent e) {
        String cmd = e.getActionCommand();
        if (cmd.equals("确定")) {
            try {
                Class.forName(PropertyHolder.driver);    //加载驱动器
                Connection con = DriverManager.getConnection(
                    PropertyHolder.url, PropertyHolder.user, PropertyHolder
.password);
                Statement stmt = con.createStatement();  //创建语句
                int ID = Integer.parseInt(tF1.getText());
                String name = tF2.getText();
                int DepID = Integer.parseInt(tF3.getText());
                String Occupation = tF4.getText();
                int salary = Integer.parseInt(tF5.getText());
                int EduID = Integer.parseInt(tF6.getText());
                String SQLOrder = "INSERT INTO person VALUES ("
                        + ID + ",'" + name + "'," + DepID + ",'" + Occupation + "',"
+ salary + "," + EduID + ")";
                //创建 SQL 命令字符串
                stmt.executeUpdate(SQLOrder);                  //添加一条记录
                stmt.close();
                con.close();                                   //关闭连接
            } catch (Exception ex) {
            }
        } else if (cmd.equals("取消")) {
            dialog.dispose();                                  //直接返回主窗口
        }
    }
}
class PropertyHolder {
    /* 运行前,修改为正确的值 */
    static String driver = "com.mysql.jdbc.Driver";
    static String url = ""; //jdbc:mysql://${server}:${port}/${dbname}?
    characterEncoding=utf8
    static String user = "";
    static String password = "";
}
```

9.2.4 执行带参数的 SQL 语句

JDBC 支持带参数的 SQL 语句的执行，这给 SQL 语句的执行带来很大的灵活性。使用该功能时必须利用 PreparedStatement 类对象，而不能使用 Statement 类对象。

例 9-3 执行带参数的 SQL 语句程序片段。

```
String sq = "UPDATE person SET salary=? WHERE name=?";  //设置了 2 个参数
PreparedStatement pstmt = con.prepareStatement(sq);
                                                    //注意与 Statement 对象区别
pstmt.setInt(1, 5000);                              //为第 1 个参数赋值，根据参数类型
的不同调用不同方法
pstmt.setString(2, "张三");                          //为第 2 个参数赋值
pstmt.executeUpdate();                              //执行 SQL 语句
```

9.3 Java DB

9.2 节介绍了通过 JDBC 访问数据库，在前面的介绍中，使用的数据库是外部的（例如 MySQL），并且连接的标准是 JDBC 本地协议驱动。JDBC 提供访问这些数据库的基础，而配置外部数据库的过程比较麻烦。从 Java 6 开始，JDK 中自带了一个数据库，这个数据库就叫作 Java DB。Java DB 是用 Java 实现的开源数据库管理系统。通过 Java DB，程序员可以省掉安装和配置外部数据库的过程，并能方便地进行数据库编程。2015 年 6 月，Oracle 宣布在未来的 JDK 版本中将不再包含 Java DB，并且通过补丁形式将 Java DB 从 Java 7 和 Java 8 版本中移除了出去，而 Java DB 将通过 Apache Derby 项目继续进行维护升级。

Java DB 的使用方式可以分为嵌入式模式和服务器模式。使用 Java DB 和 MySQL 不同的是，驱动器的名字不再是“com.mysql.jdbc.Driver”，对于嵌入式模式来说，驱动器名为“org.apache.derby.jdbc.EmbeddedDriver”，而服务器模式的驱动器名为“org.apache.derby.jdbc.ClientDriver”。

例 9-4 嵌入式 Java DB。

```
import java.sql.*;
import java.util.*;
public class HelloJavaDB {
  public static void main(String[] args) {
    try {
     String DBDriver="org.apache.derby.jdbc.EmbeddedDriver";
     String connectionStr="jdbc:derby:Person;create=true";
     Class.forName(DBDriver).newInstance();
     Connection conn = null;
     conn=DriverManager.getConnection(connectionStr, "user1", "user1");
     conn.setAutoCommit(false);
     Statement s = conn.createStatement();
```

```
        s.execute("create table Person(name varchar(50), age int, sex char)");
        s.execute("insert into Person values('Zhang San', 22, 'M')");
        s.execute("insert into Person values ('Liu Juan', 21, 'F')");
        ResultSet rs = s.executeQuery("Select * From Person order by age");
        System.out.println("name\t\tage\t\tsex");
        while(rs.next()) {
    System.out.println (rs.getString (1) + "\t" + rs.getInt (2) + "\t\t" + rs.
    getString(3));
        }
       s.execute("drop table Person");
       rs.close();
       s.close();
       conn.commit();
       conn.close();
       }
       catch (Throwable e) {
       }
     }
   }
```

在命令行中编译和运行,可以看到输出结果为:

```
name          age       sex
Liu Juan       21         F
Zhang San      22         M
```

由例 9-4 可以看出,使用内嵌的数据库可以省去配置数据库的成本,从而允许程序员方便地进行数据库编程。但是这种内嵌模式也有缺点,就是此时 Java DB 不像 MySQL 那样运行在一个独立的进程中,从而不允许多个进程同时使用 Java DB。而服务器模式能够克服上述缺点。

例 9-5　服务器模式 Java DB。

首先在命令行中启动 Java DB 服务器:

```
java -jar "C:\Java\db\lib\derbyrun.jar" server start
```

启动之后可以看到下面的结果:

```
Mon Sep 22 16:44:23 CST 2014 : Security manager installed using the Basic server
security policy.
Mon Sep 22 16:44:24 CST 2014 : Apache Derby Network Server - 10.8.3.0 - (1405108)
started and ready to accept connections on port 1527
```

编写客户端代码如下:

```
import java.sql.*;
```

```
import java.util.*;
public class JavaDB1 {
  public static void main(String[] args) {
    try {
     String DBDriver = "org.apache.derby.jdbc.ClientDriver";
     String connectionStr = "jdbc:derby://localhost:1527/Person;create=true";
     Class.forName(DBDriver).newInstance();
     Connection conn = null;
     conn=DriverManager.getConnection(connectionStr, "user1", "user1");
     conn.setAutoCommit(false);
     Statement s = conn.createStatement();
     s.execute("create table Person(name varchar(50), age int, sex char)");
     s.execute("insert into Person values('Zhang San', 22, 'M')");
     s.execute("insert into Person values ('Liu Juan', 21, 'F')");
     ResultSet rs = s.executeQuery("Select * From Person order by age");
     System.out.println("name\t\tage\t\tsex");
     while(rs.next()) {
       System.out.println(rs.getString(1) + "\t" + rs.getInt(2) + "\t\t" + rs.
getString(3));
     }
    s.execute("drop table Person");
    rs.close();
    s.close();
    conn.commit();
    conn.close();
   }
   catch (Throwable e) {
   }
  }
}
```

在命令行中编译和运行客户端代码，输出结果如下：

```
name          age       sex
Liu Juan      21        F
Zhang San     22        M
```

例 9-5 和例 9-4 比较，除了驱动名称和链接字符串不一样之外，其他部分都是一样的，得到的结果也是一样的，所不同的是例 9-5 使用的是服务器模式的 Java DB，而例 9-4 使用的是嵌入式模式的 Java DB。

服务器模式 Java DB 使用的默认端口是 1527，因此例 9-5 中链接字符串的形式是“主机名：1527/数据库名”。

9.4　本章小结

本章首先介绍了关系数据库以及 SQL 语言的知识，然后介绍了 JDBC 的编程原理，并通过实例详细介绍了 JDBC 访问和操作数据库的全过程，最后介绍了 JDK 自带的 Java DB 的两种模式的使用方式。读者可以分别从关系数据库、SQL 语句功能以及 JDBC 编程三方面进行学习和掌握。

习题

1. 简述 Java 访问数据库的机制和需要注意的问题。

2. 修改例 9-1，使其能够显示出员工的所有信息，依次为员工编号、员工姓名、部门编号、职务、工资、学历编号。

3. 修改练习 2，使程序能显示部门编号对应的部门名称，以及学历编号对应的名称。

4. 基于上面的程序，增加查错功能：如果程序要删除一条并不存在的员工记录，则给出提示信息，表明不存在该员工，程序继续往下执行；如果程序要添加一条重复编号的员工记录，也给出提示信息，表明该编号已经使用，要求重新输入一个新的编号。

5. 建立一个基于图形用户界面的 department 表的维护程序，要求从界面输入一个部门号(depId)及一个新的部门名，程序根据部门号将指定部门更名为新的名字。本题要求使用带参数的 SQL 语句。

6. 一个杂货店老板需要对其货物建立数据库，要求可以输入和查询货物的品名、价格、库存数、厂家电话等，请帮他实现。

第 10 章

Servlet 程序设计

网络将世界联系在一起,使世界变得更加丰富多彩。同时网络互联是一个内容丰富而复杂的主题,所以这方面的程序设计涉及面很广且不易掌握。与其他语言相比,Java 语言在网络应用程序开发方面具有一定的优势。Java 提供了很多内置的网络功能,使得基于网络的应用程序开发变得更加容易。本章首先对与网络相关的基本概念进行简单讲解,然后详细介绍 Java 语言的服务器端程序 Servlet 的开发方法。

本章侧重讲解用 Java 语言编写 Servlet,但是要部署和运行网络应用程序,还需要掌握 Web 服务器的安装、配置和使用。限于篇幅,本章对此不作详细介绍,只是简单介绍 Tomcat 服务器的安装和配置,更详细的内容读者可以参考其他相关的文档和配套的案例教程。

10.1 Java 网络程序设计的基本概念

10.1.1 网络协议

所有使用或实现某种 Internet 服务的程序都必须遵从一个或多个网络协议。这种协议很多,而 IP(Internet Protocol,Internet 协议)、TCP(Transport Control Protocol,传输控制协议)、UDP(User Datagram Protocol,用户数据报协议)是最为根本的三种协议,是所有其他协议的基础。

IP 是最底层的协议,它定义了数据报(Datagram)传输的格式和规则。

TCP 建立在 IP 之上,定义了网络上程序到程序的数据传输格式和规则,提供了 IP 数据包的传输确认、丢失数据包的重新请求、将收到的数据包按照它们的发送次序重新装配的机制。TCP 是面向连接的协议,在开始数据传输之前,必须先建立明确的连接。

UDP 与 TCP 相似,但它是不可靠的。数据报是一种自带寻址信息的、独立地从数据源走到终点的数据包。UDP 不保证数据一定传输到终点,也不提供重新排列次序或重新请求功能。虽然 UDP 的不可靠性限制了它的应用场合,但它比 TCP 具有更好的传输效率。与 TCP 的有连接相比,UDP 协议是一种无连接协议。

HTTP(HyperText TransferProtocol)是 Internet 众多协议中的一种,它代表超文本传输协议,是构成万维网的基础。HTTP 具有简单快速、灵活、无状态、无连接等特点。

HTTP 基于请求(Request)/响应(Response)模式。HTTP 工作过程如下:首先客户端与服务器建立连接;然后客户端发送一个请求给服务器;服务器接到请求后,给予相应的响应信息;最后关闭连接,完成一次操作。

目前应用最为广泛的 HTTP 协议依然是 HTTP/1.1 版本,它于 1997 年完成,并于 1999 年和 2014 年进行了修订更新。HTTP/2 版本于 2015 年正式发布,并得到大多数主流 Web 服务器和 Web 浏览器的支持。最新的 HTTP/3 协议也已经完成编写,并且能够在 Chrome、Firefox 等现代浏览器的新版本中手动开启使用了。

客户端发送给服务器的请求有很多类型,这些类型被称为方法。这些方法分别是:GET,POST,HEAD,PUT,DELETE,TRACE,OPTIONS,CONNECT,PATCH。其中最常用的是 GET 和 POST。

GET 方法用来从服务器读取信息,例如从服务器读取文件、表格、数据库查询结果等。由于 GET 方法原则上不会用来发送大量的信息,所以有些服务器将请求的长度限制在 255 字节内。

POST 方法用来向服务器传送信息,如把信用卡号、表格、存储于数据库的数据等传送到服务器,服务器进行相应的数据处理之后将结果持久化,例如保存到数据库中。

HEAD 方法用来读取服务器响应头(Response Head),得到诸如文件大小、文件最后修改时间、服务器类型等信息。

PUT 方法也用来向服务器传送信息,但与 POST 不同的是,如果请求指向一个已经存在的资源,则更新该资源;如果资源不存在,则像 POST 一样进行创建。因此,PUT 是幂等(idempotent)操作,而 POST 不是。

DELETE 方法将资源从服务器删除。

TRACE 方法用来协助程序调试。

OPTIONS 方法用来查询服务器所支持的方法。

CONNECT 方法一般用来在代理服务器与目标服务器之间建立透明隧道。

PATCH 方法用来对资源进行局部修改。

10.1.2 统一资源标识符 URI

因特网上有很多协议,其中超文本传输协议(HyperText Transfer Protocol, HTTP)构成了万维网的基础,它用统一资源标识符(Uniform Resource Identifier, URI)标识定位网络上的数据文件。通常所说的网址 URL 就是 URI 的一种。如果知道了公布在网络上的某个 HTML 文件的 URI,不管文件位于什么地方,都可以通过 HTTP 访问该文档。Java 语言提供了 URL 类让我们能在源代码层使用 URL。每一个 URL 对象都封装了资源的标识符和协议处理程序。可以调用 URL 构造函数来建立 URL 对象,也可以调用 URL 的方法来提取 URL 的组件。URL 类有 6 个构造函数。其中最简单的是 URL(String url),它有一个 String 类型的参数,把 URL 分解为自己的组件,并把这些组件存储在一个新的 URL 对象中。

下面的代码示例中把 URL 对象作为 AppletContext 接口的 showDocument 方法的参数,就可以使执行 applet 的浏览器显示 URL 所指定的网页。

例 10-1 applet 浏览指定 URL 举例:ShowDocument.java。

```
import java.net.*;
import java.awt.*;
```

```
    import java.awt.event.*;
    import java.applet.AppletContext;
    import javax.swing.*;
    public class ShowDocument extends JApplet {
        @Override
        public void init() {
            JButton goButton = new JButton("Link to www.sohu.com");
            Container myContainer = getContentPane();
            myContainer.add(new JLabel("Link to SOHU"), BorderLayout.NORTH);
            myContainer.add(goButton, BorderLayout.SOUTH);
            goButton.addActionListener(new ButtonListener());
        }
        class ButtonListener implements ActionListener {
            public void actionPerformed(ActionEvent e) {
                try {
                    URL newDocument = new URL("http://www.sohu.com");
                    AppletContext browser = getAppletContext();
                    browser.showDocument(newDocument);
                } catch (Exception URLException) {
                }
            }
        }
    }
```

10.1.3　基于套接字的有连接通信

面向连接的操作使用 TCP 协议，在这个模式下，一个套接字(socket)必须在发送数据之前与目的地的 socket 取得连接。一旦连接建立了，sockets 就可以使用一个流接口完成打开-读-写-关闭等操作。所有发送的信息都会在另一端以同样的顺序被接收。面向连接的操作比无连接的操作效率更低，但是数据的安全性更高。

用 Java 建立简单的服务器程序需要 5 个步骤。

(1) 创建 ServerSocket 对象。ServerSocket 类位于 java.net 包内，所以需要 import java.net.*。调用 ServerSocket 构造函数的方式如下：

```
ServerSocket myServer = new ServerSocket (int port, int backlog);
```

参数 port 指定一个可用的端口号，这个端口号是用来定位服务器上的服务器应用程序的；参数 backlog 指定能够连接到服务器的最多客户数，当连接客户达到由 backlog 指定的最大客户数量时，服务器将拒绝客户连接。

(2) 服务器无限期地监听客户连接。通过 ServerSocket 的 accept 方法监听客户连接，代码如下所示，每当有一个客户连接时，都将产生并返回一个 socket：

```
Socket connection = myServer.accept();
```

(3) 获取 InputStream 和 OutputStream 对象,服务器通过接收发送字节与客户进行通信。服务器通过 Socket 的 getInputStream 和 getOutputStream 方法分别获取 Socket 输入流和输出流的引用,然后通过 InputStream 接收客户信息,通过 OutputStream 把信息发送给客户。

通常将其他流类型与 Socket 的 InputStream 和 OutputStream 联系起来,例如:

```
ObjectInputStream input = new ObjectInputStream( connection.getInputStream( ) );
ObjectOutputStream output = new ObjectOutputStream( connection.getOutputStream( ) );
```

(4) 客户和服务器通过 OutputStream 和 InputStream 对象进行通信。

(5) 通信传输完毕,服务器通过调用流和套接字的 close 方法关闭连接。

在客户端建立简单连接的思路与上类似,可以分为 4 步。

(1) 建立一个 Socket,实现与服务器的连接。Socket 构造函数将实现与服务器的连接,如下:

```
Socket connection = new Socket( InetAddress address, int port);
```

两个参数分别是:服务器 IP 地址和端口号。当然 Socket 的构造函数还有很多重载形式,具体可查阅 Java API 文档。如果连接成功,将返回一个 Socket,否则产生异常。

(2) 通过 getInputStream 和 getOutputStream 分别获取 Socket 的 InputStream 和 OutputStream 的引用。同样,也可以将其他流类型与 InputStream 和 OutputStream 联系起来。

(3) 客户与服务器通过 InputStream 和 OutputStream 进行通信。

(4) 传输完毕后,通过调用流和套接字的 close 方法关闭连接。

10.1.4　数据报通信

用户数据报协议(User Datagram Protocol, UDP)是与 TCP 不同的一种协议。它不能保证数据会被成功地送达,也不保证数据抵达的次序与送出的次序相同,所以也被称为“不可靠的通信协议”。虽然可靠性不高,但是它的速度很快,所以在某些场合下有很大的用处。

服务器接收或发送信息以 DatagramPackets 的形式存在,DatagramSocket 来接收或发送这些数据报(packets),通过如下语句可以创建 DatagramSocket:

```
DatagramSocket mySocket = new DatagramSocket ( int  port );
```

参数 port 表示端口,上述语句将服务器绑定到一个可以从客户端接收 packet 的端口上,如果绑定失败,将产生 SocketException 异常。

在 Java 中实现客户端与服务器之间数据报通信的步骤如下:

1. 客户端应用程序的工作流程

(1) 建立数据报通信的 Socket,可以通过创建一个 DatagramSocket 对象来实现。

在 Java 中 DatagramSocket 类有如下两种构造方法:

- public DatagramSocket() 构造一个 DatagramSocket,并使其与本地主机任一可用

的端口连接。若打不开 socket 则抛出 SocketException 异常。

- public DatagramSocket(int port) 构造一个 DatagramSocket,并使其与本地主机指定的端口连接。若打不开 socket 或 socket 无法与指定的端口连接则抛出 SocketException 异常。

(2) 创建一个数据报文包,用来实现无连接的包传送服务。每个数据报文包用 DatagramPacket 类来表示,DatagramPacket 对象封装了数据报文包的包数据,包长度,目标地址,目标端口。DatagramPacket 对象类的构造函数如下所示,将要发送的数据和包文目的地址信息放入对象之中,即构造一个包长度为 length 的包传送到指定主机指定端口号上的数据报文包,参数 length 必须小于等于 bufferedarry.length。

```
DatagramPacket(byte bufferedarray[],int length,InetAddress address,int port)
```

DatagramPacket 类提供了 4 个方法来获取信息。

- public byte[] getData() 返回一个字节数组,包含收到或要发送的数据报文包中的数据。
- public int getLength() 返回发送或接收到的数据的长度。
- public InetAddress getAddress()返回一个发送或接收此数据报文包的机器的 IP 地址。
- public int getPort() 返回发送或接收数据报的远程主机的端口号。

(3) 发送数据报文包。

发送数据报文包是通过调用 DatagramSocket 对象的 send 方法实现,它需要以 DatagramPacket 对象为参数,将封装进 DatagramPacket 对象中的数据报文包发出。

(4) 接收从服务器返回的结果数据报文包。

接收从服务器返回的结果数据报文包需要创建一个新的 DatagramPacket 对象,这里就需要用到 DatagramPacket 类的另一个构造方法 DatagramPacket(byte bufferedarray[],int length),即只需指明存放接收的数据报的缓冲区和长度。调用 DatagramSocket 对象的 receive()方法来完成接收数据报的工作,此时需要将 DatagramPacket 对象作为参数,该方法会一直阻塞直到接收到一个数据报文包,此时 DatagramPacket 的缓冲区中包含的就是接收到的数据,数据报文包中也包含发送者的 IP 地址、发送者机器上的端口号等信息。

(5) 处理接收缓冲区内的数据,获取服务结果。

(6) 当通信完成后,使用 DatagramSocket 对象的 close 方法来关闭通信。

2. 服务器端应用程序的工作流程

不同于基于数据流的通信方式,在数据报通信中,通信双方之间并不要建立连接,所以,服务器应用程序通信过程与客户端应用程序的通信过程使非常相似的,也要建立数据报通信 DatagramSocket,构建数据报文包 DatagramPacket,接收数据报和发送数据报,处理接收缓冲区内的数据,通信完毕后,关闭数据报通信 Socket。不同的是,服务器应用程序要面向网络中的所有计算机,所以服务器应用程序收到一个数据报文包后要分析它,得到数据报的源地址信息,这样才能创建正确的返回结果数据报文包给客户机。

10.1.5　Servlet

Java Servlet 是用 Java 编写的服务器端程序，其主要功能在于交互式地浏览和修改数据，生成动态 Web 内容。Servlet 介于浏览器(或其他 HTTP 客户端)与服务器之间，起到桥梁的作用。Servlet 的具体作用为：

(1) 读取客户端发送的数据。

(2) 获取客户请求(request)中所包含的信息。

(3) 产生响应结果，并将结果包含到一个文件中，例如 HTML 文件中。

(4) 设置 HTTP 响应参数，例如告诉浏览器，文件类型为 HTML。

(5) 将文件返回给客户端。

Servlet 的应用并不限于处理 HTTP 请求的网页或者应用程序服务中，还可以嵌入到邮件或 FTP 服务程序中。Servlet 具有很多优点，包括：

1. 高效率

通过 Servlet，Java 虚拟机用轻量级的 Java 线程处理每个请求。同时有 *N* 个请求的情况下，传统的 CGI 程序需要被调入到服务器内存 *N* 次；对于 Servlet 将开启 *N* 个线程，但仅仅调入一个 Servlet 实例到内存中。

2. 应用方便

Servlet 在解析和译码 HTML 数据、读取设置 HTML 标题、操作 Cookie 等很多方面，应用更加方便。由于继承自 Java 的特点，其可靠性与复用性也很好。

3. 功能强大

Servlet 可以直接与 Web 服务程序对话；多个 Servlet 可以共享数据；Servlet 与数据库的连接也比较简单等。

4. 便携性好

Servlet 用 Java 语言编写，遵循标准的 API。因此 Servlet 编写的程序可以无任何修改地在不同的 Servlet 容器中运行。同样具有一次编译，到处运行的特点。

5. 安全性高

基于 Java 语言的安全特性，Servlet 的安全性也比较可靠。

6. 成本低

当前有很多免费或相对比较便宜的 Web 服务器，适合做个人的或者小容量的网站。此外很多商业级的 Web 服务器相对也比较便宜，使用一个服务器支持 Servlet 所需的额外花费也很少。

Servlet 4.0 已于 2017 年 9 月作为 Jakarta EE 8 的一部分正式发布，其最重要的新特性是提供了对 HTTP/2 的全面支持。

10.2　Servlet 基础

10.2.1　Servlet 容器、Web 服务器、应用服务器

Servlet 的运行需要 Servlet 容器(Servlet 引擎)的支持。Servlet 容器是一个编译好的

可执行程序，它是 Web 服务器与 Servlet 间的媒介。它负责将请求翻译成 Servlet 能够理解的形式传递给 Servlet，同时传给 Servlet 一个对象使之可以返回响应。容器也负责管理 Servlet 的生命周期。

Web 服务器能够处理 HTTP 请求，它可以提供静态页面、文件、图像、视频等。目前互联网上最常见的 Web 服务器包括 Apache、nginx 和 IIS，其中前两者的市场份额占到了 80％以上。

应用服务器是一种软件框架，也为应用程序提供可执行环境，包括安全、数据、事务、负载均衡等服务。Java 应用服务器针对 Jakarta EE 各项标准及其 API 提供支持，如 EJB、JCA、JMS 等，但 Java 应用服务器最重要的功能是作为 Servlet 容器，提供对于 Servlet 和 JSP 的支持。

Servlet 容器可以与 Web 服务器协作提供对 Servlet 的支持，一些 Servlet 容器（如 Apache Tomcat）自己也可以作为独立的 Web 服务器运行。下面列出几个较流行的 Java 应用服务器：

1. Apache Tomcat

Tomcat 是由 Apache 软件基金会领导开发的一款开源的 Java 应用服务器，通过“纯 Java”的方式实现了 Java Servlet、JSP、JAVA EL、WebSocket 等一系列 Jakarta EE 技术规范。目前，Tomcat 占据了 Java 应用服务器市场超过 50％的份额。由于 Tomcat 最初是作为 Servlet 的参考实现（reference implementation）而被发起的，因此在所有 Java 应用服务器中，它对最新技术规范的支持最好。表 10-1 列出了 Tomcat 各个版本与 Jakarta EE 技术规范的对应关系，其中 Tomcat 9 提供了对 Servlet 4.0 等 Jakarta EE 8 相关规范的支持，本书将以 Tomcat 9 为例介绍 Java 应用服务器的使用。

表 10-1 Tomcat 版本与 Jakarta EE 相关技术规范的对应

Tomcat 版本	Servlet	JSP	EL	WebSocket	JASPIC	支持的 Java 版本
10.0.x(alpha)	5.0	3.0	4.0	2.0	2.0	8+
9.0.x	4.0	2.3	3.0	1.1	1.1	8+
8.5.x	3.1	2.3	3.0	1.1	1.1	7+
8.0.x（被 8.5.x 取代）	3.1	2.3	3.0	1.1	N/A	7+
7.0.x	3.0	2.2	2.2	1.1	N/A	6+（WebSocket：7+）
6.0.x（已归档）	2.5	2.1	2.1	N/A	N/A	5+
5.5.x（已归档）	2.4	2.0	N/A	N/A	N/A	1.4+
4.1.x（已归档）	2.3	1.2	N/A	N/A	N/A	1.3+
3.3.x（已归档）	2.2	1.1	N/A	N/A	N/A	1.1+

2. Jetty

Jetty 是由 Eclipse 基金会领导开发的一款开源产品，可作为 Java 应用服务器或 Web 服务器使用。与其他 Web 服务器直接面向真实用户提供服务相比，Jetty 更多地被用于机器与机器的交互，在很多大型软件框架中都有应用，如 Apache ActiveMQ、Apache Maven、

Apache Spark、Google App Engine 等。正因如此,Jetty 在 Jakarta EE 的开发过程中得到较为广泛的使用,常被一些 IDE 和开源软件作为默认集成的 Java 应用服务器使用。

3. Caucho Resin

Resin 是老牌的服务器产品,最早的 1.0 版本于 1999 年问世。Resin 可作为 Java 应用服务器或 Web 服务器使用,并通过 Quercus 引擎提供对于 PHP 的支持。Resin 的特点是简单、高效、可靠,其核心网络模块采用高度优化的 C 语言开发,因此运行速度很快。Resin 分为两个版本,一个是基于 GPLv3 协议的开源版本,另一个是收费的 Pro 版,两者在功能上的差异可以参考图 10-1。

图 10-1 Resin 的两个版本

10.2.2 Tomcat 的配置与使用

本节样例将结合 Tomcat 服务器进行讲解,所以先要在电脑上部署 Tomcat 服务器。首先到 Tomcat 的官方网站下载 Tomcat 服务器,本节将以 Tomcat 9.0 版本为例,介绍 Tomcat 的配置及使用,其他版本的配置及使用与此类似。在 Tomcat 官方网站上下载安装包之后,进行解压,就可以看到 Tomcat 的目录层次如图 10-2 所示。

下载并安装 Apache Tomcat 服务器之后,如果系统环境变量中 Java 环境配置是正确的,那么 Tomcat 服务器便可以直接使用了。在命令行工具下,切换到 Tomcat 安装目录(使用 $CATALINA_HOME 来表示)的 bin 目录下,然后执行下面的命令来启动 Tomcat 服务器(Windows 操作系统下使用 catalina.bat)。

Folders	Date Modified	Size	Kind
bin	27 September 2017 at 6:32 PM	--	Folder
conf	27 September 2017 at 6:32 PM	--	Folder
lib	27 September 2017 at 6:32 PM	--	Folder
logs	27 September 2017 at 6:32 PM	--	Folder
temp	27 September 2017 at 6:32 PM	--	Folder
webapps	27 September 2017 at 6:32 PM	--	Folder
work	27 September 2017 at 6:32 PM	--	Folder
Documents			
RUNNING.txt	27 September 2017 at 6:32 PM	16 KB	Plain Text
Other			
LICENSE	27 September 2017 at 6:32 PM	58 KB	TextEdit.app Document
NOTICE	27 September 2017 at 6:32 PM	2 KB	TextEdit.app Document
RELEASE-NOTES	27 September 2017 at 6:32 PM	7 KB	TextEdit.app Document

图 10-2 Tomcat 的目录内容

```
$CATALINA_HOME/bin/catalina.sh start
```

在$CATALINA_HOME/logs/catalina.out 文件中，可以看到一些打印信息，显示 Tomcat 服务器的启动过程，如图 10-3 所示。

```
localhost:bin yu$ tail -20 ../logs/catalina.out
16-Oct-2017 16:59:51.542 INFO [main] org.apache.coyote.AbstractProtocol.init Initializing ProtocolHandler ["http-nio-8080"]
16-Oct-2017 16:59:51.564 INFO [main] org.apache.tomcat.util.net.NioSelectorPool.getSharedSelector Using a shared selector for servlet write
/read
16-Oct-2017 16:59:51.570 INFO [main] org.apache.coyote.AbstractProtocol.init Initializing ProtocolHandler ["ajp-nio-8009"]
16-Oct-2017 16:59:51.571 INFO [main] org.apache.tomcat.util.net.NioSelectorPool.getSharedSelector Using a shared selector for servlet write
/read
16-Oct-2017 16:59:51.571 INFO [main] org.apache.catalina.startup.Catalina.load Initialization processed in 512 ms
16-Oct-2017 16:59:51.617 INFO [main] org.apache.catalina.core.StandardService.startInternal Starting service [Catalina]
16-Oct-2017 16:59:51.617 INFO [main] org.apache.catalina.core.StandardEngine.startInternal Starting Servlet Engine: Apache Tomcat/9.0.1
16-Oct-2017 16:59:51.624 INFO [main] org.apache.catalina.startup.HostConfig.deployDirectory Deploying web application directory [/Users/yu/
Documents/dev/tomcat/apache-tomcat-9.0.1/webapps/docs]
16-Oct-2017 16:59:51.953 INFO [main] org.apache.catalina.startup.HostConfig.deployDirectory Deployment of web application directory [/Users
/yu/Documents/dev/tomcat/apache-tomcat-9.0.1/webapps/docs] has finished in [324] ms
16-Oct-2017 16:59:51.953 INFO [main] org.apache.catalina.startup.HostConfig.deployDirectory Deploying web application directory [/Users/yu/
Documents/dev/tomcat/apache-tomcat-9.0.1/webapps/manager]
16-Oct-2017 16:59:51.990 INFO [main] org.apache.catalina.startup.HostConfig.deployDirectory Deployment of web application directory [/Users
/yu/Documents/dev/tomcat/apache-tomcat-9.0.1/webapps/manager] has finished in [37] ms
16-Oct-2017 16:59:51.990 INFO [main] org.apache.catalina.startup.HostConfig.deployDirectory Deploying web application directory [/Users/yu/
Documents/dev/tomcat/apache-tomcat-9.0.1/webapps/examples]
16-Oct-2017 16:59:52.237 INFO [main] org.apache.catalina.startup.HostConfig.deployDirectory Deployment of web application directory [/Users
/yu/Documents/dev/tomcat/apache-tomcat-9.0.1/webapps/examples] has finished in [247] ms
16-Oct-2017 16:59:52.237 INFO [main] org.apache.catalina.startup.HostConfig.deployDirectory Deploying web application directory [/Users/yu/
Documents/dev/tomcat/apache-tomcat-9.0.1/webapps/ROOT]
16-Oct-2017 16:59:52.250 INFO [main] org.apache.catalina.startup.HostConfig.deployDirectory Deployment of web application directory [/Users
/yu/Documents/dev/tomcat/apache-tomcat-9.0.1/webapps/ROOT] has finished in [13] ms
16-Oct-2017 16:59:52.251 INFO [main] org.apache.catalina.startup.HostConfig.deployDirectory Deploying web application directory [/Users/yu/
Documents/dev/tomcat/apache-tomcat-9.0.1/webapps/host-manager]
16-Oct-2017 16:59:52.268 INFO [main] org.apache.catalina.startup.HostConfig.deployDirectory Deployment of web application directory [/Users
/yu/Documents/dev/tomcat/apache-tomcat-9.0.1/webapps/host-manager] has finished in [17] ms
16-Oct-2017 16:59:52.271 INFO [main] org.apache.coyote.AbstractProtocol.start Starting ProtocolHandler ["http-nio-8080"]
16-Oct-2017 16:59:52.279 INFO [main] org.apache.coyote.AbstractProtocol.start Starting ProtocolHandler ["ajp-nio-8009"]
16-Oct-2017 16:59:52.281 INFO [main] org.apache.catalina.startup.Catalina.start Server startup in 709 ms
```

图 10-3 Tomcat 的启动过程

可以看到，在打印信息的最后出现“INFO ... Server startup in xxx ms”，这就表示 Tomcat 服务器已经启动了。此时在浏览器中输入 http://localhost:8080/，可以看到图 10-4 展示的界面，这就表示 Tomcat 服务器正常启动了。如果要关闭 Tomcat 服务，可以通过执行 catalina.sh stop 命令来完成(Windows 下使用 catalina.bat)。

Tomcat 为了避免和计算机上已有的服务器端口冲突，将端口预设为了非标准端口 8080。如果确认不会和其他服务器程序冲突，出于方便，可以将端口改成标准的 HTTP 端口 80。修改端口需要重新编辑$CATALINA_HOME/conf/server.xml，首先到相应的文件夹下找到 server.xml 文件并备份，然后打开此文件，查找“port="8080"”语句，一般此语

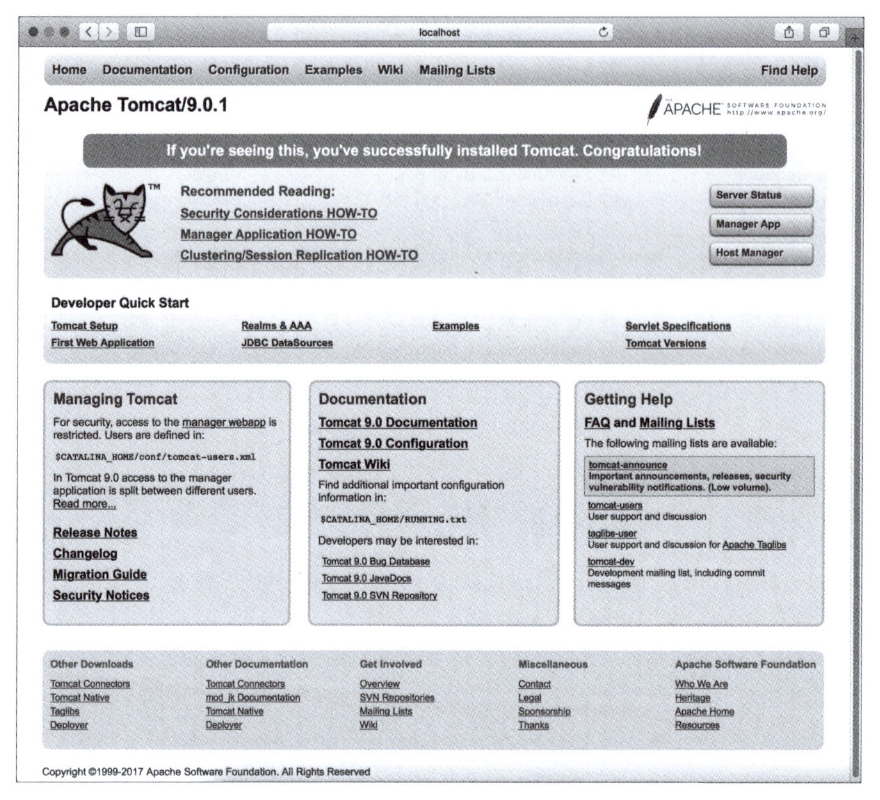

图 10-4 启动 Tomcat 后看到的默认内容

句应该出现在下面这段设置中：

```
<Connector port="8080" protocol="HTTP/1.1" connectionTimeout="20000"
redirectPort="8443" />
```

然后将其中 Connector 元素的 port 属性从 8080 修改为 80。修改完成之后重启下 Tomcat 服务器即可生效，之后访问时就可以直接使用 http://localhost/就行了，不用添加端口号。

10.2.3 Web 应用程序

Servlet、JSP 及其支持文件都作为 Web 应用程序的组成部分进行部署。Web 应用程序可以部署在 Tomcat 的 webapps 子目录中，或是通过 Tomcat 配置文件指定其文件目录。一般 Web 应用程序的目录结构包括根目录(context root)和几个子目录。子目录一般如表 10-2 所示。

表 10-2 Web 应用程序的目录结构

子目录	说　明
WEB-INF	该目录包含 Web 应用程序的部署描述文件(web.xml)
WEB-INF/classes	该目录包括 Web 应用程序中所使用的 Servlet 类和实用工具类文件。如果类文件是包的组成部分，则包的目录结构从该目录开始
WEB-INF/lib	该目录包含 JAR 文件。JAR 中是 Servlet 类和实用工具类文件

配置完成上下文根目录之后，还必须配置 Web 应用程序，这些配置都在 web.xml 文件中完成。可以在 web.xml 文件中修改的配置参数包括：Servlet 的名称、Servlet 的描述、Servlet 的完全的类名和 Servlet 容器调用 Servlet 的路径（或者客户端发送的 HTTP 请求的 URL 匹配的模式）。

每当修改 web.xml 的部署描述符后，都要重新启动 Tomcat 服务器，否则，Tomcat 将不能识别新的 Web 应用程序。

部署 Web 应用程序到 Tomcat 中可以采用上述在 webapps 目录中创建子目录的方式，也可以把上述子目录打包到一个类型为 WAR 的存档文件中。WAR 文件实际上是以.war 为扩展名的 JAR 文件，可以使用通常的 jar 命令来创建它。与很多小文件相比，采用 WAR 类型的单个大文件利于在服务器间的转移。Tomcat 服务器开始运行时，会将放置在 webapps 目录中的 WAR 文件的内容解压缩到合适的 webapps 的子目录结构中。

10.2.4 Servlet API

开发 Java 应用程序通常需要参考 Java API 文档，Servlet 开发同样如此。开发 Servlet 和 JSP 程序，需要参考 javax.servlet 包中的 API 文档。该文档可以在 Tomcat 官网中浏览查看，也可以直接在 Oracle 官网的文档中心上查看。

Servlet API 的核心部分包括 javax.servlet 和 javax.servlet.http 两个包。javax.servlet 包的结构如图 10-5 所示。

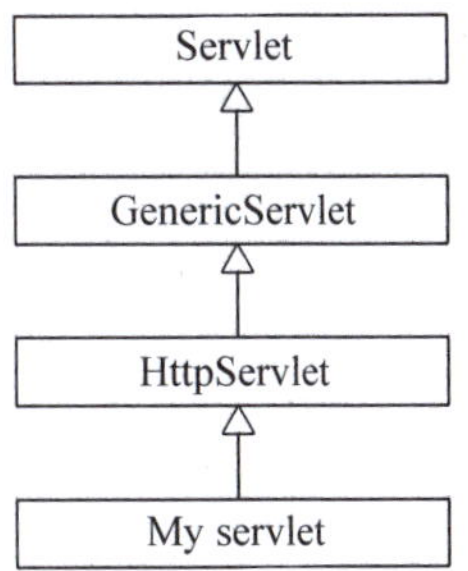

图 10-5　包 javax.servlet 的结构

所有的 Servlet 必须实现 javax.servlet.Servlet 接口。大部分 Servlet 通过继承 javax.servlet.GenericServlet 或 javax.servlet.Http.HttpServlet 两个类中的一个来实现 javax.servlet.Servlet 接口，其中 javax.servlet.Http.HttpServlet 是 javax.servlet.GenericServlet 的子类。一般情况下，和与 HTTP 协议无关的 Servlet 继承 javax.servlet.GenericServlt，和 HTTP 协议相关的 Servlet 继承 javax.servlet.Http.HttpServlet。

10.2.5 Servlet 的基本结构

例 10-2 给出了一个基本的 Servlet，它通过 doGet 方法处理 GET 请求。GET 请求是 Web 浏览器请求的常见类型，用来请求 Web 页面。例如用户在 IE 浏览器地址栏输入：https://www.baidu.com 并按 Enter 键后，浏览器就会生成一个 GET 请求。

例 10-2　Servlet 举例：MyServlet.java。

```
import java.io.*;
import javax.servlet.*;
import javax.servlet.http.*;
public class MyServlet extends HttpServlet {
    @Override
    public void doGet(HttpServletRequest req, HttpServletResponse res)
            throws ServletException, IOException {
```

```
        res.setContentType("text/html");
        PrintWriter out = res.getWriter();
        out.println("<HTML>");
        out.println("<HEAD><TITLE>My First Servlet</TITLE></HEAD>");
        out.println("<BODY>");
        out.println("<B> First Servlet </B>");
        out.println("</BODY></HTML>");
    }
}
```

Servlet 一般扩展自 HttpServlet,并根据 HTTP 请求指定的方法(常用的就是 GET 或者 POST 请求),重写 doGet 或者 doPost 方法。doGet 或 doPost 都接收两个类型的参数:HttpServletRequest 和 HttpServletResponse。通过 HttpServletRequest,可以得到所有的输入数据,例如表单数据、HTTP 请求报头等客户信息。通过 HttpServletResponse 可以指定输出信息。由于 doGet 和 doPost 方法可能生成异常,必须在方法名称后声明抛出异常或者用 try-catch 语句处理异常。本例中用到了 PrinterWriter、HttpServlet、HttpServletRequest、HttpServletRespons 类,所以必须分别引入 java.io、javax.servle 和 javax.servle.http 三个包。

这里 Servlet 通过 HttpServletResponse 得到 PrintWriter,然后将一个文档发给客户,最终在客户端浏览器中渲染成一个网页。

10.2.6　Servlet 编译

Servlet 的编译和普通 Java 程序的编译基本相同,都可以通过 javac 命令来完成。但是,在编译 Servlet 之前需要确保 classpath 中存在 servlet-api.jar。设置 classpath 有两种方式,一种方式是编辑系统的 classpath,在其中添加<install_dir>\lib\servlet-api.jar;另一种方式是直接显式地给出 servlet-api.jar 的位置,在命令行窗口下输入下面命令即可编译 Servlet 程序:

```
javac [-classpath <install_dir>/lib/servlet-api.jar] MyServlet.java
```

编译成功之后,就得到了相应的 class 文件。但是现在还看不到这个 Servlet 的显示效果,在后面的内容中我们将介绍如何对 Servlet 进行配置和开发 Servlet。这个 Servlet 的实际输出效果如图 10-6 所示。

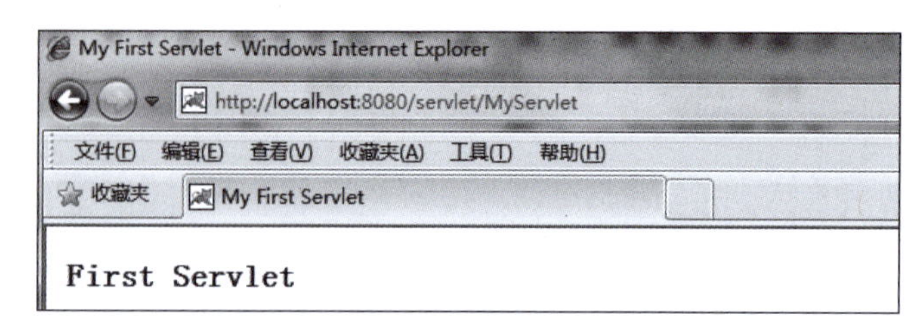

图 10-6　MyServlet 响应输出网页

10.3　Servlet 的生命周期

服务器仅创建 Servlet 的一个实例。客户的每个请求都会引发新的线程，并调用相应的 doGet 和 doPost 方法。多个并发请求，一般会导致多个线程同时调用 service 方法。当然，通过单线程模式（SingleThreadModel）也可以规定任何时间仅允许一个线程运行。

创建 Servlet 实例时，它的 init 方法都会被调用，之后，针对每个客户端的每个请求，都会创建一个线程，该线程调用 Servlet 实例的 service 方法。Service 方法根据收到 HTTP 请求的类型，调用 doGet、doPost 或者其他方法。最后，如果需要卸载某个 Servlet，服务器调用 Servlet 的 destroy 方法。

Servlet 的生命周期如图 10-7 所示。

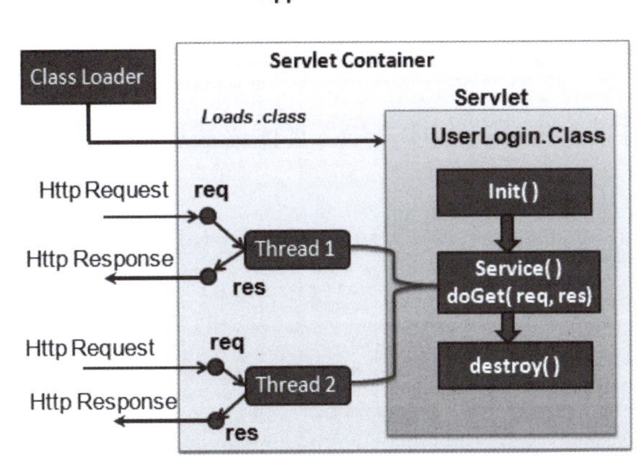

图 10-7　Servlet 生命周期示意图

在本小节，我们介绍 Servlet 创建和销毁的方式。

10.3.1　初始化 Servlet

类似于 Applet，Servlet 定义了 init 方法和 destroy 方法。服务器构造 Servlet 实例之后，即立刻调用 init(ServletConfig)方法，执行 Servlet 实例的初始化工作。ServeletConfig 对象包含 Servlet 初始化所需的很多参数，例如计数器、默认值等。

服务器启动，Servlet 被用户首次调用，或服务器管理员调用的情况下，init 方法都可能被调用。不管如何，init 方法都会在 Servlet 处理客户请求（request）之前被调用。

一旦 init 方法被调用，只有服务器通过 destroy 方法销毁 Servlet 之后，init 方法才能再次被调用。

init 方法的定义如下：

```
public void init(ServletConfig config) throws ServletException {
    super.init(config);
    String greeting = getInitParameter("greeting");
    //Initialization code…
}
```

10.3.2 销毁 Servlet

服务器卸载 Servlet 实例之前，需要先调用 Servlet 的 destroy 方法释放 Servlet 所获得的资源，也可以使得 Servlet 有机会关闭数据库连接、停止后台运行的线程、将 cookie 列表和点击数写入到磁盘，或者执行其他清理活动。

10.4 与客户端交互

HTTP Servlet 通过 service 方法处理客户端的请求，然后 service 方法根据 HTTP 请求类型的不同，调用不同的方法。例如，对于 GET 请求，调用 doGet 方法进行处理；POST 方法则调用 doPost 方法进行处理。

10.4.1 提取 Servlet 信息

注册的 Servlet 会有一些相关的初始化参数，这些初始化参数写在 web.xml 中，制定一些 init-param 结点就可以在 Servlet 中访问了，具体语法格式如下：

```
<servlet>
    <servlet-name>MyServlet</servlet-name>
    <servlet-class>MyServlet</servlet-class>
     <init-param>
         <param-name>host</param-name>
         <param-value>127.0.0.1</param-value>
     </init-param>
     <init-param>
         <param-name>port</param-name>
         <param-value>8888</param-value>
     </init-param>
</servlet>
<servlet-mapping>
    <servlet-name>MyServlet</servlet-name>
    <url-pattern>/MyServlet</url-pattern>
</servlet-mapping>
```

Servlet 通过 getInitParameter 方法可以得到 Servlet 初始化的参数。此方法返回一个指定参数的值(String 类型)，如果指定参数不存在，则返回 null。

在 Servlet 中获取配置在 web.xml 文件中的初始化参数的程序代码如下：

```
String host;
int port;

@Override
public void init(ServletConfig config) throws ServletException {
```

```
        super.init(config);
        host = getInitParameter("host");
        port = Integer.parseInt(getInitParameter("port"));
    }
```

通过列举 Servlet 初始化参数名称，可以得到初始化参数，这对调试程序很有帮助。getInitParameterNames 方法可以得到初始化参数名称，此方法返回 String 类型的 Enumeration 类型数据，如果不存在初始化参数，则返回一个 null 的 Enumeration。输出全部初始化参数名称的一个实例程序段如下：

```
import java.io.*;
import java.util.*;
import javax.servlet.*;
import javax.servlet.http.HttpServlet;
import javax.servlet.http.HttpServletRequest;
import javax.servlet.http.HttpServletResponse;

public class PrintInitParaNames extends HttpServlet {
    @Override
    public void doGet(HttpServletRequest req, HttpServletResponse res)
            throws ServletException, IOException {
        res.setContentType("text/plain");
        PrintWriter out = res.getWriter();
        out.println("Init Parameters As Following:");
        Enumeration enum1 = getInitParameterNames();
        while (enum1.hasMoreElements()) {
            String name = (String) enum1.nextElement();
            out.println(name + ": " + getInitParameter(name));
        }
    }
}
```

在浏览器中输入 http://localhost:8080/Test/PrintInitParaNames，可以看到如图 10-8 所示的内容。

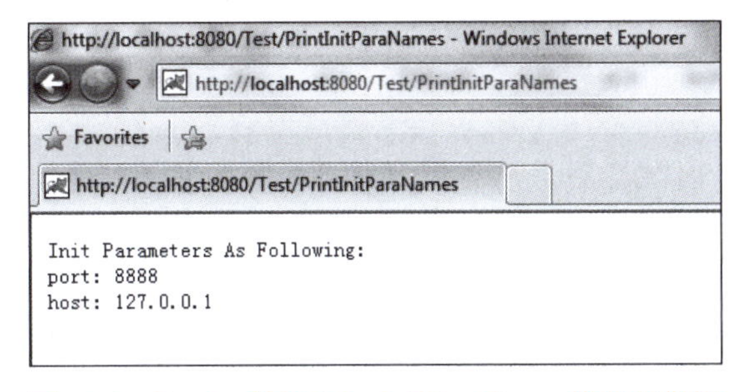

图 10-8　Servlet 程序 PrintInitParaNames 的运行结果

10.4.2　提取服务器信息

Servlet 可以得到很多服务器相关的信息,例如主机名、监听端口、服务器平台等,同时也可以将这些信息发送到客户端。

下面这些方法就是用来获取服务器相关信息的：getServerName 方法返回服务器名称;getServerPort 方法返回服务器监听端口;getServerInfo 方法和 getAttribute 方法分别返回服务程序的信息和属性。getServerInfo 方法输出服务器程序和版本,之间用"/"分开。

在例 10-3 的代码示例中,用上述方法得到相关信息并打印。

例 10-3　提取服务器信息举例：ServerSnoop.java。

```
import java.io.*;
import java.util.*;
import javax.servlet.*;
public class ServerSnoop extends GenericServlet {
    public void service(ServletRequest req, ServletResponse res)
            throws ServletException, IOException {
        res.setContentType("text/plain");
        PrintWriter out = res.getWriter();
        out.println("req.getServerName() output: " + req.getServerName());
        out.println("req.getServerPort() output: " + req.getServerPort());
        out.println("getServletContext().getServerInfo() output: " +
                getServletContext().getServerInfo());
        out.println("getServletContext().getAttribute(\"attribute\") output: " +
                getServletContext().getAttribute("attribute"));
    }
}
```

根据服务器程序以及配置的不同,上述程序运行的结果也不同。可能输出的结果为：

```
req.getServerName() output: localhost
req.getServerPort() output: 8080
getServletContext().getServerInfo() output: Apache Tomcat/6.0.43
getServletContext().getAttribute("attribute") output: null
```

Servlet 还可以通过 getPathInfo 方法和 getPathTranslated 方法得到与请求路径相关的信息,这两个方法签名如下：

```
public String HttpServletRequest.getPathInfo()
public String HttpServletRequest.getPathTranslated()
```

10.4.3　提取客户端信息

客户端可以从 HTTP 请求中得到很多服务器的信息,服务器可以从 HTTP 请求中得到很多客户端的信息。通过 getRemoteAddr 和 getRemoteHost 方法分别可以得到 IP 地址和客户端机器的名称，这两个方法都返回 String 类型的数据。利用 InetAddress. getByName 方法可以将 IP 地址或客户端机器名称转换成一个 java.net.InetAddress 类型的对象，例如：

```
InetAddress remoteInetAddress = InetAddress.getByName(req.getRemoteAddr());
```

通过获取客户端的地址，并判断是否隶属于某个范围，可以观察访问你的网站的用户地域分布情况或者限制某个地区的用户访问你的网站。

通过上述两个方法，可以得到客户端机器的信息。但更为重要的是完成客户想做的事情，也就是处理客户请求的问题。对客户请求的处理体现在对表单数据的处理上，因为客户请求表现为表单数据，由键值对组成，格式为：name=value，每对之间用 & 隔开，表达式为：

```
param1=value1&param2=value2&param3=value3…
```

当提交某一个网页的时候常常可以在浏览器地址栏中看到类似格式的数据。前面提到，HTTP 请求方式很多，但是最重要有两种 GET 和 POST。两者最主要的区别在于 GET 请求将表单数据放在请求 URL 中（也就是将上面给出的表单数据放在请求 URL 的后面），而 POST 请求将表单数据放在请求体（request body）中。

通过调用 request.getParameter 可以得到表单参数的值；如果参数多次出现，还可以调用 request.getParameterValues。通过 reques.getParameterNames 可以得到当前请求中所有参数的完整列表，调用形式如下：

```
public String ServletRequest.getParameter(String name)
public String[] ServletRequest.getParameterValues(String name)
```

下面的示例演示如何处理客户端的 GET 请求。

首先新建一个 HTML 文件（query.html），放置在项目 Test 的 Web Pages 下面，内容如下：

```
<!DOCTYPE HTML PUBLIC "-//W3C//DTD HTML 4.0 Transitional//EN">
<HTML>
    <HEAD>
        <TITLE> A Sample Form for Query a Book </TITLE>
    </HEAD>
    <BODY BGCOLOR="#FDF5E6">
        <FORM METHOD=GET ACTION="/Test/QueryServlet">
            Book to look up: <INPUT TYPE="TEXT" NAME="Book" VALUE="Java Servlet
Programming">
            <!-- The default book to be looked up is:《Java Servlet Programming》.
-->
            <INPUT TYPE=SUBMIT>
        </FORM>
    </BODY>
</HTML>
```

在浏览器中输入 http://localhost：8080/Test/query.html 即可看到图 10-9 所示的内容。

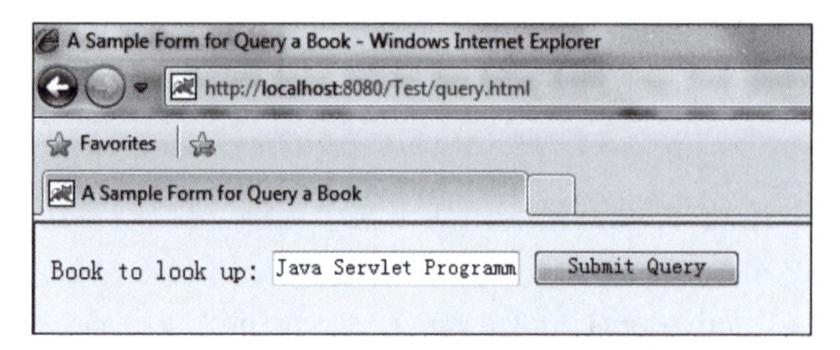

图 10-9　query.html 网页

然后新建一个 Servlet 程序，名称为 QueryServlet，URL 模式为/ QueryServlet，它主要作用是接收 GET 请求，然后提取并显示网页输入的参数，该 Servlet 的代码如下：

```
import java.io.IOException;
import java.io.PrintWriter;
import javax.servlet.ServletException;
import javax.servlet.http.HttpServlet;
import javax.servlet.http.HttpServletRequest;
import javax.servlet.http.HttpServletResponse;

public class QueryServlet extends HttpServlet {

    @Override
    protected void doGet(HttpServletRequest request, HttpServletResponse response)
            throws ServletException, IOException {
        response.setContentType("text/plain");
        PrintWriter out = response.getWriter();
        String queryBookValue = request.getParameter("Book");
        out.println("The book you wanted is:" + queryBookValue);
    }

}
```

这时候如果在网页上单击 Submit Query 就可以看到图 10-10 所示的内容。

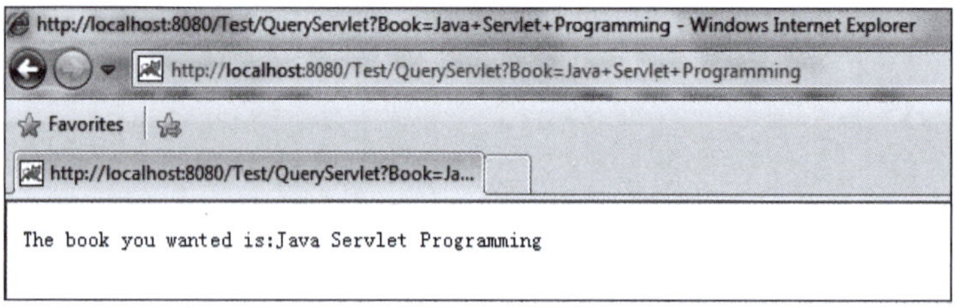

http://localhost:8080/Test/QueryServlet?Book=Java+Servlet+Programming - Windows Internet Explorer

The book you wanted is:Java Servlet Programming

图 10-10　Servlet 返回结果

使用 Servlet 处理 POST 请求和这个类似，只是前端的 HTML 中的表单(form)的请求方法是 POST，后台的 Servlet 需要重写的是 doPost 方法而已。

10.4.4　发送 HTML 信息

前面的内容介绍了 Servlet 如何获取客户端、服务器的信息，但是前面的例子中都是返回 text/plain 类型的纯文本文档，并没有详细介绍如何返回更加有用的内容，所以接下来我们将了解 Servlet 如何处理所获取的信息并将相应结果发送给客户端。

Web 服务器响应(response)由一个状态行、一些响应报头、一个空行和响应的文档构成。一般的响应如下：

```
HTTP/1.1 200 OK                                                    //状态行
Content-Type: text/html                                            //报头
Header2: …
…
HeaderN: …
                                                                   //空行
<!DOCTYPE HTML PUBLIC "-//W3C//DTD HTML 4.0 Transitional//EN">     //文档
<HTML>
<HEAD> head code </HEAD>
<BODY>
…
</BODY></HTML>
```

状态行由 HTTP 版本(如 HTTP/1.1)，一个状态代码(如 200)和一段对应状态代码的简短消息(如 OK)组成。报头用于指定后面文档 MIME 类型(如 Content-Type: text/html)，后面的其他报头都是可选。常用 MIME 类型有：

```
text/html :                          HTML 文档
text/plain:                          纯文本
text/xml:                            XML
image/jpeg:                          JEPG 图像
image/gif:                           GIF 图像
image/tiff:                          TIFF 图像
image/png:                           PNG 图像
application/msword                   Microsoft Word 文档
application/pdf                      Acrobat 文件
application/vnd.ms-excel             Excel 文件
application/vnd.ms-powerpoint        PowerPoint 文件
application/zip                      Zip 档案
```

例 10-4 的代码示例是一个简单的 Servlet 程序。它的功能是向客户端输出一个简单网页，显示“Hello World!”。

例 10-4　Servlet 举例：HelloWorld.java。

```
import java.io.*;
import javax.servlet.*;
import javax.servlet.http.*;
public class HelloWorld extends HttpServlet {
    @Override
    public void doGet(HttpServletRequest req, HttpServletResponse res)
            throws ServletException, IOException {
        res.setContentType("text/html");
        PrintWriter out = res.getWriter();
        out.println("<HTML>");
        out.println("<HEAD><TITLE>Hello World</TITLE></HEAD>");
        out.println("<BODY>");
        out.println("<BIG>Hello World!</BIG>");
        out.println("</BODY></HTML>");
    }
}
```

HelloWorld 继承了 HttpServlet，然后重写 doGet 方法。在 doGet 方法中，首先将 HTTP Content-Type 响应报头设置为 text/html，即指定响应的类型为 HTML 文档；然后通过 getWriter()得到 PrintWriter 类型的一个对象 out，按照 HTML 格式输出一个简单网页。

10.5　客户端跟踪

HTTP 是无状态协议，服务器不能自动维护客户连接的上下文信息。但是在许多情况下，Web 服务器必须要能够跟踪用户的状态。例如购物网站和电子邮件网站，当用户登录以后，其身份和一系列的操作状态都需要被跟踪并保持。Servlet API 提供了两种可以跟踪客户端状态的方法，分别是使用 Cookie 和使用 Session。下面将详细介绍这两种方式，在本章的最后还将给出一个小应用，介绍两种方式的实现过程以及两者之间的不同。

10.5.1　使用 Cookie

Cookie 是 Web 服务器保存在用户硬盘上的一段文本，Web 服务器将它发送给浏览器，浏览器将其保存在用户硬盘上。之后，当再次访问这个网站时，浏览器将 Cookie 原封不动地返回给 Web 服务器。Cookie 中的信息片断以键值对的形式储存。使用这种方法，网站可以维护与客户的连接，它的作用可以体现在如下方面：

(1) 在电子商务中标识用户，实现短期跟踪用户；

(2) 记录用户名和用户密码，允许用户下次自动登录；

(3) 定制站点，记录用户的偏好；

(4) 定向广告，记录用户感兴趣的主题或者浏览过的商品，并显示与之相关的广告，类似如图 10-11 所示的网页内容。

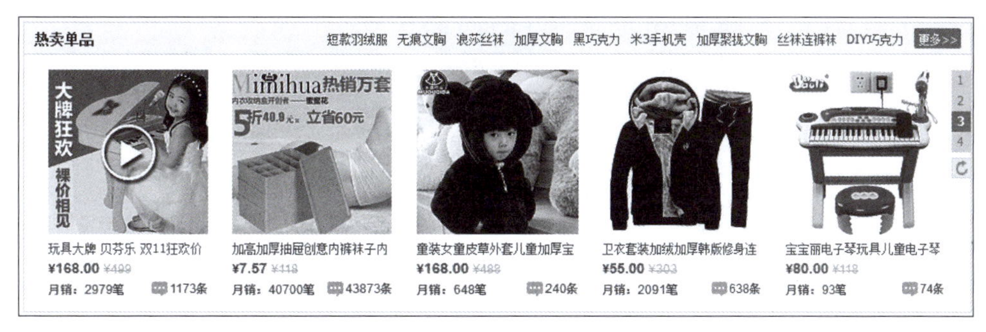

图 10-11　Cookie 的使用示例

1. 创建 Cookie 对象

调用 Cookie 的构造函数可以创建一个 Cookie 对象。构造方法接受两个字符串参数：Cookie 名称和 Cookie 的值。例如创建一个名为 CookieName，值为 John 的 Cookie，可以使用下面的语句：

```
Cookie loginuser = new Cookie("CookieName", "John");
```

2. 设置 Cookie 属性

创建 Cookie 对象之后，可以通过很多现有的方法设置 Cookie 对象的值和属性。

例如，可以通过如下语句设置 Cookie 的注释：

```
loginuser.setComent("You can get UserName form this Cookie");
```

创建 Cookie 对象并将它发送到浏览器后，默认情况下，它是会话级的 Cookie，仅仅存储在浏览器内存中，用户退出浏览器后，Cookie 将被删除。如果希望将 Cookie 存储在磁盘上，则需要设定 MaxAge，给出一个以秒为单位的生命周期，如下可以将生命设置为一天：

```
loginuser.setMaxAge(60 * 60 * 24);              //one day
```

设置 Cookie 对象属性的方法很多，例如：setPath()、setValue()、setVersion()、setDomain()、setSecure()等，它们的具体用法和上面类似，可以查看 Servlet API，此处不再赘述。

3. 发送 Cookie 到客户端

刚创建的 Cookie 存在于服务器内存中，必须将它发送到客户端，Cookie 才能真正发挥作用。发送 Cookie 需要使用 HttpServletResponse 的 addCookie 方法，将 Cookie 插入到一个 HTTP 响应报头。相关的代码片段如下：

```
import java.io.IOException;
import java.io.PrintWriter;
import javax.servlet.ServletException;
import javax.servlet.http.Cookie;
import javax.servlet.http.HttpServlet;
```

```
import javax.servlet.http.HttpServletRequest;
import javax.servlet.http.HttpServletResponse;

public class CookieServlet extends HttpServlet {

    @Override
    protected void doGet(HttpServletRequest request, HttpServletResponse response)
            throws ServletException, IOException {
        //code snippet 1
        Cookie loginuser = new Cookie("UserName", "John");
        loginuser.setComment("You can get UserName form this Cookie");
        response.addCookie(loginuser);
    }
}
```

4. 从客户端读取 Cookie

从客户端读取感兴趣的 Cookie,需要两个步骤:

首先调用 request.getCookies 得到一个 Cookie 对象的数组;然后调用每个 Cookie 的 getName 方法,从数组中寻找所需的 Cookie。程序段如下:

```
import java.io.IOException;
import java.io.PrintWriter;
import javax.servlet.ServletException;
import javax.servlet.http.Cookie;
import javax.servlet.http.HttpServlet;
import javax.servlet.http.HttpServletRequest;
import javax.servlet.http.HttpServletResponse;

public class CookieServlet extends HttpServlet {

    @Override
    protected void doGet(HttpServletRequest request, HttpServletResponse response)
            throws ServletException, IOException {
        //code snippet 2
        String nameString = "UserName";
        Cookie[] cookies = request.getCookies();
        for (int i = 0; i < cookies.length; i++) {
            Cookie cookie = cookies[i];
            if (nameString.equals(cookie.getName())) {
                //do something ...
            }
        }

    }
}
```

找到感兴趣的 Cookie 之后，便可以操作此 Cookie，如通过 getValue 方法得到相关 Cookie 的值，设置 MaxAge 属性等。

10.5.2　使用 Session

Session 指的是在一段时间内，单个客户与 Web 服务器的一连串的交互过程。在一个 Session 中客户可能会多次请求访问同一个网页，也有可能请求访问各种不同的服务器资源。例如，用户登录购物网站后，可能浏览并选购多件物品，其间与系统交互并连续访问多个不同的网页，直到最后确认购买并支付货款。整个过程就是一个 Session，这段时间内用户的状态需要跟踪并保持。

Session 存在于服务器端，不在网络上传送，这样做的好处是可以用来记录客户端用户的私有信息，并且在一段时间范围内不会消失。类似会员的登录账号、时间、状态以及许许多多该记录的实时数据〔如购物系统记录用户的购物车内的商品〕，这些信息都属于用户的私人信息，不能在网络上传送。图 10-12 是用户的购物车内的商品示例。

图 10-12　Session 的使用示例

Session 的使用可以分为三个步骤：

（1）获得一个 Session；

（2）存储数据到 Session 或从 Session 读取数据；

（3）销毁 Session。

1. 获得一个 Session

通过调用 HttpServletRequest 的 getSession 方法可以得到一个 Session 对象：

```
HttpSession session = request.getSession();
```

为了保持正确的会话，必须在发送任何文档到客户程序之前获得一个 Session，程序段如下：

```
import java.io.IOException;
import java.io.PrintWriter;
import javax.servlet.ServletException;
```

```
import javax.servlet.http.HttpServlet;
import javax.servlet.http.HttpServletRequest;
import javax.servlet.http.HttpServletResponse;
import javax.servlet.http.HttpSession;

public class SessionServlet extends HttpServlet {

    @Override
    protected void doGet(HttpServletRequest request, HttpServletResponse response)
            throws ServletException, IOException {
        //Get the user's session
        HttpSession session = request.getSession(true);
        //do something ...
        PrintWriter out = response.getWriter();
        //do something  ...
    }

}
```

2. 存储或读取数据

虽然 HttpSession 对象存在于服务器端,并不在网络上传送,但是 Servlet 容器会为 HttpSession 分配一个唯一标识符,称为 Session ID。Servlet 容器将 Session ID 作为 Cookie 发送给客户端的浏览器。每次客户端发出 HTTP 请求时,Servlet 容器就可以从 HttpRequest 对象中读取 Session ID,然后根据 Session ID 在服务器端找到相应的 HttpSession 对象,从而获取客户端的状态信息。这样的 Cookie 叫作 Session Cookie,是存储于浏览器内存中的,并不是写到硬盘上的。Session Cookie 只针对某一次会话而言,会话结束 Session Cookie 也就随着消失了,也就是说当浏览器关闭的时候 Session 就失效了。

如果浏览器不支持 Cookie,或者将浏览器设置为不接受 Cookie,可以通过 URL 重写来实现会话管理。实质上 URL 重写就是通过向 URL 添加参数,并把 Session ID 作为值包含在连接中。为此,需要为 Servlet 响应部分的每个连接添加 Session ID。把 Session ID 加到一个连接可以使用一对方法来实现:response.encodeURL() 使 URL 包含 Session ID,如果需要使用重定向,可以使用 response.encodeRedirectURL()来对 URL 进行编码。

Session 对象拥有内建的数据结构,其中可以存储任意数量键值对,其中 name 是字符串,value 是 Java 语言的 Object 对象。通过 session.getAttribute("name")可以查找以前存储的值;如果不存在则返回 null。所以在操作此方法返回的对象前,一定要检查它是否为 null。

如果要向 Session 中设置相关信息,需要使用 setAttribute。setAttribute 会替换掉此前设定的任何值,如果想移除而不是替换某个值,应该使用 removeAttribute 方法。代码片段如下:

```
HttpSession session = request.getSession(true);
SomeClass sc = (SomeClass) session.getAttribute("attributeName");
```

```
//If the user has no SomeClass object, create a new one
if (sc == null) {
    sc = new SomeClass();
    session.putAttribute("attributeName", sc);
}
```

3. 销毁 Session

销毁 Session 意味着从 Web 服务器删除 Session 对象及其值。Session 可以被手动或者自动销毁。在一段时间(时间长短依赖于 Web 服务器的设定)没有 request 的情况下,Web 服务器会自动销毁 Session。通过调用 Session 的 invalidate 方法可以手动销毁 Session:

```
session.invalidate();
```

10.6 协作与通信

为了更好地响应客户端的请求,Servlet 有时需要和网络上的其他资源进行通信,例如 HTML 网页、其他 Servlet、JSP(关于 JSP 相关的内容将在第 11 章进行详细介绍)等。这就是协作与通信问题。

Servlet 协作通信的第一步是获得分发器(dispatcher)。获得 dispatcher 的方法如下:

```
RequestDispatcher dispatcher =
            getServletContext().getRequestDispatcher("/SomePath/SomeString");
```

通过设置字符串参数,可以获得 Servlet、HTML 网页、JSP 等“其他资源”。RequestDispatcher 是一个接口,它有两个方法,分别是 forward 方法和 include 方法。forward 方法的功能是将本 Servlet 的 request 请求传递给“其他资源”响应,通过这个方法可实现某个 Servlet 先预处理 request,然后将处理后的 request 传递给“其他资源”(可能是另一个 Servlet 或者 JSP)处理。include 方法的功能是引入“其他资源”来响应客户端的请求,处理完了之后还是交给原来的 Servlet 来处理。

在例 10-5 的示例程序 MyServlet1.java 中,MyServlet1 获取另外一个 Servlet:MyServlet2,并用它来响应用户的请求。

例 10-5　Servlet 通信举例:MyServlet1.java。

```
import java.io.IOException;
import java.io.PrintWriter;
import javax.servlet.RequestDispatcher;
import javax.servlet.ServletException;
import javax.servlet.http.HttpServlet;
import javax.servlet.http.HttpServletRequest;
import javax.servlet.http.HttpServletResponse;

public class MyServlet1 extends HttpServlet {
```

```
    @Override
    protected void doGet(HttpServletRequest request, HttpServletResponse response)
            throws ServletException, IOException {
        response.setContentType("text/html");
         RequestDispatcher summary = getServletContext().getRequestDispatcher
("/MyServlet2");
        if (summary !=null) {
            try {
                summary.include(request, response);
            } catch (IOException e) {
            } catch (ServletException e) {
            }
        } else if (summary == null) {
            PrintWriter out = response.getWriter();
            out.println("<HTML>");
            out.println("<HEAD><TITLE>Error</TITLE></HEAD>");
            out.println("<BODY>");
            out.println("<BIG>Summary is Null</BIG>");
            out.println("</BODY></HTML>");
        }
    }

}
```

例 10-6　Servlet 通信举例：MyServlet2.java。

```
import java.io.*;
import javax.servlet.*;
import javax.servlet.http.*;

public class MyServlet2 extends HttpServlet {

    @Override
    public void doGet(HttpServletRequest req, HttpServletResponse res)
            throws ServletException, IOException {
        res.setContentType("text/html");
        PrintWriter out = res.getWriter();
        out.println("<HTML>");
        out.println("<HEAD><TITLE> MY second Servlet </TITLE></HEAD>");
        out.println("<BODY>");
        out.println(" <table border=2> <tr> <td> name </td> <td> Bush   </
td>");
        out.println("<td> Sex </td> <td> Male </td></tr><tr><td>City</td>");
        out.println("<td>NewYork</td> <td>Country</td><td>U. S. A </td>   </
tr>");
```

```
        out.println("</BODY><HTML>");
    }
}
```

MyServlet1 的运行结果如图 10-13 所示。

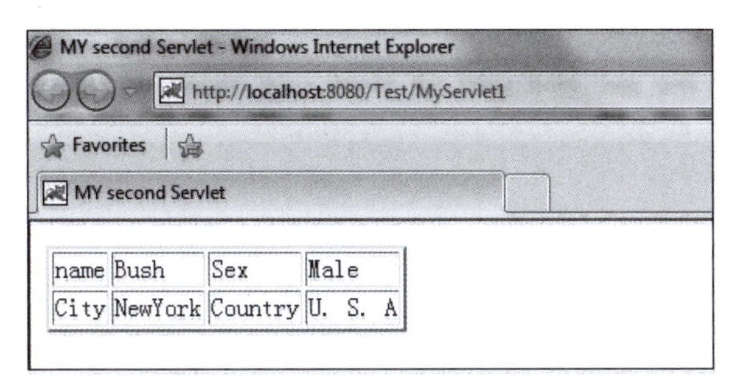

图 10-13 Myservlet1 的运行结果

10.7 程序举例

下面的 Servlet 通过会话跟踪,实现了对客户访问次数计数的功能。

例 10-7 Session 实现计数功能举例：TrackSession.java。

```
import java.io.*;
import javax.servlet.*;
import javax.servlet.http.*;
import java.net.*;
import java.util.*;

public class TrackSession extends HttpServlet {

    @Override
    public void doGet(HttpServletRequest request, HttpServletResponse response)
            throws ServletException, IOException {
        Integer count;
        String heading;
        response.setContentType("text/html");
        HttpSession session = request.getSession(true);
        count = (Integer) session.getAttribute("count");
        if (count == null) {
            count = new Integer(0);
            heading = "First visiting";
        } else {
            heading = "Welcome Back";
```

```
            count = new Integer(count.intValue() + 1);
        }
        session.setAttribute("count", count);
        PrintWriter out = response.getWriter();
        String docType = "<!DOCTYRP HTML PUBLIC \"- //W3C//DTD HTML 4.0" +
"Transitional //EN\">\n";
        out.println(docType
                + "<BODY BGCOLOR=\"#FDF5E6\">\n"
                + "<H1>" + heading + "</H1>\n"
                + "<TABLE BORDER=1>\n"
                + "<TR BGCOLOR=\"#FFAD00\">\n"
                + " <TH>NAME<TH>VALUE\n"
                + "<TR>\n"
                + " <TD>ID:\n"
                + " <TD>" + session.getId() + "\n"
                + "<TR>\n"
                + " <TD>Creation Time:\n"
                + " <TD>"
                + new Date(session.getCreationTime()) + "\n"
                + "<TR>\n"
                + "<TD>Last Access Time:\n"
                + "<TD>"
                + new Date(session.getLastAccessedTime()) + "\n"
                + "<TR>\n"
                + " <TD>Count:\n"
                + " <TD>" + count + "\n"
                + "</TABLE>\n"
                + "</BODY></HTML>");
    }

    @Override
      public  void  doPost ( HttpServletRequest  request,  HttpServletResponse
response)
            throws ServletException, IOException {
        doGet(request, response);
    }
}
```

程序运行的结果如图 10-14 所示。

然后单击浏览器的刷新按钮 7 次,可看到如图 10-15 所示的结果。

利用 Cookie 的 Servlet 同样也可以实现记录用户访问次数的功能。

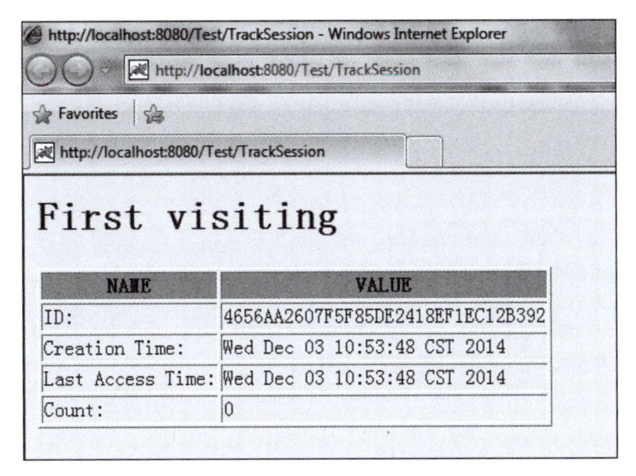

图 10-14　对 TrackSession Servlet 首次访问

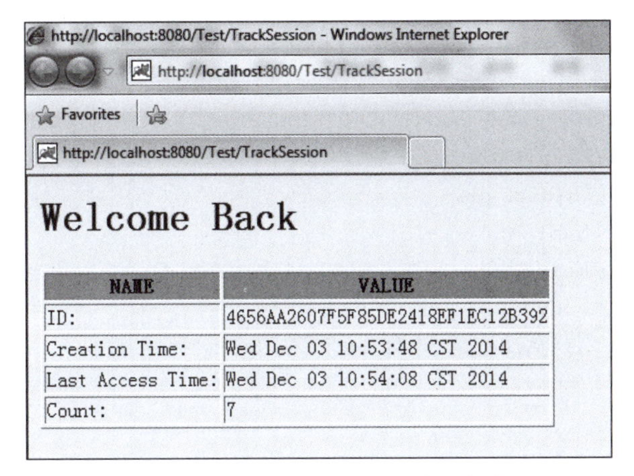

图 10-15　对 TrackSession 的第 8 次访问

例 10-8　Session 实现计数功能举例：AccessCounts.java。

```
import java.io.*;
import javax.servlet.*;
import javax.servlet.http.*;
import java.net.*;
public class AccessCounts extends HttpServlet {
    public void doGet(HttpServletRequest req, HttpServletResponse res)
            throws ServletException, IOException {
        String cookieName, numString;
        cookieName = "numString";
        numString = "1";

        Cookie[] cks = req.getCookies();
        if (cks !=null) {
            for (int i = 0; i < cks.length; i++) {
```

```
                Cookie tempCk = cks[i];
                if (cookieName.equals(tempCk.getName())) {
                    numString = tempCk.getValue();
                }
            }
        }
        int num = 0;
        try {
            num = Integer.parseInt(numString);
        } catch (NumberFormatException e) {
        }
        Cookie myCookie = new Cookie("numString", String.valueOf(num + 1));
        myCookie.setMaxAge(60 * 60 * 24);
        res.addCookie(myCookie);
        res.setContentType("text/html");
        PrintWriter out = res.getWriter();
        String title = "User Access Count ";
        String docType = "<!DOCTYRP HTML PUBLIC \"- //W3C//DTD HTML 4.0" +
                "Transitional //EN\">\n";
        out.println(docType +
                "<html>\n" +
                "<head><title>" + title + "</title></head>" +
                "<body>\n" +
                "<h1> Access Count is: " + num + " </h1>" +
                "</body></html>");
    }
}
```

运行程序得到如图 10-16 所示的结果。

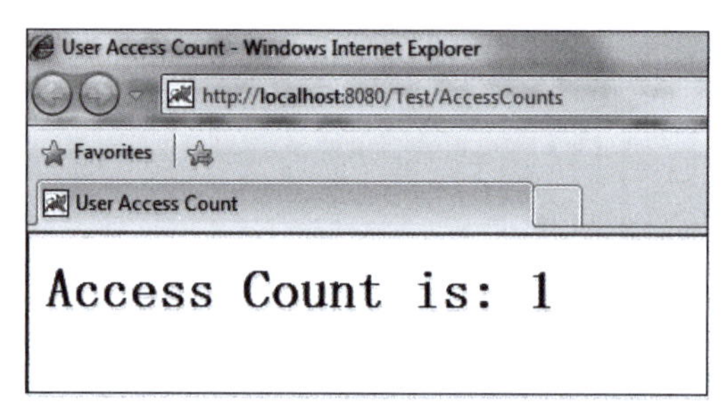

图 10-16　对 AccessCounts Servlet 首次访问

然后单击浏览器的刷新按钮 7 次,得到如图 10-17 所示的结果。

利用 Session 和 Cookie 分别实现了基本具有同样功能的 Servlet。仔细分析,可以找到两个程序的不同。对于第一个 Servlet,重启 Web 服务器之后,计数将要重新从 0 开始,这是因为 session 存在服务器内存中。对于第二个 Servlet,即使服务器中途重启一次,也可以正确计数,因为 Cookie 存在于客户端;当客户端删除存在的 Cookie 后,计数才会从 0 开始。

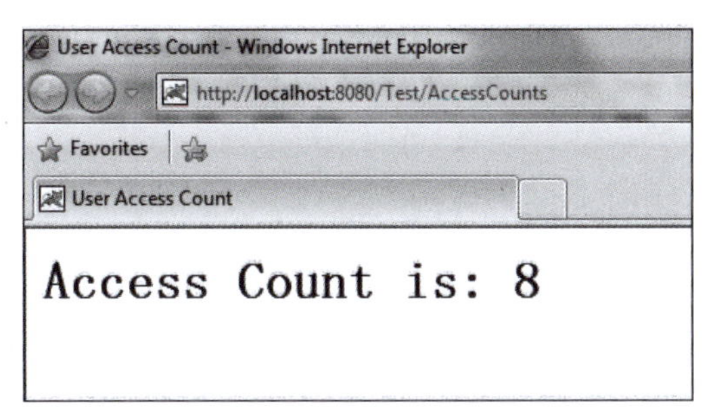

图 10-17　对 AccessCounts Servlet 的第 8 次访问

对 IE 浏览器来说，可以在“工具”菜单下调出“Internet 选项”，然后选择“删除 Cookie(I)”，从而方便实现含有 Cookie 的 Servlet 的调试，如图 10-18 所示。

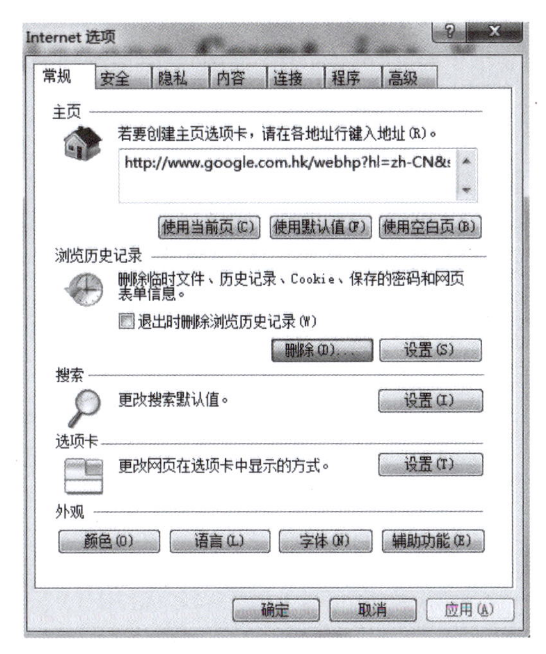

图 10-18　在 IE 浏览器中删除 Cookie 及其他信息

10.8　本章小结

本章概要介绍了 Java 网络程序设计的基本概念，以及 Servlet 的基础知识，简单介绍了 Java Servlet 程序设计的方法和程序设计中的几个关键问题，包括与客户端交互、客户端跟踪以及协作和通信等内容。本章的主要目的是使读者对 Java Servlet 开发有一个基本了解。如果希望能够编写、部署 Servlet 程序，还需要学习 Web 服务器和 Servlet 容器的安装和配置方法，以及在集成开发环境中创建 Web 应用程序及部署的方法，读者可以参考其他相关的文档和配套的案例教程进一步深入学习。

习题

1. 比较 TCP 与 UDP 两个协议的差别。

2. 什么是 URI? 其作用是什么?

3. 基于套结字的通信中,用 Java 建立简单服务器程序的步骤是什么?

4. 与传统 CGI(通用网关接口)相比,Servlet 的优点是什么?

5. 练习配置 Apache Tomcat 服务器软件。

6. 编写 Servlet 程序,练习 Cookie 的创建、发送和读取。

7. 编写 Servlet 程序,练习获得、存储和销毁 Session。

8. 编写一个用于查询的动态 Web 应用程序。该程序从一个由 Product 表构成的数据库中获取信息,以创建动态的 Web 页面。Product 应该有 4 个域:productID(关键字)、表示名称的 productName、表示价格的 productPrice 和产品简介 inctroduction。调用 Servlet 时,应该根据查询内容从数据库读取数据,然后动态地创建一个包含名称、价格和简介的 Web 网页。

9. 编写一个由 Servlet 和多个 Web 网页组成的 Web 应用程序。用户看到的第一个文档为 index.html,该文档包含一系列的超链接。每个超链接都由包含 page 参数的 get 请求来调用 Servlet。Servlet 获取 page 参数并将请求重定向到合适的文档。

第11章

JSP程序设计

在第10章学习了Servlet程序，但是Servlet中HTML的编写和维护都比较困难，使用print语句生成HTML并不容易，尤其是在需要输出大量静态内容的情况下问题更为突出，非Java开发人员很难处理这些HTML。而在JSP文件中，静态内容的输出都采用标准的HTML，只用Java语言编写页面中生成动态内容的代码，并将其包括在特殊的标签中，通常是以“＜%”开始，以“%＞”结束。通过分离动、静态内容，达到便于分工，网页设计人员通过使用熟悉的工具(例如Dreamweaver等开发工具)构建HTML，而为JSP程序员留出空间插入动态内容，或者通过XML标签间接调用动态内容。

Servlet和JSP(Java Server Page)技术已成为开发电子商务等动态网站的首选技术，它们都是运行在服务器上的Java程序。不过，Servlet API和JSP API不属于Java平台标准版(Java Platform，Standard Edition)，它们是单独的规范，属于Java平台企业版(Java Platform，Enterprise Edition)。

11.1 JSP简介

由于JSP受到广泛的支持，因此不受限于特定的操作系统或Web服务器；另外，JSP提供了对Java编程语言以及针对动态部分的Servlet技术的完全访问，因此不需要去使用不熟悉的功能较弱的语言。这些特点使得JSP相对于别的竞争技术，如ASP、PHP，就有了先天的优势。

11.1.1 什么是JSP程序

简单地说，JSP就是嵌入了Java代码的HTML。JSP由静态HTML、专有的JSP标签和Java代码组成。JSP和Servlet同是服务器端的技术。实际上，JSP文档在后台被自动转换成Servlet。因而，从本质上看，JSP页面能够执行的任何任务都可以用Servlet来完成。

JSP文件在后台会先被转换成Servlet文件，然后Servlet经过编译后被载入到服务器内存中，初始化并执行。需要注意的是，JSP页面仅在修改后的第一次被访问时，才会被转换成Servlet并进行编译，创建JSP唯一的一个一实例，并调用_jspInit完成初始化，之后每个用户请求都会创建一个调用JSP实例的_jspService方法的线程。因而多个并发请求会导致多个线程同时调用_jspService。Web项目中默认目录下的JSP文件被转换生成的Servlet文件及编译后生成的class文件被放在Tomcat安装目录下，具体位置是＜install_dir＞/work/ Catalina/localhost/＜app_dir＞/org/apache/jsp目录下，其中＜app_dir＞表示Web应用的名称。表11-1列出了在各种情况下JSP页面被请求后的操作。

表 11-1　各种情况下的 JSP 操作

各种情况		JSP 操作				
		将 JSP 页面转换为 Servlet	编译 Servlet	将 Servlet 载入到服务器内存中	调用 _jspInit	调用 _jspService
页面初次创建	请求 1	有	有	有	有	有
	请求 2	无	无	无	无	有
服务器重启后	请求 3	无	无	有	有	有
	请求 4	无	无	无	无	有
页面修改后	请求 5	有	有	有	有	有
	请求 6	无	无	无	无	有

第 10 章中已经讲过 Servlet 需要将类文件安装在专用的位置,并在 web.xml 中使用专用的 URL,而 JSP 页面则不需要这些。JSP 页面可以和常规的 HTML 页面放在相同的目录中,并使用和常规 HTML 相同的 URL 访问它们。除了不允许将 WEB-INF 和 META-INF 作目录名之外,可以使用任何喜欢的目录名。Tomcat 中 JSP 的默认目录是:

```
<install_dir>/webapps/ROOT
```

只要把编写好的 JSP 文件直接放在此目录下即可,例如:

```
<install_dir>/webapps/ROOT/SomeDirectory/SomeFile.jsp
```

其中<install_dir>为 Tomcat 的安装目录,那么对应的 URL 为:

```
http://host:port/SomeDirectory/SomeFile.jsp
```

其中 host 为服务器名称或 IP 地址,port 为端口号。

我们也可以建立新的 Web 服务目录,假设要将 D:/JSPTest 作为服务目录,并让用户通过使用 test 虚拟目录来访问服务目录下的 JSP 文件,只需要用修改 Tomcat 安装目录下的<install_dir>/conf/server.xml 文件,然后在</Host>的前面加入:

```
<Context path="/test" docBase="d:/JSPTest" debug="0" reloadable="true"></
Context>
```

这样,通过 http://host: port/test/SomeFile.jsp 就可以访问存放在 D: /JSPTest 目录下的 JSP 文件。这个过程称为注册 Web 应用。需要注意的是,主配置文件 server.xml 修改后,必须重新启动 Tomcat 才能生效。

每次重启服务器后,服务器启动脚本将自动地设置服务器的 classpath,以包含标准 JSP 类,即<install_dir>/lib/jsp-api.jar,有了它就可以正确地对 JSP 进行编译,并载入服务器内存中运行了。

在本章的案例中,我们创建名为 JSPTest 的 Web 应用程序项目,并设置其上下文路径

为 **JSPTest**。本章中用到的大部分案例都位于项目 **JSPTest** 中，其文件及路径如图 11-1 所示。

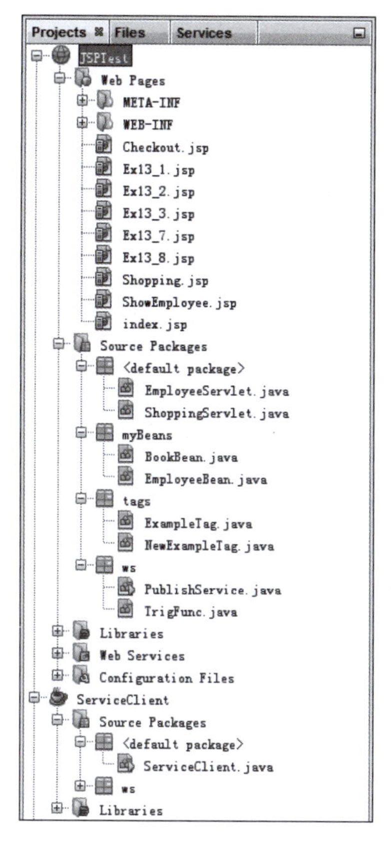

图 11-1　本章的程序项目 JSPTest 中的内容

11.1.2　JSP 语法概述

除了标准的 HTML 以外，JSP 主要包括三类组件：脚本元素(scripting elements)、指令标签(directives)、动作标签(actions)。

1. 脚本元素

脚本元素可以向 JSP 文件产生的 Servlet 文件中插入代码，它主要有三种形式：

1) 表达式 ＜％＝ expression ％＞

＜％和＝之间不能有空格。expression 必须能求值，服务器计算出值后以字符串形式发送到客户端显示。

2) 程序片 ＜％ code ％＞

一个 JSP 页面可以有许多程序片，它们将被插入到生成的 Servlet 文件的_jspService 方法中。每次客户端请求都会新开一个线程，调用 Servlet 的 service 方法，service 方法再调用_jspService 方法。

3) 声明语句 ＜％! Declaration ％＞

这里声明的内容包括变量和方法，将被插入到生成 Servlet 的类中，在_jspService 方法之外，成为类变量和类方法，直到服务器关闭才被释放。当多个客户请求一个 JSP 页面时，多个线程将共享这些变量和方法，因而任何一个用户对这些变量操作的结果，都会影响到其他用户。

2. 指令标签

指令标签将影响由 JSP 页产生的 Servlet 的总体结构。其格式为＜％@ directive attribute1＝"value1", attribute2＝"value2",…％＞，其中 directive 代表指令名称，attribute 代表该指令中可选的属性名称，value 代表属性值并且总是用单引号或双引号括起来。要想在属性值 value 中输出引号，可在该引号前用一个反斜杠“\”。在 JSP 中，有三种类型的指令：page、include 和 taglib。

1) page 指令

page 指令可放在文档内的任何位置，该指令对整个页面有效。它可以定义一个或多个大小写敏感的属性：即 import、contentType、isThreadSafe、session、buffer、autoflush、info、errorpage、isErrorPage 等。

- import 属性的作用是为 JSP 页面引入 Java 核心包中的类，这样就可以在脚本部分使用这些类。例如：

```
<%@page import="java.io.*" %>
```

可以为 import 属性指定多个值,这些值用逗号分隔,例如:

```
<%@page import="java.io.*", "java.util.Date" %>
```

这样就可以引入若干个包或类。JSP 页面默认 import 属性已经有如下的值:

```
"java.lang.*","javax.servlet.*","javax.servlet.jsp.*","javax.servlet.http.*"。
```

除 import 属性外,page 指令的其他属性只能指定一个值。

- contentType 属性定义 JSP 页面对应的 MIME 类型和 JSP 页面字符编码,其属性使用以下两种格式之一:

```
<%@page contentType="MIME-Type;charset=Character-Set"%>
```

或者

```
<%@page contentType="MIME-Type"%>。
```

例如:

```
<%@page contentType="application/vnd.ms-excel;charset=GB2312" %>
```

其属性默认值为:

```
<%@page  contentType = "text/ html; charset=ISO-8859-1" %>
```

- isThreadSafe 属性用来设置 JSP 页面是否可多线程访问。设为 true 时,JSP 页面能同时响应多个客户的请求;设为 false 时,同一时刻只能处理一个客户的请求,其他客户须等待。其默认值为 true。
- session 属性表示当前的 JSP 页面是否参与 HTTP 会话。设为 true 时,可以使用内置的 javax.Servlet.HttpSession 类型的一个名为 session 的对象;设为 false 时,则该对象不被创建。默认值为 true。
- buffer 属性指定 JSP 内置输出流 out 变量使用的缓冲区的尺寸,默认值是 8Kb。out 变量是 JspWriter 类型的,JspWriter 是 java.io.Writer 类的子类。累计输出内容超过了这里设定的大小、完成了此页或者输出被明确清除(如使用 response.flushBuffer),文档才被发送给客户显示。如果设置为 none,则不使用缓冲区。使用方法如下:

```
<%@page buffer="16kb" %>
```

- autoflush 属性控制 out 的缓冲区在装满时的处理,默认为 true。设为 true 时,装满时则自动清除缓冲区;设为 false 时,装满后则会出现异常。buffer 的值是 none 时将 autoflush 设为 false 是不合法的。
- info 属性定义了一个通过 getServletInfo 方法可以从 Servlet 中检索到的串。其格式为：

```
<%@page info=" some Message" %>
```

getServletInfo 方法用于返回 Servlet 的描述信息，这些信息可以是 Servlet 的作者、版本、版权信息等。在默认情况下，这个方法返回空串。开发人员可以覆盖这个方法来返回有意义的信息。

- isErrorPage 属性指明当前页是否能充当其他 JSP 页面的错误页。采用以下两种格式之一：

```
<%@page isErrorPage="true" %>
```

或者

```
<%@page isErrorPage="false"%>  <%-- Default --%>
```

- errorPage 属性指定一个处理当前页未被捕获的任何异常的页面。格式为：

```
<%@page errorPage="Relative URL" %>
```

这个 URL 指定的错误页的 isErrorPage 属性必须被设为 true 方可使用。

2）include 指令

与 page 指令不同，该指令应该放在插入外部文件的位置，它可以将文件整体插入到该处。其格式为：＜%@ include file="fileName" %＞。JSP 文件被转换成 Servlet 文件时，外部文件就被插入了，然后统一进行编译。所以当外部文件发生改变时，当前页面无法得到通知，要想得知外部文件的任何改变，当前页面必须重新编译，由 11.1.1 小节 JSP 的操作处理过程可知，必须重新保存该 JSP 文件。

3）taglib 指令

taglib 指令是 JSP1.1 规范中新增的。它指定一个标记库，用于扩充标准的 JSP 标记集。该指令完成三个任务：首先，它通知 JSP 服务器，页面使用一个标记库；其次，它指定包含标记库标志符的特殊 JAR 文件的位置；最后，它指定一个用于唯一区分这些新标记的标记前缀。其格式为：

```
<%@taglib uri="someuri " prefix="somename" %>
```

uri 属性是一个引用标记库描述符(Tag Library Descriptor)文件的绝对或相对 URL，prefix 属性指定一个将要在标记库描述符文件定义的标记名前面使用的前缀。如果 TLD 文件定义了一个名为 tag1 的标记，并且 prefix 属性的值设为 test，那么实际的标记名将为 test：tag1。我们将在 11.3 节详细介绍 TLD 文件和 taglib 指令。

3. 动作标签

动作标签是一种特殊的标签，它影响 JSP 运行时的功能。其格式为：

```
<jsp:action_name attribute1="value1", attribute2="value2",… />
```

其中 action_name 代表动作名称，attribute 代表属性名称，value 代表属性值。JSP 动作标签分为两类，Resource 动作和 JavaBean 动作。

1) Resource 动作

该动作包括 include、forward、plugin 三种动作标签。

- include 动作标签告诉 JSP 页面动态包含一个文件，即 JSP 页面运行时才将文件加入，例如<jsp: include page="someFile.html" />。如果包含的文件是普通的文本文件，就将文件的内容发送到客户端，由客户端负责显示；如果是 JSP 文件，JSP 引擎就执行这个文件，然后将执行的结果发送到客户端显示。所以，如果修改了被包含的文件，那么运行时将看到修改后的结果，这一点和 include 指令不同。该标签可以结合 param 指令，向要包含的文件传送信息，格式为：

```
<jsp:include page="someFile.jsp ">
 <jsp:param name="someName" value="someValue" />
</jsp:include>
```

被包含的文件通过 JSP 的内置对象 request 调用 getParameter 方法获得参数值。

- forward 动作标签告诉 JSP 页面从该指令处停止当前页面的继续执行，而转向其他的一个页面，当前页面后边的内容将不被执行，例如：

```
<jsp:forward page="somefile.jsp" />
```

该标签也可结合 param 指令，向要转到的页面传送信息，格式同 include 标签。

- plugin 动作标签用于插入 Applet 或 JavaBean 到 JSP 页面，组件必须被下载到浏览器并且在客户端执行。param 元素可以用于发送参数到 Applet 或 JavaBean。JavaBean 是一个可重复使用的软件组件，实际上就是一种 Java 类，通过封装属性和方法成为具有某种功能或业务的对象。例如：

```
<jsp:plugin type="applet" code="Test.class" width="120" height="120">
  <jsp:param name="someName" value="someValue" />
  <jsp:fallback>
      prompt message
  </jsp:fallback>
</jsp:plugin>
```

fallback 元素可用于指定组件失败时发送到客户端的错误信息内容。

2) JavaBean 动作

该动作包括 useBean、setProperty、getProperty 三种动作标签。

useBean 动作标签的格式是：

```
<jsp:useBean id=" bean 的名字" class="创建 bean 的类" scope="有效范围" />
```

或者

```
<jsp:useBean id="bean的名字" class="创建 bean 的类" scope="有效范围" />
</jsp:useBean>
```

服务器将加载该 bean 类的一个对象。

setProperty 动作标签将设置 bean 的属性，getProperty 动作标签用于获取 bean 属性的值并输出。这三个动作将在后面做出详细介绍。

最后还有两个常见的小问题：JSP 文件通常一大部分都是常规的静态 HTML，称其为模板文本，如果想输出＜％，应该在模板文本中写＜\％。另外，JSP 文件中的注释可以放在＜％－－ JSP Commnet －－％＞中，但在浏览器的查看源文件选项中显示的内容中看不到，这和 HTML 的注释＜！ —HTML Comment —＞可以看到是不同的。

11.1.3　JSP 内置对象

有些对象不用声明就可以在 JSP 页面的脚本元素中使用，这就是 JSP 的内置对象。JSP 的内置对象有 out、request、response、session、application 等。

1. out 对象

out 对象是 javax.servlet.jsp.JspWriter 类的实例。JspWriter 包含的方法大多数与 java.io.PrintWriter 类一样。这个输出流对象用来向客户端输出数据，其可调用的方法如表 11-2 所示。

表 11-2　out 对象可使用的方法

名　称	解　释
print(Boolean b)	输出一个布尔值
print(char c)	输出一个字符
print(double d)	输出一个双精度的浮点数
print(float f)	输出一个单精度的浮点数
print(long l)	输出一个长整型数据
print(String s)	输出一个字符串
newLine()	输出一个换行符
flush()	输出缓冲区里的内容
close()	关闭流

与表 11-2 中的 print 方法对应，println 方法会在输出后实现换行。

2. request 对象

request 对象代表客户端对服务器的一个请求。对于来自每个客户端的每个请求，都有一个 request 对象与之对应。客户每次请求页面时，JSP 引擎创建一个 request 对象代表该请求，它是 javax.servlet.http.HttpServletRequest 的实例。request 对象封装了用户提交的信息，这些信息包括 HTTP 请求的请求行、HTTP 头和信息体，通过调用相应的方可以获取封装的信息。request 对象获取客户信息最常用的方法是 request.getParameter(param_ name)。表 11-3 列出了 request 对象的常用方法。

表 11-3 request 对象的常用方法

名　称	解　释
getProtocal()	获取客户端向服务器发送请求使用的通信协议
getServletPath()	获取 JSP 文件的目录
getContentLength()	获取请求内容的长度
getMethod()	获取 HTTP 请求方法,例如 post 或 get
getHeaderNames()	获取头名字的一个枚举
getHeader(String s)	获取 HTTP 头文件中属性名为 s 的属性的值
getRemoteHost()	获取客户机的名称
getRemoteAddr()	获取客户机的 IP 地址
getServerName()	获取服务器的名称
getServerPort()	获取服务器的端口号
getParameterNames()	获取请求内容中所有参数的名字
getParameter(String_name)	获取指定参数名字的参数值

3. response 对象

与 request 对象相对应,可以用 response 对象对客户的请求做出动态响应,向客户端发送数据。它是 javax.servlet.http.httpServletResponse 的实例。类似于 HTTP 请求,HTTP 响应也由三个基本部分组成:状态行、头部信息和信息体。其中状态行包括使用的协议以及状态代码,表示请求是否成功,头部信息包含关于服务器和返回的文档的消息,例如服务器名称和文档类型等。使用这个对象的一些方法可以完成诸如动态设置 contentType 属性、页面重定向、设置返回状态码等任务。表 11-4 列出了 response 常用的方法。

表 11-4 response 对象的常用方法

名　称	解　释
setStatus(int sc)	设置返回状态码
setContentType(String type)	设置被发送文档的 MIME 类型
setHeader(String name, String value)	设置头中指定属性 name 为指定值 value
setRedirect(String location)	重定向到指定 URL

4. session 对象

session 对象用于在使用无状态连接协议(如 HTTP)的情况下跟踪关于某个客户的信息,对识别客户是非常重要的,它是 javax.servlet.http.HttpSession 的实例。从一个客户打开浏览器连接到服务器的某个服务目录,到客户关闭浏览器离开该服务目录称为一个会话。因此每个会话只对应于一个客户,并且可以跨多个页面,这和 request、response 不同。一个客户访问某个服务目录中的若干个页面,每次新请求一个页面,就会产生新的 request、 reponse 对象,但 session 对象只有一个,在该客户首次访问此服务目录中的任何一个 JSP 页面时创立,并且具有一个独一无二的 Id 号,直到客户关闭浏览器或这个 session 对象达到了最大生存时间,服务器端该客户的 session 对象才被取消。session 对象调用相应的方法可以存储客户在访问各个页面期间提交的各种信息,例如姓名、编号等。表 11-5 列出了 session 对象的常用方法。

表 11-5 session 对象的常用方法

名 称	解 释
int getMaxInactiveInterval()	返回会话过期前需要经过的秒数
void setMaxInactiveInterval(int interval)	设置某个会话的生命期
long getCreationTime()	返回创建会话的时间
long getLastAccessedTime()	返回上次使用此会话的时间
void invalidate()	使得 session 对象无效
boolean isNew()	判断是否是个新会话
String getId()	返回识别客户的独一无二的字符串
Enumeration getIds()	返回一个包含当前所有会话 Id 的枚举值
void setAttribute(String key, Object value)	在 session 对象中添加关键字为 key 的对象
Object getAttribute(String name)	从 session 对象获取关键字为 key 的对象
void removeAttribute(String name)	从 session 中删除指定关键字的对象
Enumeration getAttributeName( )	获取 session 对象存储的所有关键字名

需要注意的是,默认状态下,JSP 启用了会话跟踪,即为每个客户自动创建新的 HttpSession 对象实例,如果想禁用会话跟踪,需要通过设置 page 指令的 session 属性为 false 来显式地完成。

```
<%@page session="false" %>
```

另外,session 对象将唯一的 Id 号放在客户端的 Cookie 中,因此 session 对象是否能和客户建立一一对应关系依赖于客户的浏览器是否支持 Cookie。可以设置是否启用 Cookie,不同浏览器的设置方式略有不同。如果客户的浏览器不支持 Cookie,也可以通过 URL 重写来实现 session 对象的唯一性。所谓 URL 重写,就是当客户从一个页面重新链接到另一个页面时,通过向这个新的 URL 添加参数,把 session 对象的 Id 传递过去,这样就可以保障客户在该网站各个页面中的 session 对象是完全相同的。可以使用 response 对象的 encodeURL 或 encodeRedirectURL 方法实现 URL 重写。

5. application 对象

application 对象比 session 对象的生存周期更长,它是 javax.servlet.ServletContext 的实例。服务器启动后,就产生了这个 application 对象,直到服务器关闭,该对象才被取消。所有客户共享这个内置的 application 对象,所以任何客户对该对象中存储的数据的改变都会影响其他客户。因此,在某些情况下,对该对象的操作需要同步处理。表 11-6 列出了

application 对象的常用方法。

表 11-6　application 对象的常用方法

名　　称	解　　释
void setAttribute(String key, Object obj)	向 application 对象添加指定关键字的对象
Object getAttribute(String key)	获取 application 对象中指定关键字的对象
Enumeration getAttributeNames( )	返回 application 对象的所有索引关键字
void removeAttribute(String key)	删除指定索引的对象

11.1.4　一个简单的 JSP 程序

下面看一个简单的 JSP 程序。

例 11-1　在表单中输入一个自然数,计算从 1 到该数的累加和。

```
<%-- page 指令标签,指定 MIME 类型和页面的字符编码 --%>
<%@page contentType="text/html; charset=gb2312" %>
<%-- 声明一个类方法,该方法在整个 JSP 页面有效 --%>
<%!
    int continuousSum(int n) {
        int sum = 0;
        for (int i = 1; i <= n; i++) {
            sum = sum + i;
        }
        return sum;
    }
%>
<%-- JSP 中的 Java 程序片,将被 JSP 引擎按顺序执行 --%>
<%
    String str = request.getParameter("number");
    if (str == null) {
        str = "10";
    }
    int r = Integer.parseInt(str);
%>
<html>
    <head>
        <title>计算连续和</title>
    </head>
    <body>
        <h1>请输入一个自然数</h1>
        <!-- HTML 表单 -->
        <form name="form1" method="post" action="">
            <input type="text" name="number" value=<%=str%>>
```

```
            <input type="submit" name="Submit" value="计算">
        </form>
        <%-- JSP 表达式,其值由服务器负责计算,并将结果发回客户端显示 --%>
        <%=r%>的连续和是<%=continuousSum(r)%>
    </body>
</html>
```

在项目 JSPTest 中新建一个名为 Ex11_1.jsp 的 JSP 文件，将上述内容复制到此文件中，在浏览器地址栏输入 http://localhost: 8080/JSPTest/Ex11_1.jsp，运行效果如图 11-2 所示，在表单中输入一个自然数，再单击“计算”按钮，就会计算出该数的连续和。

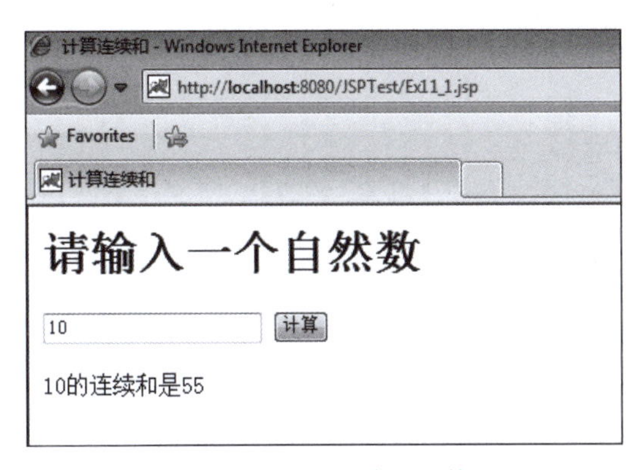

图 11-2　例 11-1 的运行效果

由 JSP 自动生成的 servlet 文件被存为<install_dir>\work\Catalina\localhost\JSPTest\org\apache\jsp\Ex11_005f1_jsp.java。打开此文件内容如下：

```
package org.apache.jsp;

import javax.servlet.*;
import javax.servlet.http.*;
import javax.servlet.jsp.*;

public final class Ex11_005f1_jsp extends org.apache.jasper.runtime.HttpJspBase
    implements org.apache.jasper.runtime.JspSourceDependent {


    int continuousSum(int n)
    {
        int sum=0;
        for(int i=1;i<=n;i++)
        {
          sum=sum+i;
        }
        return sum;
```

```
    }

    private static final JspFactory _jspxFactory = JspFactory.getDefaultFactory();

    private static java.util.List _jspx_dependants;

    private javax.el.ExpressionFactory _el_expressionfactory;
    private org.apache.AnnotationProcessor _jsp_annotationprocessor;

    public Object getDependants() {
      return _jspx_dependants;
    }

    public void _jspInit() {
      _el_expressionfactory = _jspxFactory.getJspApplicationContext
  (getServletConfig().getServletContext()).getExpressionFactory();
      _jsp_annotationprocessor = (org.apache.AnnotationProcessor)
  getServletConfig ( ). getServletContext ( ). getAttribute ( org. apache.
  AnnotationProcessor.class.getName());
    }

    public void _jspDestroy() {
    }

    public void _jspService(HttpServletRequest request, HttpServletResponse response)
          throws java.io.IOException, ServletException {

      PageContext pageContext = null;
      HttpSession session = null;
      ServletContext application = null;
      ServletConfig config = null;
      JspWriter out = null;
      Object page = this;
      JspWriter _jspx_out = null;
      PageContext _jspx_page_context = null;


      try {
        response.setContentType("text/html; charset=gb2312");
        pageContext = _jspxFactory.getPageContext(this, request, response,
                  null, true, 8192, true);
        _jspx_page_context = pageContext;
        application = pageContext.getServletContext();
        config = pageContext.getServletConfig();
```

```
    session = pageContext.getSession();
    out = pageContext.getOut();
    _jspx_out = out;

    out.write('\n');
    out.write('\n');
    out.write('\n');
    out.write('  ');
    out.write('\n');
    out.write('\n');

  String str=request.getParameter("number");
  if(str==null) str="10";
  int r=Integer.parseInt(str);

    out.write("\n");
    out.write("<html>\n");
    out.write("<head>\n");
    out.write("<title>计算连续和</title>\n");
    out.write("</head>\n");
    out.write("<body>\n");
    out.write("<h1>请输入一个自然数</h1>\n");
    out.write("<!-- HTML 表单 -->\n");
    out.write("<form name=\"form1\" method=\"post\" action=\"\">\n");
    out.write("  <input type=\"text\" name=\"number\" value=");
    out.print(str);
    out.write(">\n");
    out.write("  <input type=\"submit\" name=\"Submit\" value=\"计算\">\n");
    out.write("</form>    \t\t\n");
    out.write('\n');
    out.print( r );
    out.write("的连续和是");
    out.print(continuousSum(r) );
    out.write("\n");
    out.write("</body>\n");
    out.write("</html>\n");
  } catch (Throwable t) {
    if (!(t instanceof SkipPageException)){
      out = _jspx_out;
      if (out !=null && out.getBufferSize() !=0)
        try { out.clearBuffer(); } catch (java.io.IOException e) {}
      if (_jspx_page_context !=null) _jspx_page_context.handlePageException(t);
    }
  } finally {
```

```
        _jspxFactory.releasePageContext(_jspx_page_context);
      }
    }
  }
```

可见 JSP 文件中的静态代码被转换为了 Servlet 中的 out.write 语句,在<%! code %>中声明的方法成为了类方法,而在<% code %>中的程序片被放在了_jspService 方法中。

11.2 JSP 与 JavaBean

前面介绍过,指令<%@ include file="fileName" %>和动作标签<jsp: include page="someFile.html" />都可以嵌入其他文件代码。前者实际上是将代码插入行内,后者是将另一个页面的输出插入原来的页面。这些方法无助于分离表示逻辑和业务逻辑,它们都造成了显著的可伸缩性问题,不利于开发人员分工合作。JavaBean 解决了这个问题,它将一系列相关的属性和方法组合在一个 Java 类中,构成了一个组件,在 JSP 程序中,只要使用 JavaBean 动作标签调用该组件就可以了。

11.2.1 JavaBean 简介

JavaBean 其实就是 Java 类,不过它必须使用一组相当简单而又标准的设计和命名约定,因而调用它们的应用程序无须理解其内部工作原理,就可以很容易地使用 JavaBean 的方法。JavaBean 类的一个实例叫作一个 bean。

对于 JSP 中使用的 JavaBean,有三个设计要求:首先,必须拥有一个默认(无参数)的构造函数,如果未声明任何构造函数,默认的构造函数会被自动创建,JSP 元素创建 bean 时,会调用默认构造函数;其次,类中不应该有公开的属性;最后,对于类内的属性,通常应该提供设置和获取其值的方法,JavaBean 规定使用 public void setXxx(ObjecType value)方法进行设置,使用 public ObjectType get×××方法进行获取,如果该属性是布尔类型的,允许使用 public boolean is×××获取属性值。尽管可以使用 JSP 脚本元素访问类的任意方法,但是访问 bean 的标准 JSP 动作只能使用那些遵循 get×××/set×××或 is×××/set×××命名约定的方法。如果某个属性只有 get×××或 is×××方法,这种属性叫作只读属性。通常我们将 JavaBean 文件取名为×××Bean。

例 11-2 在项目 JSPTest 中新建一个名为 myBeans 的包,在其中新建一个名为 EmployeeBean.java 的描述员工信息的 JavaBean 类。包括编号、姓名、性别、工资、职务属性。

```
package myBeans;
public class EmployeeBean {
    private int id = 0, salary = 0;
    private String name = "none", occupation = "none";
    private boolean male = true;
```

```
    public int getId() {
    return id;
    }
    public void setId(int id) {
        this.id = id;
    }
    public String getName() {
        return name;
    }
    public void setName(String name) {
        this.name = name;
    }
    public boolean isMale() {
        return male;
    }
    public void setMale(boolean male) {
        this.male = male;
    }
    public int getSalary() {
        return salary;
    }
    public void setSalary(int salary) {
        this.salary = salary;
    }
    public String getOccupation() {
        return occupation;
    }
    public void setOccupation(String occupation) {
        this.occupation = occupation;
    }
}
```

因为 Employee 这个类没有公开的实例变量，同时，它没有声明任何显式的构造函数，从而也就拥有了一个默认的无参数的构造函数，它的属性的设置和获得都使用了标准的形式，因此这个类就满足了成为 JavaBean 的条件。

11.2.2 在 JSP 程序中使用 JavaBean

JavaBean 类不是放在含有 JSP 文件的目录中，而应该放在存放 Servlet 的目录中。而且它一定要使用包，因此，单个 JavaBean 类的字节码文件的正确位置是<WebAppDir>/WEB-INF/classes/PackageName/，含有 bean 类的 JAR 文件应该放在<WebAppDir>/WEB-INF/lib/目录中。<WebAppDir>表示某个 Web 应用的根目录。

可以将 11.2.1 小节建立的 EmployeeBean.java 文件编译后生成的 EmployeeBean.class 文件存放到 d：/ JSPTest/WEB-INF/classes/myBeans/目录下。在 JSP 页面中，可以使用

三种 JavaBean 动作标签构建和操作 JavaBean 组件。它们的常规使用方式在 11.2.1 小节中已经涉及,现在具体阐述如下:

1. 建立 JavaBean

```
<jsp:useBean id="beanName" class="package.class" scope="someScope"/>
```

这个语句表示“在 scope 指定的范围内,实例化由 class 指定的类,并指定该实例一个 id”,如果在这个 scope 中已经存在该 id 的实例,则访问现存的实例,否则创建新的实例。scope 属性表示 bean 的有效范围,有 4 个可选值:page、request、session 和 application。默认是 page,表示每次请求访问 JSP 页面时都会创建新的 bean,并将其放在 PageContext 对象中,其有效范围是当前请求访问的 JSP 页面。Servlet 可以通过预定义变量 pageContext 的 getAttribute 方法访问它。

如果 scope 的值为 request,表示有效范围是当前的请求,将 bean 放在 HttpServletRequest 对象中,如果已经存在,则可以直接通过 request 对象的 getAttribute 方法访问。在使用 jsp:include、jsp:forward 或者 RequestDispatcher 的 include 或 forward 方法时,两个 JSP 页面,或 JSP 页面和 Servlet 之间将会共享该 bean。

如果 scope 的值为 session,表示要将 bean 实例存储到与当前请求相关的 HttpSession 对象中,所以该 bean 的有效范围是客户的会话期间。如果这个客户在多个页面中相互链接,每个页面都包含有一个 useBean 标签,这些 useBean 标签中 id 的值相同,并且 scope 的值都是 session,那么该客户在这些页面得到的 bean 是相同的一个。

如果 scope 的值为 application,表示要将 bean 实例存储在 ServletContext 中,ServletContext 由 Web 应用中多个 Servlet 和 JSP 页面共享,也就是说,所有客户共享这个 bean,如果一个客户改变这个 bean 的某个属性的值,那么所有客户的这个 bean 的属性值都发生了变化。这个 bean 直到服务器关闭才被取消。

2. 取得 bean 的属性值

```
<jsp:getProperty name="beanName" property="propertyName"/>
```

这个语句读取 bean 属性的值,bean 的名称由 name 项指定,与 useBean 标签的 id 项对应,property 项指定属性名称。该语法只能读取在 JavaBean 类文件中有 get×××方法的属性。也可以用 JSP 脚本元素<%= beaName.get×××() %>得到相同的结果,不过后者不限于具备 get×××方法的属性。

3. 设置 bean 的属性值

```
<jsp:setProperty name="beanName" property="propertyName" value=
"propertyValue"/>
```

这个语句设置 bean 的属性值。其中 bean 的名称由 name 项指定,与 useBean 标签的 id 相对应,property 项指定属性名称,value 项指定属性的值。该语法只能设置 JavaBean 类文件中有 set×××方法的属性。也可以用 JSP 脚本元素<%= beanName.set×××("propertyValue") %>得到相同的结果。前者的优点是非程序开发人员可以更容易地使用它，而后者则可以执行更为复杂的操作，比如调用 set×××以外的方法。

下面在项目 JSPTest 中建立 JSP 文件 Ex11_3.jsp，使用上节中建立的 EmployeeBean。

例 11-3　建立 JSP 文件 Ex11_3.jsp 使用 11.2.1 小节建立的 EmployeeBean。

```
<%@page contentType="text/html; charset=gb2312"  %>
<html>
    <head>
        <title>使用 JavaBean</title>
    </head>
    <body>
        <jsp:useBean id="employee" class="myBeans.EmployeeBean" />
        <H2>初始值:</h2>
        <P>名字是:<jsp:getProperty name="employee" property="name" /> </p>
        <p>编号是:<jsp:getProperty name="employee" property="id" /> </p>
        <p>是否男性?<jsp:getProperty name="employee" property="male" /> </p>
        <p>工资是:<jsp:getProperty name="employee" property="salary" />元 </p>
        <p>职务是:<jsp:getProperty name="employee" property="occupation" /> </p>

        <H2>修改后:</h2>
            <jsp:setProperty name="employee" property="name" value="Javay" />
            <jsp:setProperty name="employee" property="id" value="1" />
            <jsp:setProperty name="employee" property="male" value="true" />
            <jsp:setProperty name="employee" property="salary" value="6000" />
            <jsp:setProperty name="employee" property="occupation" value=
"Manager" />
        <P>名字是:<jsp:getProperty name="employee" property="name" /> </p>
        <p>编号是:<jsp:getProperty name="employee" property="id" /> </p>
        <p>是否男性?<jsp:getProperty name="employee" property="male" /> </p>
        <p>工资是:<jsp:getProperty name="employee" property="salary" />元 </p>
        <p>职务是:<jsp:getProperty name="employee" property="occupation" /> </p>
    </body>
</html>
```

首先显示初始值，修改后，显示新值，运行效果如图 11-3 所示。

我们还可以通过使用表单设置新值。见例 11-4。

例 11-4 在项目 JSPTest 中新建名为 Ex11_4.jsp 的 JSP 文件，通过表单使用 11.2.1 小节建立的 EmployeeBean。

```
<%@page contentType="text/html; charset=gb2312"  %>
<html>
<%@page contentType="text/html; charset=gb2312"  %>
<html>
    <head>
        <title>使用 JavaBean</title>
```

```
    </head>
    <body>
        <form name="form1" method="post" action="">
            <br>姓名:<input type="text" name="name">
            <br>性别:<input type="radio" name="male" value="true">  男
            <input type="radio" name="male" value="false"> 女
            <br>编号:<input type="text" name="id">
            <br>职务: <input type="text" name="occupation">
            <br>工资:<input type="text" name="salary">
            <br><input type="submit" name="Submit" value="提交">
        </form>

        <jsp:useBean id="employee" class="myBeans.EmployeeBean" />
        <jsp:setProperty name="employee" property="name" param="name"  />
        <jsp:setProperty name="employee" property="id" param="id" />
        <jsp:setProperty name="employee" property="male" param="male" />
        <jsp:setProperty name="employee" property="salary" param="salary" />
        <jsp:setProperty name="employee" property="occupation" param="occupation" />
        <p>名字是:<jsp:getProperty name="employee" property="name" /> </p>
        <p>编号是:<jsp:getProperty name="employee" property="id" /> </p>
        <p>是否男性?<jsp:getProperty name="employee" property="male" /> </p>
        <p>工资是:<jsp:getProperty name="employee" property="salary" />元 </p>
        <p>职务是:<jsp:getProperty name="employee" property="occupation" /> </p>
    </body>
</html>
```

运行结果如图 11-3 所示。需要注意的是,使用表单时,其 name 属性值应该和 jsp:

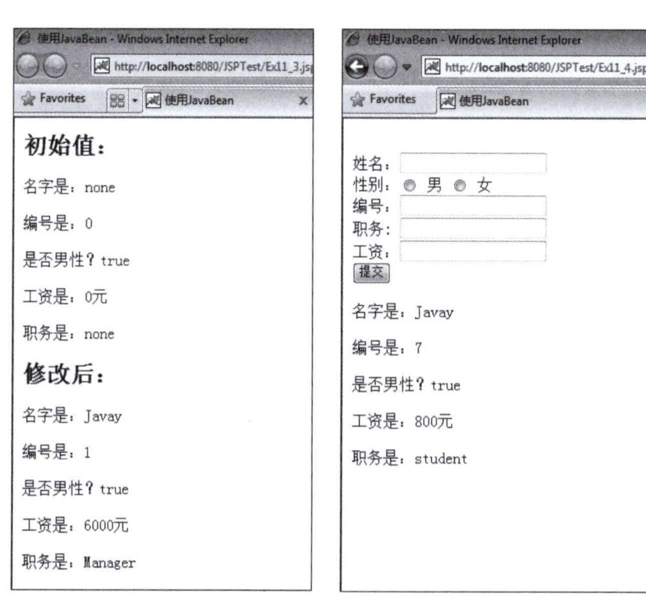

图 11-3　例 11-3 和例 11-4 的运行效果

setProperty 动作标签中的 param 属性值对应。而且,JSP 允许将属性与请求参数关联,自动执行从字符串到数字、字符和布尔值的转换。如果请求中没有指定参数,则不采取任何动作。如果请求参数的名称和 bean 属性的名称相同,还可以进一步简化五条 setProperty 代码,如下所示:

```
<jsp:setProperty name="employee" property="name"/>
<jsp:setProperty name="employee" property="id" />
<jsp:setProperty name="employee" property="male"/>
<jsp:setProperty name="employee" property="salary" />
<jsp:setProperty name="employee" property="occupation" />
```

11.3 JSP 标签库

除了使用 JavaBean,JSP 还可以使用定制的标记,便于 Web 开发人员实现内容和功能的分离。相对于使用 JavaBean,用户自定义的标签库有如下优点:bean 不可以操纵 JSP 的内容,但标签库可以;使用标签比 bean 可以用更加简单的形式完成复杂的功能。JSP 通过指令标签中的 taglib 指令使用标签库。但是,使用自定义标签比使用 bean 要复杂一些,它需要三个部分:实现标签行为的标签处理类、将 XML 元素名称映射到标签实现上的标签库描述文件(后缀名为 tld)以及使用标签的 JSP 程序。下面将分别介绍这三个部分。

11.3.1 标签处理类

首先需要制作一个 Java 类,用来告诉系统在 JSP 程序中遇到标签后应该做些什么。这个类必须实现 javax.servlet.jsp.tagext.Tag 接口。通常通过扩展 javax.servlet.jsp.tagext.TagSupport 或 javax.servlet.jsp.tagext.BodyTagSupport 类来实现。

如果在 taglib 指令标签中没有属性或标签体,即标签的引用形式为<prefix:tagname />,这样的标签类应该扩展 TagSupport 类,该类实现 Tag 接口并包含基本标签所需的大量标准功能。只需重载该类的 doStartTag 方法,这个方法中的代码将在页面请求时遇到标签头时执行。为了产生输出,该方法应该调用 pageContext 类变量的 getOut 方法获得 JspWriter 对象。除此之外,调用 pageContext 的其他方法,还可以获得和请求相关的别的数据结构,例如 getRequest、getResponse、getServletContext、getSession。如果标签没有体,doStartTag 方法应该返回 SKIP_BODY 常量,这将告诉系统忽略标签起始和结束之间的内容。

例 11-5 是个标签处理类,它可以将一个 100 以内的随机整数插入到 JSP 程序中相应标签位置上。

例 11-5 在项目 JSPTest 中新建一个名为 tags 的包,在其中新建一个名为 ExampleTag.java 的 java 文件,实现一个标签处理类,当 JSP 程序遇到相应标签,可插入一个 100 以内的随机整数和一行文本。

```
package tags;
import javax.servlet.jsp.*;
```

```
import javax.servlet.jsp.tagext.*;
import java.io.*;
public class ExampleTag extends TagSupport {
    public int doStartTag() {
        try {
            JspWriter out = pageContext.getOut();
            out.print((int) (Math.random() * 100));
            out.print(" My first tag test!");
        } catch (IOException ioe) {
            System.out.println("Error in ExampleTag:" + ioe);
        }
        return (SKIP_BODY);
    }
}
```

11.3.2　标签库描述文件

定义了标签处理类后，接下来就是在服务器上为这个类命名，并将其和一个专门的 XML 标签名关联起来。通过标签库描述文件可以完成这个任务。该文件包括一个 XML 版本声明、一个 DOCTYPE 声明以及一个 taglib 容器元素。重点是 taglib 容器元素中的 tag 元素，对于没有属性的标签，tag 元素又应该包括以下 4 个子元素。

- name：该元素定义了将在 JSP 文件中使用的 tagname。
- tag-class：该元素给出了标签处理类的完整类名，包括包名。
- body-content：对于没有体的标签应该取值为 EMPTY。
- description：一个简短的说明。

例 11-6 就是一个标签库描述文件的样例 example.tld。实际应用开发中，可以从服务器的样例项目文件夹中找一个 tld 文件，复制相同的部分。

例 11-6　在 JSPTest 项目中右键项目名，选择“新建”→“其他”命令，弹出新建文件窗口。在类别下选择 Web，在文件类型下选择“标记库描述符”，从而建立一个标签库描述文件，将例 11-5 建立的标签处理类和 example 名关联。

```
<?xml version="1.0" encoding="UTF-8"?>

<!DOCTYPE taglib
        PUBLIC "-//Sun Microsystems, Inc.//DTD JSP Tag Library 1.2//EN"
    "http://java.sun.com/j2ee/dtd/web-jsptaglibrary_1_2.dtd">

<!-- a tag library descriptor -->

<taglib>
    <tlib-version>1.0</tlib-version>
    <jsp-version>1.2</jsp-version>
```

```
    <short-name>debug</short-name>
    <uri>http://jakarta.apache.org/tomcat/debug-taglib</uri>
    <description>
        This tag library defines no tags.  Instead, its purpose is encapsulated
        in the TagLibraryValidator implementation that simply outputs the XML
        version of a JSP page to standard output, whenever this tag library is
        referenced in a "taglib" directive in a JSP page.
    </description>

    <!-- This is a dummy tag solely to satisfy DTD requirements -->
    <tag>
        <name>example</name>
        <tag-class>tags.ExampleTag</tag-class>
        <body-content>empty</body-content>
        <description>Insert a random integer</description>
    </tag>
</taglib>
```

11.3.3　在 JSP 程序中使用标签

已经有了标签处理类和标签库描述文件，接下来就可以在 JSP 文件中使用自定义的标签了。在首次使用标签之前，需要使用 taglib 指令标签<%@ taglib uri="someuri " prefix="somename" %>。uri 属性是一个引用标签库描述符文件的绝对或相对 URL，prefix 属性指定一个将要在标签库描述符文件定义的标签名前面使用的前缀。接下来就可以使用<prefix: tagname />引用标签了。例 11-7 示范了如何在 JSP 程序中使用标签。

例 11-7　在项目 JSPTest 中建立一个名为 Ex11_7.jsp 的 JSP 文件，使用刚刚建立的标签处理类和标签库描述文件。

```
<%@page contentType="text/html; charset=gb2312" %>
<html>
    <head>
        <%@taglib uri="WEB-INF/tlds/example.tld" prefix="testTag" %>
        <title>使用标签<testTag:example/></title>
    </head>
    <body>
        <H1><testTag:example/></H1>
    </body>
</html>
```

在浏览器地址栏输入 http://localhost:8080/JSPTest/Ex11_7.jsp，JSP 标签运行效果如图 11-4 所示。

11.3.4　自定义标签库

有时需要在 JSP 文件中指定标签的一些属性，例如希望能输出指定范围内，而不只是

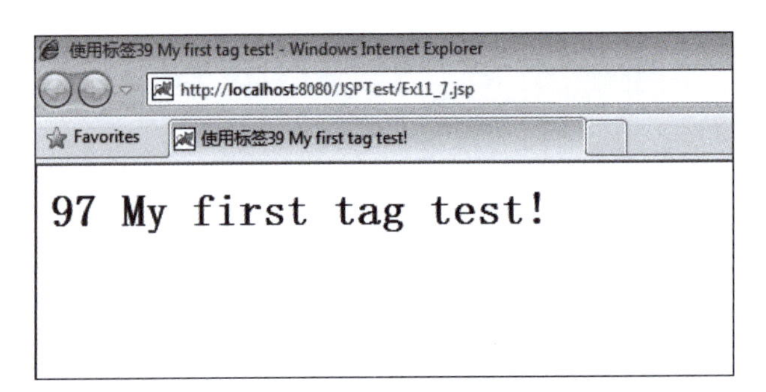

图 11-4　JSP 标签运行效果

100 以内的随机整数，这时的引用形式应该是 <prefix: tagname attribute1 = "value1" attribute2="value2" …/>，相应地还需要修改标签处理类和标签库描述文件。

使用 attribute1 将导致调用标签处理类的 setAttribute1 方法，为了在 Ex11_7 中能够指定随机整数的范围，我们添加一个名为 range 的属性，并重命名标签处理类 ExampleTag 为 NewExampleTag，内容如下：

```
package tags;

import javax.servlet.jsp.*;
import javax.servlet.jsp.tagext.*;
import java.io.*;

public class NewExampleTag extends TagSupport {

    protected int range = 100;

    @Override
    public int doStartTag() {
        try {
            JspWriter out = pageContext.getOut();
            out.print((int) (Math.random() * range));
            out.print(" Tag test with attribute! ");
        } catch (IOException ioe) {
            System.out.println("Error in ExampleTag:" + ioe);
        }
        return (SKIP_BODY);
    }

    public void setRange(String range) {
        try {
            this.range = Integer.parseInt(range);
        } catch (NumberFormatException nfe) {
            this.range = 100;
```

```
        }
    }
}
```

此外还需要修改标签库描述文件，在 11.3.2 节介绍的 tag 元素中再增加 attribute 子元素，这个子元素又包括三个孙元素 name、required、rtexprvalue。其中 name 定义了属性名称，这个例子中，属性名为 range；required 中指出是否必须提供该属性，true 是必须提供的，false 可以不提供，这个例子中 range 属性是可选的，如果不提供，则使用默认值 100，所以将其设定为 false；rtexprvalue 是一个可选孙元素，表示属性值是否可以是 JSP 表达式，以便在请求时动态确定，默认状态下是 false，表示只能是一个静态字符串。修改 example.tld 为 newexample.tld 中的 tag 元素如下：

```
<tag>
    <name>newexample</name>
    <tag-class>tags.NewExampleTag</tag-class>
    <body-content>empty</body-content>
    <description>Insert a random integer within some range</description>
    <attribute>
        <name>range</name>
        <required>false</required>
    </attribute>
</tag>
```

最后，修改前例中的 JSP 文件为 Ex11_8.jsp，具体如下：

```
<%@page contentType="text/html; charset=gb2312" %>
<html>
    <head>
        <%@taglib uri="WEB-INF/tlds/newexampletag.tld" prefix="testTag" %>
        <title>使用标签<testTag:newexample/></title>
    </head>
    <body>
        <UL>
            <Br>使用默认范围:<testTag:newexample/>
            <Br>1000 以内:<testTag:newexample range="1000" />
            <Br>10000 以内:<testTag:newexample range="10000" />
        </UL>
    </body>
</html>
```

JSP 自定义标签运行效果如图 11-5 所示。

此外还可以在标签中使用标签体，其形式为<prefix: tagname>body</prefix: tagname>，body 里的内容可以是 JSP 脚本元素、指令标签或者动作标签。这时需要修改标签处理类，doStartTag 方法不能再返回 SKIP_BODY，而应该返回 EVAL_BODY_

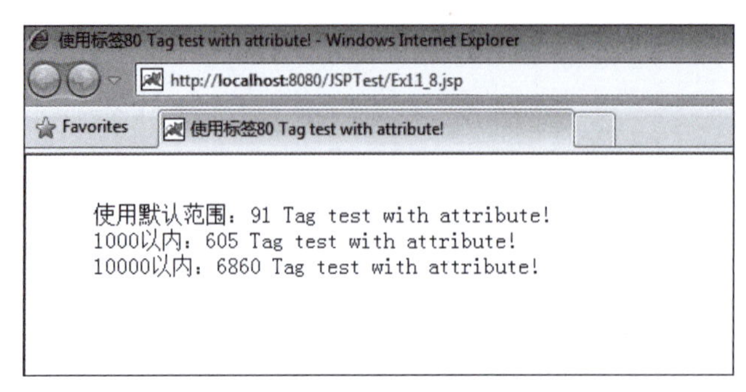

图 11-5 JSP 自定义标签运行效果

INCLUDE;如果需要在读取 body 内容后进行一些处理,还需要重载 doEndTag 方法。如果在标签内容显示完之后还想继续处理后面的页面内容,doEndTag 方法应该返回 EVAL_PAGES,否则应该返回 SKIP_PAGE。JSP 标签库还可以实现嵌套标签。有兴趣的读者可以查找介绍 JSP 高级应用的相关书籍进行深入学习。

11.4 JSP 与 Servlet

通过以上的学习可知,JSP 只不过是 Servlet 的另一种方式而已,因为 JSP 归根到底也是要转化为 Servlet 的。但是二者各有所长,Servlet 擅长数据处理,如读取并检查数据、与数据库通信;而 JSP 则擅长数据显示,即构建 HTML 来表示请求的结果。通常一个大型的项目需要综合使用 JSP 与 Servlet。

11.4.1 Web 应用程序的一般结构

通常,可以将一个 Web 应用程序的结构分为三个部分：显示层(presentation layer)、业务逻辑层(business logic layer)、控制层(control layer)。其中显示层包括前端的 HTML 和 Applet 等,主要作用是充当用户的操作接口,负责让用户输入数据以及显示数据处理后的结果;业务逻辑层负责数据处理、连接数据库、产生数据等;控制层控制整个网站的流程。这三个部分分别对应模型-视图-控制器(Model View Controller,MVC)架构的视图、模型、控制器。

使用 Java 开发网站应用程序时,通常可分为 Model1 及 Model2 两种设计模式。由于 Model1 设计模式开发快速,适合于小型系统,其处理方式其实还可分为两种：一种是完全使用 JSP 来开发,另一种是使用 JSP 和 JavaBean 结合开发。对于前者,用户发出一个请求到服务器端,就是由 JSP 页面来接收处理,接着将执行结果响应到客户端。这种方式由于 JSP 页面包括了大量的 Java 语法,导致程序可读性降低,不易维护,而且不利于重复利用;对于后者,将可重用的组件抽象出来写成 JavaBean,通过 JSP 调用 JavaBean 来存取数据和进行逻辑运算,这种方式的缺陷是缺乏流程控制,每个 JSP 文件都要完成验证参数的正确性、确认用户的身份权限、处理异常情况等任务,因此对将来的维护造成了困难。

对于大型系统的开发,大多采取 Model2 MVC 架构的开发模式。MVC 最主要的精神就是 Model 和 View 的分离,因而可以使网页设计师和程序员独立工作,互不影响。Model

代表的是应用程序的业务逻辑(通过 JavaBean、EJB 等组件来实现),View 是系统的显示接口(使用 JSP 来输出 HTML),Controller 提供应用程序的处理过程控制(通常是 Servlet)。图 11-6 是 Modcl2 MVC 架构的示意图。

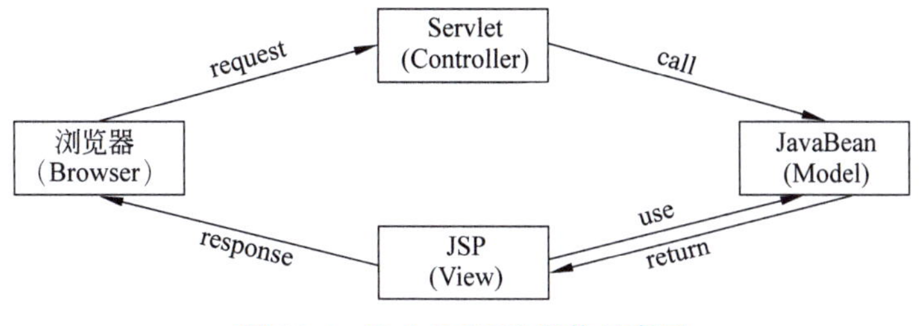

图 11-6 Model2 MVC 架构示意图

使用 Model2 MVC 架构,开发流程更为明确,由 Controller 控制整个流程,减少 JSP 中需要撰写的许多条件判断和流程控制的程序代码,因此便于系统的后期维护。目前有很多成熟的、可供使用的 MVC 框架,例如 Struts 2,因为它是开源免费的,因此获得了广泛的应用。下面的 11.4.2 和 11.4.3 两小节将介绍 MVC 架构中非常重要的信息共享和控制传递的问题。

11.4.2 JSP 与 Servlet 间的信息共享

在 MVC 方案中,由专门的 Servlet 负责响应初始请求,这个 Servlet 调用读取或创建数据的代码,将这些数据存放在 bean 中,并将请求转发到提供结果的 JSP 页面。Servlet 可以将 bean 存储在相关的 HttpServletRequest 对象中,如果需要为同一客户保存结果,还可以存在 HttpSession 对象中,如果需要为整个 Web 应用保存结果,还可以存在 ServletContext 对象中。这些存储位置对应 jsp:useBean 的 scope 属性的三个非默认值,即 request、session 和 application。下面以将 bean 存在 HttpSession 对象为例介绍它的使用。另外两种方式与此类似,只要改变 Servlet 程序中 setAttribute 方法的执行者和 useBean 动作标签的 scope 属性就可以了。

例 11-8 通过将 bean 存储在 HttpSession 对象中,实现 JSP 与 Servlet 间的信息共享。

(1) 首先在项目 JSPTest 的默认包中建立一个 Servlet 文件 EmployeeServlet.java,负责响应初始请求。

```
import java.io.*;
import javax.servlet.*;
import javax.servlet.http.*;

public class EmployeeServlet extends HttpServlet {

    @Override
     public void doGet(HttpServletRequest request, HttpServletResponse response)
throws ServletException, IOException {
        HttpSession session = request.getSession();
        myBeans.EmployeeBean bean
```

```
                = (myBeans.EmployeeBean) session.getAttribute("employee");
        if (bean == null) {
            bean = new myBeans.EmployeeBean();
            session.setAttribute("employee", bean);
        }
        String name = request.getParameter("name");
        String id = request.getParameter("id");
        bean.setName(name);
        bean.setId(Integer.parseInt(id));
        String address = "/ShowEmployee.jsp";
        RequestDispatcher dispatcher = request.getRequestDispatcher(address);
        dispatcher.forward(request, response);
    }
}
```

(2) 再在项目 JSPTest 中建立一个 JSP 文件 ShowEmployee.jsp,负责显示结果,即员工的姓名和编号。

```
<%@page contentType="text/html; charset=gb2312" %>
<html>
    <head>
        <title>在 session 中传递变量</title>
    </head>
    <body>
        <jsp: useBean id =" employee" type =" myBeans. EmployeeBean" scope ="
session" />
        <H2>
            员工姓名:<jsp:getProperty name="employee" property="name" />
            <br>员工编号:<jsp:getProperty name="employee" property="id" />
        </H2>
    </body>
</html>
```

在浏览器地址栏中输入 http://localhost:8080/JSPTest/EmployeeServlet? name=Tom&id=7,结果如图 11-7 所示。

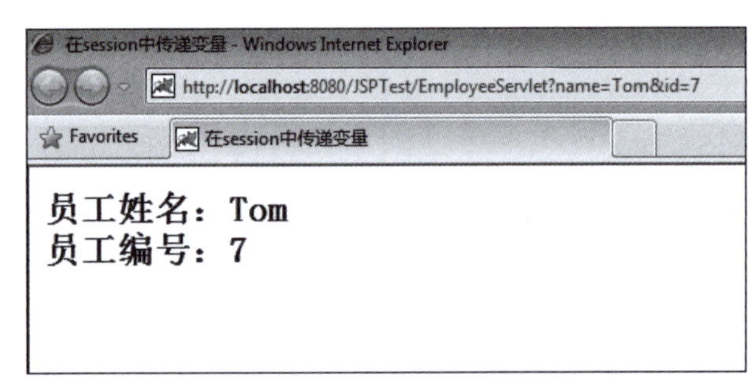

图 11-7 例 11-8 的运行效果

可见，首先将输入参数输入到 Servlet 中，为一个 JavaBean 对象的属性进行赋值，然后将这个 JavaBean 对象放在 session 中，传递给 JSP 页面。这样就实现了 Servlet 和 JSP 的信息共享。

如果将数据存储在 HttpServletRequest 对象中，使用语法如下：

```
SomeClass value=new SomeClass(...);
request.setAttribute("key",value);
```

如果将数据存储在 ServletContext 对象中，使用语法如下：

```
SomeClass value=new SomeClass(...);
getServletContext().setAttribute("key",value);
```

在 JSP 文件中可以通过<jsp: useBean id="key" type="SomeClass" scope="request/application" />就可以引用刚刚存储的对象。

11.4.3 JSP 与 Servlet 间的控制传递

Model2 MVC 通常使用 Servlet 来做流程控制，这是因为检查请求和设置 bean 需要进行大量的编程，而与 JSP 相比，Servlet 中更适合进行大量的编程。Servlet API 中有一个 RequestDispatcher 接口，允许将请求转交给另一个 JSP 网页、Servlet 或者将其他的数据输出加入到原来的输出流中。有两种方式可获得 RequestDispatcher 对象：

```
RequestDispatcher rd=request.getRequestDispatcher(URL);
```

或

```
RequestDispatcher rd=getServletContext().getRequestDispatcher(URL);
```

其中参数 URL 是相对于服务器根目录的路径，可以是 JSP、Servlet、HTML 的地址。如为了获得 http://WebRoot/jsps/A.jsp 的 RequestDispatcher，它的 URL 应该写为"/jsps/A.jsp"。有了 RequestDispatcher 后，可以使用 forward 方法将控制权完全传递给相关的 URL，或者使用 include 方法包含相关 URL 中输出的内容。两个方法都要接收 HttpServletRequest 和 HttpServletResponse 这两个参数，并都有可能抛出 ServletException 和 IOException 异常。

调用 HttpServletResponse 对象的 sendRedirect 方法也能够重定向页面，但是它不能够自动保留所有请求的数据，而且最终它将产生一个不同的 URL，但如果使用 RequestDispatcher 的 forward 方法，则可以保留请求的数据，且保留 Servlet 的请求 URL。

在大多数情况下，从 Servlet 传递请求给一个 JSP 网页或另一个 Servlet，但是在某些情况中，可能传递请求给一个静态的 HTML 网页。这时，需要注意的是该 HTML 网页只能使用 get 请求，而不能使用 post 请求。

除了通常的先将请求发给 Servlet，经过处理后再到达别处的做法之外，还可以先到达 JSP，再从 JSP 传递请求到别处。在 JSP 中，使用动作标签<jsp: forward page="URL" />配合<jsp: param name="someName" value="someValue" /> 可将控制权转交给别处,并提供额外的参数。其中 page 属性可以包含 JSP 表达式,使得目的地可以在请求时被计算出来。

11.4.4 Web 应用程序举例

下面使用 Model2 MVC 架构创建一个网上书店。这个应用示例包括两个 JSP 页面: Shopping. jsp 和 Checkout. jsp, 一个 JavaBean: BookBean. java, 一个 Servlet: ShoppingServlet.java。其中,Shopping.jsp 显示网上书店所提供的书籍目录;Checkout.jsp 显示用户购买的商品清单和价格;BookBean.java 是一个 JavaBean,包括书名、出版社、作者、价格、购买数量;ShoppingServlet.java 扮演流程控制的角色,具有增加购物车内容和结账功能。

例 11-9 使用 Model2 MVC 架构建立一个网上书店。

(1) 在项目 JSPTest 的 myBeans 包下建立一个 JavaBean 文件: BookBean.java,代表书籍的相关信息。

```
package myBeans;

public class BookBean {

    private String name;
    private String author;
    private String publisher;
    private float price;
    private int quantity;

    public String getName() {
        return name;
    }

    public String getAuthor() {
        return author;
    }

    public String getPublisher() {
        return publisher;
    }

    public float getPrice() {
        return price;
    }

    public int getQuantity() {
        return quantity;
```

```
    }

    public void setName(String name) {
        try {
            byte b[] = name.getBytes("ISO-8859-1");
            this.name = new String(b);
        } catch (Exception e) {
        }
    }

    public void setAuthor(String author) {
        try {
            byte b[] = author.getBytes("ISO-8859-1");
            this.author = new String(b);
        } catch (Exception e) {
        }
    }

    public void setPublisher(String publisher) {
        try {
            byte b[] = publisher.getBytes("ISO-8859-1");
            this.publisher = new String(b);
        } catch (Exception e) {
        }
    }

    public void setPrice(float price) {
        this.price = price;
    }

    public void setQuantity(int quantity) {
        this.quantity = quantity;
    }
}
```

(2) 在项目 JSPTest 中建立一个 JSP 文件 Shopping.jsp 作为初始输入界面,显示商店所提供的书籍目录。

```
<%@page contentType="text/html; charset=gb2312" %>
<html>
    <head>
        <title>欢迎光临网络书店</title>
    </head>
    <body>
```

```
        <h1>网络书店
        </h1>
        <table width="706" border="1">
            <tr align="center" valign="middle" bgcolor="#CCCCCC">
                <th width="180" scope="col">书名</th>
                <th width="131" scope="col">作者</th>
                <th width="122" scope="col">出版社</th>
                <th width="85" scope="col">价格</th>
                <th width="65" scope="col">数量</th>
                <th width="83" scope="col"> </th>
            </tr>
            <form name="shoppingForm" method="post" action="ShoppingServlet">
                <tr align="center" valign="middle">
                    <td>Java 编程思想</td>
                    <td> 侯捷</td>
                    <td>机械工业出版社</td>
                    <td>99</td>
                    <td><input type="textfield" name="quantity" value="1" size
="3"> </td>
                    <td><input type="submit" name="Submit" value="放入购物车">
</td>
                </tr>
                <input type="hidden" name="name" value="Java 编程思想">
                <input type="hidden" name="author" value="侯捷">
                <input type="hidden" name="publisher" value="机械工业出版社">
                <input type="hidden" name="price" value="99">
                <input type="hidden" name="action" value="ADD">
            </form>
            <form name="shoppingForm" method="post" action="ShoppingServlet">
                <tr align="center" valign="middle">
                    <td>Java Applet 编程实例</td>
                    <td>何梅</td>
                    <td>清华大学出版社</td>
                    <td>36</td>
                    <td><input type="textfield" name="quantity" value="1" size
="3"> </td>
                    <td><input type="submit" name="Submit" value="放入购物车">
</td>
                </tr>
                <input type="hidden" name="name" value="Java Applet 编程实例">
                <input type="hidden" name="author" value="何梅">
                <input type="hidden" name="publisher" value="清华大学出版社">
                <input type="hidden" name="price" value="36">
                <input type="hidden" name="action" value="ADD">
```

```
            </form>
            <form name="shoppingForm" method="post" action="ShoppingServlet">
                <tr align="center" valign="middle">
                    <td>JSP 基础教程</td>
                    <td>耿祥义</td>
                    <td>清华大学出版社</td>
                    <td>22</td>
                    <td><input type="textfield" name="quantity" value="1" size
="3"> </td>
                    <td><input type="submit" name="Submit" value="放入购物车">
</td>
                </tr>
                <input type="hidden" name="name" value="JSP 基础教程">
                <input type="hidden" name="author" value="耿祥义">
                <input type="hidden" name="publisher" value="清华大学出版社">
                <input type="hidden" name="price" value="22">
                <input type="hidden" name="action" value="ADD">
            </form>
            <form name="shoppingForm" method="post" action="ShoppingServlet">
                <tr align="center" valign="middle">
                    <td>JSP 高级开发与应用</td>
                    <td>David</td>
                    <td>科学出版社</td>
                    <td>42</td>
                    <td><input type="textfield" name="quantity" value="1" size
="3"> </td>
                    <td><input type="submit" name="Submit" value="放入购物车">
</td>
                </tr>
                <input type="hidden" name="name" value="JSP 高级开发与应用">
                <input type="hidden" name="author" value="David">
                <input type="hidden" name="publisher" value="科学出版社">
                <input type="hidden" name="price" value="42">
                <input type="hidden" name="action" value="ADD">
            </form>

        </table>
            < form name =" checkoutForm " method =" post " action ="/JSPTest /
ShoppingServlet">
            <input type="submit" name="submit" value="结账">
            <input type="hidden" name="action" value="CHECKOUT">
        </form>
    </body>
</html>
```

(3) 在项目 JSPTest 的默认包下建立一个 Servlet 文件：ShoppingServlet.java，用来控制流程。

```
import java.io.*;
import java.util.*;
import javax.servlet.*;
import javax.servlet.http.*;

public class ShoppingServlet extends HttpServlet {

    @Override
    public void doPost(HttpServletRequest req, HttpServletResponse res) throws
ServletException, IOException {
        HttpSession session = req.getSession();
        Vector buyList = (Vector) session.getAttribute("shoppingcart");
        String action = req.getParameter("action");
        if (action.equals("ADD")) {
            boolean match = false;
            String name = req.getParameter("name");
            String quantity = req.getParameter("quantity");
            String author = req.getParameter("author");
            String publisher = req.getParameter("publisher");
            String price = req.getParameter("price");
            myBeans.BookBean bk = new myBeans.BookBean();
            bk.setName(name);
            bk.setAuthor(author);
            bk.setPublisher(publisher);
            bk.setPrice(Float.parseFloat(price));
            bk.setQuantity(Integer.parseInt(quantity));
            if (buyList == null) {
                buyList = new Vector();
                buyList.addElement(bk);
            } else {
                for (int i = 0; i < buyList.size(); i++) {
                    myBeans.BookBean book = (myBeans.BookBean) buyList.elementAt(i);
                    if (book.getName().equals(bk.getName())) {
                        book.setQuantity(book.getQuantity() + bk.getQuantity());
                        buyList.setElementAt(book, i);
                        match = true;
                    }
                }
                if (!match) {
                    buyList.addElement(bk);
                }
```

```
            }
            session.setAttribute("shoppingcart", buyList);
            String url = "/Shopping.jsp";
            RequestDispatcher rd = req.getRequestDispatcher(url);
            rd.forward(req, res);
        } else if (action.equals("CHECKOUT")) {
            float total = 0;
            for (int i = 0; i < buyList.size(); i++) {
                myBeans.BookBean order = (myBeans.BookBean) buyList.elementAt(i);
                float price = order.getPrice();
                int quantity = order.getQuantity();
                total += (price * quantity);
            }
            session.setAttribute("amount", "" + total);
            String url = "/Checkout.jsp";
            RequestDispatcher rd = req.getRequestDispatcher(url);
            rd.forward(req, res);
        }
    }
}
```

(4) 在项目 JSPTest 中建立一个 JSP 文件：Checkout.jsp，显示结账信息。

```
<%@page contentType="text/html; charset=gb2312" %>
<%@page import="java.util.Vector" %>
<%@page import="myBeans.BookBean" %>

<html>
<head>
<title>结账信息</title>
</head>
<body>
<h1>结账信息</h1>
<table>
<tr align="center" valign="middle" bgcolor="#CCCCCC">
    <th width="180" scope="col">书名</th>
    <th width="131" scope="col">作者</th>
    <th width="122" scope="col">出版社</th>
    <th width="85" scope="col">价格</th>
    <th width="65" scope="col">数量</th>
</tr>
<%
  Vector buyList=(Vector)session.getAttribute("shoppingcart");
  for(int i=0;i<buyList.size();i++)
```

```
    {
      BookBean aBook=(BookBean)buyList.elementAt(i);
%>
  <tr>
    <th width="180" scope="col"><%=aBook.getName() %></th>
    <th width="131" scope="col"><%=aBook.getAuthor() %></th>
    <th width="132" scope="col"><%=aBook.getPublisher() %></th>
    <th width="85" scope="col"><%=aBook.getPrice() %></th>
    <th width="65" scope="col"><%=aBook.getQuantity() %></th>
  </tr>
<%
    }
%>
</table>
<h2>总金额为:<%=session.getAttribute("amount") %>
</h2>

<form name="form1" method="post" action="/ JSPTest /Shopping.jsp">
  <input type="submit" name="Submit2" value="继续购物">
</form>
<p> </p>
</body>
</html>
```

在浏览器地址栏中输入 http://localhost: 8080/JSPTest/Shopping.jsp,将显示所有书籍的信息。shopping.jsp 的运行效果如图 11-8 所示。

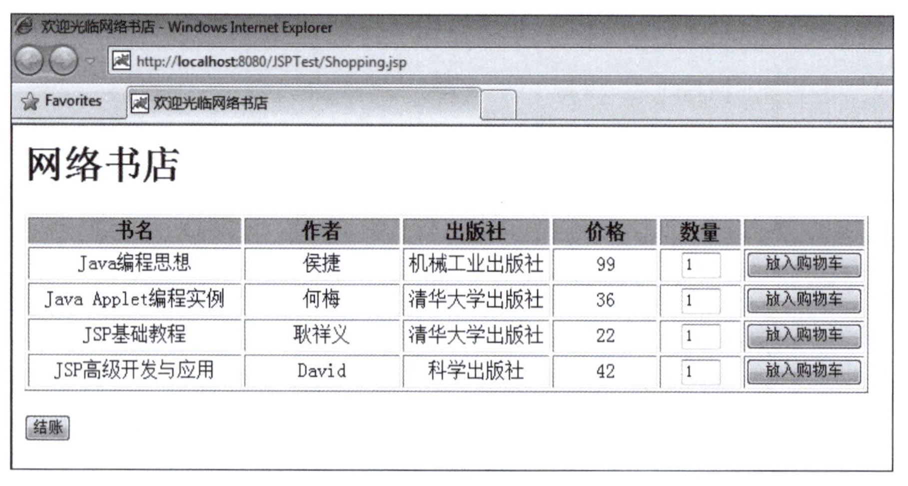

图 11-8　Shopping.jsp 的运行效果

单击"放入购物车"按钮将传递请求到 ShoppingServlet 的 Servlet,将书籍信息加入到 Vector 变量中,并将此变量放在 session 中。单击"结账"按钮也将传递请求到 ShoppingServlet,计算出总价后,再通过 Checkout.jsp 页面显示结果。在 Checkout.jsp 页面中单击“继续购物”按钮，将返回到 Shopping.jsp 页面。

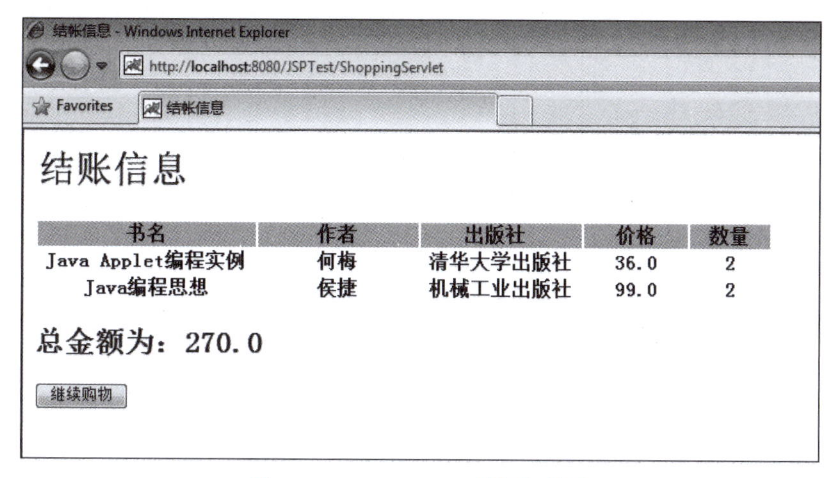

图 11-9　Checkout.jsp 的运行效果

11.5　Web 服务

Web 服务（Web Service）是基于 XML 和 HTTPS 的一种服务，它向外界提供一个能够通过 Web 进行调用的 API。本节将介绍 Web 服务的开发和部署，以及 Java 应用程序、Servlet、JSP 对 Web 服务的调用方法。

Java 5 提供的 Web 服务称为 JAX-RPC，通过远程过程调用（Remote Procedure Call）提供 Web 服务。Java 6 中，Web 服务名称变为 JAX-WS。Java 6 在 Java 5 的基础上，还支持基于 SOAP 消息的 Web 服务。

11.5.1　Web 服务的开发

包 javax.xml.ws 提供了 JAX-WS 的 API。其中，javax.xml.ws.Endpoint 表示 Web 服务端点。端点可以处于已发布状态或者未发布状态。当端点处于未发布状态时，可以使用 publish 方法发布，从而使该端点进入已发布状态，开始接收传入请求。当端点处于已发布状态时，可以使用 stop 方法停止接收传入请求，并取消端点。端点一旦取消，就不能再发布。

例 11-10　Web 服务及其发布。

在项目 JSPTest 的源代码包中建立一个 ws 包，添加两个类：TrigFunc 和 PublishService。

编写 Web 服务类 TrigFunc，用于计算三角函数，如下：

```
package ws;
import javax.jws.WebMethod;
import javax.jws.WebService;
@WebService()
public class TrigFunc {
    @WebMethod()
```

```
    public double sin(double angle) {
        return Math.sin(angle);
    }
}
```

编写发布 TrigFunc 的类 PublishService,调用 Endpoint 的 publish 方法发布 Web 服务 TrigFunc,代码如下:

```
package ws;
import javax.xml.ws.Endpoint;
import javax.jws.WebService;
public class PublishService {
    public static void main(String[] args) {
        Endpoint.publish("http://localhost:8888/TrigFuncService", new TrigFunc());
    }
}
```

运行 PublishService 文件,可以看到程序一直在运行,并没有停止。此时在浏览器中输入 http://localhost:8888/TrigFuncService? wsdl 可以看到如图 11-10 所示的 XML 文件。

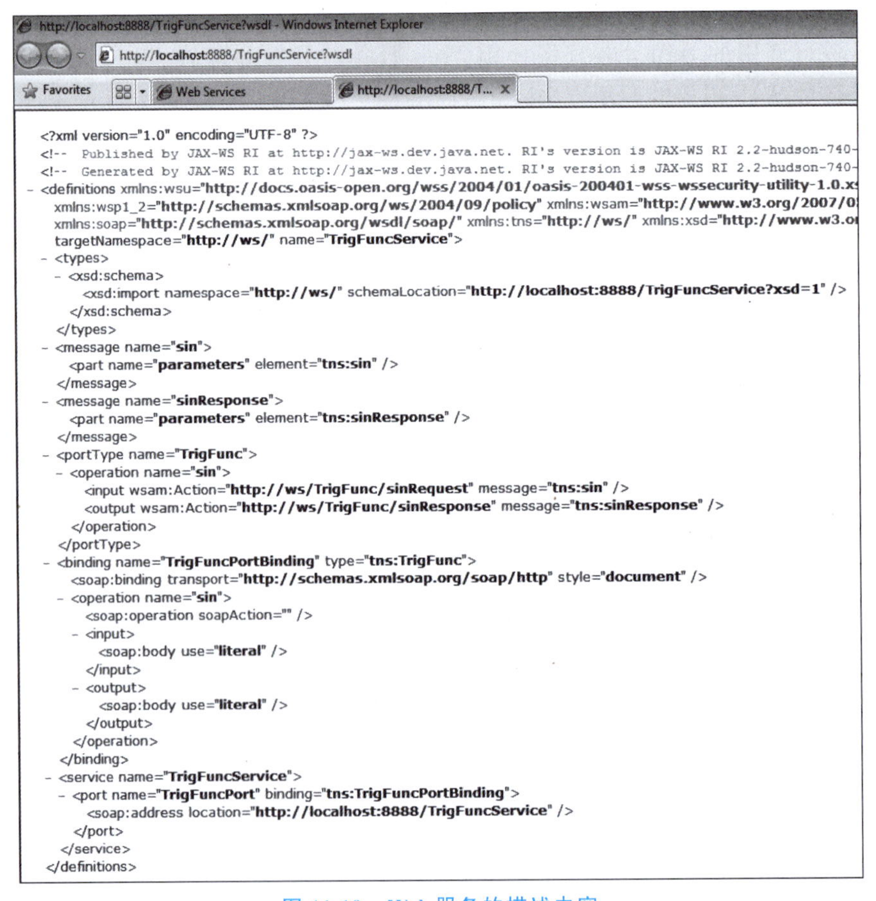

图 11-10　Web 服务的描述内容

只要项目没有停止运行，该 Web 服务就一直处于发布状态，可以供其他应用程序通过网络调用。

11.5.2　Web 服务的使用

Web 服务的使用要通过 wsimport 命令来完成，它可以从 Web 服务器上下载 Web 服务客户端的实现。例如，要下载 11.5.1 节中发布的 Web 服务的客户端实现，可以使用如下命令下载：

```
wsimport -keep http://localhost:8888/TrigFuncService?wsdl
```

可以看到，在当前目录下生成了一个文件夹 ws，其中包含有多个 java 文件和 class 文件，如图 11-11 所示。

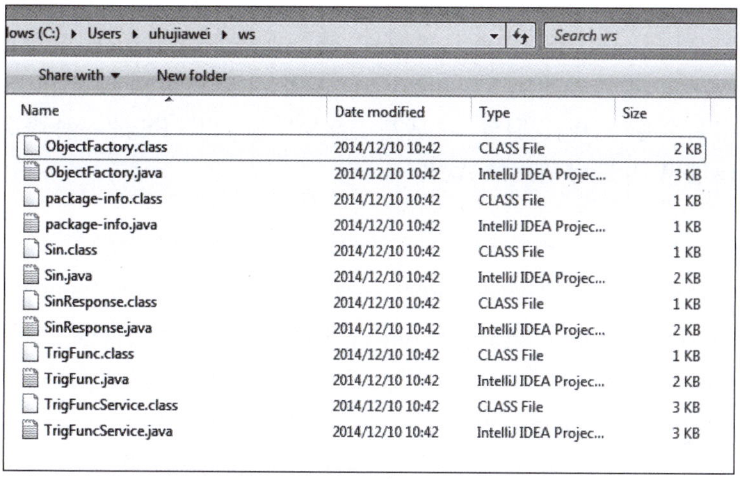

lows (C:) ▸ Users ▸ uhujiawei ▸ ws　Search ws

Share with ▾　New folder

Name	Date modified	Type	Size
ObjectFactory.class	2014/12/10 10:42	CLASS File	2 KB
ObjectFactory.java	2014/12/10 10:42	IntelliJ IDEA Projec...	3 KB
package-info.class	2014/12/10 10:42	CLASS File	1 KB
package-info.java	2014/12/10 10:42	IntelliJ IDEA Projec...	1 KB
Sin.class	2014/12/10 10:42	CLASS File	1 KB
Sin.java	2014/12/10 10:42	IntelliJ IDEA Projec...	2 KB
SinResponse.class	2014/12/10 10:42	CLASS File	1 KB
SinResponse.java	2014/12/10 10:42	IntelliJ IDEA Projec...	2 KB
TrigFunc.class	2014/12/10 10:42	CLASS File	1 KB
TrigFunc.java	2014/12/10 10:42	IntelliJ IDEA Projec...	2 KB
TrigFuncService.class	2014/12/10 10:42	CLASS File	3 KB
TrigFuncService.java	2014/12/10 10:42	IntelliJ IDEA Projec...	3 KB

图 11-11　wsimport 命令下载得到的内容

例 11-11　Web 服务的使用。

为了测试使用 Web 服务，首先新建一个普通的 Java 项目 ServiceClient，然后在 src 目录下执行命令“wsimport -keep http://localhost: 8888/TrigFuncService? wsdl”，可以看到 src 下多了一个 ws 目录，其中有多个 java 文件和 class 文件。接着在源包下创建 ServiceClient.java 文件，其内容如下：

```
import ws.TrigFuncService;
import ws.TrigFunc;
public class ServiceClient {
    public static void main(String args[]) {
        TrigFuncService service = new TrigFuncService();
        TrigFunc trigFuncProxy = service.getTrigFuncPort();
        double a = trigFuncProxy.sin(Math.PI / 2);
        System.out.println("The value of sin(pi/2) is " + a);
    }
}
```

在 ws 目录下,可以看到 TrigFuncService 类中有方法 getTrigFuncPort,返回一个 TrigFunc 对象。而类 TrigFunc 有方法 sin,用于通过网络计算一个 double 型数的正弦值。

运行 ServiceClient.java 文件可以看到如下结果:

```
The value of sin(pi/2) is 1.0
```

11.6 本章小结

Servlet 和 JSP 的应用非常广泛,二者各有所长,往往需要综合应用。虽然 Servlet 功能强大,但并不适合生成大量静态 HTML,JSP 可以将大部分的表示内容从动态内容中分离出来。通过 JSP 表达式、程序片和声明,可以向 JSP 中插入简单的 Java 代码;通过指令标签,可以控制页面的总体布局;对于更复杂的需求,可以将 Java 代码封装在 JavaBean 中,甚至定义自己的 JSP 标签。对于简单的小型系统,可以直接使用 Model1 的设计模式,但是如果要实现复杂的功能,则需要使用 Model2 MVC 架构,充分利用 Servlet 和 JSP 各自的长处来解决问题。最后介绍了 Web 服务,它是基于 XML 和 HTTPS 的一种服务,它向外界提供了一个能够通过 Web 进行调用的 API。

习题

1. 简述 JSP 的运行机制,以及其在 Tomcat 中的部署,并与 Servlet 的运行机制及部署进行对比。
2. 编写一个 JSP 文件,使每次刷新后都可以显示访问次数。
3. 修改习题 2 的程序,使访问次数存在硬盘的文件中,以便服务器重启后可以在已有的访问次数基础上继续增加。
4. 修改 EmployeeBean,使例 11-4 输入中文也能正常显示。
5. 建立一个计算圆面积和周长的 JavaBean,在 JSP 文件中使用这个 JavaBean 来计算给定半径的圆周长和面积。
6. 建立一个留言信息的 JavaBean,包括留言作者、标题、内容,在 JSP 文件中令该 JavaBean 的应用范围是 application,以便实现多客户多条留言信息的总体显示。
7. 通过在 JSP 程序中使用标签,实现显示某个自然数范围内所有质数的功能。
8. 增加例 11-9 的功能,使其还可以从购物车中删除某本书。
9. 使用 Model2 MVC 架构创建一个旅游预订,实现订票、订旅馆、创建用户功能。初始是一个 JSP,用户提交姓名和密码,有三个选项分别是订票、订旅馆、创建用户。这个 JSP 页面将请求送给一个 Servlet,由 Servlet 控制具体转向哪个 JSP 页面显示结果。此外,用户信息要保存在一个 JavaBean 中。

第 12 章

Java 工程化开发概述

面向对象的编程语言能够对现实世界的物体与行为进行抽象化描述，而 Java 作为一门简单、高效、成熟的面向对象语言，特别适合用来编写反映现实世界各种客观情况的复杂业务系统。

本章将通过一个实际案例，对前面章节中学习到的 Java 知识和特性进行应用实践，学习如何运用理论知识解决实际问题，并在这个过程中体会工程实践的要领。首先，对案例的需求进行概括性介绍，把大家带入到真实的业务场景中；然后介绍项目开发工作必备的环境与工具；接下来搭建项目的开发框架，完成一个核心模块的实际开发；最后，对模块进行单元测试与集成测试。

通过本章的学习，读者能够了解 Java 软件项目的整个开发过程，动手搭建自己的开发环境；学习如何通过开发框架大幅提高开发效率；学习如何合理地设计并实现业务模块，并且在整个过程中体会到软件工程的实践思想与实践理念。

12.1 项目需求

学校计算机系即将组织一年一度的系级足球联赛，这是计算机系的传统活动，同学们都跃跃欲试，对比赛充满期待。为了提高赛事组织效率，实时发布比赛信息，学生工作组的老师安排系学生会的同学们开发一个“院系足球比赛管理系统”，对此次赛事进行信息化的管理。学生会体育部的同学可以利用系统在赛前录入参赛队伍、分组抽签和赛程安排信息，同学和老师们可以进行查询；在每场比赛结束并记录比分后，积分榜会实时更新，直到全部比赛结束，积分榜前三名即为赛事的冠、亚、季军。

在拿到项目需求后，将对软件进行分析、设计与实现。无论是采用传统的瀑布式开发，还是当前被广泛采纳的敏捷开发，都会覆盖到以下几个核心的软件开发流程：需求分析、系统设计、编程实现、测试、试运行、正式运行、系统升级维护、用户服务。在本章接下来的学习过程中，将带读者真正体会如何通过 Java 来完成这个流程中的主要工作。

需要读者特别注意的是，从用户那里得来的需求，一般都是模糊的、不完整的，甚至可能由于用户与开发人员在专业领域和知识背景方面的差异，造成双方对需求的认识发生巨大的偏差，从而使后续开发工作变得困难。作为开发人员面对这样的情况，一方面要站在用户的角度深入思考，真正理解软件项目背后的业务痛点到底是什么，明白用户想解决的核心问题是什么，就自然能够找对需求的方向。另一方面，程序开发人员要利用专业知识与工程经验，积极与用户沟通，发现用户需求中可以改进的地方，和用户一起完善需求。由业务人员和技术人员充分沟通并达成共识之后形成的需求，是一个软件项目成功的必要前提。

12.2 开发环境

“工欲善其事,必先利其器”。选择合适的开发工具,建立一套稳定、高效的开发环境,对软件项目顺利地进行起着至关重要的作用。下面介绍三个 Java 开发环境必备的工具:版本控制工具 Git、项目构建工具 Maven 和集成开发环境 IntelliJ IDEA。由于 Java 语言天生的跨平台属性,Java 生态系统中的大多数开发工具、开发软件也都是跨平台的,支持 Windows、macOS、Linux 等主流操作系统,本章介绍的工具也不例外,均能够支持这些主流的操作系统。

12.2.1 使用 Git 进行版本控制

在软件项目研发过程中,版本控制系统是不可或缺的一部分。版本控制的主要功能是追踪文件的变更,无论是程序源代码、配置文件,还是图片、视频,或是项目文档,都可以通过版本控制系统管理起来,以方便在项目各个阶段追踪、查看到软件系统的变更和演进。同时,版本控制系统还能够支持开发者进行协同开发,使项目中各开发者能够在本地完成开发并最终通过版本控制系统将各自的工作合并在一起。

Git 是目前世界上应用非常广泛的分布式版本控制系统,它是 Linux 操作系统之父 Linus Torvalds 继 Linux 之后贡献的又一个杰出作品。在使用 Git 时,开发者本地所复制的不仅仅是当前最新版本的文件,而是包含全部历史信息的完整代码仓库。开发者本地拥有代码仓库所有的文件、文件历史以及文件变更信息。这样,即使服务器数据损坏,或者某个开发者本地的文件丢失,也不影响其他开发者的工作以及整个项目的进度。服务器出现故障导致数据丢失或开发人员由于疏忽提交了错误的文件时,项目组很容易根据代码仓库的历史变更信息将相关的文件恢复为所需的历史状态。

Git 的安装与使用很简单,主流操作系统都有各自的 Git 发行版供下载,比如 Windows 版本的 Git 安装包可以在官网地址下载:https://git-scm.com/download/win。使用 macOS 和 Linux 的读者可以自行搜索相应的发行版,或者使用操作系统的包管理器进行安装(如 macOS 系统的 Homebrew、Ubuntu 系统的 apt 和 CentOS 系统的 dnf 等)。

完成安装后,打开命令行工具,输入“git--version”命令,如果能够显示 Git 的版本信息,则说明 Git 已经在正常工作了。

```
→ ~ > git --version
git version 2.27.0
→ ~
```

注意,本章使用符号“→”表示命令行窗口中等待用户输入的部分,符号“→”与尖括号“>”之间的内容代表当前所在的目录,尖括号右边的内容是用户输入的命令。使用符号“~”表示用户个人文件夹根目录,在不同操作系统中这个目录的路径不同。例如,对于用户 zhangsan,在 Windows 上文件夹的路径一般为 C:\Users\zhangsan,在 macOS 上为/Users/zhangsan,而在 Linux 上则为/home/zhangsan。

接下来,使用 git init 命令为项目新建一个 Git 仓库。

```
→ ~ > cd ~/Documents/dev/projects
→ projects > git init ./tournament
Initialized empty Git repository in /Users/yu/Documents/dev/projects/
tournament/.git/
→ projects > cd tournament
→ tournament > git status
On branch master

No commits yet

nothing to commit (create/copy files and use "git add" to track)
→ tournament >
```

通过以上内容看到，首先进入目录“～/Documents/dev/projects”，以此目录作为本项目的父级目录。然后，通过“git init ./tournament”命令在当前目录新建 tournament 文件夹并将其初始化为一个空的 Git 仓库。接下来，进入新建的目录，通过“git status”命令查看仓库的状态。由于是全新的仓库，所以 status 命令显示当前仓库中还没有任何提交记录。

下面，新建一个项目文件 README.md，并提交到 Git 仓库中。在 tournament 文件夹下创建文件 README.md，使用文本编辑器打开文件，输入一些文字内容，并保存。这时再次执行“git status”命令，它会告诉我们，刚刚创建的 README.md 文件尚未加入到仓库中。使用“git add”命令将其添加进去。

```
→ tournament > git status
On branch master

No commits yet

Untracked files:
  (use "git add <file>..." to include in what will be committed)
    README.md

nothing added to commit but untracked files present (use "git add" to track)
→ tournament > git add README.md
→ tournament  > git status
On branch master

No commits yet

Changes to be committed:
  (use "git rm --cached <file>..." to unstage)
    new file:   README.md

→ tournament  >
```

此时,README.md 文件进入了 Git 的暂存区(Staging area),但尚未真正进入 Git 的版本管理。需要通过"git commit"命令将其提交至仓库区(Repository)。

```
→ tournament  > git commit README.md -m 'add README file'
[master (root-commit) 6ed9d68] add README file
 1 file changed, 1 insertion(+)
 create mode 100644 README.md
→ tournament  > git status
On branch master
nothing to commit, working tree clean
→ tournament  >
```

通过上面的执行情况可以看到,在完成提交之后,"git status"命令显示已经没有其他需要提交的文件了,这代表现阶段的工作已经与 Git 仓库实现同步了。注意,在执行"git commit"命令时,除了指定要提交的文件之外,还使用了"-m"参数指定了提交信息,对本次提交的主要内容进行说明。Git 默认要求提交时必须指定提交信息,我们也建议开发者在进行 Git 提交时输入清晰、易懂的提交信息,这对提高项目的长期可维护性有很大帮助。

表 12-1 列出了一些常用的 Git 命令,读者可以在刚刚建立的 tournament 代码仓库中尝试使用一下。每个命令的详细使用方法可以通过在命令后加入"--help"参数来获取,例如,要了解"git commit"命令的详细用法,可以在命令行工具中输入"git commit --help",界面将显示 Git 帮助文档中关于 commit 命令的部分。

表 12-1　一些常用的 Git 命令

命　令	说　明
git init	初始化 Git 仓库
git status	显示有变更的文件
git log	显示当前分支的版本历史
git add	添加文件到暂存区
git rm	删除工作区文件,并将删除操作放入暂存区
git mv	重命名工作区文件,并将重命名操作放入暂存区
git diff	差异比较
git commit	提交暂存区的内容到仓库区
git branch	操作分支
git checkout	新建分支、切换分支或恢复文件
git merge	合并分支
git tag	操作标签
git clone	克隆 Git 仓库
git remote	操作远程仓库

续表

命　　令	说　　明
git fetch	从远程仓库获取变动
git pull	从远程仓库获取变化,并与本地分支合并
git push	向远程仓库推送本地变化
git reset	重置之前完成的操作
git revert	以新提交的方式抵消之前完成的操作

12.2.2 使用 Maven 进行项目构建

Maven(全称 Apache Maven)是由 Apache 软件基金会开发的对 Java 软件进行项目管理和自动化构建的工具。Maven 提供了一套通用的 Java 项目组织结构,定义了一套标准化的构建流程,并实现了一套依赖管理机制。在 Java 项目中使用 Maven,可以让项目的目录结构一目了然、清晰易读,能够实现 jar 包的自动化管理,并能够将项目通过编译、测试、打包、发布等一系列标准化的环节高效地管理起来。自 2004 年首个版本发布以来,Maven 已经在全世界范围得到非常广泛的应用,已经成为 Java 工程化开发的实质标准(de facto standard)。

一个典型 Maven 工程的文件目录结构如表 12-2 所示。Maven 工程的基础描述文件是 pom.xml,它位于项目的根目录下,对项目的名称、分组、版本、项目依赖、项目构建等各方面信息进行配置;源代码存放于 src 目录下,分为程序源代码 main 和测试源代码 test 两个子目录;项目输出内容会写入单独的 target 目录下,这个目录的内容可以根据需要进行清除,且一般不提交到 Git 仓库。

表 12-2 Maven 目录结构

内　　容	类型	说　　明
pom.xml	文件	对项目基本信息和配置信息进行定义的 XML 文件
src	目录	源代码目录
src/main/java	目录	Java 程序源代码目录
src/main/resources	目录	配置文件与资源文件目录
src/main/webapp	目录	Web 程序源代码目录
src/test/java	目录	测试用 Java 程序源代码目录
src/test/resources	目录	测试用配置文件与资源文件目录
target	目录	项目输出目录,存放编译后的 class 文件、打包后的成果物等,一般不提交版本控制

接下来,在自己的开发环境中安装 Maven。由于 Maven 是使用 Java 语言开发的,所以 Maven 的发布包是跨平台的,读者可以到官网进行下载并手动安装:https://maven.apache.org/download.cgi。使用 macOS 和 Linux 的读者还可以通过操作系统的包管理器

进行安装。使用包管理器安装后，一般 Maven 的可执行程序会被自动添加到系统的环境变量中，可以直接使用 Maven。如果使用手动方式安装，则还需要将 Maven 的 bin 目录添加到系统的环境变量中。

安装并配置完成后，在命令行工具中运行“mvn --version”，如果出现类似以下的界面能够显示出 Maven 版本、主目录、Java 版本以及操作系统相关信息等，则说明 Maven 已经在正常工作了。

```
→ tournament   > mvn --version
Apache Maven 3.6.3 (cecedd343002696d0abb50b32b541b8a6ba2883f)
Maven home: /usr/local/Cellar/maven/3.6.3_1/libexec
Java version: 13.0.2, vendor: N/A, runtime:
  /usr/local/Cellar/openjdk/13.0.2+8_2/libexec/openjdk.jdk/Contents/Home
Default locale: en_CN, platform encoding: UTF-8
OS name: "mac os x", version: "10.15.5", arch: "x86_64", family: "mac"
→ tournament   >
```

接下来，在 tournament 文件夹根目录下创建 pom.xml 文件以及表 12-2 中列出的 src 目录及其子目录。其中，target 目录会在执行编译等命令时由 Maven 自动创建，因此无需手动创建。

“院系足球比赛管理系统”的 pom.xml 描述文件内容如下。文件包含以下几个主要部分：

- 头信息：Maven 对 pom.xml 文件规定的通用头部信息，包括 xml 版本、命名空间等。
- 项目基本信息：Maven 版本号、分组 Id、产出物 Id、版本号。
- 配置属性：以变量形式对一些信息进行配置，以方便维护。此处我们配置了一个属性，用于指定 Maven 编译插件所对应的 Java 版本。
- 项目依赖：定义项目编译、运行、测试等环节使用的依赖。Maven 会自动下载这些依赖的定义文件、jar 包、文档，并在编译和运行时将他们放入 Java 的 classpath。
- 构建信息：对项目构建过程及其插件进行定义。

```
<?xml version="1.0" encoding="UTF-8"?>
<project xmlns="http://maven.apache.org/POM/4.0.0"
    xmlns:xsi="http://www.w3.org/2001/XMLSchema-instance"
    xsi:schemaLocation="http://maven.apache.org/POM/4.0.0 http://maven.
apache.org/xsd/maven-4.0.0.xsd">
  <modelVersion>4.0.0</modelVersion>
  <groupId>com.octopusthu.javabook3e</groupId>
  <artifactId>tournament</artifactId>
  <version>1.0.0-SNAPSHOT</version>

  <properties>
    <maven.compiler.release>13</maven.compiler.release>
  </properties>
```

```
<dependencies>

  <!-- must-have dependencies -->
  <dependency>
    <groupId>org.projectlombok</groupId>
    <artifactId>lombok</artifactId>
    <scope>provided</scope>
  </dependency>

  <!-- dev tools -->
  <dependency>
    <groupId>org.springframework.boot</groupId>
    <artifactId>spring-boot-configuration-processor</artifactId>
    <optional>true</optional>
  </dependency>
  <dependency>
    <groupId>org.springframework.boot</groupId>
    <artifactId>spring-boot-devtools</artifactId>
    <optional>true</optional>
  </dependency>

  </dependencies>

  <build>
    <plugins>
      <plugin>
        <groupId>org.apache.maven.plugins</groupId>
        <artifactId>maven-compiler-plugin</artifactId>
        <version>3.8.1</version>
        <configuration>
          <release>13</release>
        </configuration>
      </plugin>
    </plugins>
  </build>
</project>
```

接下来,尝试使用 Maven 进行一次编译操作。首先,创建一个简单的 Hello Java 文件。

```
public class HelloJava {
    public static void main(String[] args) {
        System.out.println("Hello Java!");
    }
}
```

然后，在 tournament 根目录下运行"mvn compile"命令。此时，Maven 将在当前运行目录下寻找 pom.xml 文件，并根据文件内容下载依赖，进行编译。运行输入如下：

```
→ tournament > mvn compile
[INFO] Scanning for projects...
[INFO]
[INFO] -------------<com.octopusthu.javabook3e:tournament >------------
[INFO] Building tournament 1.0.0-SNAPSHOT
[INFO] -------------------------[ jar ]--------------------------
[INFO]
[INFO] --- maven-resources-plugin:2.6:resources (default-resources) @
tournament ---
[INFO] Copying 0 resource
[INFO]
[INFO] --- maven-compiler-plugin:3.8.1:compile (default-compile) @tournament
---
[INFO] Changes detected - recompiling the module!
[INFO] Compiling 1 source file to ~/Documents/dev/projects/tournament/
target/classes
[INFO] ------------------------------------------------------------
[INFO] BUILD SUCCESS
[INFO] ------------------------------------------------------------
[INFO] Total time:  1.448 s
[INFO] Finished at: 1900-01-01T16:21:46+08:00
[INFO] ------------------------------------------------------------
→ tournament >
```

成功编译之后，在 target/classes 目录对应的包路径下，可以找到编译后的 HelloJava.class 文件。

如果读者是初次使用 Maven，在运行刚刚的编译命令时，会发现 Maven 需要到远程仓库中下载编译所需的 jar 包文件、插件文件等。由于 Maven 的主服务器在国外，在中国使用可能会遇到速度比较慢的情况，尤其是下载大量 jar 包会比较耗时。这时，可以通过更改配置来使用阿里提供的 Maven 镜像，加快下载速度。在用户主目录的.m2 文件夹中找到 Maven 的用户配置文件 settings.xml，加入如下内容。修改后，再执行 Maven 命令时，Maven 将到镜像站下载相应的文件，项目的构建效率得以提升。

```
<settings xmlns="http://maven.apache.org/SETTINGS/1.0.0"
  xmlns:xsi=http://www.w3.org/2001/XMLSchema-instance
  xsi:schemaLocation="http://maven.apache.org/SETTINGS/1.0.0
                      https://maven.apache.org/xsd/settings-1.0.0.xsd">
  <mirrors>
    <mirror>
      <id>aliyun</id>
      <name>aliyun maven central mirror</name>
```

```
      <url>http://maven.aliyun.com/nexus/content/groups/public/</url>
      <mirrorOf>central</mirrorOf>
    </mirror>
  </mirrors>
</setting>
```

12.2.3　使用 IntelliJ IDEA 进行 Java 开发

集成开发环境(Integrated Development Environment,IDE)为开发者提供了比一般开发环境更为方便的交互式开发环境。集成开发环境一般包括代码编辑器、编译器、调试器和图形用户界面等工具,集成了代码编写功能、分析功能、编译功能、调试功能等一体化的开发软件服务套件。所有具备这一特性的软件或者软件套(组)都可以叫集成开发环境,如微软的 Visual Studio 系列,Borland 的 C++ Builder、Apache 的 NetBeans 等。该程序可以独立运行,也可以和其他程序并用。集成开发环境多被用于开发企业级应用软件、Web 信息系统、移动应用程序等。由于这些系统一般都非常庞大且复杂,因此使用集成开发环境几乎成为了必选项,越是复杂的系统,使用集成开发环境带来的效率提升越显著。

作为一门特别适合开发企业级应用软件的编程语言,Java 语言生态中的集成开发环境产品十分众多,从早期的 Borland JBuilder,到之后的 Eclipse、Apache NetBeans,以及现今最流行的 IntelliJ IDEA,乃至微软在 2015 年推出并大力发展的 Visual Studio Code,都是非常优秀的 Java 集成开发环境产品。本书使用 IntelliJ IDEA 作为默认的集成开发环境。对开发集成环境熟悉的读者,也可以自由选择自己喜爱的其他产品。

IntelliJ IDEA 是由 JetBrains 软件公司开发的一款 Java 集成开发环境,提供 Apache 2.0 开放式授权的社区版本以及专有软件的商业版本。IntelliJ IDEA 在代码辅助、代码提示、代码重构、Jakarta EE 支持、版本管理集成、单元测试集成、代码分析等方面均提供非常优秀且智能化的功能。IntelliJ IDEA 的首个版于 2001 年 1 月推出,一直发展至今,当前采用的发布周期是每年发布 3 个大版本以及数个补丁版本。2014 年 12 月,Google 宣布基于 IntelliJ IDEA 开发其 Android Studio 集成开发环境,取代原来采用的 Eclipse。

IntelliJ IDEA 的下载与安装过程和一般应用程序相同,读者选取与自己操作系统兼容的版本下载并安装即可。安装之后,首次启动 IntelliJ IDEA,需要新建一个项目(Project)。然后,就可以开始使用集成开发环境进行 Java 开发了。

我们把前文中包含 HelloJava 类的 Maven 工程导入到 IntelliJ IDEA 中。选择“File”→“New”→“Module from Existing Sources...”,然后在弹出的对话框中选择已经编辑好的 pom.xml 文件,如图 12-1 所示。

IntelliJ IDEA 将解析 pom.xml 文件的内容,自动读取 tournament 文件夹下现有的源代码,并在当前的 Project 下建立一个名为“tournament”的模块(module),如图 12-2 所示。

同时,由于 IntelliJ IDEA 深度集成了 Maven,它还会将 Maven 工程自动纳入集成开发环境的 Maven 管理机制中。如果打开“Maven”选项卡,将可以看到刚刚加入的 tournament

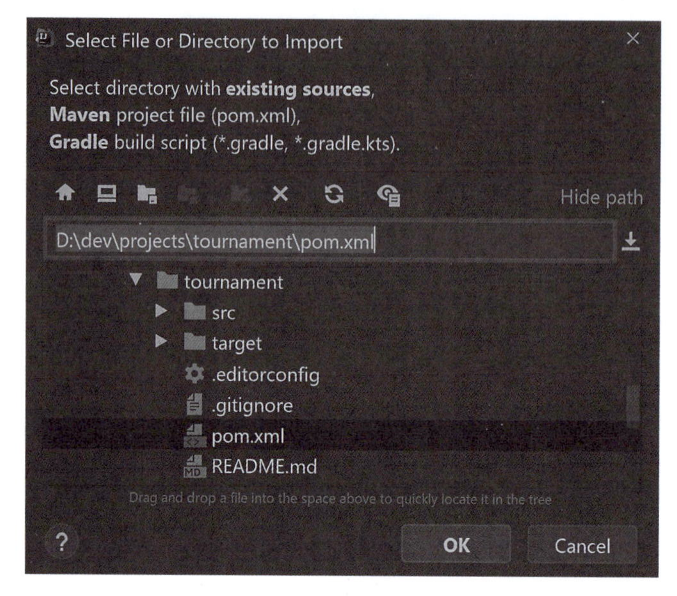

图 12-1　将 Maven 工程导入 IntelliJ IDEA

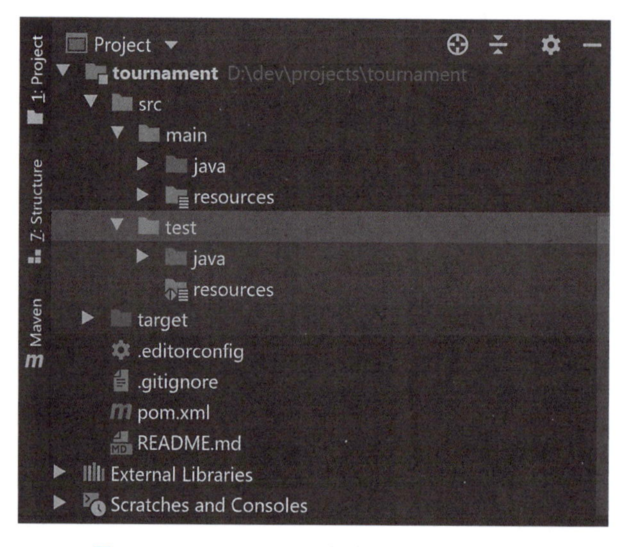

图 12-2　IntelliJ IDEA 中的 tournament 项目

模块，并且能够查看此模块对应的 Maven 生命周期(Lifecycle)、插件(Plugins)、依赖(Dependencies)，如图 12-3 所示。

双击 Lifecycle 中的 compile，将触发 Maven 项目的 compile 生命周期，其运行效果与我们在前文执行 mvn compile 命令时的运行效果相同。

在本章后续的内容中，还将使用 IntelliJ IDEA 搭建 Spring Boot 开发框架，进行核心模块代码的开发，编写并在集成开发环境中执行测试用例，读者将能够更深入地体会到使用集成开发环境对项目开发效率带来的提升。

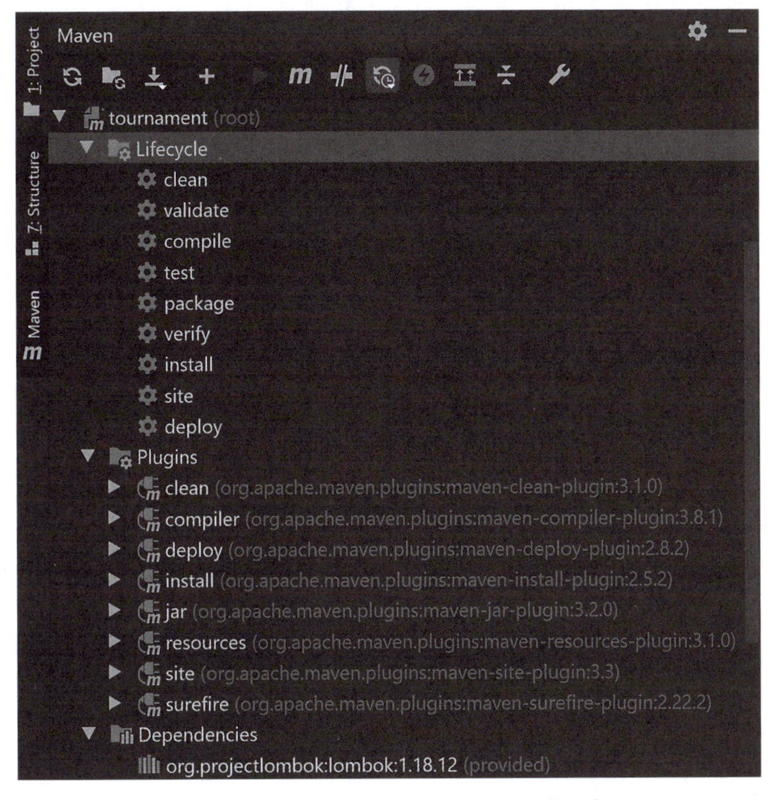

图 12-3　IntelliJ IDEA 中的"Maven"选项卡

12.3　项目开发框架

框架一般指系统的可重用部分，通常表现为一组抽象的组件以及组件之间的交互方法。框架为程序开发者提供了"脚手架"和"模板"，使开发者不必从零开始构建程序，能够"站在巨人的肩膀上"开展工作，大幅提高开发效率的同时，也能够避免很多不必要的错误。在团队内使用统一的开发框架与开发规范，能够降低沟通成本，提高项目可维护性，有利于项目的知识管理与知识积累。

在互联网时代，无论是进行网站建设、企业级信息系统开发还是原生 App 开发、移动端小程序开发，使用一款或多款程序开发框架几乎是项目建设的必选项。目前，大多数流行的开发框架都以开源免费软件的方式提供给开发者使用，例如 Python 的 Django 框架、Java 的 Spring 框架，移动端的 React Native、Flutter 框架以及 Cordova 框架等。作为开发者，除了掌握开发语言的基础知识外，想要参与到实际项目中快速、高效地进行工程化开发，还必须能够熟练使用相应的开发框架。

我们选择 Spring Boot 作为项目开发的主要框架。Spring Boot 是在 Spring 家族系列框架基础上衍生出来的集大成的产物，它充分吸收利用了 Spring Framework、Spring Security、Spring Data 等 Spring 家族核心框架的已有功能，并且通过对编程模型、集成架构、使用模式的充分优化，大幅降低了开发者使用这些核心框架的门槛，大大提高了 Java 工程化开发的效率。虽然想要精通 Spring Boot 框架还是需要大量的学习、实践，以及对 Spring 和 Java 底层知识的掌握，但是作为一名 Java 初学者，只要掌握了基础的 Java 语言知识，一般都能够比较顺利地上手使用 Spring Boot 框架完成实际项目的开发。

接下来，我们对前文的 Maven 工程进行扩展，搭建基于 Spring Boot 的项目开发框架。首先，修改 pom.xml 文件，继承 Spring Boot Starter Parent，并添加 Spring MVC、Spring Data JPA 等必要的依赖。完整的 pom.xml 文件如下。

```
<?xml version="1.0" encoding="UTF-8"?>
<project xmlns="http://maven.apache.org/POM/4.0.0"
         xmlns:xsi="http://www.w3.org/2001/XMLSchema-instance"
         xsi:schemaLocation="http://maven.apache.org/POM/4.0.0 http://maven.
apache.org/xsd/maven-4.0.0.xsd">
    <modelVersion>4.0.0</modelVersion>
    <groupId>com.octopusthu.javabook3e</groupId>
    <artifactId>tournament</artifactId>
    <version>1.0.0-SNAPSHOT</version>

    <parent>
        <groupId>org.springframework.boot</groupId>
        <artifactId>spring-boot-starter-parent</artifactId>
        <version>2.3.1.RELEASE</version>
        <relativePath/>
    </parent>

    <properties>
        <maven.compiler.release>13</maven.compiler.release>
    </properties>

    <dependencies>

        <!-- must-have dependencies -->
        <dependency>
            <groupId>org.projectlombok</groupId>
            <artifactId>lombok</artifactId>
            <scope>provided</scope>
        </dependency>

        <!-- spring boot tools -->
        <dependency>
            <groupId>org.springframework.boot</groupId>
            <artifactId>spring-boot-configuration-processor</artifactId>
            <optional>true</optional>
        </dependency>
        <dependency>
```

```
            <groupId>org.springframework.boot</groupId>
            <artifactId>spring-boot-devtools</artifactId>
            <optional>true</optional>
        </dependency>

        <!-- spring boot starters -->
        <dependency>
            <groupId>org.springframework.boot</groupId>
            <artifactId>spring-boot-starter-web</artifactId>
        </dependency>
        <dependency>
            <groupId>org.springframework.boot</groupId>
            <artifactId>spring-boot-starter-data-jpa</artifactId>
        </dependency>
        <dependency>
            <groupId>org.springframework.boot</groupId>
            <artifactId>spring-boot-starter-test</artifactId>
            <scope>test</scope>
            <exclusions>
                <exclusion>
                    <groupId>org.junit.vintage</groupId>
                    <artifactId>junit-vintage-engine</artifactId>
                </exclusion>
            </exclusions>
        </dependency>


        <!-- database drivers -->
        <dependency>
            <groupId>org.mariadb.jdbc</groupId>
            <artifactId>mariadb-java-client</artifactId>
        </dependency>
        <dependency>
            <groupId>mysql</groupId>
            <artifactId>mysql-connector-java</artifactId>
        </dependency>

    </dependencies>

    <build>
        <plugins>
            <plugin>
                <groupId>org.apache.maven.plugins</groupId>
                <artifactId>maven-compiler-plugin</artifactId>
```

```
            <version>3.8.1</version>
            <configuration>
                <release>13</release>
            </configuration>
        </plugin>
    </plugins>
</build>
</project>
```

可以看到,所有的依赖都没有通过<version>标签定义版本号,但是 IntelliJ IDEA 并没有报错,这依然是一个合法的 pom.xml 文件。这是因为 Spring Boot Starter Parent 项目在它的 pom.xml 文件(以及它所继承的项目的 pom.xml 文件)中通过 Maven 的<dependencyManagement>标签对 Java 项目常用的依赖及其版本号进行了定义。我们的项目通过 Spring Boot Starter Parent 自然地继承了这些依赖的版本号。这样,一方面大大减轻了 Spring Boot 项目维护依赖的工作量,另一方面通过提前定义依赖版本号并进行兼容性测试,降低了 Spring Boot 项目所引用的依赖之间发生冲突的概率。Spring Boot 框架定义的所有依赖及其版本号可以通过这个链接查看:https://docs.spring.io/spring-boot/docs/current/reference/html/appendix-dependency-versions.html。

接下来,在 src/main/resources 目录下新建 application.properties 文件,输入如下内容。

```
spring.application.name=tournament
server.port=8091
server.servlet.context-path=/tournament
```

application.properties 是 Spring Boot 项目默认的配置文件,可以对项目的各类参数进行配置。在本例中,分别配置了项目的应用名、Web 服务器的端口号以及 Web 应用的 context path。

参照前面章节中介绍的数据库开发相关知识,在 MySQL 数据中建立一个名为 tournament 的数据库。然后,在 src/main/resources 目录下新建 application-test.properties 文件,用于指定“test”环境的特定配置。内容如下(将其中的 xxx 替换为数据库的域名、用户名与密码)。

```
spring.datasource.url=jdbc:mysql://xxx/tournament
spring.datasource.username=xxx
spring.datasource.password=xxx
```

Spring Boot 项目中形如 application-{profile}.properties 的文件是环境特定配置文件,只有在当前运行环境为{profile}所指定的值时,此文件的配置才生效。环境特定配置生效时,其优先级高于 application.properties 中定义的配置。通过 application-test.properties 文件的定义,指定了项目使用的数据库连接信息。

接下来,编写项目的主应用程序和主配置类。

例 12-1　项目主应用程序 TournamentApplication.java。

```
@SpringBootApplication
public class TournamentApplication {

    public static void main(String[] args) {
        SpringApplication.run(TournamentApplication.class, args);
    }

}
```

例 12-2　项目主配置类 TournamentConfig.java。

```
@Configuration
public class TournamentConfig {
}
```

主应用程序 TournamentApplication.java 采用的是 Spring Boot 项目的标准写法，而主配置类 TournamentConfig.java 当前还未包含实际内容，在后面进行核心模块开发的过程中，我们将对其进行完善。

最后，我们编写一个 HelloJava 的 Controller，用于对框架的正确性做验证。

例 12-3　编写一个简单的输出"Hello Java!"的 Controller：HelloJavaRestController.java。

```
@RestController
public class HelloJavaRestController{

    @GetMapping("/api/hello")
    public String hello() {
        return "Hello Java!";
    }

}
```

在上例中，@RestController 和@GetMapping 都是 Spring 框架提供的注解，前者用于将 HelloJavaRestController 声明为一个 RESTful 类型的 controller，并能够由 Spring 框架自动扫描加载，后者则定义了一个路径为"/api/hello"的 Web 服务接口，该接口可以通过/{context-path}/api/hello 访问，并且将以 JSON 格式输出"Hello Java!"。

接下来，通过 IntelliJ IDEA 启动 Spring Boot 项目。打开 IDEA 的"Run/Debug Configurations"对话框，定义一个 Spring Boot 类型的启动配置，名称定为 Tournament，Main class 选择刚刚编写的 TournamentApplication，特别地，在 Active profiles 输入框中输入 test，从而使程序运行时能够读取 application-test.properties 文件中定义的数据库连接配置。具体如图 12-4 所示。

单击绿色的三角形按钮（或按 Shift＋F10 组合键），启动 Spring Boot 项目。IntelliJ Idea 的 Console 控制台将输出以下内容。

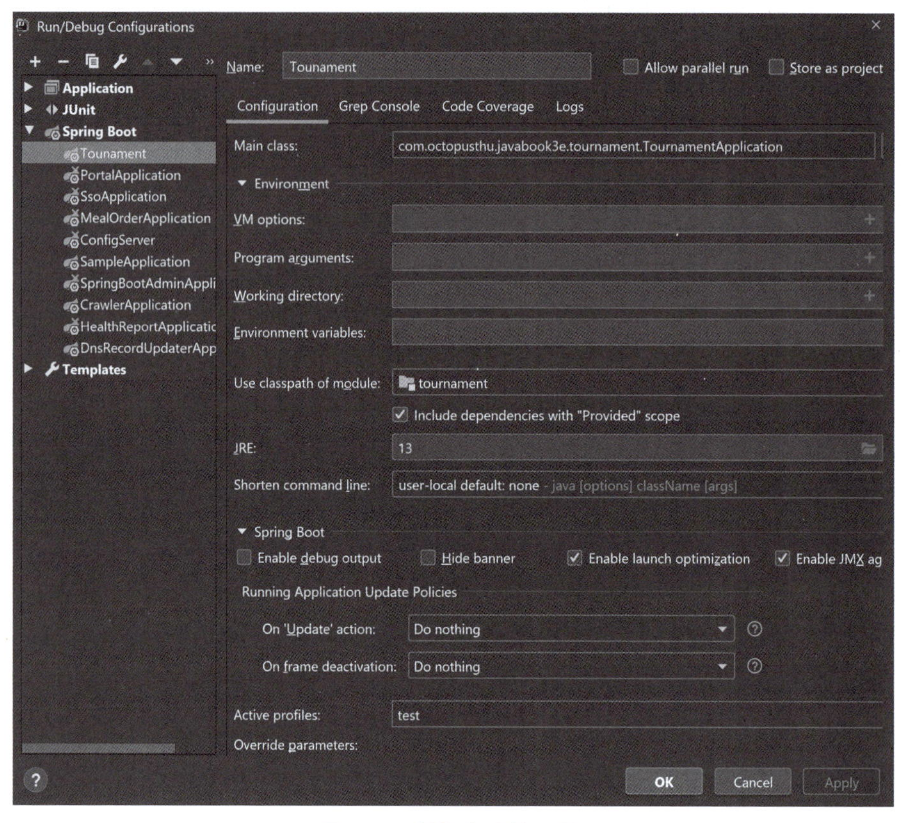

图 12-4　数据库连接配置

```
  .   ____          _            __ _ _
 /\\ / ___'_ __ _ _(_)_ __  __ _ \ \ \ \
( ( )\___ | '_ | '_| | '_ \/ _` | \ \ \ \
 \\/  ___)| |_)| | | | | || (_| |  ) ) ) )
  '  |____| .__|_| |_|_| |_\__, | / / / /
 =========|_|==============|___/=/_/_/_/
 :: Spring Boot ::        (v2.3.0.RELEASE)

INFO 15238 --- [  restartedMain] c.o.j.tournament.HelloJavaApplication    :
Starting HelloJavaApplication on Mac.local with PID 15238 (~/Documents/dev/
projects/tournament/target/classes started by user
INFO 15238 --- [  restartedMain] c.o.j.tournament.HelloJavaApplication    :
The following profiles are active: dev_local
INFO 15238 --- [  restartedMain] .e.DevToolsPropertyDefaultsPostProcessor :
Devtools property defaults active! Set 'spring.devtools.add-properties' to '
false' to disable
INFO 15238 --- [  restartedMain] .e.DevToolsPropertyDefaultsPostProcessor :
For additional web related logging consider setting the 'logging.level.web'
property to 'DEBUG'
```

```
INFO 15238 --- [  restartedMain] o.s.b.d.a.OptionalLiveReloadServer       :
LiveReload server is running on port 35729
INFO 15238 --- [  restartedMain] o.s.b.web.embedded.netty.NettyWebServer  :
Netty started on port(s): 8091
INFO 15238 --- [  restartedMain] c.o.j.tournament.HelloJavaApplication    :
Started HelloJavaApplication in 1.47 seconds (JVM running for 3.263)
```

当控制台输出“Started HelloJavaApplication in xxx seconds”的字样后，代表 Spring Boot 应用程序已经成功启动。此时，可以打开命令行工具，输入“curl http://localhost:8091/tournament/api/hello”，或者打开浏览器，在地址栏中数据 http://localhost:8091/tournament/api/hello，可以看到输出信息：“Hello Java!”。至此，我们的项目开发框架就搭建成功了。

12.4 核心模块的开发

搭建好项目的开发框架之后，可以开始开发系统业务功能了。“院系足球比赛管理系统”的核心业务模块主要包括球员、球队、赛制、比赛、排行榜等，本节选取其中的比赛模块作为案例，基于前文介绍的集成开发环境与开发框架，带领读者学习模块的具体开发实现。

首先，对模块的主要功能进行设计，然后基于功能设计定义出核心业务服务接口，然后分别开发数据存取程序和展现程序。

12.4.1 模块的功能设计

比赛模块的主要功能如表 12-3 所示。

表 12-3 比赛模块的主要功能

功　能	说　明
记录一场比赛的结果	比赛结果包括比赛时间、比赛地点、参赛队仇、比分
读取一场比赛的结果	根据比赛 id 读取一场比赛的结果
按比赛时间的先后顺序查询比赛情况	根据比赛时间升序或降序查询比赛结果列表
按比赛地点查询比赛情况	查询在某个地点举办的所有比赛
按参赛队伍查询比赛情况	查询某支队伍参加的所有比赛
删除一场比赛的结果	根据比赛 id 删除一场比赛的结果
删除全部比赛结果	删除全部比赛结果

12.4.2 业务服务接口的开发

业务服务代表模块的核心业务功能，是现实中业务逻辑和业务规则在程序里集中呈现的地方。业务服务的接口定义与模块的功能定义高度一致。下面的程序一是对服务接口进行定义，二是对接口的返回值数据对象进行定义。

例 12-4 比赛模块的业务服务接口 FixtureService.java。

```
public interface FixtureService {
    Fixture create(Fixture fixture);
    Fixture get(Integer id);
    List<Fixture> listByDateAndTime(boolean desc);
    List<Fixture> queryByField(String field);
    List<Fixture> queryByTeam(String team);
    void delete(Integer id);
    void deleteAll();
}
```

例 12-5 用于封装“比赛”信息的业务对象 Fixture.java。

```
@Data
@AllArgsConstructor
@NoArgsConstructor
public class Fixture {
    private Integer id;
    private Date fixtureDate;
    private Time kickoffTime;
    private String field;
    private Team homeTeam;
    private Team awayTeam;
    private int homeTeamScore;
    private int awayTeamScore;
    private List<FixtureEvent> events;

    @AllArgsConstructor
    @Getter
    public static class FixtureEvent {
        private final Integer id;
        private final String event;
        private final int eventMinuteOffset;
        private final Team team;
        private final Player player;
    }

    @AllArgsConstructor
    @Getter
    public static class Team {
        private final Integer id;
        private final String name;
    }
```

```
    @AllArgsConstructor
    @Getter
    public static class Player {
        private final Integer id;
        private final String name;
    }
}
```

12.4.3　数据库存取程序的开发

定义好业务服务接口之后，需要选择合适的技术路线对接口进行实现。要实现 FixtureService.java 接口定义的各个服务，需要解决 Fixture 对象的存储问题。可以将 Fixture 对象存储在内存、文件、关系型数据库、NoSQL 数据库等各种不同的地方。在本项目中，使用关系型数据库存储业务数据。

大多数业务系统的应用场景离不开与数据库的交互，比如对于当前开发的比赛模块而言，比赛结果的记录需要向数据库插入数据，比赛结果的展示需要从数据库读取数据，而比赛结果的修改或删除则需要更新或删除数据库中已经存在的记录。

图 12-5 是关系型数据模型的设计，包含比赛、比赛事件、球队、球员四张数据表。为了简便起见，数据模型中仅包含了与案例相关的数据字段，在真实的生产环境中，数据库模型

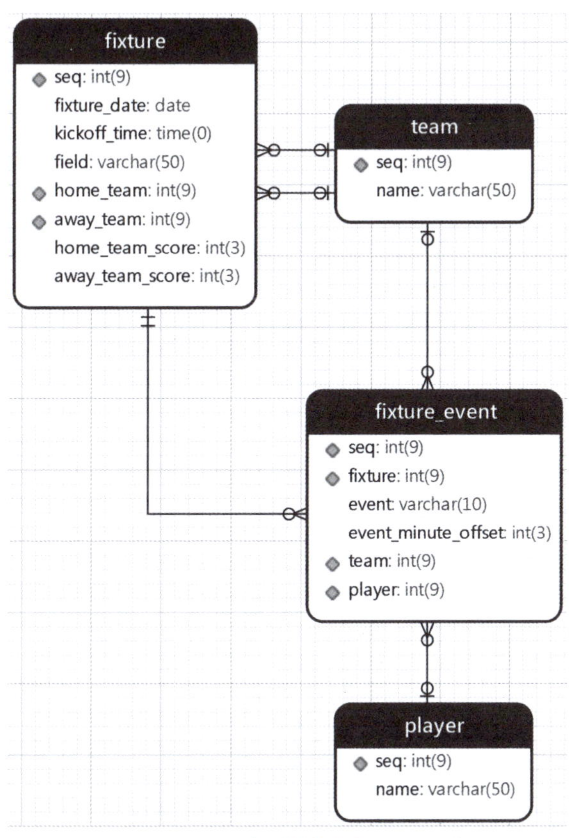

图 12-5　“比赛”模块的数据库设计

一般会更加复杂。

数据库的建表 SQL 脚本如下。读者可以在 tournament 数据库中执行以下脚本,完成数据库的初始化。

```
-- ----------------------------
-- Table structure for team
-- ----------------------------
CREATE TABLE `team`  (
    `seq` int(9) NOT NULL  COMMENT '球队 ID',
    `name` varchar(50) NOT NULL DEFAULT NULL COMMENT '球队名称',
    PRIMARY KEY (`seq`) USING BTREE
) ENGINE = InnoDB CHARACTER SET = utf8mb4 COLLATE = utf8mb4_general_ci COMMENT =
'球队';

-- ----------------------------
-- Table structure for player
-- ----------------------------
CREATE TABLE `player`  (
    `seq` int(9) NOT NULL  COMMENT '球员 ID',
    `name` varchar(50) NOT NULL COMMENT '球员姓名',
    PRIMARY KEY (`seq`) USING BTREE
) ENGINE = InnoDB CHARACTER SET = utf8mb4 COLLATE = utf8mb4_general_ci COMMENT =
'球员';

-- ----------------------------
-- Table structure for fixture
-- ----------------------------
CREATE TABLE `fixture`  (
    `seq` int(9)  NOT NULL  COMMENT '比赛 ID',
    `fixture_date` date COMMENT '比赛日期',
    `kickoff_time` time(0) COMMENT '比赛开始时间',
    `field` varchar(50) COMMENT '比赛场地',
    `home_team` int(9) COMMENT '主队',
    `away_team` int(9) COMMENT '客队',
    `home_team_score` int(3) COMMENT '主队得分',
    `away_team_score` int(3) COMMENT '客队得分',
    PIMARY KEY (`seq`) USING BTREE,
    INDEX `fk__fixture__home_team`(`home_team`) USING BTREE,
    INDEX `fk__fixture__away_team`(`away_team`) USING BTREE,
    CONSTRAINT `fk__fixture__away_team` FOREIGN KEY (`away_team`) REFERENCES `
team` (`seq`) ON DELETE RESTRICT ON UPDATE RESTRICT,
    CONSTRAINT `fk__fixture__home_team` FOREIGN KEY (`home_team`) REFERENCES `
team` (`seq`) ON DELETE RESTRICT ON UPDATE RESTRICT
) ENGINE = InnoDB CHARACTER SET = utf8mb4 COLLATE = utf8mb4_general_ci COMMENT =
'比赛';
```

```
-- ----------------------------
-- Table structure for fixture_event
-- ----------------------------
CREATE TABLE `fixture_event`  (
    `seq` int(9) NOT NULL  COMMENT '事件 ID',
    `fixture` int(9) NOT NULL COMMENT '比赛',
    `event` varchar(10) NOT NULL COMMENT '事件类型。G: 进球; OG: 乌龙球; YC: 黄牌;
RC: 红牌。',
    `event_minute_offset` int(3) COMMENT '事件发生时间,按比赛开始后第几分钟记录。
比如:比赛第 30 分钟发生的事件,本列存储整数 30。',
    `team` int(9) COMMENT '事件涉及的球队,其含义随事件类型的不同而不同。',
    `player` int(9) COMMENT '事件涉及的球员,其含义随事件类型的不同而不同。',
    PRIMARY KEY (`seq`) USING BTREE,
    INDEX `fk__fixture_event__fixture`(`fixture`) USING BTREE,
    INDEX `fk__team`(`team`) USING BTREE,
    INDEX `fk__player`(`player`) USING BTREE,
    CONSTRAINT `fk__fixture_event__fixture` FOREIGN KEY (`fixture`) REFERENCES `
fixture` (`seq`) ON DELETE CASCADE ON UPDATE CASCADE,
    CONSTRAINT `fk__player` FOREIGN KEY (`player`) REFERENCES `player` (`seq`)
ON DELETE RESTRICT ON UPDATE RESTRICT,
    CONSTRAINT `fk__team` FOREIGN KEY (`team`) REFERENCES `team` (`seq`) ON
DELETE RESTRICT ON UPDATE RESTRICT
) ENGINE = InnoDB CHARACTER SET = utf8mb4 COLLATE = utf8mb4_general_ci COMMENT =
'比赛过程发生的详细事件,比如进球、红黄牌等。';
```

然后,插入一些球队和球员数据,用于程序开发调试。

```
INSERT INTO `team`(`seq`, `name`) VALUES (1, '计 01');
INSERT INTO `team`(`seq`, `name`) VALUES (2, '计 02');
INSERT INTO `team`(`seq`, `name`) VALUES (3, '计 03');
INSERT INTO `team`(`seq`, `name`) VALUES (4, '计 04');

INSERT INTO `player`(`seq`, `name`) VALUES (1, '刘一');
INSERT INTO `player`(`seq`, `name`) VALUES (2, '陈二');
INSERT INTO `player`(`seq`, `name`) VALUES (3, '张三');
INSERT INTO `player`(`seq`, `name`) VALUES (4, '李四');
INSERT INTO `player`(`seq`, `name`) VALUES (5, '王五');
INSERT INTO `player`(`seq`, `name`) VALUES (6, '赵六');
INSERT INTO `player`(`seq`, `name`) VALUES (7, '孙七');
INSERT INTO `player`(`seq`, `name`) VALUES (8, '周八');
INSERT INTO `player`(`seq`, `name`) VALUES (9, '吴九');
INSERT INTO `player`(`seq`, `name`) VALUES (10, '郑十');
```

数据库存取程序的核心 Java 类有两个：一是 FixtureService 的实现类,二是完成数据库存取操作的 Repository 类。

例 12-6　FixtureService 的实现类。

```
@Transactional
public class FixtureServiceImpl implements FixtureService {

  private final FixtureRepository repository;

  public FixtureServiceImpl(FixtureRepository repository) {
    this.repository = repository;
  }

  @Override
  public Fixture create(Fixture fixture) {
    return convert(repository.save(convert(fixture)));
  }

  @Transactional(readOnly = true)
  @Override
  public Fixture get(Integer id) {
    return convert(repository.getOne(id));
  }

  @Transactional(readOnly = true)
  @Override
  public List<Fixture> listByDateAndTime(boolean desc) {
    return convert (repository. findAll (Sort. by (desc ? Sort. Direction. DESC :
Sort.Direction.ASC, "fixtureDate", "kickoffTime")));
  }

  @Transactional(readOnly = true)
  @Override
  public List<Fixture> queryByField(String field) {
    return convert(repository.findByFieldContaining(field));
  }

  @Transactional(readOnly = true)
  @Override
  public List<Fixture> queryByTeam(String team) {
    return convert (repository. findByHomeTeamNameContainingOrAwayTeamNameContaining
(team, team));
  }

  @Transactional
```

```
  @Override
  public void delete(Integer id) {
    repository.deleteById(id);
  }

  @Transactional
  @Override
  public void deleteAll() {
    repository.deleteAll();
  }

  protected FixtureEntity convert(Fixture fixture) {
    List < FixtureEventEntity > eventEntities = new ArrayList < > (fixture.
getEvents().size());
    FixtureEntity entity = new FixtureEntity (fixture. getId ( ), fixture.
getFixtureDate ( ), fixture. getKickoffTime ( ), fixture. getField ( ), convert
( fixture. getHomeTeam ( )), convert ( fixture. getAwayTeam ( )), fixture.
getHomeTeamScore(), fixture.getAwayTeamScore(), eventEntities);
    fixture.getEvents().forEach(e -> eventEntities.add(convert(e, entity)));
    return entity;
  }

  protected FixtureEventEntity convert ( Fixture. FixtureEvent event,
FixtureEntity fixtureEntity) {
    return new FixtureEventEntity(event.getId(), fixtureEntity, event.getEvent
(), event. getEventMinuteOffset (), convert (event. getTeam ()), convert (event.
getPlayer()));
  }

  protected TeamEntity convert(Fixture.Team team) {
    return new TeamEntity(team.getId(), team.getName());
  }

  protected PlayerEntity convert(Fixture.Player player) {
    return new PlayerEntity(player.getId(), player.getName());
  }

  protected Fixture convert(FixtureEntity entity) {
    List<Fixture.FixtureEvent> events = new ArrayList<>(entity.getEvents().
size());
    entity.getEvents().forEach(e -> events.add(convert(e)));
    return new Fixture(entity.getSeq(), entity.getFixtureDate(), entity.getKickoffTime
(), entity.getField(), convert(entity.getHomeTeam()), convert(entity.getAwayTeam()),
entity.getHomeTeamScore(), entity.getAwayTeamScore(), events);
```

```
    }

    protected Fixture.FixtureEvent convert(FixtureEventEntity entity) {
        return new Fixture. FixtureEvent (entity. getSeq ( ), entity. getEvent ( ),
entity.getEventMinuteOffset ( ), convert (entity. getTeam ( )), convert (entity.
getPlayer()));
    }

    protected Fixture.Team convert(TeamEntity entity) {
        return new Fixture.Team(entity.getSeq(), entity.getName());
    }

    protected Fixture.Player convert(PlayerEntity entity) {
        return new Fixture.Player(entity.getSeq(), entity.getName());
    }

    protected List<Fixture> convert(List<FixtureEntity> entities) {
        List<Fixture> fixtures = new ArrayList<>(entities.size());
        entities.forEach(entity -> fixtures.add(convert(entity)));
        return fixtures;
    }
}
```

例 12-7　完成数据库存取操作的 Repository 类。

```
public interface FixtureRepository extends JpaRepository < FixtureEntity,
Integer> {
    List<FixtureEntity> findByFieldContaining(String field);
    List<FixtureEntity> findByHomeTeamNameContainingOrAwayTeamNameContaining
(String homeTeam, String awayTeam);
}
```

FixtureServiceImpl 类所使用的@Transactional 是 Spring 框架提供的声明式事务管理注解，标注了此注解的类与方法，将自动具备数据库事务处理的能力。FixtureRepository 接口继承了 Spring Data 项目提供的 JpaRepository 接口，除了其自身定义的两个查询方法之外，它还从父接口继承了一系列基本的增、删、改、查功能，我们可以在 IntelliJ Idea 的“Structure”选项卡中看到这些方法的列表，如图 12-6 所示。

Spring 将在程序运行时自动找到 FixtureRepository 接口，并根据其方法的定义自动生成实现类。同时，还需要将 FixtureServiceImpl 类声明为一个 Spring Bean，以供项目中的 Controller 等其他程序使用。要实现上述功能，只需要在前文定义的 TournamentConfig.java 文件中补充相应的注解，并声明@Bean 方法即可，具体如下所示。

图 12-6　FixtureRepository 接口的方法列表

```java
@Configuration
@EnableJpaRepositories(basePackageClasses = FixtureRepository.class)
public class TournamentConfig {

    private final FixtureRepository fixtureRepository;

    public TournamentConfig(FixtureRepository fixtureRepository) {
        this.fixtureRepository = fixtureRepository;
    }

    @Bean
    @Primary
    FixtureService fixtureService() {
        return new FixtureServiceImpl(fixtureRepository);
    }
}
```

12.4.4 展现程序的开发

要想让程序发挥实际作用,一般情况下都需要让人们的 Java 程序和某类前端界面程序发生交互,比如 Web 浏览器、手机 App 或是桌面端程序等。通用的解决方案是将 Java 对象转换为 JSON 格式的对象,在 Java 与前端程序之间进行传递。由于 JSON 对象便于 JavaScript 程序处理,且 JavaScript 语言在 Web 端、移动端以及桌面端都有完善的开发框架与解决方案。因此,目前业界的实质标准就是使用 JSON 进行前后端程序交互。在 Spring 框架中,这一功能的实现是通过 RestController 来完成的。下面,来开发 FixtureRestController 这个展现程序。

例 12-8　展现程序 FixtureRestController.java。

```
@RestController
public class FixtureRestController {

    private final FixtureService service;

    public FixtureRestController(FixtureService service) {
        this.service = service;
    }

    @GetMapping("/api/fixture/{seq}")
    public Fixture get(@PathVariable int seq) {
        return service.get(seq);
    }

    @GetMapping("/api/fixture/list/by-date-and-time")
    public List<Fixture> listByDateAndTime(@RequestParam(required = false,
defaultValue = "true") boolean desc) {
        return service.listByDateAndTime(desc);
    }

    @GetMapping("/api/fixture/query/by-field")
    public List<Fixture> queryByField(@RequestParam String field) {
        return service.queryByField(field);
    }

    @GetMapping("/api/fixture/query/by-team")
    public List<Fixture> queryByTeam(@RequestParam String team) {
        return service.queryByTeam(team);
    }

    @DeleteMapping("/api/fixture/{seq}")
    public void delete(@PathVariable int seq) {
        service.delete(seq);
```

```
    }

    @DeleteMapping("/api/fixture")
    public void deleteAll() {
        service.deleteAll();
    }

}
```

可以看到，FixtureRestController 主要是对前后端交互所使用的 HTTP 方法、请求地址、参数、返回值等进行定义、封装与转换，实际的业务逻辑则都是通过调用 FixtureService 的相应方法来实现的。

12.5 单元测试与集成测试

程序开发完成后，需要对程序进行完备的测试，以保证程序正确、安全运行，确保软件实现的效果符合预期需求。软件测试是一种对实际输出与预期输出进行审核、比较的过程。对软件进行测试时，一般会在规定的条件下对程序进行操作，以发现程序错误，衡量软件质量，并对其是否能满足设计要求进行评估。

按照测试的阶段来划分，一般可以将测试活动分为单元测试、集成测试、系统测试、验收测试和回归测试五个阶段，详见表 12-4。

表 12-4　主要的测试阶段

测试阶段	说　　明
单元测试	对软件设计的最小单位(一般为函数或模块)进行测试
集成测试	将程序模块集成组装起来，对系统的接口及集成后的功能进行测试
系统测试	将整个系统的硬件、软件、操作人员看作一个整体，检验系统是否有不符合预期的地方
验收测试	也称为交付测试，通常是软件部署运行之前的最后 项测试活动，日的是确保软件准备就绪，可以交付最终用户执行软件的既定功能和任务
回归测试	检验软件原有功能在修改后是否保持了完整可用

按照测试的类型与方法来划分，可以将测试活动细分为冒烟测试、压力测试、安全测试等多种类型，详见表 12-5。

表 12-5　主要的测试类型与方法

测试类型与方法	说　　明
冒烟测试	对软件进行基本的功能验证，以快速确认软件是否有明显缺陷
压力测试	为确认系统或组件的稳定性而特意进行的严格测试，通常会让系统在超过正常使用条件下运行，然后确认其运行结果
安全测试	验证软件产品或系统是否符合安全需求定义和产品质量标准，是否存在安全隐患
兼容性测试	对系统与硬件、软件之间的兼容性进行测试。所涉及的兼容性问题可能包括硬件平台兼容性、操作系统兼容性、浏览器兼容性、组件版本兼容性等

续表

测试类型与方法	说　明
安装测试	确保软件在各种条件下(例如：首次安装、升级安装、完整安装、自定义安装)都能正确进行安装
易用性测试	测试系统在由用户使用时是否方便、好用

以上的测试活动中，单元测试和集成测试一般由软件开发人员负责完成，其他测试一般由专业的测试人员或测试团队负责完成。下面对"院系足球比赛管理系统"的业务服务进行单元测试和集成测试。

12.5.1　对 Spring Boot 应用进行单元测试

首先，对例 12-6 的 FixtureServiceImpl 实现类进行单元测试。单元测试的目的是对软件的最小单元进行测试，验证其正确性。当前要测试的软件单元是 FixtureServiceImpl 类，测试的目标是该类的 create、get、listByDateAndTime 等方法。但是，FixtureServiceImpl 又调用了 FixtureRepository 对象对数据库进行存取操作。如何排除 FixtureRepository 的干扰，仅仅对 FixtureServiceImpl 自己的代码逻辑进行测试？此时，需要使用单元测试中经常会用到的 Mock Object(模拟对象)技术来实现这个需求。通过"创造"一个模拟对象对 FixtureRepository 的预期行为进行模拟，我们可以将测试工作聚焦在"最小单元"FixtureServiceImpl 上，已发现该"最小单元"的错误。也就是说，当前不去关心 FixtureRepository 的代码是否能够执行正确，而是人为地强制它按照预期正常工作，从而排除它对单元测试的干扰。

例 12-9　对 FixtureServiceImpl 进行单元测试。

```
@SpringBootTest(webEnvironment = SpringBootTest.WebEnvironment.NONE)
public class FixtureServiceImplUnitTest {
    @MockBean
    private FixtureRepository repository;

    @Autowired
    private FixtureServiceImpl service;

    private static FixtureEntity fixtureOne;

    @BeforeAll
    static void setUp() {
        TeamEntity teamOne = new TeamEntity(1, "计 01");
        TeamEntity teamTwo = new TeamEntity(2, "计 02");
        PlayerEntity playerTwo = new PlayerEntity(2, "陈二");
        PlayerEntity playerThree = new PlayerEntity(3, "张三");
        PlayerEntity playerFour = new PlayerEntity(4, "李四");
        PlayerEntity playerSix = new PlayerEntity(6, "赵六");
```

```
        List<FixtureEventEntity> events = new ArrayList<>(4);
        fixtureOne = new FixtureEntity(
            1,
            Date.valueOf("2020-10-10"),
            Time.valueOf("09:00:00"),
            "西大操场",
            teamOne,
            teamTwo,
            2,
            1,
            events);

        events.add(new FixtureEventEntity(1, fixtureOne, "G", 12, teamTwo,
playerSix));
        events.add(new FixtureEventEntity(2, fixtureOne, "G", 50, teamOne,
playerThree));
        events.add(new FixtureEventEntity(3, fixtureOne, "G", 88, teamOne,
playerTwo));
        events.add(new FixtureEventEntity(4, fixtureOne, "YC", 92, teamTwo,
playerFour));
    }

    @Test
    void testGet() {
        Mockito.when(repository.getOne(fixtureOne.getSeq()))
            .thenReturn(fixtureOne);

        Fixture fixture = service.get(fixtureOne.getSeq());
        Assertions.assertNotNull(fixture, "Fixture is null!");
        Assertions.assertEquals(fixtureOne.getFixtureDate(), fixture.
getFixtureDate(), "Fixture dates do not match!");
        Assertions.assertEquals(fixtureOne.getKickoffTime(), fixture.
getKickoffTime(), "Kickoff times do not match!");
        Assertions.assertEquals(fixtureOne.getField(), fixture.getField(),
"Fields do not match!");
        Assertions.assertEquals(fixtureOne.getHomeTeam().getSeq(), fixture.
getHomeTeam().getId(), "Home team identities do not match!");
        Assertions.assertEquals(fixtureOne.getAwayTeam().getSeq(), fixture.
getAwayTeam().getId(), "Away team identities do not match!");
        Assertions.assertEquals(fixtureOne.getHomeTeamScore(), fixture.
getHomeTeamScore(), "Home team scores do not match!");
        Assertions.assertEquals(fixtureOne.getAwayTeamScore(), fixture.
getAwayTeamScore(), "Away team scores do not match!");
```

```
        Assertions.assertEquals(fixtureOne.getEvents().size(), fixture.
getEvents().size(), "Fixture events do not match!");
    }

    @Configuration
    static class FixtureServiceImplUnitTestConfiguration {
        private final FixtureRepository repository;

        FixtureServiceImplUnitTestConfiguration(FixtureRepository repository) {
            this.repository = repository;
        }

        @Bean
        FixtureServiceImpl fixtureServiceImpl() {
            return new FixtureServiceImpl(repository);
        }
    }

}
```

首先,我们通过@SpringBootTest 注解定义了一个测试类。由于单元测试不涉及展现程序以及与前端的交互,因为通过设置"webEnvironment = SpringBootTest.WebEnvironment.NONE"将@SpringBootTest 默认的 Web 环境关闭。

通过@MockBean 注解,定义了一个 FixtureRepository 的模拟对象,并通过静态配置类 FixtureServiceImplUnitTestConfiguration 的组装将其提供给待测试的 FixtureServiceImpl 类使用。请读者特别注意 testGet 方法的第一句话:

```
Mockito.when(repository.getOne(fixtureOne.getSeq()))
    .thenReturn(fixtureOne);
```

这条语句对 FixtureRepository 模拟对象的行为进行了定义,使其在执行时能够模拟出预期的效果。当我们在执行单元测试时,实际工作的并不是真正的 FixtureRepository 类,而是我们创造出的这个"假装"正常工作的模拟对象。

可以看到,测试方法 testGet 对 FixtureServiceImpl 的 get 方法进行了测试,验证其运行的返回值与预期是否一致。排除掉 FixtureRepository 的干扰之后,这段程序真正测试的业务逻辑其实是 FixtureServiceImpl 的 convert(FixtureEntity entity)方法以及这个方法所使用到的其他方法。

在 IntelliJ IDEA 中测试 Spring Boot 应用程序,只需单击测试类左侧的绿色按钮,选择 Run "FixtureServiceImplUnitTest"即可。测试运行结果如下。

```
 11: 15: 16. 788  [ main ]  INFO  org. springframework. boot. test. context.
 SpringBootTestContextBootstrapper  -  Neither  @ ContextConfiguration  nor  @
ContextHierarchy found for test class [com.octopusthu.javabook3e.tournament.
 database.FixtureServiceImplUnitTest], using SpringBootContextLoader
```

```
...

  .   ____          _            __ _ _
 /\\ / ___'_ __ _ _(_)_ __  __ _ \ \ \ \
( ( )\___ | '_ | '_| | '_ \/ _` | \ \ \ \
 \\/  ___)| |_)| | | | | || (_| |  ) ) ) )
  '  |____| .__|_| |_|_| |_\__, | / / / /
 =========|_|==============|___/=/_/_/_/
 :: Spring Boot ::        (v2.3.1.RELEASE)

1900-01-01 11:15:17.383  INFO 26984 --- [           main] c.o.j.t.d.
FixtureServiceImplUnitTest     : Starting FixtureServiceImplUnitTest on zy-at
-home with PID 26984 (started by zy in D:\dev\projects\tournament)
1900-01-01 11:15:17.384  INFO 26984 --- [           main] c.o.j.t.d.
FixtureServiceImplUnitTest     : The following profiles are active: dev_home
1900-01-01 11:15:17.936  INFO 26984 --- [           main] c.o.j.t.d.
FixtureServiceImplUnitTest     : Started FixtureServiceImplUnitTest in 0.863
seconds (JVM running for 1.749)

Process finished with exit code 0
```

12.5.2　对 Spring Boot 应用进行集成测试

接下来，对例 12-4 的 FixtureService 接口及其实现进行集成测试。与上一节单元测试不同的是，这里的集成测试对整个 Spring Boot 应用程序的对象组装以及数据库存取程序的执行都进行了测试，测试的目的不再是程序最小单元，而是多个单元集成在一起工作的正确性。

例 12-10　对 FixtureService 进行集成测试。

```
@SpringBootTest(webEnvironment = SpringBootTest.WebEnvironment.NONE)
@ActiveProfiles("test")
public class FixtureServiceIntegrationTest {

    @Autowired
    private FixtureService service;

    private static Fixture fixtureOne;

    @BeforeEach
    void setUp() {
        Fixture.Team teamOne = new Fixture.Team(1, "计 01");
        Fixture.Team teamTwo = new Fixture.Team(2, "计 02");
        Fixture.Player playerTwo = new Fixture.Player(2, "陈二");
```

```
        Fixture.Player playerThree = new Fixture.Player(3, "张三");
        Fixture.Player playerFour = new Fixture.Player(4, "李四");
        Fixture.Player playerSix = new Fixture.Player(6, "赵六");

        List<Fixture.FixtureEvent> events = new ArrayList<>(4);
        events.add(new Fixture.FixtureEvent(1, "G", 12, teamTwo, playerSix));
        events.add(new Fixture.FixtureEvent(2, "G", 50, teamOne, playerThree));
        events.add(new Fixture.FixtureEvent(3, "G", 88, teamOne, playerTwo));
        events.add(new Fixture.FixtureEvent(4, "YC", 92, teamTwo, playerFour));

        fixtureOne = new Fixture(
            1,
            Date.valueOf("2020-10-10"),
            Time.valueOf("09:00:00"),
            "西大操场",
            teamOne,
            teamTwo,
            2,
            1,
            events);

        try {
            service.delete(fixtureOne.getId());
        } catch (DataAccessException dae) {
            //in case the fixture does not exist
        }

        service.create(fixtureOne);
    }

    @Test
    void testGet() {
        Fixture fixture = service.get(fixtureOne.getId());
        Assertions.assertNotNull(fixture, "Fixture is null!");
        Assertions.assertEquals(fixtureOne.getFixtureDate(), fixture.
getFixtureDate(), "Fixture dates do not match!");
        Assertions.assertEquals(fixtureOne.getKickoffTime(), fixture.
getKickoffTime(), "Kickoff times do not match!");
        Assertions.assertEquals(fixtureOne.getField(), fixture.getField(),
"Fields do not match!");
        Assertions.assertEquals(fixtureOne.getHomeTeam().getId(), fixture.
getHomeTeam().getId(), "Home team identities do not match!");
        Assertions.assertEquals(fixtureOne.getAwayTeam().getId(), fixture.
getAwayTeam().getId(), "Away team identities do not match!");
```

```
        Assertions.assertEquals(fixtureOne.getHomeTeamScore(), fixture.
getHomeTeamScore(), "Home team scores do not match!");
        Assertions.assertEquals(fixtureOne.getAwayTeamScore(), fixture.
getAwayTeamScore(), "Away team scores do not match!");
        Assertions.assertEquals(fixtureOne.getEvents().size(), fixture.
getEvents().size(), "Fixture events do not match!");
    }

    @AfterEach
    void clean() {
        service.delete(fixtureOne.getId());
    }

}
```

我们看到，通过@BeforeEach 注解，在测试方法执行之前向数据库中插入一场比赛信息作为测试数据，而@AfterEach 注解则在测试方法执行之后将测试结果清除掉。测试的运行结果如下。

```
11: 12: 50. 585 [main] INFO org. springframework. boot. test. context.
SpringBootTestContextBootstrapper - Neither @ContextConfiguration nor @
ContextHierarchy found for test class [com.octopusthu.javabook3e.tournament.
fixture.FixtureServiceIntegrationTest], using SpringBootContextLoader

...

  .   ____          _            __ _ _
 /\\ / ___'_ __ _ _(_)_ __  __ _ \ \ \ \
( ( )\___ | '_ | '_| | '_ \/ _` | \ \ \ \
 \\/  ___)| |_)| | | | | || (_| |  ) ) ) )
  '  |____| .__|_| |_|_| |_\__, | / / / /
 =========|_|==============|___/=/_/_/_/
 :: Spring Boot ::        (v2.3.1.RELEASE)

1900 - 01 - 01 11: 12: 51. 047  INFO 22632 --- [        main] c. o. j. t. f.
FixtureServiceIntegrationTest   : Starting FixtureServiceIntegrationTest on
zy-at-home with PID 22632 (started by zy in D:\dev\projects\tournament)
1900 - 01 - 01 11: 12: 51. 048  INFO 22632 --- [        main] c. o. j. t. f.
FixtureServiceIntegrationTest  : The following profiles are active: test
1900- 01 - 01 11: 12: 51. 452  INFO 22632 --- [        main] . s. d. r. c.
RepositoryConfigurationDelegate : Bootstrapping Spring Data JPA repositories
in DEFAULT mode.
1900- 01 - 01 11: 12: 51. 515  INFO 22632 --- [        main] . s. d. r. c.
RepositoryConfigurationDelegate : Finished Spring Data repository scanning in
55ms. Found 1 JPA repository interfaces.
```

```
1900-01-01 11:12:51.955  INFO 22632 --- [           main] com.zaxxer.hikari.
HikariDataSource : HikariPool-1 - Starting...
1900-01-01 11:12:52.119  INFO 22632 --- [           main] com.zaxxer.hikari.
HikariDataSource : HikariPool-1 - Start completed.
1900-01-01 11:12:52.164  INFO 22632 --- [           main] o.hibernate.jpa.internal.
util.LogHelper  : HHH000204: Processing PersistenceUnitInfo [name: default]
1900-01-01 11:12:52.200  INFO 22632 --- [           main] org.hibernate.Version
  : HHH000412: Hibernate ORM core version 5.4.17.Final
1900-01-01 11:12:52.302  INFO 22632 --- [           main] o.hibernate.annotations.
common.Version   : HCANN000001: Hibernate Commons Annotations {5.1.0.Final}
1900-01-01 11:12:52.432  INFO 22632 --- [           main] org.hibernate.dialect.
Dialect                  : HHH000400: Using dialect: org.hibernate.dialect.
MariaDB102Dialect
1900-01-01 11:12:52.966  INFO 22632 --- [           main] o.h.e.t.j.p.i.
JtaPlatformInitiator       : HHH000490: Using JtaPlatform implementation: [org.
hibernate.engine.transaction.jta.platform.internal.NoJtaPlatform]
1900-01-01 11:12:52.972  INFO 22632 --- [           main] j.
LocalContainerEntityManagerFactoryBean : Initialized JPA EntityManagerFactory
for persistence unit 'default'
1900-01-01 11:12:53.457  INFO 22632 --- [           main] c.o.j.t.f.
FixtureServiceIntegrationTest   : Started FixtureServiceIntegrationTest in 2.
608 seconds (JVM running for 3.568)


1900-01-01 11:12:54.356  INFO 22632 --- [extShutdownHook] j.
LocalContainerEntityManagerFactoryBean : Closing JPA EntityManagerFactory for
persistence unit 'default'
1900-01-01 11:12:54.357  INFO 22632 --- [extShutdownHook] com.zaxxer.hikari.
HikariDataSource       : HikariPool-1 - Shutdown initiated...
1900-01-01 11:12:54.392  INFO 22632 --- [extShutdownHook] com.zaxxer.hikari.
HikariDataSource       : HikariPool-1 - Shutdown completed.

Process finished with exit code 0
```

12.6 本章小结

本章介绍了 Java 工程化开发的主要过程，深入介绍了工程开发的环境、框架、模块开发方法、模块测试方法等内容。通过本章的学习，读者应该能够对真实的 Java 工程项目的开发过程有一个具体、翔实的认知，并且能够掌握 Java 工程化开发所需的主要技术。

本章所采用的案例与现实场景非常接近，但由于教材篇幅所限，还是进行了一定程度的压缩与简化，请读者结合本章的习题以及今后的学习，继续深入体会 Java 工程化开发的奥义。

习题

1. 第 12.1 节描述的“院系足球比赛管理系统”需求有哪些不够明确的地方？如果你有半个小时的时间与学生工作组负责赛事组织的老师进行一对一沟通，你会提出哪些问题从而对系统的需求做进一步的确认，以便顺利开展后续开发工作？

2. 扩充 FixtureService.java 接口，补充定义以下接口方法：

(1) 查询进球最多的 *N* 名球员；

(2) 按比赛进球数由多到少排序列出全部比赛；

(3) 查询全部结果为平局的比赛。

3. 在 12.4 节中定义的 FixtureService.java 接口可能存在哪些性能问题？列出这些问题，并对接口进行相应的修改。

4. 如果将比赛模块的数据模型设计应用到真实的生产环境中，可能会产生哪些问题？应该如何修改完善？

5. 修改例 12-9，实现以下测试方法。注意体会如何通过 Mockito 对 repository 的行为进行模拟。

(1) voidtestListByDateAndTime()

(2) voidtestQueryByField()

(3) voidtestQueryByTeam()

6. 使用 @SpringBootTest(webEnvironment = SpringBootTest.WebEnvironment.RANDOM)对 FixtureRestController 进行集成测试。

7. 阅读 Spring Boot 官方文档，对“院系足球比赛管理系统”完成以下升级：

(1) 定义一个名为 dev 的 profile 作为本机开发环境，并将与本机相关的配置信息放入该 profile 对应的配置文件中，然后基于该 profile 启动 Spring Boot 程序。

(2) 通过命名行启动 Spring Boot 项目，通过命令行参数将端口由 8091 修改为 9091。

(3) 为系统提供的所有 HTTP 接口增加密码保护，通过 HTTP Basic 方式进行认证，用户名为 user，密码为 q1w2e3r4。

(4) 为 Spring Boot 项目启用 Actuator 功能，实现对应用运行状态的监控。

图书资源支持

感谢您一直以来对清华版图书的支持和爱护。为了配合本书的使用，本书提供配套的资源，有需求的读者请扫描下方的“书圈”微信公众号二维码，在图书专区下载，也可以拨打电话或发送电子邮件咨询。

如果您在使用本书的过程中遇到了什么问题，或者有相关图书出版计划，也请您发邮件告诉我们，以便我们更好地为您服务。

我们的联系方式：

地　　址：北京市海淀区双清路学研大厦 A 座 714

邮　　编：100084

电　　话：010-83470236　010-83470237

客服邮箱：2301891038@qq.com

QQ：2301891038（请写明您的单位和姓名）

资源下载：关注公众号“书圈”下载配套资源。

书圈

获取最新书目

观看课程直播